现代水中兵器系列教材

鱼雷热动力技术

（第2版）

李代金　秦　侃　张进军　梁　跃　编著

U0195314

西北工业大学出版社

西　安

【内容简介】 本书是在《鱼雷热动力技术》(第1版)基础上,结合多年教学、科研工作及水下航行器行业发展需求,并参考兄弟院校相关教材及国内外有关资料文献的基础上编写而成的。全书分为8章,内容包括鱼雷动力系统总论,鱼雷热动力系统概述,推进剂及燃烧产物性能计算,能源供应系统,燃烧室,鱼雷活塞发动机,鱼雷涡轮发动机,以及鱼雷涡轮机动力系统的闭环控制等。

本书可作为高等院校海洋工程大类相关专业的本科生教材和兵器科学与技术学科研究生参考书,也可供从事水下装备、造船、海洋开发的科技工作者及对船舶与海洋工程知识有兴趣的广大读者阅读参考。

图书在版编目(CIP)数据

鱼雷热动力技术 / 李代金等编著. —2 版. —西安：
西北工业大学出版社,2022.12
ISBN 978 - 7 - 5612 - 8557 - 2

Ⅰ.①鱼… Ⅱ.①李… Ⅲ.①热动力鱼雷 Ⅳ.
①TJ63

中国版本图书馆 CIP 数据核字(2022)第 246275 号

YULEI REDONGLI JISHU

鱼雷热动力技术

李代金 秦侃 张进军 梁跃 编著

责任编辑:杨 军		策划编辑:杨 军	
责任校对:曹 江		装帧设计:李 飞	

出版发行：西北工业大学出版社
通信地址：西安市友谊西路 127 号　　　邮编:710072
电　话：(029)88491757, 88493844
网　址：www.nwpup.com
印 刷 者：陕西奇彩印务有限责任公司
开　本：787 mm×1 092 mm　　　1/16
印　张：18
字　数：472 千字
版　次：2015 年 8 月第 1 版　2022 年 12 月第 2 版　2022 年 12 月第 1 次印刷
书　号：ISBN 978 - 7 - 5612 - 8557 - 2
定　价：69.00 元

现代水声工程系列教材
现代水中兵器系列教材
编　委　会

（按姓氏笔画排序）

第 2 版前言

《鱼雷热动力技术》(第 1 版)自 2015 年出版以来,受到鱼雷相关行业读者的欢迎和好评。党的十九大提出"加快建设海洋强国"以来,鱼雷热动力技术领域发生了深刻变化,涌现出大量的新产品和新技术。鉴于此,本书根据鱼雷热动力技术的发展,在《鱼雷热动力技术》(第 1 版)的基础上,主要修订和完善了以下内容:

(1)在鱼雷动力系统总论部分,增加了未来水下攻防作战任务的内容。同时,根据近些年国外技术的发展,介绍了热动力鱼雷有关战术技术性能发展内容,增加了国外鱼雷热动力系统的发展现状,分析了美国、俄罗斯、日本等国家鱼雷装备及其能源动力技术的发展历程,调整了鱼雷热动力系统的发展趋势相关内容。

(2)增加了鱼雷涡轮发动机的闭环控制,给出了鱼雷涡轮机动力系统的数学模型、闭环控制策略以及控制算法结构,增加了鱼雷涡轮机动力系统的启动过程的控制方法。

本书编写分工如下:梁跃编写第 0 章,李代金编写第 1~4 章和 7 章,张进军编写第 5 章,秦侃编写第 6 章。本书的编写和出版是近年来西北工业大学航海学院在鱼雷热动力技术方面的教学和科研总结。本书承蒙党建军教授、刘训谦教授审阅,并对本书的修订提出了宝贵建议,借此表示衷心的感谢。同时,感谢给予本书启示及参考的有关文献作者。

本书可以作为高等院校鱼雷动力专业本科生和研究生的教材,也可作为从事相关专业学生和技术人员的参考书。

由于水平有限,书中难免有不足处,恳请读者批评指正。

编著者

2022 年 8 月

第1版前言

　　水下动力装置是水中兵器的"心脏",是一种结构十分紧凑而复杂、体积小、质量轻的特种动力装置。由于其在水下工作,因此在使用的能源和供应等方面有别于其他的动力系统,有相当的特殊性。第二次世界大战后,鉴于鱼雷在反潜战、歼灭敌舰艇、破坏敌海上交通及袭击敌水下设施等方面所起的重大作用,特别是在现代海战中,潜艇成为控制制海权的最大威胁,各国都在发展适应于不同任务的新型鱼雷。为了满足新型鱼雷不断提高的性能要求,各国都在探求鱼雷的各种新型动力装置。

　　本书主要介绍鱼雷热动力技术,内容包括鱼雷用推进剂、能供系统、燃烧室以及活塞机动力系统,涡轮机动力系统,也提及了先进的闭式循环动力系统和水冲压火箭动力推进系统。

　　本书共分7章。其中,李代金副教授完成了第2和3章的编写,第5和6章为张进军副教授编写,其余章节为党建军教授编写。编写本书曾参阅了相关文献资料,在此向这些文献资料的作者深表谢忱。

　　本书初稿承蒙刘训谦教授审阅,并提出了许多修改建议和意见,在此深表感谢。

　　由于水平有限,书中不妥之处在所难免,敬请广大读者指正。

编著者

2015 年 1 月

目　　录

第0章 鱼雷动力系统总论

0.1 鱼雷动力系统的功用、组成和特点

0.1.1 鱼雷动力系统的作用及技术要求

鱼雷也称水中导弹,是用以攻击、摧毁潜艇和水面舰船的重要海战武器。自 1866 年英籍工程师罗伯特·怀特黑德(Robet Whitehead)发明第一枚鱼雷以来,在历次海战中鱼雷都曾起过重要作用。在 1904—1905 年的日俄战争中,鱼雷击沉了 11 艘军舰,占击沉总数的 18.9%。第一次世界大战期间,被德国鱼雷击沉的军舰达 162 艘,占被击沉总数的 49%。第二次世界大战期间,被鱼雷击沉的各种舰艇达 369 艘,占击沉总数的 38.5%。

在第二次世界大战之前,鱼雷作用较单一,只用来攻击水面舰艇,有空对舰、舰对舰和潜对舰等 3 种鱼雷。在第二次世界大战之后,由于舰-舰导弹、空-舰导弹及地-舰导弹的出现,鱼雷的主要作用变为反潜同时兼顾反舰,同样可分为空对潜、舰对潜、潜对潜等 3 种。现代鱼雷发展的方向是提高航速和航程、增大航行深度、提高双平面制导的作用距离和识别能力,以及增大打击威力等直接同反潜有关的五个方面,其中前 3 项取决于发展性能优良的动力装置。

根据结构尺寸,现代鱼雷大致可分为大型和小型两种。大型鱼雷的直径为 0.45～0.65 m(大部分为 0.53 m),长度不超过 8 m,质量为 1 000～2 000 kg;小型鱼雷的直径为 0.254～0.324 m,长度约为 2.5 m,质量为 120～300 kg。

根据所使用能源的种类,现代鱼雷可分为热动力鱼雷和电动力鱼雷两大类。鱼雷/自身结构上大致可分为 3 段,前段通常为战斗部,包括制导装置、触发或非触发引信以及炸药。对于热动力鱼雷,中段一般装推进剂,后段装发动机;对于电动力鱼雷,中段装电池,后段装电动机。控制系统的部件、动力系统的各种阀及泵、电动机的开关等分别装于中段及后段。

动力推进装置的作用是将鱼雷自身携带的能源转变为推进鱼雷所必需的机械功。鱼雷武器具有多方面的战术技术性能指标,其中直接取决于动力推进装置的主要指标有航程、航速、最大航行深度、无迹性及鱼雷的辐射噪声。

任何一枚鱼雷,无论从质量还是体积的角度来看,动力推进装置在全雷中都占有很大的比例。因此,动力推进装置与鱼雷武器的性能之间有着深刻的、直接或间接的联系。动力推进装置的品质会对鱼雷武器战术技术性能产生重大的影响。

以作战舰艇及其武器和装备的现状与发展情况来看,希望鱼雷的航程是小型鱼雷达到 20 km 以上,大型鱼雷达到 40 km 以上。鱼雷的航程和航速是两个既相互联系而又相互制约

的性能指标,它们取决于鱼雷的能源储备量和动力装置的性能。一般说来,鱼雷航速高则航程短,航速低则航程长。为了能对大型舰艇实施远距离攻击,从而提高发射舰艇的隐蔽性和生存概率,在保证鱼雷对目标舰艇具有一定速度优势的前提下,尽量增大鱼雷航程是有利的。因此,具有中等航速、超大航程的新型鱼雷,是大型鱼雷的一个发展方向。例如,航速为 40 kn①左右,航程达 100 km。

为了使鱼雷能更有效地追踪和命中目标,鱼雷的最大航速应超过目标航速的 50% 以上。20 世纪 70 年代末,潜艇的最大水下航速已超过 40 kn。为了有效地攻击这种新型潜艇,鱼雷的最大航速应达 60~70 kn。

根据未来水下攻防作战任务需求,水下攻防武器的典型作战模式包括"远程快速精确打击""超远程巡航隐蔽攻击""大深度反潜"等,水下攻防武器应具备"远航程、宽速域、大深度"的能力,这对鱼雷动力装置的技术指标提出了更高的要求。大型鱼雷作战使用一般分为中低速线导隐蔽接敌段和末端高速攻击段,为保证快速接敌和对敌目标的有效打击,一般导引接敌段速度不小于 25 kn,末端高速攻击段不小于 50 kn,且要求鱼雷的最大航速为目标航速的 1.5 倍以上。随着现代大型舰艇编队对潜探测距离的进一步扩大,大型鱼雷要进一步提高打击半径,满足反潜防区外精确打击要求,需要鱼雷航程由目前的 50 km 提高到 80~100 km;随着现代大型舰艇航速的不断提升,如美国滨海战斗舰的最高航速可达 45kn,需要鱼雷最大航速由目前的 50 kn 提高到 70 kn。

外形及尺寸已定的鱼雷,其航速取决于动力推进装置的推进功率,且推进功率 N_p 与鱼雷航速 V_T 之间为 3 次方关系,即 $N_p \propto V_T^3$。

若要求鱼雷航速增大 1 倍,则推进功率要增大到 8 倍。海水的密度约为大气密度的 800 倍,若同一个航行体以相同速度分别在水中和空中航行,则前者的航行阻力和推进功率也将较后者大 800 倍。因此,在鱼雷所许可的发动机质量和尺寸的条件下,鱼雷对发动机功率的要求极高。例如:口径为 324 mm、长度约为 2.6 m 的小型鱼雷,当航速为 45 kn 时所需发动机的有效功率约为 63 kW;口径为 533.4 mm、长度约为 6 m 的大型鱼雷,当航速为 50 kn 时所需发动机的有效功率大于 300 kW。

最大航行深度是反潜鱼雷的重要性能指标之一。第二次世界大战期间,潜艇的安全潜航深度约为 100 m,战后提高到 200 m。到 20 世纪 60 年代,出现了航深可达 300 m 以上的潜艇。70 年代末,最大潜航深度已发展到 800~1 000 m。例如,美国"海狼"级核潜艇航深达到 610 m,苏联"阿尔法"级核潜艇航深达到 900 m。反潜鱼雷的最大航行深度最好比潜艇航深大 200 m 以上,因此对鱼雷最大航深的近期要求是达到 1 000~1 200 m,将来希望能达 1 500 m 以上。

航迹不但可以使被攻击对象多了一条发现来袭鱼雷的途径,同时也容易暴露发射舰艇自身的位置。但是,采用电动力装置的鱼雷由于不向雷外排放任何物质,则没有航迹的问题。采用开式循环热动力装置的鱼雷往往具有比较明显的航迹。目前解决的途径包括采用闭式循环热动力装置(如美国的 MK50)和采取措施使推进剂的燃烧产物尽可能多地溶于水(如燃烧产物主要为 H_2O 和 CO_2)。

现代反潜鱼雷对自身的噪声有着严格的要求,过大的噪声会对声自导装置产生干扰,影响

---

① 1 kn=1 n mile/h=0.514 m/s。

搜索与跟踪能力。此外,还使打击对象能较早发现进攻的鱼雷而从容地采取防雷措施,降低鱼雷攻击的效果。动力推进装置的机械噪声和推进器所产生的流噪声是鱼雷武器主要的噪声源,随着对鱼雷战术技术指标要求的提高,增大航速和航程、提高导引精度,增加鱼雷命中率成为需要解决的问题。而提高航速将会使振动噪声增加,进而影响鱼雷的命中率。根据相关研究报道,鱼雷辐射噪声增加 3 dB,可使鱼雷自身的自导作用距离降低 150 m,而被敌方发现的距离增加 1 200 m。此外,若辐射噪声降低 5 dB,自导鱼雷命中率可提高 25%。因此,现代鱼雷动力推进系统的部件及其组成都考虑了减小噪声。例如,采用低噪声螺旋桨或泵喷式推进器(减小推进器的工作噪声)作为鱼雷的推进器,采用消音器来减小排气噪声,采用活塞式(涡轮式的气流噪声较大)发动机并进行仔细的平衡和隔振等措施。

0.1.2　鱼雷动力推进装置的组成

鱼雷动力推进装置可分为电动力装置和热动力装置两大类。

鱼雷电动力推进系统由电池组、推进电动机、电路控制装置,联结电缆、传动装置和推进器等部件组成。电池组将化学能转变为电能,电路控制装置按一定的要求接通电路,将电池组电能提供给推进电机,电动机将电能转变为机械能,再通过传动装置带动对转螺旋桨或泵喷射推进器以产生推力,使得鱼雷在水中航行。

鱼雷热动力推进装置一般由推进剂及能源储存系统、能源供应系统、发动机、推进器等部分组成。能源供应系统将鱼雷中储备的化学能转变成热能,发动机将热能转变成驱动推进器旋转的机械功,推进器产生鱼雷航行所必需的推力。

热动力装置的能源是推进剂,利用推进剂燃烧反应释放的热能来做功,故其发动机也称作热力发动机。电动力装置的能源是动力电池,利用动力电池释放的电能来做功,其发动机是推进电动机。两种动力装置所用的推进器均为螺旋桨或泵喷射推进器。使用固体火箭发动机的喷气鱼雷动力装置和使用水反应金属推进剂的鱼雷动力装置是热动力装置中的特殊类型,因为发动机工质以很大的动量从位于雷尾的喷管中喷出,从而产生反作用力推动鱼雷前进,所以不再需要推进器。

已定外形和尺寸的鱼雷,在既定的速度和深度航行时,鱼雷的航程取决于其能源储备量和动力推进装置的推进总效率。鱼雷中用来储备推进剂(或电池)的容积和质量都是有限的,而且因为鱼雷在水中航行,其动力装置不可能像陆用或航空动力装置那样以大气作氧化剂,所以鱼雷除了要自身携带燃烧剂以外,还要携带所需的氧化剂。由此不难理解,鱼雷推进剂(或电池)不但要求有良好的安全性能和使用性能,而且还要具有尽可能高的能量密度。热动力装置使用的推进剂能量密度可用单位体积或单位质量推进剂经燃烧反应释放的理论热量或所做的功来度量,单位分别是 J/L 和 J/kg 或 W·h/L 和 W·h/kg,电动力装置使用的电池组的能量密度可用单位体积或单位质量电池组反应释放的电能来度量,它们的单位分别是 W·h/L 和 W·h/kg。

目前,热动力鱼雷普遍使用的奥托-Ⅱ(OTTO-Ⅱ)单组元液体推进剂,其能量密度为 217 W·h/L 和 176 W·h/kg。由于 OTTO-Ⅱ 本身为贫氧,作为单组元推进剂进行热分解时,化学能不能充分释放,故其能量密度较低。如果以 OTTO-Ⅱ 为燃烧剂、高氯酸羟胺(Hydroxyl-Ammonium Perchlorate,HAP)为氧化剂、海水为冷却剂,则推进剂的体积能量密度和质量能量密度可以较 OTTO-Ⅱ 单组元推进剂分别提高 66% 和 40%。法国 SAFT 公司研制的"海鳝号"轻型鱼雷动力电源,整个能源段(包括壳体和隔壁)能量密度在 160 W·h/kg 以上,超过了此前所有电化学体系的能量密度,达到了可以与热动力系统相媲美的水平。

为了综合评价热动力鱼雷的推进剂能量特性和发动机热功转换有效性,可以采用动力装置推进剂单位消耗率这一参数。它定义为动力装置在单位时间内发出单位有效功率所需的推进剂质量,其单位是 kg/(kW·s)。显然,推进剂单位消耗率是动力装置的一项综合性能指标,其值越小越好,因为对外形和尺寸已定的鱼雷,这就意味着既定航速时有较大的航程,或既定航程时有较大的航速。

0.1.3 鱼雷动力装置的特点

对于在鱼雷上的一切装置,都要求质量轻、体积小、工作可靠、性能良好、使用方便,这些要求使得鱼雷动力装置的设计具有自身的特点。鱼雷的设计、制造或使用都不是作为一次发射使用的,目前各国服役的鱼雷从出厂经部队专门训练后列为战雷,其试验、使用次数一般为10次左右。整个动力装置工作的总时间一般不超过 10 h,属短寿命、短时工作制,因此装置允许有较高的电、热及机械负荷。鱼雷动力装置的相对质量比地面装置上的轻得多。根据现役鱼雷的情况,鱼雷动力推进装置的质量和体积约占全雷质量和体积的 50%,因此提高质量功率比是鱼雷动力推进系统研究的首要任务。

例如,美国的 MK46 型鱼雷动力装置(凸轮式活塞发动机)的总质量仅为 26 kg,而其有效输出功率为 50 kW,质量比功率约为 1.92 kW/kg,相对质量比功率约为 0.52 kg/kW,远远小于地面使用的活塞机动力装置。"鲔鱼"鱼雷电动机的质量仅为 0.25 kg/kW,而普通 Z2 系列鱼雷直流电动机的质量约为 13 kg/kW。

0.2　鱼雷动力系统的发展历程和现状

0.2.1 鱼雷动力系统的发展历程

鱼雷是随着科技进步而不断向前发展的,其动力装置在技术上也经过了数次质的飞跃才发展到现代这样的水平。回顾其发展过程可以帮助我们从中得到启发。

最初的鱼雷动力装置是直接利用压缩空气作为工质,并采用 V 形双缸活塞式冷气机。这类冷动力装置虽只利用了工质的位能,但它一直用到 20 世纪初,使用期达 40 年之久。在这期间为了满足提高鱼雷航速与航程的要求,曾采取了增大气舱容积,提高充气压强和发展星型多缸发动机的方法。

鱼雷动力装置在 20 世纪初得到进一步发展。因为发明了加热器(即燃烧室),所以压缩空气就可在加热器中同与煤油或酒精燃烧生成的燃气作为工质进入发动机工作。这种动力装置采用多组元推进剂的热动力装置,由于它所利用的能源不单是压缩空气的机械能,而且还有能量密度大得多的推进剂化学能,能源储备量增大,所以就使鱼雷的航速和航程有了很大的提高。但是由于工质温度受材料高温强度性能的限制,因此后来又发明了向加热器中喷淡水降低燃气温度,以充分利用压缩空气进行完全燃烧的方法。因为在工质中的水蒸气含量多,所以把这种鱼雷称为蒸汽瓦斯(燃气)鱼雷。第二次世界大战中使用的主要是这种鱼雷。

在蒸汽瓦斯鱼雷上,压缩空气舱占动力装置的大部分体积,而氧气只占空气舱的1/4,鱼雷内的宝贵空间未能有效地利用,另外压缩空气中的氮气还使鱼雷产生航迹。因此,第一次世界大战后,各国对鱼雷推进剂进行了许多研究,采用纯氧或过氧化氢作为氧化剂、茶烷或联氨作为燃烧剂的鱼雷首先由日本和德国制成,其中的氧气鱼雷当航速为 48 kn 时航程接近20 km。这种发展实际上是以增大鱼雷推进剂的能量储备密度来提高鱼雷的性能的,鱼雷推进剂从此开始向液体单组元或多组元方向发展。第二次世界大战后,各国沿着这个方向发展了许多型号的热动力鱼雷,例如苏联的"53 - 56"氧气鱼雷、"53 - 57"过氧化氢鱼雷,美国的 MK16 和 MK17 过氧化氢鱼雷等。

使用单组元推进剂的动力装置的主要优点是推进剂的输送和调节简便,便于鱼雷小型化。以过氧化氢为基础的单组元推进剂虽然早已研究,但这种推进剂易于发生自燃和爆炸的危险,因而需要另寻新的推进剂。美国在 20 世纪 50 年代研究了由液态硝酸酯、钝感剂和稀释剂等 3 种成分混合而成的 OTTO 推进剂系列,其中尤以 OTTO - II 为最佳,这种单组元推进剂的能量密度较高,蒸汽压低,适于长期储存,对冲击不敏感,而且无毒,是一种性能比较好的推进剂。美国在 60 年代和 70 年代中新装备部队的小型和大型反潜鱼雷 MK46 和 MK48 都是使用这种推进剂。OTTO 推进剂的缺点是燃烧生成物中有不溶于水的成分而使鱼雷产生航迹。另外,它的能量密度还不够高,因此国外仍在研究新的推进剂,有希望的如 HAP 推进剂和锂＋六氟化硫(Li＋SF_6)推进剂等。

在 20 世纪 60 年代以前,热动力鱼雷主要用于攻击水面舰艇,鱼雷的航速在 50 kn 以内,发动机功率不超过 370 kW。除汽油机外,陆地上用的各种发动机都可能被使用,各国则根据自己的优势而采用其中的一种发动机。例如,苏联采用纵卧双缸往复式活塞发动机,英国和日本采用星型多缸活塞式发动机,美国采用涡轮机,德国也以涡轮机为主。

第二次世界大战结束以后各国都十分重视发展反潜鱼雷,而电动力装置由于其结构简单、无航迹、低噪声、航深对发动机功率不产生影响等优点,很适于自导反潜鱼雷采用,因而得到了较大的发展。鱼雷上的电池最先采用的是铅酸蓄电池,20 世纪 50 年代研制出了能量储备比铅酸电池高数倍的银锌电池,60 年代研究出了比银锌电池能量高 1 倍的银镁海水激活电池,70 年代以后出现的锂电池和铝氧化银电池,使鱼雷的能量储备接近了热动力鱼雷的水平。

然而,电动力技术在 20 世纪 50 年代末还是很难满足反潜鱼雷在航速和航程方面不断提高的要求,于是开展了反潜鱼雷使用热动力装置的研究,美国 MK46 和 MK48 热动力反潜鱼雷的出现标志着在这方面已取得了相当大的成就。在大深度反潜鱼雷上,已有的各型热力发动机均因承受不了大背压排气和高压高温进气的影响而被全部淘汰,活塞呈筒形布置以便采用结构简单可靠的转阀配气的新机型则发展起来。这类新机型的优点是便于在鱼雷上布置,结构十分紧凑,能够进行同心双轴输出而直接驱动鱼雷的前、后螺旋桨,发动机易于完全平衡,而且振动和噪声较小。根据工作机构的不同,它可分为筒型活塞式凸轮机和筒型活塞式周转斜盘机两种类型,前一种机型对小型鱼雷较为适用。根据目前情况来看,使用单组元推进剂和筒型发动机的动力装置在近期内将是鱼雷热动力装置的主要发展方向。

综上所述,鱼雷动力装置的发展是随着对鱼雷战术性能要求的提高而向前发展的,主要采取的途径是增大能量储备,使用能量高和安全性好的新推进剂,提高功率和效率,使用高压进气,发展结构简单质量又小的新型发动机,提高可靠性和适用性,研制和发展适合鱼雷特点与要求的辅机(燃料泵、海水泵、滑油泵和发电机)以及启动、燃烧的器件与功率调节的装置等。在技术上,现代鱼雷动力装置已达到了相当高的水平,但由于反潜鱼雷的作战深度还需要进一步增大,各国又在研究适于大深度(1 km以上)工作的鱼雷动力装置,如闭式循环的热动力装置和高容量电池的电动力装置等。

我国的鱼雷科技工作者在自力更生的方针指引下,从 20 世纪 50 年代末开始研制鱼雷,生产出了我国自己的蒸汽瓦斯鱼雷和电动自导鱼雷。70 年代后,我国开始了新型热动力自导鱼雷的研制。经过数十年的研究,我国的热动力鱼雷技术已接近世界先进水平。

0.2.2 鱼雷动力系统的发展现状

国外现役的先进鱼雷主要性能见表 0-1。

表 0-1 国外现役的先进鱼雷主要性能比较

型 号	口径 mm	长度 m	航速 kn	航程 km	航深 m	能 源	发动机	其 他
"矛鱼" (Spearfish)	533	7	28/55/70	100/40/26	900	HAP＋OTTO＋海水	重入式 涡轮机	
MK48 ADCAP	533	6.1	28/40/55	46/30/20	900	OTTO-Ⅱ	摆盘活塞 发动机	
"暴风雪" (Shkval)	533	8.2	200	10	7	镁基金属水反 应推进剂	火箭发动机	
MK50	324	2.8	50	15	1 000	$Li＋SF_6$	蒸汽涡轮机	闭式
TP2000	533	5.99	50	25～30	500	H_2O_2＋柴油＋海水	凸轮活塞机	半闭式
УЭТТ	533	7.86	32/45	25/15	450	Mg/CuCl 电池	双转直流 串激电机	
F17-2	533	5.41	24/40	28/20	500	Zn/AgO 电池	单转直流 串激电机	
"鲗鱼" (Sting Ray)	324	2.6	45	11	745	Mg/AgCl 电池	双转直流 串激电机	
MU90/ Impac	324	2.85	29/50	25/12	1 000	Al/AgO 电池	单转永磁 无刷电机	无级变速

由表 0-1 可知:

1)热动力"矛鱼"鱼雷和热动力"暴风雪"鱼雷是现役最先进的重型鱼雷;

2)热动力 MK50 鱼雷和电动力 MU90 鱼雷是现役最先进的轻型鱼雷;

3)热动力鱼雷在航速和航程方面明显高于电动力鱼雷,主要技术是 HAP＋OTTO 推进剂、$Li＋SF_6$ 闭式循环、金属水反应推进剂和涡轮机;

4)轻型鱼雷电动力取得了较大的进展,主要技术是 Al/AgO 电池技术、永磁无刷电机技术和无级变速技术。

能源是决定动力装置发展的最主要因素。以下以能源为主,说明鱼雷先进动力的发展概况。

(1)H_2O_2＋柴油＋海水推进装置。瑞典 TP2000 鱼雷动力装置使用浓 H_2O_2＋柴油推进剂、活塞发动机及半闭式循环动力系统。推进剂的比能量比 OTTO-Ⅱ高,废气可溶于水,环保良好,隐蔽性好,一次维修多次使用。

(2)HAP＋OTTO 推进剂热动力装置。推进剂是以高氯酸羟胺(HAP)为氧化剂,OTTO－Ⅱ 为还原剂,同时以海水为冷却剂。它的比能量是 OTTO－Ⅱ 推进剂的 1.5 倍,航迹很小,使用安全。英国"矛鱼"鱼雷使用 HAP＋OTTO、涡轮机、开式循环动力系统,其航速和航程达到了世界领先水平。

(3)Al/AgO 电池电动力。Al/AgO 电池比能量高,理论电化学比能量为 1 090 W·h/kg,目前工程实际可达 100～180 W·h/kg。Al/AgO 电池是美国最先研究的一种可用于鱼雷的高能堆式电池,曾希望用于先进的轻型鱼雷(Advanced Light Weight Torpedo,ALWT),但该鱼雷最终选用了 Li＋SF$_6$ 闭式循环(该鱼雷后称 MK50 鱼雷)。后经意大利和法国联合研制,使用这种电池的 MU90 鱼雷在 1996 年达到了预期的初始作战能力,其电动力系统为无级变速,使用单转永磁无刷电机。MU90 鱼雷动力系统性能超过了使用 OTTO 单组元推进剂的 MK46 鱼雷,其接近 MK50 鱼雷的 Li＋SF$_6$ 闭式循环动力装置。这种动力装置的高性能需要复杂的电池电解液系统作保证,图 0－1 是法国 MU90 鱼雷 Al/AgO 电池的电解液系统示意图。该系统的功能:①供应浓度基本不变(最佳为 30％)的电解液到电池堆的正、负极板之间,电解液在正、负极板之间必须均匀流动;②把电池堆化学反应的热量带出来,使其温度保持在 70～90℃内;③把电池堆化学反应生成的氢气和其他反应产物分离并排出鱼雷。

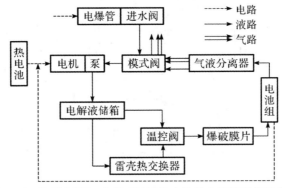

图 0－1　法国 MU90 鱼雷 Al/AgO 电池的电解液系统示意图

法国 SAFT 公司正在研究将 Al/AgO 电池用于重型"黑鲨"鱼雷,预期航速不小于 50 kn、航程不小于 50 km,其电机为双转永磁无刷直流电机,无级变速,为减小辐射噪声未使用齿轮减速器。德国也在研制使用 Al/AgO 电池的重型鱼雷 DM2A4,预期航速不小于 50 kn、航程不小于 50 km,电机为单转永磁无刷同步电机,无级变速。估计完善的电解液系统和电极材料的微量元素是研制过程中一个重要内容。

(4)高性能 Li 电池电动力装置。高性能 Li 电池有 Li/SOCl$_2$,Li/H$_2$O 和 Li/AgO 等。其中,取得进展最大的是 Li/SOCl$_2$ 电池,该电池理论比能量高达 1 474 W·h/kg,工程应用实际值大于 250 W·h/kg,是各种电池中最高的,高的放电速率可使鱼雷航速达 60 kn。1984 年前后美国就开始研制在轻型鱼雷上使用 Li/SOCl$_2$ 电池,但因电池堆内部短路或放电过程中热积累引起热失控产生爆炸而未能成功。法国也研制过将这种电池用于重型鱼雷,输出功率为 600 kW,比能量为 200～250 W·h/kg,工作时间为 12 min,电池组总长度为 2 m。法国在研制中遇到的主要问题也是热失控产生的爆炸问题。Li/SOCl$_2$ 电池的热失控爆炸问题已被研究了 20 多年,但机理仍不十分清楚,估计短时间内难以解决。

（5）SCEPS 和 ADSCEPS 闭式循环热动力装置。SCEPS 为 Stored Chemical Energy Propulsion System（储存化学能推进系统）的缩写，即 $Li+SF_6$ 闭式循环热动力装置。1992 年 10 月完成研制并用于美国 MK50 轻型鱼雷。该系统氧化剂为 SF_6、燃烧剂为金属 Li，能量密度高，其反应产物的密度大于推进剂的密度，这就允许组成闭式循环动力系统。反应热量用于产生过热蒸汽以驱动一个涡轮机。这种鱼雷具有很高的航速和航程，不受航深影响，航行很安静，接近目标时不会由于动力系统的辐射噪声而惊动目标。这种动力系统的技术难度大，因为熔融的 Li 和 SF_6 以数千度的温度进行反应，而且释放出的未经反应的氟易引起部件腐蚀。使用实践表明，SCEPS 具有稳定的性能和高的可靠性，因此在其基础上又发展了 ADSCEPS（先进型 Li/SF_6 闭式循环），ADSCEPS 用在 MK50 鱼雷上使其具有更高的速度和航程。冷战的结束终止了进一步研制，使得 ADSCEPS 仅进行了较少的实航试验，但试验证实了这种动力系统的比功率和比能量是可以达到设计指标的，只需要进行适当的工程改进即可装备军方。由于这种动力系统的优点突出，因此美国海军将其列为装备重点发展方向之一。同时，美国也在发展用于无人水下航行器（Unmanned Underwater Vehicle，UUV）的小功率 $Li+SF_6$ 闭式循环动力系统，是由斯特林发动机和油芯燃烧室组成的（见图0-2），油芯燃烧室用毛细管原理分配液体金属 Li 与 SF_6 燃烧。

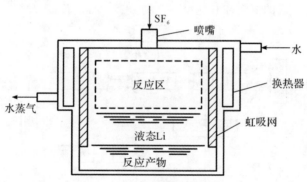

图 0-2　$Li+SF_6$ 油芯燃烧室

（6）水反应金属推进剂喷射推进热动力推进装置。俄罗斯超空泡"暴风雪"鱼雷应用镁基水反应金属推进剂火箭发动机，得到 200 kn 的航速和 10 km 的航程。西方各国也在研究水反应金属推进剂喷射推进动力，美国宾夕法尼亚洲立大学应用研究实验室正在研究可用于超空泡鱼雷的 Al/H_2O 涡流燃烧室的冲压式发动机，其原理是将 Al 粉送入涡流燃烧室中和海水发生反应，同时产生的高温蒸汽通过喷管排出产生推力。高速旋转的海水可清除 Al 粉表面的氧化物以提高 Al 的燃烧效率。Al/H_2O 涡流燃烧室能源系统也可用于鱼雷涡轮机，以提高航速和航程。

（7）HYDROX 热动力。HYDROX，即 H_2+O_2 能源系统。美国宾夕法民亚洲立大学应用研究实验室在积极研究目前比能量最高的 HYDROX 闭式循环动力系统，用金属 Li/Al 合金和水反应产生 H_2，用 $LiClO_4$ 等产生 O_2，H_2 和 O_2 按化学比例组成的推进剂燃烧放出热量产生水蒸气驱动发动机工作。工作过的废水蒸气可用海水完全冷凝成水，这使得该动力系统具有高的热效率，而且性能对深度不敏感。这种能源系统可用于喷射推进动力、普通热机和为推进剂电池提供 H_2 和 O_2。这种能源可用于需要大功率的鱼雷，也可用于需要小功率的无人水下航行器。目前，用于无人水下航行器的一种油芯式燃烧系统正在研究中。这种动力系统由于技术复杂,要进入工程应用阶段还需要进行大量的工作。

0.3　鱼雷热动力系统和电动力系统的主要特性比较

0.3.1　比能量和比功率

图 0-3 近似地给出了水下典型能源动力系统的归一化比能量和归一化比功率。

比能量指能源动力系统(包括能源、能源储存和供应系统,动力系统,相应的鱼雷壳体)的单位质量提供给推进器的能量。"比能量"决定着鱼雷航程。

比功率指动力系统(包括相应的鱼雷壳体)的单位质量提供给推进器的功率。"比功率"决定着鱼雷航速。

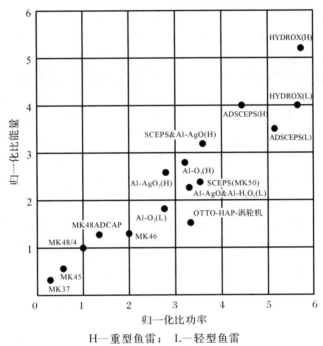

H—重型鱼雷;　L—轻型鱼雷

图 0-3　典型能源动力系统的归一化比能量和归一化比功率

由图 0-3 可知,Al/AgO 电动力系统的比能量和比功率与 MK50 闭式循环热动力系统相近,比能量明显超过了 OTTO 和 HAP+OTTO 热动力系统,比功率和 HAP+OTTO 热动力系统相近,明显超过了 OTTO 热动力系统;比能量和比功率超过 Al/AgO 电动力系统的热动力系统是 ADSCEPS 和 HYDROX 动力系统。

0.3.2　安静性

电动力系统曾是提供安静型鱼雷并推迟目标警觉的唯一选择,但现在电动力系统已不再是唯一选择。安静型动力系统的范围已包括了一些热动力系统,它们和电动力鱼雷一样安静,甚至更加安静。例如,瑞典的 TP2000、美国的 MK50 和英国的"矛鱼"鱼雷热动力系统都是很安静的,在同样航速时"矛鱼"鱼雷的噪声的大小只是电动力"虎鱼"鱼雷的80%。

动力系统的振动强度因使用的运动机构和工作参数而不同,热动力包含的高速旋转体、往复运动体、高速齿轮减速器和高速泵等运动机构,作为振源往往振动强度比较高。鱼雷辐射噪声取决于雷壳振动,雷壳振动的强度既与动力系统振动的强度有关,也与振动传递到雷壳过程的阻尼和隔离有关。例如,由于隔振方法得当,因此某热动力鱼雷的发动机传到雷壳的振动很小,而由于隔振方法的漏洞,因此传递到雷壳的振动主要源于海水泵和辅机齿轮系。"矛鱼"鱼雷使用了高速涡轮机、高速齿轮减速器和多个高速大功率泵,其振动强度很高,但由于振动噪声控制得当,当同样航速时辐射噪声比电动力"虎鱼"鱼雷还小。"矛鱼"鱼雷动力系统通过弹性支架装在雷壳上以减小振动传向雷壳,实现了有效的整机隔振。因此,不能简单地说是热动力辐射噪声大还是电动力辐射噪声大,这取决于振动噪声控制措施是否有效。

0.3.3 航行深度和航迹性能

电动力装置的工作特性不因鱼雷航行深度的变化而改变,故电动力鱼雷的最大航行深度仅取决于其壳体的耐外压刚度和强度。同时,由于电动力装置在工作过程中不向雷外排放物质或排放少量的可溶于水的气体(如 H_2),因此航行过程不会产生航迹。热动力鱼雷则不同,热动力鱼雷最大航行深度不仅与壳体承受外压的能力有关,而且与热动力装置的抗背压工作能力有关。虽然开式热力循环系统可借助于提高发动机进气压强来适应鱼雷增大航深的要求,但是发动机膨胀比(进气与排气压强之比)的减小使发动机效率和推进总效率降低,而且过高的进气压强对动力系统各部件在结构强度和密封等方面带来一系列的困难。因此,开式热力循环系统的最大工作深度是有限制的,一般说来航深 1 000 m 左右已接近其极限。热动力装置解决该问题的手段是采用闭式循环或半闭式循环。半闭式热力循环系统由于系统复杂,技术关键问题多,至今离工程实践应用尚有较大距离。半闭式热力循环系统必须向雷外排放一部分物质,尽管发动机工作状态的变化在鱼雷航深改变时变化不大,但是系统各部件的工作难免要受航深改变的影响。闭式热力循环系统则相反,系统工作时不向雷外排放任何物质,故其工作状态与航行深度完全无关,相应地也就不存在航迹问题。

0.3.4 技术复杂性

因热动力系统必然涉及高温、高压问题,故往往比较复杂,除这些固有原因外,也和热动力系统追求高性能而使用新技术密切相关。随着电动力系统为提高性能而采用新技术,其复杂性也在增加,如 Al/AgO 电池的电解液系统就很复杂。

为降低操雷应用的复杂性和减少全寿命周期工作费用,操雷可使用好用且便宜的能源,如"矛鱼"鱼雷的操雷只使用 OTTO-Ⅱ推进剂。"黑鲨"鱼雷的操雷拟使用 Zn/AgO 电池、Li 离子电池等。

0.3.5 实现多速制或无级变速

电动力系统通过应用电子逆变器,实现了 10%～100%转速范围内的无级变速。

活塞发动机热动力系统可以实现大范围的无级变速,例如,瑞典 TP2000 鱼雷的动力系统已实现了无级变速。涡轮机热动力系统实现大范围无级变速时经济性下降较大,仍可实现小范围的无级变速。

0.3.6　全寿命周期工作费用

全寿命周期工作费用包括：①武器采购费用，试验和维修设备采购费用；②为了熟悉武器的准备和使用技能的武器操演费用；③操演发射后维修、定期维修和超期搁置的维修费用。MK50 鱼雷采用的 $Li + SF_6$ 闭式循环动力系统的费用高且维修不方便，使得美国又研发 MK54 鱼雷。而 MU90 鱼雷的研发总费用已超过了 MK50 鱼雷，其一次发射到另一次发射之间产生的费用是 MK50 鱼雷的若干倍。因此，不能仅根据鱼雷的全寿命周期工作费用来判断电动力鱼雷与热动力鱼雷的费用哪个更高。

0.4　鱼雷动力系统的发展趋势

按比能量大小可将鱼雷动力系统大概进行分类，见表 0-2。从分类表中分析可知，鱼雷动力系统的发展趋势如下：

(1)热动力系统在提高鱼雷航速和航程方面将继续保持优势，同时也在不断提高安静性和使用性。电动力系统在保持高的安静性和好的使用性优势的同时，在提高鱼雷航速和航程方面也将有大的进展。

(2)SCEPS、水反应金属推进剂、ADSCEPS 喷射推进和 HYDROX 动力的高比能量，都是因为以不同的方法应用金属推进剂的结果。因此，可以认为金属推进剂，特别是水反应金属推进剂热动力系统是鱼雷动力技术未来的主要发展方向。

表 0-2　鱼雷动力系统按比能量分类

比能量类别	低比能量	中比能量	高比能量	超高比能量
热动力		OTTO $H_2O_2 +$ 柴油 HAP+OTTO	SCEPS ADSCEP	水反应金属 推进剂喷射推进 HYDROX
电动力	Zn/AgO Mg/AgCl $Mg/CuCl_2$		Al/AgO	$Li/SOCl_2$

习　　题

0.1　简述鱼雷动力推进装置的组成。

0.2　试比较鱼雷热动力系统和电动力系统的优缺点。

0.3　航速、航程、航深、隐蔽性等是鱼雷的重要性能指标。请简述鱼雷的这些指标与动力系统性能之间的关系。

第1章　鱼雷热动力系统概述

1.1　鱼雷热动力系统的发展历程

1866 年,罗伯特·怀特黑德发明了世界上第一枚自动推进的鱼雷。怀特黑德鱼雷的发动机是利用空气工作的 V 形双缸活塞式冷气机,气舱中空气的储备压强为 2.7 MPa,鱼雷的航速为 6 kn,航程为 640 m。

从怀特黑德鱼雷到 19 世纪末以来的近 40 年中,各国研制鱼雷都采用冷行的活塞式空气发动机。为了满足提高鱼雷航速、增大航程和装药量的要求,鱼雷中压缩空气的储备量和发动机功率不断增大。到 20 世纪初,鱼雷气舱容积增大到 328 L,充气压强达 15.3 MPa,发动机由 V 形双缸发展到星形三缸和四缸,使直径为 450 mm、长度约为 5 m、装药量为 90 kg 的鱼雷达到航速为 32 kn,航程约为 1 km。

20 世纪初鱼雷动力装置中应用了燃烧室(又称加热器)。发动机的工质不再是冷气,而是热气了。这样,发动机的功率和效率得以提高,空气消耗量相应减少,鱼雷的航速和航程增加。但是,由于燃气温度过高又为发动机材料所不容许,在 1910 年以前,实现了向燃烧室中喷入鱼雷携带的淡水这一技术方案。淡水作为燃气冷却剂,压缩空气仅作为氧化剂,不再包括冷却作用消耗的部分,空气消耗量大为减少,能为鱼雷利用的燃烧剂的化学能有很大增加。淡水蒸发和燃气混合后形成蒸汽燃气混合气,作为鱼雷发动机的工质,至此鱼雷动力装置较完满地实现了由冷行空气发动机到热力发动机的重大技术革新,加上燃烧剂化学能的利用使鱼雷能量储备大为增加,因此为大幅度提高鱼雷航速和航程奠定了必要的基础。

发动机应用和吸取了当时已具相当水平的蒸汽机技术和经验,在构造和性能方面均不断提高。除了星形外燃活塞发动机,还出现了卧式双缸双作用外燃活塞发动机。这两种往复发动机在相当长时期内,成为鱼雷活塞发动机的基本结构形式。此外,从 20 世纪初期起,美国研究和发展了若干种型号的涡轮发动机鱼雷,使涡轮和活塞两种动力装置成为反舰热动力鱼雷动力装置的基本类型。

第一次世界大战后,各国相继采用口径为 533.4 mm 的鱼雷作为主要水中兵器,并对鱼雷推进剂进行了很多研究工作,以期进一步增大鱼雷的能量储备和提高鱼雷的无迹性。先后用于鱼雷推进的燃烧剂有酒精、煤油、萘烷等,氧化剂有压缩空气、过氧化氢和氧气等。但在热力发动机方面,无论在类型或是结构上并无重大变化。虽然曾对鱼雷用内燃机和内外燃发动机进行过不少研究,但结果并不令人满意,实际应用也很少。

第二次世界大战临近结束时,德国曾研制了一系列以萘烷、过氧化氢为推进剂的主要成分的涡轮发动机鱼雷和液体火箭发动机鱼雷,但随着德国战败,这些鱼雷在实战中并未发挥多大作用。

第二次世界大战结束以后,科学技术得到迅猛发展,导弹武器和各种作战器材的性能也有了很大提高。依据新的海战情况和条件,各国普遍重视发展潜艇,因此对潜用鱼雷和各种反潜鱼雷的需求十分迫切。以 20 世纪五六十年代的技术水平来看,电动力装置的低噪声、无迹性、工作性能不因航深而变化、结构简单等优点,使声自导电动力鱼雷得到极大的发展。战后 20 余年,各国研制的鱼雷多数采用电动力装置。

然而,潜艇性能和反潜技术的迅速提高,使得增大鱼雷航速、航深、航程的要求十分迫切,而鱼雷活塞动力装置的发展又为大深度航行提供了可能,因此从 20 世纪 60 年代中期开始,热动力鱼雷衰落的局面得到转变,再次受到重视和获得巨大发展。相继出现的美国 MK46 和 MK48 鱼雷系列,便是这种转变的标志。应该指出,新一代的热动力鱼雷与老式的直航反舰鱼雷相比,战术技术性能已有极大提高。就其动力装置而言,鱼雷的能源储备为液体推进剂,发动机为比功率大、结构简单、振动和噪声小、能在大深度工作,而且还配备了适应鱼雷航深大幅度变化的动力装置调节器。

综上所述,百余年来鱼雷热动力装置沿着不断增大推进剂的能量密度,提高系统的有效输出功率、减小推进剂单位消耗率、提高动力装置的比功率(有效输出功率与动力装置质量之比)、提高系统可靠性和适应大深度工作的道路不断发展。现代鱼雷热动力装置在理论和技术方面已达相当高的水平,而且各国还在不断地研究和发展更适合鱼雷特点和要求的新构造、新机种,如转子发动机、斯特林发动机(又称热气机),以及各种叶片式膨胀机等。

热动力鱼雷及其动力装置的有关参数和性能见表 1-1。该表基本按年代排列,从表中可了解鱼雷热动力装置的发展历程,并大致估计不同时期鱼雷的性能。

1.2　鱼雷热动力系统的分类和组成

热动力鱼雷的能供系统及动力装置由推进剂储备部分、推进剂输送与调节部分、推进剂分解、燃烧及点火部分(燃烧室)以及带冷却和滑油系统的发动机等组成。一般将有关推进剂的储存、输送与调节的组件以及燃烧室,即将化学能转变为热能的这一部分总称为能供系统,而将发动机及其附件,即将热能转变为机械能的这一部分称为动力装置,也可将燃烧室独立于能供系统和动力装置单独列出。

1.2.1　推进剂储备部分

鱼雷热动力系统所用的推进剂,就在常温下的状态来说,有固、液、气三态的推进剂,而按组分来说,有单组元和多组元推进剂之分。使用固体火箭发动机的鱼雷,其航速较高但航程很短。推进剂组分中有气态成分的鱼雷,因能量储备有限,其航速与航程也满足不了当今的要求,因此现代热动力鱼雷大都是使用能量密度高、易于传输和控制的液体推进剂。一般用鱼雷的一段壳体作为推进剂舱,推进剂舱按推进剂的组元数隔成相应数量的舱室,以分别储存推进剂的每个组元。在大航深下,由于发动机要用高压进气才能保证合理的热效率,推进剂须用泵吸式输送,所以推进剂舱的内压小而外压大,较长的舱室通常须分隔成几部分,各间用隔板隔开(见图 1-1),以保证在鱼雷航行结束时能把推进剂舱中的推进剂抽吸干净,另外,也便于操雷以少装推进剂的方法,使得在发射后如遇点火失败能够上浮。

表 1 - 1　热动力鱼雷及其动力装置的有关参数和性能

年份	国别	型号	用途	直径/mm	长度/m	质量/kg	航速/航程 kn/m	航深/m	能源	发动机类型	功率/kW
1866	奥匈	怀特黑德		356	3.35	136	6/640	2	压缩空气	V形双缸往复机	
1871	美	自动鱼雷		381	3.78				压缩空气	V形双缸往复机	
1876	俄	1876年式		381	3.79	388	5～7/274～366		压缩空气	星形三缸往复机	
1892	美	MK1黑德	舰-舰	450	5.0	526	30/730		压缩空气	星形三缸往复机	
1897	俄	1876年式		450	5.18	450	30/370,28/550		压缩空气	星形三缸往复机	
1904	美	MK5黑德	舰潜-舰	450	5.18	658	27/3600,36/1 800,40/900		酒精+空气	四缸往复机	
1904	俄	MK1李维特	舰潜-舰	533	5.0	680	27/3 600		酒精+空气	卧式复速级涡轮机	
1905	俄	1905年式		450	5.2	636	32/1 000,20/3 000		煤油+空气	星形四缸往复机	
1910	俄	1910年式		450	5.2	655	36/1 000　25/5 000		×××+空气+淡水	星形四缸往复机	
1910	日	43式		450	5.19	663	26/5 000		×××+空气+淡水		
1910	日	43式		533	6.39	1 187	27/8 000		×××+空气+淡水		
1912	俄	1912年式		450	5.1	820	39.5/3 000,29.5/6 000		煤油+空气+淡水	卧式双缸无机套往复机	
1916	日	6年式	舰-舰	533	6.84	1 432	36/8 500,27/15 500		煤油+空气+淡水	星形四缸往复机	
1916	英	MK4	空舰-舰	533	5.7	1 443	40/4 600		煤油+空气+淡水	卧式双缸往复机	161.7
1927	意	MK8	舰潜-舰	450	5.7	918	43.5/2 000,27.5/8 000		煤油+空气	星形四缸内、外燃往复机	235.2
1927	德	G7a	舰潜-舰	533	6.7	1 566	45.5/4 600		煤油+空气+淡水	星形四缸往复机	227.9
1932	日	91式	空舰	533	7.16	1 535	44/6 000,30/14 000		萘烷+空气	星形八缸往复机	
1932	日	93式1型		450	5.27	788	45/1 500,35/3 000		煤油+空气+氧气	卧式双缸往复机	
1935	苏	45-36	空舰-舰	609	9.00	2 765	48/22 000,40/32 000		×××+氧气+空气+××	卧式双缸往复机	
1935	日	95式1型	潜-舰	450	6.0	950	39/4 000		煤油+空气+×××	卧式双缸往复机	117.6
1935	苏	53-38	舰潜-舰	533	7.15	1 665	49/9 000,45/12 000		×××+氧气+空气+××	卧式双缸往复机	
1935	苏	53-38		533	7.2	1 615	44.5/4 000,30.5/10 000		煤油+空气+淡水	卧式双缸往复机	235.2
1935	苏	53-39	舰潜-舰	533	7.49	1 755	51/4 000,40/8 000	14	×××+空气+淡水	卧式双缸往复机	338.1

续表

年份	国别	型号	用途	直径/mm	长度/m	质量/kg	航速/航程/(kn/m)	航深/m	能源	发动机类型	功率/kW
	美	MK15	舰-舰	533	7.32	1 750	45/5 500,26.5/14 000		酒精+空气+淡水	立式复速级涡轮机	249.9
	美	MK25	空-舰	570	4.09	1 046	40/2 300		酒精+空气+淡水	立式复速级涡轮机	161.7
1935	英	MK8	舰潜-舰	533	6.7	1 566	45.5/4 600		煤油+空气	星形四缸内，外燃往复机	235.2
	德	G7u		533	7.0	1 200	40~42/7 000		萘烷+过氧化氢+淡水	星形四缸往复机	220.5
	德	Stein Butt		533	7.19	1 677	45/8 000		萘烷+过氧化氢+淡水	卧式单级涡轮机	319.7
	德	LT-1 500	空-舰	533	7.0	1 500	40/1 700		萘烷+过氧化氢	液体火箭发动机	
1939	意	SI 270		533	7.20	1 700	48/4 000,38/8 000,30/12 000		×××+空气+淡水	立式八速级涡轮机	238.9
1952	苏	PAT-52	空-舰	450	3.9	627	58~68,600		缓燃双基药	固体火箭发动机	
1955	意	U-6		515	7.5	1 000			水反应推进剂	喷水发动机	
1956	苏	53-56	舰潜-舰	533	7.74	2 000	50/8 000,40/13 000	14	煤油+氧气+淡水	卧式双缸往复机	345.5
1965	美	MK46-0	空潜舰-潜	324	2.59	261	45/5 000		过氯酸铵+硝酸铵	涡轮发动机	
1966	美	MK46-1	空潜舰-潜	324	2.59	232	42~45/9 000	457	OTTO-II	凸轮式活塞发动机	50/62
	瑞	TP61	舰潜-舰	533	7.02	1 765	50/30 000		酒精+过氧化氢+淡水	星形双排十二缸往复	
1969	美	NT37	舰潜-舰潜	482	4.09	766	50/30 000	18	OTTO-II	凸轮式活塞发动机	
1972	美	MK48-1	舰潜-舰潜	533	5.86	1 568	50/45 000	900	OTTO-II	摆盘式活塞发动机	367.5
1973	苏	ДJIT-1	舰潜-舰潜	650	12	4 500	50/30 000,30/100 000	400	煤油+过氧化氢	涡轮机	
1980	日	G-RX2	潜-舰潜	533	7.0		55/20 000	600	酒精+过氧化氢	摆盘式活塞发动机	
1980	美	MK48-5	舰潜-舰潜	533	5.85	1 582	60/46 000	900	OTTO-II+HAP	摆盘式活塞发动机	
	英	Spearfish	舰潜-舰潜	533	6.0	1 850	55~70/40 000	914	OTTO-II+HAP	涡轮发动机	
	美	MK50	空潜舰-潜	324	2.79	363	50/20 000	1 000	锂+六氟化硫	闭式循环蒸汽涡轮发动机	
1990	瑞	TP2000		533	5.99		50/30 000	500	柴油+过氧化氢	半闭式循环凸轮活塞发动机	
1992	俄	暴风雪	潜-舰	533	8.2	2 600	200/10 000		镁基水金属推进剂	水冲压火箭发动机	

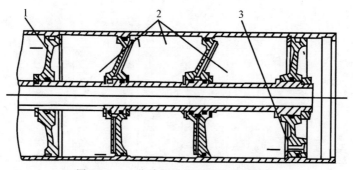

图 1-1　一种单组元推进剂舱鱼雷结构

1—二氧化碳气体进口；　2—推进剂舱；　3—推进剂出口

1.2.2　推进剂输送与调节部分

1. 推进剂的输送

鱼雷液体推进剂输送的可能方法有挤压法和泵吸法。挤压法是用另一种物质（例如海水）来挤压推进剂，而这种用来挤压推进剂的物质则用泵将其增压并送入推进剂舱。此法能简化多组元推进剂的输送，但仅适用于发动机进气压强不高的鱼雷。泵吸法是液体推进剂鱼雷上主要使用的方法，此法对多组元推进剂鱼雷无论在结构和调节上都会带来复杂性，但对于单组元推进剂鱼雷则较为简单并适用。此外，还有一种挤压与泵吸混合的推进剂输送方法。其工作原理是将鱼雷航行时产生的海水动压引入推进剂舱，挤压弹性袋内的推进剂使之流向推进剂泵入口，再由推进剂泵增压送至燃烧室。

鱼雷输送系统所使用的泵，对于高进气压强的动力装置主要是柱塞式斜盘泵，对于低进气压强的动力装置，可以使用离心泵、齿轮泵或叶片泵等。

2. 推进剂的调节

为了保证鱼雷的航速稳定和高、低速制的变换，大深度反潜鱼雷一般都有调节与变速装置。这种装置的作用是调节流向燃烧室的推进剂压强或流量，以便适应不同工况下的发动机的需要。调节的方法有开环调节和闭环调节两种。开环调节的结构较为简单可靠，但其调节的精度较低，根据美国 MK46 鱼雷使用情况来看，在 800 m 深度以内这种装置还是可以满足鱼雷战术技术要求的。闭环调节则大多根据发动机的转速用电控的方法来调节推进剂的压强和流量。

1.2.3　推进剂的分解、燃烧和点火部分（燃烧室）

现代鱼雷的点火装置由海水电池、电爆管和点火药组成。鱼雷入水后电池被引入的海水激活，从而引爆电爆管，使点火药燃烧并点燃启动药柱。启动药柱燃烧生成的燃气使发动机启动。当发动机达到一定转速时，推进剂进入燃烧室分解和燃烧，最后使发动机进入正常工作状态，这种点火装置的控制机构比较简单可靠（在老式鱼雷上，点火是用机械击发雷管的方法点燃点火药，使喷入燃烧室的推进剂着火燃烧，为了保证鱼雷入水后可靠点火，在现代鱼雷设计中，专门设置了一套较为复杂的点火控制机构）。

推进剂进入燃烧室后首先进行雾化，然后再分解和燃烧。燃烧室有固定式和旋转式两种。旋转式燃烧室同发动机的配气阀固结在一起，此种结构简化了配气阀前端的机械密封，并提高了可靠性。为了保证发动机在高背压时仍有较高的效率，燃烧室通常在高压（最高可达 35 MPa）和高温（1 500 K 左右）下工作。

1.2.4　发动机

鱼雷上用过的主机有活塞式发动机、涡轮发动机和火箭发动机。鱼雷活塞式发动机有外燃、内外燃两种。近代鱼雷均采用外燃机，即工质在发动机外的燃烧室中产生并供发动机工作。内外燃机是在外燃基础上还往气缸中喷射推进剂使之燃烧的。内外燃机虽有利于提高效率，但结构比较复杂，故未能得到发展。提高发动机的功率，可采用增加气缸数量的方法。气缸排列方式有星形排列、纵卧双缸排列和气缸呈筒形排列等。星形排列的活塞只有一面工作，每缸需配置一套进、排气机构。纵卧排列的活塞可以是前、后两面工作，采用一套配气机构给活塞的前、后两个缸配气。筒形发动机的活塞也是一面工作，但只用一个配气阀就能给各缸配气，它的配气机构比较简单，而且适于高压进气时采用，因此在大深度鱼雷上主要使用筒形发动机。

同其他机种相比较，火箭发动机在水中使用时推进效率十分低，但它的结构简单，以前只在空投鱼雷上采用过。

涡轮机在鱼雷上曾得到比较多的应用。常用的形式是短叶片单级（喷管出来的气流只吹动叶轮一次）或复速级（两叶轮间有导向片，让第一级出来的气流再吹向第二级）冲动式涡轮或重入式涡轮（从喷管出来的气流经转向后进入第二级喷管并吹向叶轮）。为保证一定的效率，涡轮机的转速必须是每分钟几万转的高速，而为了避免螺旋桨产生空泡，中间必须用减速器联结。涡轮机在提高功率方面较活塞式发动机有更大的潜力，但在噪声和适应背压变化的能力方面则较差。因此，反潜鱼雷开式循环的发动机主要是采用活塞式筒形发动机。但对于闭式循环，因背压较低而且恒定，所以涡轮机又比活塞式发动机优越得多。

1.3　对鱼雷热动力系统的要求

鱼雷热动力装置及能供系统应满足以下诸项基本要求：

（1）要能满足鱼雷航速、航程、航深的要求。

（2）整套动力装置有尽可能高的效率和尽可能小的推进剂消耗量。

（3）当鱼雷深度变化时发动机功率应基本不变，而且应能根据需要进行高、低速制的相互转换。

（4）动力装置的废气能溶解于海水，使鱼雷尽量不产生航迹。

（5）动力装置各部件的噪声要小，运动部件应很好平衡以便减小振动。

（6）动力装置应能长期储存和有耐腐蚀的能力，经过长期储存后启动迅速、可靠。

（7）动力装置应简单可靠，质量和外廓尺寸要小，强度要足够大。

（8）动力装置各部件应便于制造、维修，便于使用人员掌握和操作。

（9）动力装置中所使用的推进剂，应确保能量密度高，安全性好，成气量大，燃烧产物的大部分溶于水，并且无毒和无腐蚀性。

1.4 国外鱼雷热动力系统的现状和特点

随着大型水面舰艇编队和潜艇性能的提高,对鱼雷的战术技术指标提出了更高的要求。而作为鱼雷武器心脏的动力系统对鱼雷的战术技术指标起到了重要的作用,因此世界上各主要鱼雷生产国均投入大量的人力和物力对鱼雷动力系统进行研究。

从鱼雷总体考虑,要求其动力系统体积小、比功率大、噪声低、工作时间长、能在水下 5～1 000 m 深度范围内多级变速工作,发动机功率在 400 kW 以上,有的可达 900 kW 或更高,这样可使鱼雷航速达 50 kn 以上,有的可达 70 kn 或更高,鱼雷的航程达 50 km 以上,要达到以上这些指标(尤其是航速和航程),相比之下,热动力系统是实现这些要求的首选方案。因此,各海军强国均投入巨资进行研究,并已取得了丰硕的成果,其战术技术指标已达到相当高的水平。下面介绍几个主要鱼雷研制国家和地区在这些方面的研制情况。

1.4.1 美国

美国拥有雄厚的经济实力、工业生产能力以及科技实力,是鱼雷能源动力领域的强国。20世纪 50 年代之前,美国的鱼雷以电动力为主。具体来说,除 MK16、MK17 鱼雷使用烃燃料＋过氧化氢为能源、涡轮机为动力,MK40 鱼雷使用固体火箭发动机推进外,其余 MK27～MK45、MK47 等 10 多个鱼雷型号均为电动力。20 世纪 50 年代以后,美国鱼雷逐渐转为以热动力为主。图 1－2 归纳了美国鱼雷装备及其能源动力技术的发展历程示意图(1950—2000 年)。

在轻型鱼雷方面,采用 OTTO－Ⅱ单组元燃料、凸轮活塞式发动机研制了 63 kW 功率的热动力系统,用于 MK46 Mod1～Mod7 和 MK54 高性能轻型反潜鱼雷,构建了美国半个多世纪的轻型反潜鱼雷发展基础。20 世纪 70 年代后为对抗苏联 1 000 m 大深度双层核动力潜艇,历经 20 多年的发展,以 Li＋SF6 金属能源、高速蒸汽涡轮机为标志的闭式循环热动力系统应用于 MK50 轻型鱼雷系列,使其航速达到 50 kn,航深达到 1 100 m。

在重型鱼雷方面,美国自 20 世纪 60 年代中期提出发展 OTTO－Ⅱ燃料的 MK48 热动力通用重型鱼雷,奠定了活塞发动机动力系统在 MK48 系列鱼雷上的应用。之后在减振降噪、增加速制、降低低速下限和提升高速上限等方面不断改进,形成了 Mod3,Mod4,Mod4M,Mod5(ADCAP),Mod6AT,Mod7 等系列鱼雷产品。

(1)OTTO－Ⅱ单组元燃料活塞机动力。为满足 324 mm 直径轻型反潜鱼雷需求,美国研发了采用 OTTO－Ⅱ单组元燃料,功率为 63～120 kW 的一系列对转输出的筒形轴向活塞发动机,动力转换机构为双向凸轮和周转斜盘式两类。63 kW 功率的动力装置采用单速制和双速制工作模式,使用 5 缸对转轴向活塞发动机,双向正弦凸轮式动力转换机构,以及固定燃烧室,应用于 MK46 和 MK54 鱼雷。

为满足 533 mm 直径重型鱼雷需求,美国研发了采用 OTTO－Ⅱ单组元燃料,功率为150 kW～400 kW 的一系列单轴输出的周转斜盘活塞发动机。动力系统为双速制或三速制工作模式,旋转燃烧室最大工作压力为 35 MPa,大功率发动机采用单转输出,低功率发动机采用单转或对转输出,应用于 MK48 鱼雷。MK48 鱼雷能源动力系统在其后续改进的重点是满足55 kn高速制和 28 kn 低速制的三速制工作模式和减振降噪,其改进过程及要点见图 1－3。

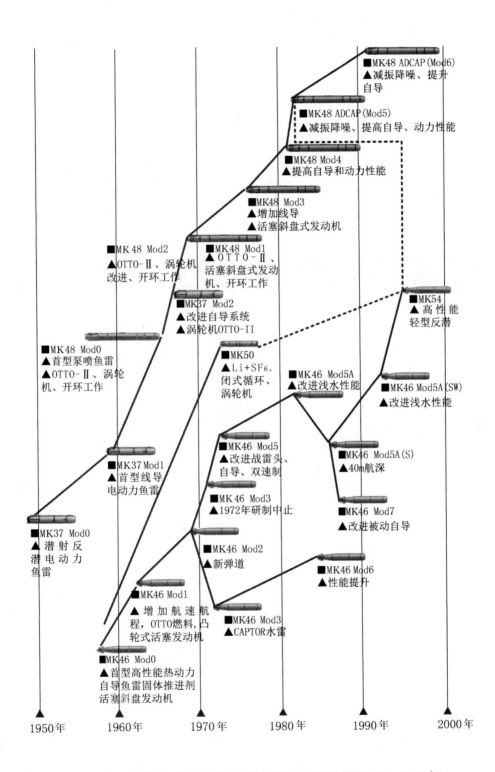

图 1-2　美国鱼雷装备及其能源动力技术的发展历程示意图(1950—2000 年)

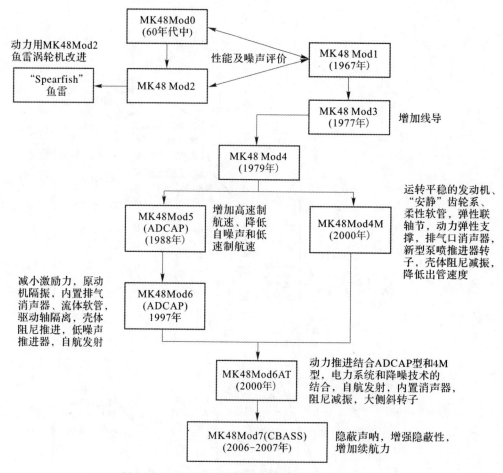

图 1-3　MK48 鱼雷能源动力系统研制及改进历程

（2）OTTO-Ⅱ单组元燃料涡轮机动力。美国重型鱼雷用燃气涡轮机动力系统 1962 年开始立项，并由 Westinghouse Electric（美国西屋电气公司）研制，使用 OTTO-Ⅱ单组元燃料，开式循环工作模式，单轴输出功率 260 kW。在与活塞发动机动力竞标失败后，Westinghouse Electric 提出了具有噪声小、功率大的涡轮机动力改进方案，但是在大深度工作效率仍然较低，未应用于鱼雷装备。之后 Westinghouse Electric 继续对其改进并应用于英国"旗鱼"鱼雷。

（3）Li＋SF$_6$能源闭式循环动力。基于 Li＋SF$_6$能源的闭式循环汽轮机动力系统（SCEPS）具有无乏工质航迹，工作效率与深度无关，运转平稳，能量密度和功率密度高等优点，其采用的闭式兰金（Rankinc）循环理想转换效率为 33％，实际转换效率为 21％。该系统首先由 TRW 公司提出并研制，之后由宾夕法尼亚州立大学接管继续研究，可称之为鱼雷能源动力领域的划时代发明。在此基础上美国进一步开发了更先进的 ADSCEPS 系统，大幅提高了兰金循环效率，并应用于 MK50 轻型反潜鱼雷。但是，该系统比 MK46 鱼雷能源动力系统结构复杂，制造和使用成本相对高，因而未大批量装备部队。

近年来，以"紧凑型快速攻击武器"计划为背景，美国重拾 Li＋SF$_6$能源的闭式循环汽轮机动力研发，重点在替代高成本零部件，并提高系统可靠性。2020 年，美国诺斯罗普·格鲁曼公司将该技术应用于 171 mm 直径超轻型鱼雷原型样机并测试成功。目前，该超轻型鱼雷项目已列入美国海军研制计划,装备"弗吉尼亚"级攻击核潜艇。

1.4.2　俄罗斯

在鱼雷研制方面俄罗斯继承了苏联的雄厚基础,紧跟世界技术发展潮流,形成了独有的技术发展道路。20 世纪 30～40 年代,俄罗斯以重型反舰鱼雷为目标,自主研发煤油＋空气(氧气)为能源的活塞发动机动力,同时引进德国技术和人才发展煤油＋过氧化氢为能源的涡轮发动机动力。50～60 年代,在将上述技术形成多型鱼雷装备的同时,开始反潜/反舰通用鱼雷能源及动力技术的探索。70～80 年代,发展了单组元燃料周转斜盘活塞发动机和金属水反应燃料闭式循环动力技术,并全方位成系统地开展了鱼雷振动噪声特性及控制措施的研究。进入 90 年代,鱼雷能源动力技术发展放缓,但也减少了海军不切实际的需求,凭借雄厚的技术基础在周转斜盘活塞发动机、HAP 三组元涡轮机技术研究和相应鱼雷装备研制中取得了突破,在满足俄罗斯海军需求的同时进入国际市场。图 1－4 为归纳了俄罗斯鱼雷装备及其能源动力技术的发展历程示意图。

(1)H_2O_2＋煤油＋海水三组元燃料涡轮机动力。以 H_2O_2＋煤油＋海水为能源的燃气涡轮机动力是俄罗斯在 20 世纪 40～70 年代重点研究的鱼雷能源动力技术,研制了 3 型反舰鱼雷用涡轮机动力,输出功率由 320 kW 增加到 1 070 kW,支撑了 8 型鱼雷型号,使得鱼雷最高航速达到 70 kn,最大航程达到 50 km。其中,解决的重大技术问题和取得的标志性成果如下:

1)掌握了使用固体催化剂分解过氧化氢的技术,使用分解产物能够点燃碳氢化合物燃料。

2)使用海水作为涡轮发动机工质成分,在宽温度范围确保海水喷入条件下过氧化氢与煤油的有效燃烧。

3)可变传动比减速器的鱼雷涡轮发动机。

4)含 2 个燃烧室和喷嘴的涡轮机调控系统,保证任何深度下双速制恒定功率输出。

5)过氧化氢的长期储存和远程监控系统;

6)通过采取减振降噪措施,涡轮机动力的振动能级比活塞机动力低 20～30 dB。

(2) OTTO－Ⅱ单组元燃料活塞机动力。20 世纪 60 年代末到 80 年代,为了发展大深度通用型鱼雷,在深刻地了解和掌握美英等国鱼雷动力技术的基础上,俄罗斯研究了 OTTO－Ⅱ单组元燃料和高比功率活塞发动机等技术,研制出仿美国 MK46 鱼雷的 ДП－294 凸轮活塞发动机、200 kW 的 ДПО－14 对置式凸轮活塞发动机、510 kW 周转斜盘活塞发动机。上述研究成果虽然大部分未进行装备,但却为后续通用型鱼雷发展奠定了坚实的基础。

进入 90 年代俄罗斯研发了 345 kW 和 460 kW 周转斜盘活塞发动机,形成了 50 kn 和 55 kn 通用重型鱼雷装备,其最大航深达到 500 m,满足 40～50 km 的作战航程需求。在轻型反潜鱼雷方面,研发了 110 kW 周转的斜盘活塞发动机,装备于 30～50 kn 双速制轻型反潜鱼雷,最大航程达到 20 km,最大航深达到 600 m。

(3)OTTO－Ⅱ＋HAP＋海水三组元燃料涡轮机动力。20 世纪 60 年代末到 80 年代,俄罗斯研制了直径为 650 mm 反舰鱼雷用 920 kW 和 1 060 kW 两型大功率的双速制涡轮机动力,采用OTTO－Ⅱ单组元燃料,完成了陆上台架和实航验证,最大航速航行深度为 600 m,降速后最大航深达到 800 m。虽然直径为 650 mm 的鱼雷最终选择了 H_2O_2＋煤油＋海水三组元燃料涡轮机动力的方案,但上述研究工作为涡轮机动力的后续发展奠定了坚实的基础。

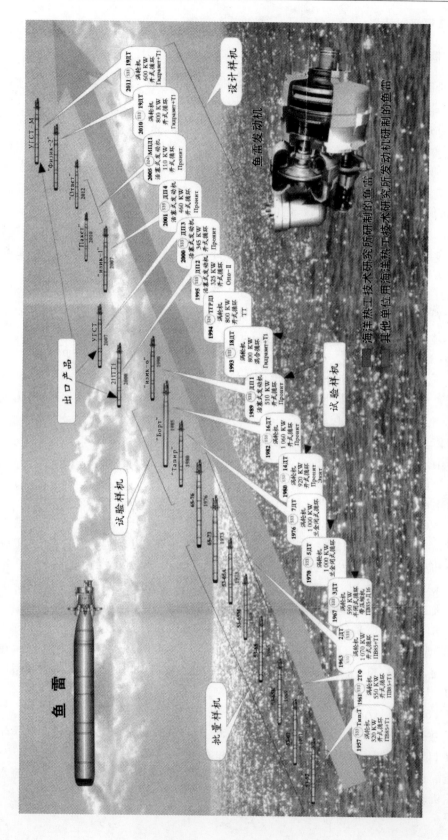

图1-4　俄罗斯鱼雷装备及其能源动力技术的发展历程示意图

20 世纪 90 年代,为弥补国家经费的不足,俄罗斯研制了面向国际市场的线导通用重型鱼雷 UGST,采用 OTTO－Ⅱ 单组元燃料和周转斜盘活塞发动机。为提升 UGST 鱼雷性能以获得更多国际订单,随后将其动力系统升级为 HAP＋OTTO－Ⅱ＋海水三组元燃料的涡轮机动力,该鱼雷可实现最高航速为 65 kn,最大航深为 400 m,混合航程为 60 km。

(4)半闭式与闭式循环动力。在 1966—1968 年,俄罗斯开发了异丙基碳硼烷＋92％～95％过氧化氢能源的大深度、大功率半闭式循环涡轮机动力,其能量密度比煤油＋过氧化氢高 30％,燃烧产物中不可凝气体减少 3/5。该型动力系统仅完成部分参数的功率试验,可满足 500～600 m 最大航深范围内 55 kn 航速的鱼雷需求,未达到 800 kW 的预定功率指标。在 1969—1985 年,开发了金属水反应能源的多速制、1 000 kW 闭式循环涡轮机动力。其显著特点是采用已在超空泡鱼雷验证、30～40 mm/s 燃烧速度的镁金属药柱,实现了动力系统的闭式循环工作,不受海水背压影响;采用了鱼雷头部排出燃烧产物的排气方式,实现了辐射噪声的屏蔽,没有明显的航迹。在研制过程中共完成近 900 次的陆上台架和实航试验,仅燃料燃烧系统试验就进行了 110 次,取得了数十项技术发明。但是由于研制周期过长、受国家财政经济困难等因素影响,特别是受 OTTO－Ⅱ 单组元燃料活塞发动机动力研制进展顺利的影响,上述项目在进入国家发展计划前被取消。

(5)金属燃料水反应发动机。金属水反应冲压发动机是俄罗斯独具创新的鱼雷能源动力技术,应用于世界首创的超空泡鱼雷"暴风雪"。该发动机是以镁基金属燃料与海水反应生成工质,以推动鱼雷在水下空泡流场中以 200 kn 以上航速高速航行,其航程可达 10 000 m。

(6)涡轮喷水发动机。涡轮喷水发动机也是俄罗斯独具创新的鱼雷能源动力技术,应用于直径 400 mm 轻型反潜鱼雷 A3。该发动机在水下点燃固体药柱产生燃气,燃气带动涡轮旋转驱动泵喷推进器,可使 A3 鱼雷实现 60 kn 的航速,最大航深为 400～800 m,最大航程为 900～3 400 m。

(7)核动力。2018 年,俄罗斯公开了"波塞冬"核动力鱼雷。同年,俄罗斯国防部首次公开了"波塞冬"核动力鱼雷的测试画面。据称该鱼雷直径为 1.5 m,长为 24 m,采用核动力推进,携带核战斗部,具备跨洲际打击敌方沿岸目标和航母编队的能力。分析已公开资料可知,"波塞冬"核动力鱼雷采用了尺寸小、启动快、功率密度高的核反应堆,其中液态金属冷却核反应堆的可能性较大,且与亚历山德罗研究所研制的 AMB－8 型核反应堆密切相关。

1.4.3 欧洲

20 世纪 50 年代由于核潜艇的发展,航行深度大大增加,不受背压影响的电动力鱼雷成为反潜的主要武器,法、德、意等欧洲海军强国开始大力发展鱼雷电动力技术,重点解决高能量密度和使用安全的鱼雷动力电池。20 世纪 50 年代以前电动力鱼雷均采用传统的铅酸蓄电池;20 世纪 60 年代前后重型鱼雷先后采用 Zn/AgO 二次电池和一次电池;Al/AgO 轻型鱼雷则采用 Mg/AgCl 海水电池;20 世纪 80 年代末又成功研制出轻型和重型鱼雷用的 Al/Ago 电池。同时,英国和瑞典对热动力技术有较强的自主研发能力,逆势研制了 OTTO－Ⅱ＋HAP＋海水三组元燃料涡轮机动力和煤油＋H_2O_2 双组元燃料凸轮活塞发动机动力,走出了具有自己特色的独立发展道路。

(1)Al/AgO 电池＋无刷直流电机。Al/AgO 电池是战雷用一次电池,以铝合金为负极,氧化银为正极,电解液以固态储存的氢氧化钠为溶液,以海水为溶剂,采用双极性堆式结构。Al/AgO 电池最初由美国海军水下战中心(Naval Undersea Warfave Center, NUWC)于 20 世纪 70 年代按一项专利(专利号:3956239)开展应用研究,原拟作为先进轻型鱼雷(Advanced Light Weight Torpedo, ALWT)的备选方案,后由于选用 Li+SF_6 能源闭式循环动力(Stored Chemical Energy Propulsion System, SCEPS)而中断了发展。法国海军装备技术局(Direction Des Constructions Navalses, DCN)于 1977 年委托 SAFT 公司继续开展相关技术研究,1980 年正式按新一代轻型鱼雷的要求而进行研制,并于 1986 年首次进行海上实航试验,为 1990 年服役的法国"海蟮"轻型反潜鱼雷和 1999 年服役的法国、意大利两国共同研制的 MU90 轻型反潜鱼雷所采用。在重型鱼雷方面,意大利的"黑鲨"鱼雷、法国的"F21"鱼雷以及德国的 DM2A4 鱼雷均采用了 Al/AgO 电池。

(2)OTTO-Ⅱ+HAP+海水三组元燃料涡轮机动力。20 世纪 70 年代末,马可尼公司按英国海军参谋部第 7525 项要求决定研制一种可与美国 MK48 ADCAP 型鱼雷竞争的新型自导热动力重型"旗鱼"鱼雷。该鱼雷以 OTTO-Ⅱ+HAP+海水三组元燃料为动力能源,采用从美国购买的 MK48 Mod2 型鱼雷的涡轮机技术,研发了可变速的 21TP01 涡轮机,采用转速闭环控制,通过改变变量泵斜盘角的方法调节燃料供应,实现动力系统的速制转换以及变条件下的恒功率输出。通过使用 HAP 氧化剂极大地提高了鱼雷的航速,其最大航速达到 70 kn,航程 40~54 km,最大作战航深约 900 m。此外,由于不溶于水的废气减少,且采取了减振降噪措施,因此"旗鱼"鱼雷的辐射噪声比电动力鱼雷"虎鱼"低。

(3)H_2O_2+煤油双组元燃料活塞机动力。瑞典一直以 H_2O_2 为氧化剂发展能源动力技术,在研究多种燃料的基础上,选择了 85% H_2O_2 和 15%煤油配比的双组元燃料,研制了七缸轴向凸轮活塞发动机,并应用于 TP62 和 TP2000 重型鱼雷。为减小发动机的振动传递,整个发动机安装在鱼雷壳体内的隔振元件上,并选择较低的工作转速,使得与活塞相连的滚子与凸轮在运动过程始终接触。排出的废气经包围在发动机外围的冷凝器凝结成液态水和气,冷却水被回收利用,剩余的二氧化碳经两级压缩排除雷外。由于二氧化碳溶于海水,因而鱼雷航迹不明显,有利于隐身。

1.4.4 日本

日本是世界上较早使用鱼雷和自行研制鱼雷的国家之一。1910 年自行研制的第一型 43 式鱼雷的问世,使日本进入世界鱼雷生产国之列。第二次世界大战前,日本鱼雷有了较大发展,研制出了 20 多种新型鱼雷。其中,1933 年研制的 93 式氧气鱼雷,直径为 610 mm,航速为 49 kn,航程为 20 km,是当时直径最大、速度最快、航程最远的鱼雷,处于当时世界先进水平。第二次世界大战日本战败,其鱼雷事业也一度萧条。20 世纪 50 年代中期,日本建立海上自卫队,靠购买美国鱼雷供部队使用。虽确立了自行开发国产鱼雷的方针,但自行研制仅处于起步摸索阶段。60 年代初,日本经济快速发展,在美国的支持下开始重建鱼雷事业,在防卫厅下成立了第五(鱼雷)研究所承担鱼雷研制工作,并确立长崎制造厂、日立制造厂、神户制钢厂、日本电气和三中电气等为鱼雷及其发射装置的生产基地,又在相模湾建立了鱼雷靶场,从而形成了鱼雷科研、生产、试验一条龙体系。

纵观日本战后数十年鱼雷的发展,一方面紧跟美国,尽可能引进美国当时先进的鱼雷,另一方面在消化、借鉴美国先进鱼雷技术的基础上开展独立研制,力图在动力等关键性能方面赶超美国的水平。日本 89 式鱼雷是一型反潜反舰通用重型鱼雷,它是参照美国 MK48-1 型鱼雷于 20 世纪 70 年代初开始研制的,于 1989 年才定型小批量生产并服役,其能源动力系统是使用酒精＋H_2O_2 的具有强制排气功能的斜盘活塞机动力,满足航速为 40 kn 和 55 kn 双速制工作模式,最大工作深度为 900 m,混合航程为 50 km。H_2O_2 和酒精双组元燃料比 OTTO-Ⅱ 单组元燃料能量密度更高,使得 89 式鱼雷的性能甚至优于 MK48-1 型鱼雷。日本 97 式鱼雷是一型轻型反潜鱼雷,它是参照美国 MK50 鱼雷于 20 世纪 80 年代初开始研制的,采用 Li＋SF_6 能源闭式循环动力。2012 年,日本开始研发新一代 GRX-6 潜用重型鱼雷,其最突出的特点在于能源动力技术,由于采用了氢氧能源,可使航程提高至 80 km,航深提高至 1 200 m。

英国在研制大型热动力系统鱼雷方面可以说是独辟蹊径,经过 10 多年的努力,成功研制了当前世界上最先进的用于"矛鱼"鱼雷的热动力系统。目前,该鱼雷已装备部队。该鱼雷在浅深度时最高航速可达 70 kn,最远航程在 40 km 以上,最大航深达 900 m,双速制,采用 OT-TO-Ⅱ＋海水＋HAP 三组元推进剂和开式循环燃气涡轮机动力系统,据估计,其主机功率可达 900 kW 以上。一般情况下开式循环的燃气涡轮机动力系统抗背压能力较差,即对背压的变化较为敏感,这给控制和调节带来较大难度,但"矛鱼"的工作深度可达 900 m 以上,说明它已很好地解决了这一难题,从而使大型鱼雷动力系统在大范围的深度变化情况下能可靠、正常工作,为开式循环涡轮机动力系统的应用打开了一个广阔的应用前景。英国也曾研究过闭式循环动力系统。

瑞典以其独特的技术特点一直在研制鱼雷用热动力系统,并已有几型装备部队和出口。最具代表性的产品是重型鱼雷 TP2000 S 型鱼雷动力系统。该动力系统采用柴油和 H_2O_2 为推进剂,工作方式为发动机采用半闭式循环凸轮式活塞发动机,其航速为 50 kn,最大航程为 50 km,航深为 500 m,性能较优异。

1.5　鱼雷热动力系统的特点

从上述国外的典型产品可看出,热动力系统的类型是多种多样的,采用的循环形式也不相同,有开式循环动力系统、半闭式循环动力系统和闭式循环动力系统。采用的发动机有凸轮式活塞发动机、摆盘式活塞发动机、蒸汽涡轮机、燃气涡轮机。采用的推进剂种类也不同。说明热动力系统的研究有多条路可走,但最终的目的都是使鱼雷获得高航速、远航程、大深度、低噪声、价廉、易维护的性能。综上所述,国外鱼雷用热动力系统有下述的特点。

1.鱼雷热动力系统的性能和推进剂性能密切相关

虽然国外还在不断地研究鱼雷的新推进剂,但仍未取得较大进展。要研制一种供鱼雷发动机用的推进剂并非易事,热动力鱼雷所采用的推进剂基本上是几十年来所使用的成熟产品和几种成熟产品的优化组合。例如,OTTO-Ⅱ 单组元推进剂是 20 世纪 60 年代就开始使用的推进剂,其独特的优势是能量密度较高,使用安全和动力系统简单等,因此成为美国热动力鱼雷所使用的主要推进剂。估计这种推进剂还将使用下去,其他推进剂如 Li、煤油、SF_6、酒精、H_2O_2、HAP 三组元推进剂和水/金属反应推进剂等均是成熟的推进剂,只是在使用时采用不同的组合使其各具优势并使性能得到充分的发挥。例如,OTTO-Ⅱ单组元推进剂虽有不少优点,但其不足之处是本身的含氧量较少,使其可燃成分得不到完全燃烧而能量不能充分发挥。因此加入一定量的 HAP 和海水,形成三组元推进剂,这样不仅使 OTTO-Ⅱ 的可燃成分完全燃烧,还可使燃气的绝大部分可溶于水,使其能量密度提高 40%~60%。当然,这样也就增加了系统的复杂性和维护保养的难度。Li 作为一种人们所熟知的水反应推进剂,它和 SF_6 反应生成高热使它们成为闭式循环动力系统的理想能源。因此在今后一段时间内,作为鱼雷热动力系统所用的推进剂还会是这些成熟的产品以及它们的不同组合。当然,进一步开发新的更好推进剂的研究工作从来就没有间断过。

2.鱼雷热动力系统所用的发动机主要是活塞机和涡轮机

活塞机和涡轮机均可用于重型鱼雷及轻型鱼雷的动力系统。从理论分析看,它们在不同的要求下有各自的优点。活塞机有较好的速度和深度特性,控制和调节比较简单,对深度的变化不敏感,在容积受限制的情况下适用于中、低功率的动力系统。而涡轮机的功率潜力比活塞机大,当大功率时涡轮机的效率优于活塞机,且运转平稳,机械振动和噪声较小,与活塞机相比,它具有结构简单,便于加工、装拆和维修等优点。但涡轮机对工况变动,特别是背压的变化很敏感,控制调节比较复杂。今后一段时间内,在鱼雷内部这个特定的空间内,活塞式发动机和涡轮式发动机还是热动力系统的主要机型。一般来说,鱼雷航速小于 55 kn,即发动机的输出功率小于 400 kW 时,使用活塞机和涡轮机均可以,活塞机有一定的优越性。但要使鱼雷的航速超过 55 kn,即发动机的输出功率大于 400 kW,使用涡轮机就比较合理了。

3.减振降噪将是鱼雷热动力系统研制中永恒的主题

鱼雷噪声是现代鱼雷重要的战术指标之一。现代鱼雷要求其自身噪声低、辐射噪声小,这样才能有效地发现目标和提高自身的隐蔽性。鱼雷动力系统所产生的振动和发出的噪声是鱼雷噪声的主要来源之一。它的发动机、各种辅机、齿轮和各种轴承是主要的噪声源。因此,对热动力系统的噪声治理是今后动力系统研究的重点任务之一,要在结构设计、材料选择、加工工艺和减振隔振等方面采取有效措施,力争使热动力系统的噪声水平达到电动力系统的水平。

1.6　鱼雷热动力系统的发展趋势

纵观世界各国鱼雷热动力系统的发展历程,可从热动力能源技术和热机技术两方面分析其发展趋势。

1.6.1　鱼雷热动力能源技术

鱼雷各种热动力能源性能参数及优缺点分析见表 1-2。通过分析得到热动力能源的发展趋势如下:

(1)OTTO-Ⅱ单组元燃料一直是鱼雷使用的主要能源,其有利于简化能源供应系统,但能量密度提升空间有限;单组元燃料的未来发展重点是具备更高能量密度、绿色无毒等优点的 HAN 燃料。

(2)三组元燃料(H_2O_2+煤油+海水、OTTO-Ⅱ+HAP+海水)的能量密度高于单组元燃料,且具有良好的航迹隐身性,但会增加能源供应系统的复杂性;三组元燃料的未来发展重点是安全性较好的 OTTO - Ⅱ ＋HAP＋海水三组元燃料。

（3）Li/SF₆（锅炉反应器）、金属水反应燃料、氢氧能源均以活泼金属为基础，其能量密度比三组元燃料更高，且可实现动力系统的闭式循环工作，降低成本后是未来鱼雷新能源开发的主攻方向。

（4）核能源具有近乎无限的能量密度，是战略型鱼雷的终极能源，可使鱼雷具备跨洲际打击的能力。

表 1 - 2　鱼雷热动力能源性能参数及优缺点

能　源	理论能量密度 /$(Wh \cdot kg^{-1})$	优缺点	备　注
OTTO - Ⅱ	568	使用安全可靠，长期储存。贫氧燃烧，产物难溶于水，航迹明显，维护复杂	
HAN	614	体积比能量高，安全无毒，无污染	含水率 34%
HAP ＋OTTO - Ⅱ ＋H₂O	629	能量密度高，乏汽大部分溶于水，无航迹，储存输送系统复杂，产物有腐蚀性	83.3% HAP 溶液
煤油＋H₂O₂＋H₂O	877	燃烧完全，乏汽溶于水，无航迹，H_2O_2 活性大易分解，安全储存难度大，使用维护要求高	80% H_2O_2 溶液
Li＋SF₆	1 146	能量密度高，无乏汽排出，无排气噪声，可构成闭式循环，系统复杂	
Mg＋H₂O	1 185	能量密度高，适用于喷气推进系统。用于活塞机或涡轮机时需分离凝相颗粒，可构成闭式循环动力	
Al＋H₂O	1 355	能量密度高，适用于喷气推进系统。用于活塞机或涡轮机时需分离凝相颗粒，可构成闭式循环动力	
氢氧能源 （Al＋LiClO₄）	2 272	能量密度最高的非核能源，适用于汽轮机，可构成闭式循环动力	
核能源	—	终极能源形式，具有近乎无限的能量密度，适用于汽轮机等，可构成闭式循环动力	

1.6.2　鱼雷热机技术

热机发展重点在于开发体积紧凑、质量轻、功率大、效率高的原动机，其具体发展趋势分析如下：

（1）活塞发动机的燃料经济性和深度特性较好，对深度的变化不敏感，但受鱼雷尺寸、质量和材料机械性能等限制，进一步提高功率十分困难。目前，轻型鱼雷活塞发动机的功率在 25～120 kW 范围，可满足轻型鱼雷 28～55 kn 的航速需求；重型鱼雷活塞发动机的功率在 50～500 kW 级范围，可满足鱼雷 25～60 kn 的航速需求；由于活塞发动机优异的深度特性，可适应

1 000 m 航深工作需求。

（2）涡轮发动机结构相对简单、输出功率大、工作可靠，可大幅提高鱼雷航速，为提高涡轮发动机的功率密度，涡轮转子的转速不断升高，目前大功率涡轮发动机转速提高到50 000 r/min以上，而小功率涡轮发动机转速提高到120 000 r/min，可实现3～1 000 kW 的功率覆盖，采取增压排气或半闭式循环和闭式循环工作方式可满足5～1 000 m 航深范围工作需求，采取减振降噪措施后涡轮发动机的振动能级将显著低于活塞发动机。另外，CO_2 超临界工质涡轮发动机采用布莱顿热力循环，可大幅提高功率密度和能量转换效率，是未来涡轮发动机的重点发展方向。

（3）金属燃料水反应发动机属于固液混合的火箭发动机，可直接推动鱼雷在水下航行，使鱼雷航速达到 200 kn 以上，适用于超空泡鱼雷。

习　　题

1.1　简述对鱼雷热动力系统的主要要求。

1.2　试归纳鱼雷热动力系统的特点。

1.3　对于开式循环热动力鱼雷，当工作深度超过设计深度之后，航深是如何影响航速和航程的？

第 2 章　推进剂及燃烧产物性能计算

2.1　引　言

推进剂是指在没有外界氧化剂存在的情况下能自持燃烧(快速放热氧化反应)生成大量高温气体分子的材料。

通常燃料是由燃烧剂与氧化剂两者组成的,而推进剂也是由燃烧剂与氧比剂组成的。一般情况下,由于处在有空气作氧化剂的条件下,所以人们往往把一些实际上只是燃烧剂的材料称为燃料,如汽油、煤油、柴油、煤等。应该说,燃料的范围很宽,推进剂只是其中的一部分。推进剂一般是用于外界没有空气作氧化剂或空气不足的环境,必须自带氧化剂的那些燃料。

推进剂一般用于火箭、鱼雷、枪炮、气体发生器和压力发生器。在这些应用中,绝大多数都要求在一个开口的或一个封闭的燃烧室中产生高压燃气。工作压力和工作时间取决于使用的场合,不同的工作情况导致不同的燃速。使用推进剂的对象都需要推进剂燃烧后的高温高压气体来产生推进力。其中火箭和鱼雷相似,与枪炮有根本的区别,火箭与鱼雷把推进剂和燃烧室包容在它的弹体内,而炮弹通常不是这样的(火箭弹除外)。另外的差异是它们采用不同的工作压力,火箭的工作压力一般为 $1\sim30$ MPa,鱼雷燃烧室工作压力一般为 $3\sim40$ MPa,而枪炮所需工作压力一般为 $50\sim500$ MPa。

推进剂与炸药在化学组成中都含有氧化剂和燃烧剂两种成分,并且都能够自持反应。然而,从应用的角度两者是有较大区别的,推进剂靠燃烧现象产生燃气,而炸药则靠爆炸或爆轰现象产生燃气,这意味着推进剂的燃烧过程通常是较慢的、可控的,炸药的燃烧过程很快、不可控。推进剂用燃气产生推进力,而炸药靠冲击波形成破坏力。从化学反应速度来看,两者反应速度不同,推进剂化学反应速度比炸药的反应速度慢得多。但是,由于化学反应速度取决于多种条件,因此要严格遵守推进剂的使用条件,防止其使用条件变化从而使反应速度急骤上升的情况发生,这一点是应该注意的。

鱼雷热力发动机与各种热力发动机一样,主要是靠推进剂的化学能作为能源。推进剂在燃烧室中燃烧,将大量的热能释放出来,使得燃烧生成物能够作为发动机的工质。

碳氢类燃烧剂和氧化剂的燃烧都会产生大量气态产物,这是一些热力发动机做功所必需的,但使得动力推进系统的效率和结构都要受到海水背压的影响,同时也使鱼雷产生航迹,因此寻找没有气态产物排放的推进剂是提高热动力鱼雷性能的一项重要措施。经过多年研究,锂(Li)和六氟化硫(SF_6)有希望作为热动力鱼雷的新推进剂,这种推进剂的反应热值较高(46.8 MJ/kg),质量和体积能量密度均比较大,没有气体产物对外排放,反应后产物的体积比原来锂的体积稍小,可在一个封闭的系统内向载热工质传输热量。以这种推进剂作为能源并采用闭式兰金循环的热动力推进系统,具有比功率大、噪声小、不受海水背压影响和无航迹等优点,该推进剂已在美国 MK50 鱼雷应用。

2.2　对鱼雷推进剂的要求

　　鱼雷推进剂及其组元的某些性质,对鱼雷发动机的结构、工作效率和鱼雷航程有着决定性的影响。鱼雷动力装置在使用高能推进剂时,能使其单位质量功率有明显的增加。当功率和工作时间一定时,可减少推进剂用量,从而减小推进剂舱室容积和鱼雷的尺寸;当推进剂舱室容积一定时,可达到更大的航程。为了保证鱼雷在深水下航行,并保证鱼雷武器不同类型载体的安全,不是工程上可使用的推进剂都能用在鱼雷上,应根据特定的使用要求和使鱼雷具有良好的性能来选择推进剂。对于鱼雷用推进剂有以下几点要求。

　　(1)单位质量及单位体积的推进剂的热值应尽可能高。推进剂的热值是表示其特性的重要参数,热值可分为单位质量热值和单位体积热值。单位质量热值本身决定了单位功率的推进剂消耗量,因而决定了能供系统的质量;单位体积的热值则影响推进剂舱室的尺寸。单位质量热值高的推进剂,其单位体积热值不一定也高,设计时应依据实际情况而定。

　　推进剂应尽可能有较大的密度。高密度的推进剂在同样的推进剂舱室容积中可储存更多,或当推进剂质量一定时,减小推进剂舱室的外廓尺寸与质量以及能供系统的质量。由于鱼雷内部容积有限,为了减小推进剂舱室的体积,并保证获得足够大的能量储备,推进剂的组分都应尽可能有比较大的密度,以便使推进剂单位体积的热值较大。

　　(2)单位推进剂的气体生成量(或成气性)应尽可能地大,即用作工质的燃烧产物应尽可能有大的体积,或者其平均相对分子量应尽可能地小。等量推进剂的燃烧产物气体体积大时,其做功能力强。

　　(3)推进剂燃烧后的产物应尽可能溶于水以减少鱼雷的航迹。燃烧产物中难溶于水的气体组分升出水面形成鱼雷的航迹,降低了鱼雷攻击的隐蔽性和命中率,特别对潜艇的隐蔽性会造成极不利的影响。从鱼雷无航迹的角度来要求鱼雷推进剂,希望推进剂中含氢较多为好,这样燃烧后产生的水蒸气易凝结于海水中,此外二氧化碳也比较容易溶于水,因此要求推进剂在燃烧室内要燃烧完全。

　　(4)可储存性、材料相容性要好,着火爆炸危险性及毒性要小。鱼雷装载推进剂后,可能要存放较长时间,存放的环境条件有可能恶劣,因此要求推进剂可储存性要好。其性能指标有两种:①物理稳定性,指挥发、吸湿、分层、沉淀等物理变化,这些变化直接影响推进剂使用性能;②化学稳定性,指推进剂经储存后化学成分的变化情况(包括氧化和分解)及对容器材料的腐蚀情况。材料相容性好是指推进剂及其燃烧产物对相关材料的腐蚀性要小,容器材料本身不会使推进剂变质。

　　当使用鱼雷武器执行训练及作战任务时,为保证运输推进剂、装载推进剂以及鱼雷放置于舰艇内的安全,尤其是确保舰员(特别是潜艇)不受到推进剂的污染和伤害,推进剂的着火爆炸危险性及毒性要小。

　　目前实际使用的液体推进剂组元中,除煤油外,都有轻微的甚至较大的毒性,通常能量愈大,毒性可能愈大。如果毒性得以有效的防护,就不应妨碍其使用。

(5)推进剂组分的每一种都不应该是稀缺的。在工业范围内应易于大量生产,战时亦能充足供给,推进剂的价格不应过于昂贵。

2.3　鱼雷推进剂的分类及性能

2.3.1　鱼雷推进剂的分类

推进剂有多种分类方法,按其物理状态可分为固体推进剂、液体推进剂和混合推进剂。推进剂的另外一种常用的分类方法是按使用时的组元数来分。当氧比剂与燃烧剂按比例配成一种形态,只需一个存储器及传输系统时,称此推进剂为单组元推进剂,如果是两个组元,则称双组元推进剂,依次类推。对于固态推进剂,当其氧比剂和燃烧剂组分呈物理性混合态组合在一起时叫异质推进剂,也称作复合推进剂。当氧化剂与燃烧剂以化学形态结合而形成的推进剂时叫均质推进剂。鱼雷热动力装置中使用过的推进剂有十几种。在推进剂特性中对动力装置、能源供应系统及储备系统结构起重大影响的因素是推进剂的物理状态和组元数目,可按这两个因素对其进行分类。

1. 按常温下物理状态分类

(1)固体推进剂。使用固体推进剂的鱼雷一般仅限于喷气鱼雷,或者固体推进剂仅作为鱼雷燃烧室的点火药使用。超高速鱼雷使用的金属/水推进剂中的推进剂金属也是以固态形式存放的。

(2)液体推进剂。一般均由单独储存的燃烧剂及氧化剂组成,或是含有进行燃烧或分解所必须的各种元素的一种单相液体化合物或混合物。鱼雷上采用过的液体推进剂有 H_2O_2、煤油(或酒精)＋H_2O_2、萘烷＋H_2O_2、萘烷＋液氧、OTTO‐Ⅱ 等。其中,煤油、酒精、萘烷与 H_2O_2 组合的推进剂,都采用淡水或海水作冷却剂。

(3)混合推进剂。在混合推进剂中,通常燃烧剂为液态而氧化剂是气态。鱼雷上采用过的混合推进剂有煤油(或酒精)＋空气、萘烷＋空气、煤油＋氧气等。上述各种混合推进剂均可用淡水或海水作冷却剂。混合推进剂的主要缺点是在体积一定的情况下,总的能量储备量较小。

2. 按组元数目分类

(1)单组元推进剂。这种推进剂由既含有可燃元素又含有足够的氧化元素的物质组成。已在鱼雷上得到应用的有 H_2O_2、H_2O_2＋酒精＋水的混合物、OTTO‐Ⅱ 等。

(2)双组元推进剂。这种推进剂由燃烧剂和氧化剂两个组元组成,两者是分开储存的。进入燃烧室前不互相混合,需要两套输送控制系统,故称为双组元推进剂。

上述按常温下物理状态分类中,鱼雷上被采用过的大部分液体推进剂和全部混合推进剂(冷却剂除外)都是双组元推进剂。

(3)三组元推进剂。这种推进剂由燃烧剂、氧化剂和冷却剂三个组元组成,如 HAP 推进剂是由 OTTO‐Ⅱ＋HAP＋海水组成的,三者是分开储存的,需要三套输送控制系统,故称三组元推进剂。

2.3.2　鱼雷推进剂的性能

一种推进剂的性能是由多种指标来衡量的。这些指标主要有能量性能指标、安全性能与点火性能指标以及其他性能指标等。

1. 能量性能指标

推进剂能量性能指标主要有以下内容。

(1)热值:单位推进剂在标准状态(1 atm=101 325 Pa 及 25 ℃=298.16 K)时,燃烧剂与恰当化合比的氧化剂完全燃烧所测得的发热量。主要有质量热值(kJ/kg)和容积热值(kJ/L)两种表示方法。

热值按所测燃烧产物中 H_2O 呈液态或气态而有高、低热值之分。如果燃气温度较高,水蒸气不能凝结成水,水蒸气中含有汽化潜热,称测得的为低热值。反之,则称为高热值。

关于热值,这里需要说明的是,单位质量推进剂热值与单位质量燃烧剂热值不同,后者是指单位质量燃烧剂在空气(或有氧环境)中完全燃烧所得的热量。

(2)标准生成热:在标准状态下,由元素的单质合成 1 mol 化合物时的热效应称为此化合物的标准生成热。

标准生成焓是标准生成热的负值。要注意区别一些书上两者的名称。

(3)燃烧热:在标准状态下,1 mol 物质在氧气中完全燃烧生成稳定氧化物,此反应的热效应被称为此物质的燃烧热。(对某些复杂氧化物,如 H_2O_2,HNO_3 等,定义其分解为单质和稳定氧化物时放出的热为生成热。)

(4)爆热:1 kg 推进剂于 298 K,在惰性气体中反应所生成的热量 Q。

(5)能量密度:单位容积或单位质量推进剂的燃烧产物在兰金循环中所做的功。

(6)氧平衡:推进剂中自身所能提供的氧占它完全燃烧时所需求的氧的比例。可以看出:当氧平衡系数为 1 时推进剂完全燃烧;小于 1 则为贫氧推进剂,其化学能量未能充分释放;大于 1 为富氧推进剂。

(7)比冲:比冲是用单位质量的推进剂产生单位推力所需的时间,它也可以定义为每单位时间里燃烧单位质量的推进剂所获得的推力或单位质量推进剂所产生的冲量,一般用 I 表示。根据上述定义,比冲的单位既可以是秒(s),也可以是 N/(N·s)或 N·s/N。当评价推进剂性能时,I 是一个非常有用的参数,它是推进剂化学性质和通过喷管进行的膨胀过程的函数,可表示为

$$I=\sqrt{\frac{2\gamma}{\gamma-1}R\frac{T_c}{\mu_c}\left[1-\left(\frac{p_e}{p_c}\right)^{\frac{\gamma-1}{\gamma}}\right]}+\left(\frac{\gamma+1}{2}\right)^{\frac{\gamma+1}{2(\gamma-1)}}\sqrt{\frac{RT_c}{\gamma\mu_c}}\left(\frac{p_e-p_a}{p_c}\right)\frac{A_e}{A_t}$$

式中:γ 为比热比;R 为通用气体常数;μ_c 为燃气相对分子量;T_c,p_c 分别为燃烧室温度和压力;p_e,p_a 分别为喷管出口处压力和喷管外环境压力;A_e,A_t 分别为喷管出口和喷管喉部面积。

火箭发动机推力可表示为 $F=I\dot{m}$,其中 $\dot{m}$ 为推进剂的秒耗量。

2. 安全性能与点火性能

(1)闪点:液体推进剂蒸汽和空气混合与火接触而初次发生蓝色闪光火焰时的温度,有开杯式和闭杯式两种。此温度比着火点低。

(2)燃点(即着火点):推进剂蒸汽和空气混合物与火接触发生火焰不少于 5 s 时的温度。

(3)落锤冲击感度:表达在一定的锤重及落锤高度下冲击推进剂时能否引起爆炸。

(4)枪击感度:表明用何种枪械,何种子弹,在一定距离对推进剂进行射击时,推进剂是否爆炸或燃烧。

(5)殉爆感度:指在距推进剂一定距离处有一定当量的其他爆炸,其冲击波能否引起推进剂的爆炸或燃烧。

(6)绝热压缩敏感度:当液体推进剂在传输时,由于挤代气体绝热压缩或冲击引起温度上升,可能引起推进剂发生意外,因此绝热压缩敏感度是接触液体推进剂的单位容积气体所允许的最大绝热压缩功。

安全性参数除上述外还有对于振动的敏感度、有无毒性及毒性大小等。

3. 其他性能指标

密度、平均相对分子量、黏性系数、表面张力、冰点、沸点或蒸汽压、比热等参数都是推进剂在容积能量计算、热化学计算、存储、传输、使用等情况下必不可少的参数。此外,推进剂的成本也是需要考虑的因素之一。

2.4 液体推进剂

液态推进剂包括单组元推进剂和多组元推进剂。其中,燃烧剂与氧化剂绝大部分是液态,现在将少数燃烧剂是液态、氧化剂是气态的推进剂作为对比也一并予以介绍。

2.4.1 液态燃烧剂

常用的液态燃烧剂有烃类(碳氢化合物)、醇类(碳氢氧化合物)、胺类(碳氢氮化合物)以及碳氢氧氮化合物。鱼雷推进剂相比火箭推进剂更强调无毒性及安全性,故一般不用胺类。下面简要介绍这几类燃烧剂。

(1)烃类燃烧剂:包括煤油、汽油、萘烷($C_{10}H_{13}$)、甲苯(C_7H_8)、松节油($C_{10}H_{16}$)等碳氢化合物。

煤油和汽油均为石油产品,它们是相当多种碳氢化合物的混合物,其成分和性能在某种程度上取决于石油产地及加工方法(蒸馏、裂制、氢化),因此没有固定的分子式。煤油和汽油质量组成中,碳约占 85%、氢约占 15%、氧含量少于 1%。煤油和汽油具有较高的热值,煤油的热值约为 46 054 kJ/kg,汽油的热值约为 46 473 kJ/kg。两者质量热值相当,但煤油密度较汽油大 10%~15%,故就容积热值而言煤油较好,加之煤油不易挥发、安全性比汽油好,所以在鱼雷中采用煤油作为燃烧剂。

萘烷、甲苯、松节油等的质量热值较煤油、汽油低,但它们的密度较大,因此容积热值相差不大。

(2)醇类燃烧剂:鱼雷曾用乙醇(C_2H_5OH)、甲醇(CH_3OH)等作为燃烧剂使用。醇类燃烧剂的热值较烃类低,但因其中含有氧成分,燃烧时所需氧化剂数量可减少,作为推进剂整体来说,其热值并不低。特别是当氧化剂为气态时,此推进剂可提高容积热值。醇类的凝固点较低,因此能够在外界环境温度变化较大的范围内使用。

(3)含氮燃烧剂:即胺类,属于这类燃烧剂的有苯胺($C_6H_5NH_3$)、肼(H_2N)等。这类推进剂由于属于剧毒物,并有安全性差、成本高等缺点,一般不用作鱼雷燃烧剂,而在液体火箭发动机上较常见。

常用液态燃烧剂的主要物化性能见表 2-1。金属锂由于在反应时是熔融态,故也将其作为液态燃烧剂列入表中。

表 2-1 常用液态燃烧剂的主要物化性能

名称	化学分子式	分子量	凝固点 ℃	沸点 ℃	密度 (g·cm⁻³)	燃烧热 (kJ·mol⁻¹)	生成热 (kJ·mol⁻¹)	质量高热值 (kJ·kg⁻¹)	低热值 (kJ·kg⁻¹)
汽油					$0.7\sim0.8$			46 473.48	43 542.7
煤油			-20	140	$0.81\sim0.84$		192.59	46 054.8	$42\,705\sim43\,124$
萘烷	$C_{10}H_{13}$	138.254	-51	195.7	0.895	6 280.2	226.06	45 468.65	42 914.7
松节油	$C_{10}H_{10}$	138.132	-100	158.9	$0.85\sim0.88$	6 154.6		45 426.78	42 621.6
甲苯	$C_6H_5CH_3$	92.141	-95	110.6	0.866	3 912.56	12.56	42 452.15	
甲醇	CH_3OH	32.043	-97.9	64.7	0.792	727.12	238.73	22 692.46	17 082
乙醇	C_2H_5OH	46.070	-114.6	78.5	0.789	1 367.66	277.82	29 684.41	26 963
羟胺	NH_2OH	33.032	33.1	56.5	1.204	332.38	106.76	9 755.24	较高温合炸
三乙胺	$(C_2H_5)_3N$	101.194	-114.8	89.5	0.728	4 446.38	61.62	43 919.53	
苯胺	$C_6H_5NH_2$	93.330	-6.2	184	1.022	3 399.26	-35.34	36 508.9	有毒
二甲苯胺	$C_6H_3(CH_3)_2NH_2$	121.184	-54	216	0.978	4 687.96	35.25	38 686.03	
肼	N_2H_4	32.048	0.7	113.5	1.01	622.58	-50.45	19 426.75	极毒
水合肼	$N_2H_4 \cdot H_2O$	50.064	-40	118.5	1.03	615.46	242.63	12 309.19	极毒
锂	Li	原子量6.939	179	1 317	0.534		0	46 517	

2.4.2　氧化剂

鱼雷上常用的氧化剂见表 2－2。其中,在气态氧化剂中空气是最经济安全的,但是它包含了大量不参与氧化反应的氮气,且会造成很大航迹。现役的鱼雷已基本不使用空气作为氧化剂。列出它的原因,一方面它是迄今为止在鱼雷上使用最多的氧化剂,另一方面也是与其他氧化剂作比较。

表 2－2　鱼雷常用的几种氧化剂的主要物化性能

名　称	分子式	分子量	凝固点 ℃	沸点 ℃	状　态	密度 $(g \cdot mL^{-1})$	生成热 $(kJ \cdot mol^{-1})$
空气		28.97			气态	0.229 $(p=20 \text{ MPa}$ $T=17$ ℃$)$	0
氧气	O_2	32	－218.4	－183	气态	0.285	0
氟	F_2	38	－223	－188	气态	1.51 $(T=-188$ ℃$)$	0
液氧	O_2	32	－218.4	－183	液态	1.14	0
过氧化氢	H_2O_2	34	－0.89	150 分解	液态	1.438	187.74
硝酸	HNO_3	63	－41.6	86	液态	1.502	173.35
四氧化二氮	N_2O_4	92	－11.2	21.2	液态	1.45	28.22
六氟化硫	SF_6	146					1 207.89
HAP	NH_3OHClO_4	133.5	85.88	120 分解	固态	2.06	－272.05

表 2－2 所列氧化剂中气态氧与液态氧的质量热值相同,但容积热值不同,显然是由液态氧构成的推进剂能量密度高。纯氧作为氧化剂的优点是显而易见的,其缺点是它的安全性差,与油接触会发生爆炸。另外,液态氧沸点低给存储也带来了一定困难。

纯过氧化氢极不稳定,在外界因素(光、热、撞击及和其他有机物及某些金属杂质接触)的作用下易分解,其至爆炸。其凝固点高(－0.89 ℃)。为了安全,一般使用 80%～85% 浓度的过氧化氢水溶液,它比较稳定,易于保存,这时的凝固点约为 －25 ℃。为了提高其稳定性,可以加少量稳定剂,如磷酸等。

过氧化氢分解反应式为

$$H_2O_2 = H_2O_{(L)} + 0.5O_2 + 96.786 (kJ/mol)$$

由上述反应式可以算出,1 kg 过氧化氢分解析出 0.47 kg 氧气,并同时产生约 2 847 kJ 的热量,故过氧化氢也可作为单组元推进剂使用。

2.4.3　单组元 OTTO－Ⅱ 推进剂

美国人奥托等于 20 世纪 50 年代初研制了一系列以硝酸酯为主要成分的单组元推进剂,命名为奥托推进剂。其中以 OTTO－Ⅱ 较理想,它不仅基本满足前述对鱼雷推进剂的要求,而且是单组元推进剂,使推进剂的输送与调节过程非常简单,现已广泛用作热动力鱼雷的推进剂。我国也研制成功了与其性能相当的推进剂并在热动力鱼雷上使用。

1.组成及特点

OTTO-Ⅱ推进剂由 3 种组分组成(见表 2-3)。

表 2-3 OTTO-Ⅱ推进剂的组分及配比

组分名称	化学式	质量百分数/(%)	摩尔质量/(g·mol^{-1})	摩尔百分数/(%)
1,2—丙二醇二硝酸酯	$C_3H_6(ONO_2)_2$	76.0	166.1	85.6
癸二酸二丁酯	$(C_4H_8COOC_4H_9)_2$	22.5	314.4	13.1
邻硝基二苯胺	$C_{12}H_{10}N_2O_2$	1.5	214.2	1.3

OTTO-Ⅱ推进剂中产生能量的主要组分是 1,2-丙二醇二硝酸酯,其受热分解(燃烧)时放出大量热能,故称能源剂。

硝酸酯受外部条件影响时,具有冲击敏感性,为了降低或消除其冲击敏感性,需要减小硝酸酯的氧平衡,为此加入适量的癸二酸二丁酯作为稀释剂以降低其活化性能。

硝酸酯是一种不稳定的化合物,常温下也会缓慢分解,分解产生的氧化氮和水又形成硝酸,使硝酸酯加速分解。为了抑制其分解速度,加入少量邻-硝基二苯胺作为添加剂,以吸收硝酸酯分解产生的氧化氮,同时使分子的活化作用降低从而提高稳定性。这种添加剂称为稳定剂(也称为中定剂)。

归纳起来,OTTO-Ⅱ推进剂有下述特点。

(1)能源剂的蒸汽压低。能源剂的蒸汽压决定其在气相中的浓度。若浓度太高,易对冲击和绝热压缩敏感。对由于绝热压缩或突然增压引起的爆炸,不仅局限于液面上气体,也常常发生在液体气泡中,甚至突然关闭活门产生的"水击"作用,也可能引起爆炸。

(2)负氧平衡。OTTO-Ⅱ推进剂的氧平衡小于能源剂本身的氧平衡。添加稀释剂和稳定剂使得氧平衡变低。

(3)稀释剂不溶于水。OTTO-Ⅱ推进剂要求稀释剂在水中的溶解度越小越好。若稀释剂溶于水,当用水冲洗泄漏在缝隙角落的推进剂时,稀释剂就会被水带走留下不溶于水且对冲击敏感的硝酸酯,极易发生意外和危险。

(4)稀释剂蒸汽压低。OTTO-Ⅱ推进剂稀释剂的蒸汽压要比能源剂的低。若它的蒸汽压高于能源剂,则稀释剂先蒸发逸出,留下易爆的硝酸酯就很危险。

(5)足够高的闪点。OTTO-Ⅱ推进剂中所有组分都有高的闪点,使其气相不易形成易燃易爆物。

(6)毒性小。添加剂(包括稀释剂和稳定剂)的毒性均比硝酸酯的毒性小。

由于 OTTO-Ⅱ推进剂的上述优点,再加上其能量密度较高,使其满足前述鱼雷推进剂的要求而得到了广泛的应用。

2.物理化学性质

(1)物理性质。OTTO-Ⅱ推进剂是一种橙红色油状液体,比水重,其所有组分都不溶于水。水在其中的最大溶解度为 0.31%(25 ℃),随温度升高略有增加。实际使用中要求推进剂中的水分应不大于 0.10%(质量分数)。

OTTO-Ⅱ推进剂可溶于酒精、丙酮、苯、甲苯、四氯化碳、汽油等,微溶于柴油、煤油、石油醚、庚烷等,不溶于乙二醇、丙二醇等。

OTTO-Ⅱ推进剂的物理、化学性能数据见表 2-4,其密度、黏度、表面张力随温度的变化关系见表 2-5。

表 2-4 OTTO-Ⅱ推进剂的物理、化学性能数据

项 目	数 据	单 位	备 注
假定化学式	$C_{27.45} H_{52.48} O_{30.45} N_{9.29}$		当量分子量 1 000
平均摩尔质量	0.187 42	kg/mol	
凝结温度	−28	℃	实测
密度	1.232×10^3	kg/m³	25 ℃
黏度	4.04	Pa·s	25 ℃
蒸汽压	11.69	Pa	25 ℃
表面张力	0.034 5	N/m	25 ℃
比热容	1 829	J/(kg·K)	25 ℃
闪点	116	℃	开杯
燃点	145	℃	
传爆临界直径	31.75	mm	
自动分解温度	143	℃	0.075 MPa
爆炸温度	210	℃	密封容器
安全储存期	102	年	室温
枪击子弹速度	1 250	m/s	不炸
空气中最大允许浓度	1.3	mg/m³	
氧平衡	37.42%		
燃气平均摩尔质量	0.023 65	kg/mol	
燃气可溶于水量	23.5%		
燃气温度	1 100	℃	实测,18.14 MPa
理论燃烧温度	1 212	℃	18.14 MPa
热值	16	MJ/kg	氧弹测热法
标准生成焓	−1.964	MJ/kg	估算
	−2.156	MJ/kg	文献报道

表 2-5 OTTO-Ⅱ推进剂密度、黏度、表面张力随温度的变化关系

温度/℃	密度/(g·cm⁻³)	黏度/(mPa·s)	表面张力/(N·km⁻¹)
−20	1.286		38.43
−10	1.275	17.47	37.5
0	1.263	11.14	36.61
10	1.251	7.481	35.75
20	1.239	5.152	34.82
30	1.227	3.897	33.95
40	1.216	3.085	33.04
50	1.203	2.467	32.16

（2）化学性质及材料相容性。OTTO-Ⅱ推进剂是一种无腐蚀性的液体，与普通金属材料是相容的，与有些非金属材料不相容。它的毒性较小，蒸汽压又低，闪点及燃点较高，常温下明火不能点燃，非密闭时用烈性炸药引爆也不能使其爆炸，故在使用处理时相当安全。虽然该推进剂有时会发生爆炸，但试验证明，在密闭容器中被加热到210 ℃以上才发生爆炸。因其引爆条件苛刻，可认为它是非爆炸物。

OTTO-Ⅱ推进剂受热容易分解，分解的组分主要是能源剂1,2-丙二醇二硝酸酯。如它在70～90 ℃下加热（密封条件）20 h以上时，颜色明显地由橙红色变为酱紫色，这是由于丙二醇二硝酸酯被分解还原为醇，放出NO_2基团，生成亚硝酸酯，在有酸环境下进一步被分解生成1,2-丙二醇和亚硝酸，这对推进剂的安定是不利的。随着温度的升高和加热时间的延长，其分解的速度会加快。

OTTO-Ⅱ推进剂遇浓硫酸、浓硝酸会发生猛烈反应，遇强碱则被水解。

3. 毒性及防护

（1）毒性。OTTO-Ⅱ推进剂的毒性主要表现在能源剂1,2-丙二醇二硝酸酯上，它和其他硝酸酯一样会使人体中毒。

只有吞服大量OTTO-Ⅱ推进剂，才会发生严重急性中毒。由于该推进剂对皮肤的渗透力小，毒性也小，故通过皮肤吸收不易引起急性中毒。

（2）防护。对于长期接触OTTO-Ⅱ推进剂的人员，操作现场空气中推进剂浓度不能超过最大允许浓度。低于此浓度时对人体无害，个别过敏者可戴口罩防护。

如果皮肤溅上了OTTO-Ⅱ推进剂，应先用清水冲洗，然后用肥皂水洗净，切忌使用有机溶剂进行清洗。

如推进剂溅入眼中，应迅速用大量清水冲洗10 min以上，若受蒸汽熏至眼睛朦胧，也需用清水冲洗至明亮。

2.5 固体推进剂

固体推进剂主要用于火箭发动机、枪炮。同时，也用于产生高温、高压的点火源，或作为气体发生器、压力发生器、热源等。使用固体推进剂的鱼雷一般仅限于喷气鱼雷，或者固体推进剂仅作为鱼雷燃烧室的点火药使用。硝化棉（NC）是典型的均质推进剂，其化学式为

$$C_6H_{7.55}O_5(NO_2)_{2.45}$$

硝化棉受热分解，产生两种主要生成物：①生成物具有C/H和C/H/O结构，起燃烧剂作用；②生成物有NO_2的结构，起氧化剂作用。由于NC是纤维状物质，很难将它做成特定形状的装药，所以用一种叫作增塑剂的液态物质同NC混合以便成形。典型的增塑剂包括硝化甘油（NG）和三甲基乙硫三硝酸酯（TMETM），这两种物质也都是硝化物。当用作推进剂时，它们也可以像NC一样单独起推进剂作用。由NC和NG或TMETM和少量的稳定剂组成的推进剂称为双基推进剂，这是一种典型的均质推进剂。

异质推进剂是由起氧化剂作用的很细小晶粒和环绕在每个晶粒周围的起燃烧剂作用的有机树脂黏合剂混合组成的。异质推进剂通常也称为复合推进剂。用作氧化剂的典型晶粒包括过氯酸胺（A_9）、硝酸铵（AN）和过氯酸钾（KP）。当这些颗粒受热分解时，含氧的成分就离开表面变成气态物质，气态含氧成分的化学性质取决于晶粒的化学结构。理想情况是在分子结构中，含氧成分包含越多则氧化剂越好。用于异质推进剂的燃烧剂主要是碳氢化合物的结构，诸如聚氨酯（PU）和聚丁二烯，这些物质同时起黏合剂的作用。

2.6　对推进剂的再研究

随着鱼雷航速的进一步提高,特别是航速超过 200 kn 的超高速鱼雷的出现,使得推进剂又成了热门研究领域。正如前面所提到的,鱼雷的航速和推进功率是 3 次方关系,而推进剂的消耗如果不考虑航深的变化,则与功率近似成正比关系,因此要维持像 200 kn 这样的高速度,并且要满足一定的航程要求,常规的推进剂已经不能胜任。水反应金属推进剂由于比能量高,作为氧化剂的水可以直接从周围环境中提取,被认为是超高速鱼雷的首选推进剂。

水反应金属推进剂是指以能与水反应的金属(镁、铝、锂等)为主要成分,含有少量氧化剂、黏合剂和添加剂等成分的高能推进剂。水反应金属推进剂在燃烧区热反馈作用下,达到自身燃烧温度,生成富含金属颗粒的高温燃气,雷外海水依靠高速流体动压进入燃烧室,一部分与高温燃气中的金属颗粒进行反应放出大量热量,另一部分吸收金属与水反应放出的热量,转变为过热水蒸气,最终的燃烧混合产物驱动涡轮或直接喷出产生推力。水反应金属推进剂不仅能量特性高,而且具有充分利用雷外海水作为能源的特点,显著提高了推进剂能量密度,使鱼雷超高速、远航程航行成为可能。俄罗斯最早开展了水反应金属推进剂及其发动机的研究,在对多种动力装置进行比较之后,得出应用水反应金属推进剂及其发动机是目前实现水下航行器高速推进的主要途径的结论。

金属基推进剂与水反应的技术难点在于:金属基推进剂与水反应的顺利启动;金属基推进剂与水反应的组织形式;提高金属基推进剂与水反应速度的方法;等等。

与水反应放出能量和气体的金属基推进剂有很多,部分金属基推进剂与水反应的能量密度见表 2-6。

表 2-6　水反应金属推进剂、单组元推进剂和双组元推进剂的能量密度

燃　料	氧化剂	能量密度/$(kW \cdot h \cdot m^{-3})$
Be(铍)	H_2O(自由[①])	5 130.0
Zr(锆)	H_2O(自由)	2 751.0
Al(铝)	H_2O(自由)	3 001.0
	H_2O_2(90%)	1 447.7
Mg(镁)	H_2O(自由)	1 871.0
	H_2O_2(90%)	1 317.0
Li(锂)	H_2O(自由)	1 080.0
	H_2O_2(90%)	1 052.0
Na(钠)	H_2O(自由)	129.8
	H_2O_2(90%)	259.5
N_2H_4(肼)	H_2O_2(90%)	726.7
柴油	H_2O_2(90%)	726.7
酒精(92.5%)	H_2O_2(90%)	674.8
固体推进剂[②]		596.9
喷射推进燃油	H_2O_2(90%)	762.6
OTTO-Ⅱ		416.6

注:①雷外海水;②典型的硝酸铵型。

表 2-6 所列金属中,铍的能量密度最高,但是毒性较大;镁与水反应较容易启动,但能量密度较小;锂、钙、钠、钾很活泼,易与水反应,但存储条件较为苛刻;铝具有较高的能量密度,且存放稳定、无毒性,若能降低它与水的反应条件,应是最适合与水反应并用于水冲压发动机的金属基推进剂。目前,国内外关于金属基推进剂的研究一直是水下能源领域的研究前沿。

自 20 世纪 40 年代起,铝和海水反应用作鱼雷推进系统的概念就一直存在。在 40 年代曾进行过相关的研究,60 年代早期相关研究得到了继续推进。铝水推进系统之所以没有投入实际使用,是因为铝与水反应的持续进行存在较大困难。两者反应的产物是 Al_2O_3,可以牢固地附着在铝表面上,阻止进一步反应的进行。

铝水反应启动比较难也是铝水推进系统难以投入实际使用的原因之一。铝与氧气的反应启动温度不能低于氧化铝的熔点(约 2 327 K)。铝粉在水中形成的氧化膜不够致密,其与水反应的启动温度可降低到 1 700 K。即使是这样的温度,铝水反应的启动仍有相当大的难度。旋涡燃烧器的出现,克服了上述现象,保证了铝水反应的持续进行,如图 2-1 所示。旋涡燃烧器是一个圆形带有喷嘴的容器,铝粉和水沿燃烧器外圆,切向喷入燃烧器中,在燃烧器中形成一个离心流化床。在这个剧烈扰动的区域,固体颗粒的碰撞使一小部分铝的表面暴露出来,与水发生剧烈放热反应,放出的热

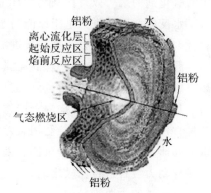

图 2-1 旋涡燃烧器示意图

量加热并熔化铝粉颗粒。涡流的剪切力持续减小熔化的铝液滴的直径,使未反应铝的表面进一步暴露出来并与水反应,反应热量最终导致铝与水在气相状态发生完全反应。铝水燃烧器中产生的物质由约 75%(体积分数)的水蒸气和 25%(体积分数)的氢气组成,并含有少量的亚微米氧化铝颗粒。通过添加其他与水反应的物质,可使铝水反应系统的工作性能更佳。如加入适量的镁粉,可加快反应速度,增加铝水反应系统的适用性,提高系统工作的稳定性。加入镁粉后的缺点是系统的能量密度有所下降。

铝推进剂的研究内容,包括推进剂及其添加镁粉的粒度、比例、制成方法和工作性能的研究。首先需要研究的是铝粉粒度、镁粉粒度、铝粉和镁粉混合比例、旋涡燃烧器的进水速度和进铝粉速度对铝水反应的影响。铝粉中添加镁粉,主要是为了提高燃烧速度和改善旋涡燃烧器的工作环境,提高系统的可靠性。另外,添加镁粉的铝水推进剂,可在反应起始阶段应用,保证铝水反应的可靠启动。小型旋涡燃烧器是考核推进剂性能的必备条件,也是未来应用必须解决的关键技术。通过推进剂配方热力计算可初步确定铝水反应的反应温度、压力,为小型旋涡燃烧器的设计提供依据。通过大量的试验和理论分析,确定铝水反应的各项影响因素,最终解决上述技术难题。

2.7 推进剂燃烧产物性能计算

2.7.1 概述

"推进剂及供应系统"的主要任务就是给发动机提供所要求的工质(按要求的性能与流量)及满足鱼雷所要求的总工作时间(或航程)。选定推进剂只是其中一项工作,应该进一步对推

进剂进行热化学计算,以便在所要求压力及温度条件下,得出作为发动机工质的燃烧产物性能,如产物温度、产物组成、平均相对分子量、摩尔气体常数、比热容、比热容比等热力参数。经过计算还可得出推进剂中各组元的比例,为确定燃烧剂、氧化剂、冷却剂的总储备量做准备,以及为传输量提供依据,或者说为能供系统中的一系列控制部件设计提供性能要求的数据。

所进行的燃烧计算是在一些简化条件下进行的。即燃烧是在等压条件下,燃烧产物遵循完全气体状态方程、燃烧产物在所要求压力和温度下处于化学平衡。这些假设经过验证是可行的,并可简化计算。各种原因造成的压力波动,在正常情况下不是很大,因此燃烧室压力可看成是等压的。因为燃烧温度高、压力又不是很大,所以气相产物可作为完全气体。所用推进剂在燃烧室中的化学反应程度完全取决于温度和压力的变化,因此认为燃烧产物是化学平衡时的产物。

热化学计算,也就是推进剂燃烧产物性能计算包括以下几项内容。

(1)燃烧是化学反应,因此应该写出反应方程式。为了写出反应方程式,首先要写出推进剂各组分的化学式,并了解燃烧剂与氧化剂以及冷却剂之间的比例关系(或要求),这样就确定了推进剂的质量组成和总焓。化学反应式的另一边是燃烧产物,而燃烧产物种类的确定依赖于推进剂的组成和燃烧温度等。

在写出反应方程式之后,不论燃烧过程怎样,也不论生成何种产物,燃烧前后各元素的物质的量相等,由此可建立一组质量守恒方程。

(2)在高温、高压下燃烧产物之间的化学反应(包括离解和化合)速度很快,燃烧产物可以达到化学平衡状态。但当燃烧产物的温度和压力变化时,燃烧产物的化学平衡状态随之变化,燃烧产物的成分也将发生变化,因此燃烧产物的成分及数量还与化学平衡有关。于是,可以利用化学平衡常数的概念建立一组化学平衡方程(平衡常数法),或者根据化学平衡状态下系统的(吉布斯)自由能最小的原理建立一组平衡成分应当满足的方程(最小自由能法)。

(3)利用能量守恒定律可建立能量守恒方程,即推进剂的总焓等于燃烧产物的总焓。

在选定温度和压力条件下,解方程组,可得出在选定温度、压力下的燃烧平衡产物。在给定推进剂情况下,采取试凑法,即设不同温度进行计算,当满足能量守恒方程时,即确定了燃烧温度和相应的产物。

因此,有了反应方程式,以及质量守恒、化学平衡、能量守恒 3 组方程式,就可以求出燃烧产物的温度、成分和各种热力参数。

2.7.2　推进剂(或组元)的假定化学式

鱼雷推进剂(或推进剂组元)可能是单一化合物、化合物的溶液、几种化合物的混合物,甚至仅知道其组成元素的质量分数,热化学计算时可将推进剂(或推进剂组元)看作是一种假想的由化学元素组成的单一化合物,其化学式称为假定化学式。现按以上不同情况给出假定化学式。

1.推进剂(或推进剂组元)为单一化合物

推进剂的假定化学式为

$$C_m H_n O_l N_k \cdots$$

式中：$m,n,l,k,\cdots$为推进剂化合物分子式中 C，H，O，N，$\cdots$的物质的量之和，假定相对分子量即为化合物的相对分子量。

2. 推进剂（或推进剂组元）为化合物的溶液

推进剂是分子式为 A，B 两种化合物组成的溶液，A，B 两种化合物的质量分数为 w_A，w_B，相对分子量为 Mr_A，Mr_B。1 mol A 化合物对应的 B 化合物的摩尔数为

$$m_2 = \frac{w_B}{Mr_A} \frac{w_A}{Mr_B} \qquad (2-1)$$

推进剂的假定化学式为

$$A m_2 B \qquad (2-2)$$

假定相对分子量为

$$Mr = Mr_A + m_2 Mr_B \qquad (2-3)$$

3. 推进剂（或推进剂组元）为几种化合物的混合物

推进剂的假定相对分子量为 1，其假定化学式为

$$C_m H_n O_l N_k \cdots \qquad (2-4)$$

式中：$m,n,l,k,\cdots$为推进剂中 C，H，O，N，$\cdots$的物质的量。

现在介绍 $m,n,l,k,\cdots$的计算方法。

设推进剂由 j 种化合物混合而成，各化合物在推进剂中的质量分数分别为 $g_1,g_2,g_3,\cdots$，g_j。其中，第 i 种化合物的相对分子量为 Mr_i，1 mol 第 i 种化合物中 C，H，O，N，$\cdots$的摩尔原子数为 $m_i,n_i,l_i,k_i,\cdots$，则可按下列公式计算相对分子量为 1 时第 i 种化合物中 C，H，O，N，$\cdots$的摩尔原子数，即

$$\left. \begin{array}{ll} m'_i = \dfrac{1\,000}{Mr_i} m_i & n'_i = \dfrac{1\,000}{Mr_i} n_i \\[3mm] l'_i = \dfrac{1\,000}{Mr_i} l_i & k'_i = \dfrac{1\,000}{Mr_i} k_i \end{array} \right\} \qquad (2-5)$$

现在可以求相对分子量为 1 时推进剂中 C，H，O，N，$\cdots$的摩尔原子数，即

$$\left. \begin{array}{ll} m = \dfrac{1}{100} \sum\limits_{i=1}^{j} g_i m'_i & n = \dfrac{1}{100} \sum\limits_{i=1}^{j} g_i n'_i \\[3mm] l = \dfrac{1}{100} \sum\limits_{i=1}^{j} g_i l'_i & k = \dfrac{1}{100} \sum\limits_{i=1}^{j} g_i k'_i \end{array} \right\} \qquad (2-6)$$

按照以上方法求 OTTO-Ⅱ推进剂的假定化学式，计算结果见表 2-7。

表 2-7 OTTO-Ⅱ推进剂假定化学式的计算数据

组成化合物	$g_j/(\%)$	m_i	n_i	l_i	k_i	Mr_i	m_i'	n_i'	l_i'	k_i'
$C_3 H_6 (ONO_2)_2$	76.0	3	6	6	2	166.1	18.06	36.12	36.12	12.04
$(C_4 H_8 COOC_4 H_9)_2$	22.5	18	34	4	0	314.4	57.25	108.14	12.72	0
$C_{12} H_{10} N_2 O_2$	1.5	12	10	2	2	214.2	56.02	46.69	9.34	9.34
OTTO-Ⅱ推进剂的假定化学式为 $C_{27.45} H_{52.48} O_{30.45} N_{9.29}$							m	n	l	k
							27.45	52.48	30.45	9.29

4.推进剂(或推进剂组元)组成元素的质量分数

推进剂是多种化合物的混合物,仅知道推进剂组成元素的质量分数,如 C,H,O,N,… 的质量分数 w_C, w_H, w_O, w_N, …。这种情况下取推进剂的假定相对分子量为 100,假定化学式为

$$C_m H_n O_l N_k \cdots$$

式中:m, n, l, k, … 按下式计算,有

$$m = \frac{w_C}{Ar_C} \qquad n = \frac{w_H}{Ar_H} \atop l = \frac{w_O}{Ar_O} \qquad k = \frac{w_N}{Ar_N} \right\} \tag{2-7}$$

式中:Ar_C, Ar_H, Ar_O, Ar_N, … 依次是 C,H,O,N,… 的相对原子量。

2.7.3 推进剂燃烧反应方程

1.化学计算量系数

理论上完全燃烧 1 mol 燃烧剂所必需的氧化剂摩尔数,称为推进剂成分的化学计算比例系数,也称为化学计算量系数。推进剂完全燃烧是指所有可燃元素完全氧化为稳定的氧化物。设燃烧剂化学式为 $C_n H_m O_k N_l$、氧化剂化学式为 $C_{n'} H_{m'} O_{k'} N_{l'}$,则化学计算量系数为

$$M = \frac{2n + 0.5m - k}{k' - 2n' - 0.5m'} \tag{2-8}$$

如推进剂成分中含有水,由于水是完全氧化产物,因而不影响 M 值的计算。

2.氧化剂剩余系数

推进剂实际燃烧的最大热效是在燃烧剂和氧化剂的比例接近但不等于 M 时获得的。为此,引入氧化剂剩余系数 α,设 1 mol 燃烧剂实际供给的氧化剂摩尔数为 M',则

$$\alpha = M'/M$$

因此,当 $\alpha > 1$ 时,氧化剂剩余;当 $\alpha < 1$ 时,氧化剂不足;当 $\alpha = 1$ 时,氧化剂正好。

3.冷却剂系数

冷却剂系数 x 为相应 1 mol 燃烧剂的冷却剂摩尔数。

4.燃烧反应方程

知道了燃烧反应产物容易写出燃烧反应方程,确定燃烧产物的原则如下:

(1)燃烧产物只能由推进剂中含有的元素生成;

(2)燃烧产物与氧化剂剩余系数 α 关系密切,$\alpha = 1$ 时才可能是完全燃烧产物,$\alpha > 1$ 时除完全燃烧产物外还会有氧化元素,$\alpha < 1$ 时肯定有不完全燃烧产物;

(3)压力,特别是温度对燃烧产物有明显影响,高温时易出现离解产物。

上述原则具有一定指导意义,要确定燃烧产物还需要丰富的化学知识以及实验研究的帮助。

例如,燃烧剂为煤油、氧化剂为 85% 浓度 H_2O_2、冷却剂为水,燃烧产物温度约 1 200 K 时,燃烧反应方程一般写为

$$C_{7.2} H_{13.6} + \alpha M H_2 O_2 \cdot 0.333 H_2 O + x H_2 O = n_{CO_2} CO_2 + n_{CO} CO + n_{H_2O} H_2 O + n_{H_2} H_2 \tag{2-9}$$

式中:n_{CO_2}, n_{CO}, … 为燃烧产物的摩尔数。

2.7.4　计算推进剂燃烧平衡组分的化学平衡常数法

化学平衡常数法是在已知燃烧室压力和温度条件下计算推进剂燃烧平衡组分的方法之一,计算遵循质量守恒定律和化学平衡原理。

1. 质量守恒方程

质量守恒定律指出,推进剂燃烧前、后各元素的摩尔数应相等。设有 m 种燃烧产物,其中第 i 种燃烧产物为 n_i mol,其每摩尔中有第 k 种元素 a_{ik} 个摩尔原子数,若推进剂各组元中 k 种元素的摩尔原子数之和为 N_k,则可以列出第 k 种元素的质量守恒方程为

$$N_k = \sum_{i=1}^{m} a_{ik} n_i \qquad (2-10)$$

有多少种元素就可以列出多少个质量守恒方程。

2. 化学平衡方程

推进剂在燃烧室中的燃烧反应速度很快,当正、逆两方向的反应以相等的速度进行时,系统内各组分的浓度不会随时间变化,系统处于化学平衡状态。当决定平衡状态的外界条件发生变化时,它的平衡状态被破坏,平衡向削弱外界条件变化影响的方向移动,直到在新的条件下建立新的平衡状态为止,这就是平衡移动原理。

假设有以下理想气体可逆化学反应,即

$$a\text{A} + b\text{B} \rightleftharpoons c\text{C} + d\text{D} \qquad (2-11)$$

式中:A,B 为反应物;C,D 为生成物;a,b,c,d 为相应反应物、生成物的化学计算量系数。

用分压表示的化学平衡常数为

$$K = \frac{p_\text{C}^c p_\text{D}^d}{p_\text{A}^a p_\text{B}^b} \qquad (2-12)$$

由气体分压表示的化学平衡常数 K 只是温度的函数,应用道尔顿分压定律可将化学平衡常数改写成

$$K = \frac{n_\text{C}^c n_\text{D}^d}{n_\text{A}^a n_\text{B}^b} \left(\frac{p}{n_z}\right)^{c+d-a-b} \qquad (2-13)$$

式中:n_A,n_B,n_C,n_D 分别为燃烧产物平衡状态时 A,B,C,D 气体的摩尔数;p 为燃烧室的压力;n_z 为燃烧产物平衡状态时气体的总摩尔数,$n_z = \sum n_i$。

令 $K_n = \dfrac{n_\text{C}^c n_\text{D}^d}{n_\text{A}^a n_\text{B}^b}$ 和 $\Delta v = (c+d) - (a+b)$,由式(2-6)可得

$$K_n = K \left(\frac{p}{n_z}\right)^{-\Delta v} \qquad (2-14)$$

式中:K_n 为用摩尔数表示的化学平衡常数,它不仅是温度的函数,而且也是压力的函数。式(2-14)又可写成

$$\frac{n_\text{C}^c n_\text{D}^d}{n_\text{A}^a n_\text{B}^b} = K \left(\frac{p}{n_z}\right)^{-\Delta v} \qquad (2-15)$$

式(2-15)就是用化学平衡常数形式表示的化学平衡方程。

常见的可逆反应及平衡常数见表 2-8,具体的平衡常数数值可参阅相关化学手册。

表 2 - 8　一些常见的可逆反应及平衡常数

序　号	反应方程式	用分压力表示的平衡常数
1	$CO_2 \rightleftharpoons CO + 0.5O_2$	$K_{CO_2} = p_{CO} p_{O_2}^{0.5} / p_{CO_2}$
2	$H_2O \rightleftharpoons H_2 + 0.5O_2$	$K_{H_2O} = p_{H_2} p_{O_2}^{0.5} / p_{H_2O}$
3	$H_2O \rightleftharpoons OH + 0.5H_2$	$K'_{H_2O} = p_{OH} p_{H_2}^{0.5} / p_{H_2O}$
4	$H_2 \rightleftharpoons 2H$	$K_{H_2} = p_H^2 / p_{H_2}$
5	$O_2 \rightleftharpoons 2O$	$K_{O_2} = p_O^2 / p_{O_2}$
6	$N_2 + O_2 \rightleftharpoons 2NO$	$K_{NO} = p_{NO}^2 / (p_{N_2} p_{O_2})$
7	$N_2 \rightleftharpoons 2N$	$K_{N_2} = p_N^2 / p_{N_2}$
8	$HCl \rightleftharpoons H + Cl$	$K_{HCl} = p_{Cl} p_H / p_{HCl}$
9	$OH \rightleftharpoons H + O$	$K_{OH} = p_H p_O / p_{OH}$
10	$Cl_2 \rightleftharpoons 2Cl$	$K_{Cl_2} = p_{Cl}^2 / p_{Cl_2}$
11	$Cl_2 + H_2 \rightleftharpoons CO + H_2O$	$K_H = p_{CO} p_{H_2O} / (p_{CO_2} p_{H_2})$
12	$CH_4 + H_2O \rightleftharpoons CO + 3H_2$	$K_H = p_{H_2}^3 p_{CO} / (p_{CH_4} p_{H_2O})$

3．平衡组分计算过程说明

如果推进剂有 l 种元素、燃烧产物有 m 种组分,则可列出 l 个质量守恒方程、$(m-l)$ 个化学平衡方程,加上式(2-9)共 $(m+1)$ 个方程。当燃烧室压力和温度已知时方程组的未知量也为 $(m+1)$ 个,代入燃烧产物各组分摩尔数,方程组可以求解。

2.7.5　燃烧反应的能量守恒方程

1．化学反应热效应的几个定义

(1)物质的标准生成热,是标准状态下,由元素单质 H_2,O_2,N_2,C,Al 等生成 1 mol 物质的反应热效应,记为 Q_f。

(2)物质的标准生成焓,是其标准生成热的负值,记为 H_f^0。

(3)物质的燃烧热,是标准状态下,1 mol 物质在氧气中完全燃烧生成稳定氧化物时的反应热效应,记为 Q_c。对于一些物质定义为,1 mol 物质在标准状态下分解为单质、稳定氧化物时的反应热效应。

部分物质的燃烧热、标准生成热和标准生成焓见表 2 - 9。

表 2 - 9　部分物质的燃烧热、标准生成热和标准生成焓

名　称	化学式	分子量	燃烧热 Q_c (kJ·mol^{-1})	标准生成热 Q_f (kJ·mol^{-1})	标准生成焓 H_f^0 (kJ·mol^{-1})
OTTO - Ⅱ	$C_{27.45} H_{52.48} O_{30.45} N_{9.29}$				−2 156*
煤油				192.59*	−192.59*
萘烷	$C_{10} H_{13}$	138.254	6 280.2	226.09	−226.09
甲醇	$CH_3 OH$	32.043	727.12	238.13	−238.13

续 表

名 称	化学式	分子量	燃烧热 Q_c (kJ·mol^{-1})	标准生成热 Q_f (kJ·mol^{-1})	标准生成焓 H_f^0 (kJ·mol^{-1})
乙醇	C_2H_5OH	46.07	1 367.66	277.82	-277.82
羟胺	NH_2OH	33.032	332.38	106.76	-106.76
三乙胺	$(C_2H_5)_3N$	101.194	4 446.38	61.62	-61.62
苯胺	$C_6H_5NH_2$	93.13	3 399.26	-35.34	35.34
二甲苯胺	$C_6H_3(CH_3)_2NH_2$	121.184	4 687.96	32.25	-32.25
肼	N_2H_4	32.048	622.58	-50.45	50.45
锂	Li	6.934		0	0
RJ-4			42 182*		
JP-5			42 600*		
JP-10			42 100*		
过氧化氢	H_2O_2	34.016		187.74	-187.74
硝酸	HNO_3	63.016		173.35	-173.35
四氧化二氮	N_2O_4	92.016		28.22	-28.22
六氟化硫	SF_6	146.06		1 207.89	$-1 207.89$
高氯酸羟胺	NH_3OHClO_4	133.5		-276.7	276.7
硝酸羟胺	NH_3OHNO_3	96.043		-339**	339**
碳	C	12.011	393.777	0	0
一氧化碳	CO	28.011	283.178	110.599	-110.599
二氧化碳	CO_2	44.011	0	393.777	-393.777
甲烷	CH_4	16.043	890.909	74.94	-74.94
氢	H_2	2.016	286.03	0	0
原子氢	H	1.008	36.141	-218.124	218.124
水	H_2O	18.016	0	286.03	-286.03
水蒸气	H_2O	18.016	0	241.989	-241.989
氧	O_2	32	0	0	0
原子氧	O	16	247.687	-246.787	246.787
氟	F_2	38	0	0	0
氮	N_2	28.016	0	0	0
一氧化氮	NO	30.008	-90.435	-90.435	90.435
二氧化氮	NO_2	46.008	0	$-33.525\,8$	33.525 8
二氧化硫	SO_2	64.064	0	297.053	-297.053
羟基	OH	17.008	185.136	-42.119	42.119

注：* 表示单位为 kJ/kg；** 表示 82% 水溶液的标准生成热和标准生成焓。

2. 燃烧反应热效应

物质总焓定义为

$$I = E_{ch} + H \tag{2-16}$$

式中：E_{ch} 为化学能；H 为热焓。

规定单质 H_2，O_2，N_2，C，Al 等在标准状态下的总焓为零。常见燃烧产物的总焓可参考相关化学手册。

温度为 T 时物质的热焓为

$$H = E_h + pV = \int_0^T c_p \mathrm{d}T \tag{2-17}$$

式中：E_h 为热内能；pV 为推挤功；c_p 为定压比热容。

对于等压反应，当取反应放热为正时，则反应的化学热力学第一定律为

$$Q_p = I_1 - I_2 \tag{2-18}$$

式中：Q_p 为等压反应热效应；I_1 为物质总焓；I_2 为反应产物总焓。

由标准生成热定义、标准生成焓定义和单质在标准状态下的总焓为零的规定，据化学热力学第一定律可知物质在标准状态下的总焓和其标准生成热数值相等、符号相反，进而可以求得温度为 T 时物质总焓的计算式为

$$I = -Q_f + \int_{T_s}^T c_p \mathrm{d}T \tag{2-19}$$

$$I = H_f^0 + \int_{T_s}^T c_p \mathrm{d}T \tag{2-20}$$

式中：T_s 为标准温度。

由于绝对零度时总焓 I_0 与化学能相等，由式（2-16）和式（2-17）可得

$$I = I_0 + \int_0^T c_p \mathrm{d}T \tag{2-21}$$

由物质燃烧热的定义、化学热力学第一定律及物质标准状态下的总焓和其标准生成热数值相等、符号相反的关系可得物质燃烧热为

$$Q_c = Q_{fst} - Q_{fr} \tag{2-22}$$

式中：下标 r，st 分别为物质和燃烧反应生成的稳定氧化物。

据式（2-18）～式（2-20）以及式（2-22）可得到温度为 T 时等压燃烧热效应的计算式为

$$Q_p = \sum n_i Q_{fpi} - \sum x_i Q_{fri} + \sum \int_{T_s}^T (x_i C_{pri} - n_i c_{ppi}) \mathrm{d}T \tag{2-23}$$

$$Q_p = \sum x_i H_{fri}^0 - \sum n_i H_{fpi}^0 + \sum \int_{T_s}^T (x_i C_{pri} - n_i c_{ppi}) \mathrm{d}T \tag{2-24}$$

$$Q_p = \sum x_i Q_{cri} - \sum n_i Q_{cpi} + \sum \int_{T_s}^T (x_i C_{pri} - n_i c_{ppi}) \mathrm{d}T \tag{2-25}$$

式中：x_i，n_i 分别为推进剂中第 i 个组元和燃烧产物中第 i 个组分的摩尔数；下标 r，p 分别为推进剂和燃烧产物。

3. 能量守恒方程

推进剂在燃烧室中燃烧时，如果不考虑物理不完全燃烧损失和散热损失，燃烧反应释放的热量全部用于提高燃烧产物的温度，使其从初温 T_1 上升到燃烧温度 T_2。根据能量守恒可知，推进剂各组元在初温 T_1 时的总焓之和等于燃烧产物各组分在燃烧温度 T_2 时的总焓之和，即

$$\sum x_i I_{ri1} = \sum n_i I_{pi2} \tag{2-26}$$

能量守恒方程还有一种形式是用物质的能焓表示的。能焓定义为燃烧热加上以标准温度（25 ℃）为零点的热焓，即温度 T 时的能焓为

$$E = Q_c + \int_{T_s}^T c_p \mathrm{d}T \tag{2-27}$$

常见燃烧产物的能焓见参考文献[3]的附录 2。

设推进剂燃烧初始温度为 T_1,当燃烧热效应 Q_p 完全用于加热燃烧产物,此时燃烧产物的温度为 T_2,则有

$$Q_p = \sum \int_{T_1}^{T_2} n_i c_{ppi} \mathrm{d}T \qquad (2-28)$$

在式(2-26)中将 T 看作推进剂初温 T_1,综合以上各式可得用能焓表示的能量守恒方程为

$$\sum x_i E_{ri1} = \sum n_i E_{pi2} \qquad (2-29)$$

2.7.6 燃烧产物温度及其他热力参数的计算

求燃烧温度 T_2 可采用试凑法。在燃烧室压力下,在可能的燃烧温度附近选定几个温度 T_j,计算出对应温度燃烧产物的组分,并求出对应温度燃烧产物的总焓 $\sum n_i I_{pij}$,其中 I_{pij} 是燃烧产物 i 组分在温度 T_j 时的总焓;同时可求得初温 T_1 下推进剂的总焓 $\sum x_i I_{ri1}$。据能量守恒方程(2-26)或式(2-29),应用作图法或内插值法可求得燃烧温度 T_2,进而求得 T_2 温度燃烧产物的平衡组分摩尔数。

下述给出其他热力参数计算式。

(1)凝相组分的质量分数:

$$\varepsilon = \frac{\sum\limits_{j=1}^{p} \mu_{jc} n_{jc}}{1\ 000} \qquad (2-30)$$

(2)燃烧产物中气相组分的平均摩尔质量:

$$M_g = \frac{1\ 000(1-\varepsilon)}{n_g} \qquad (2-31)$$

(3)燃烧产物中气相组分的平均气体常数:

$$R_g = \frac{R_0}{M_g} \qquad (2-32)$$

(4)燃烧产物(包括凝相)的平均气体常数:

$$R = (1-\varepsilon)R_g \qquad (2-33)$$

(5)燃烧产物的定压比热容:

$$c_p = \sum\limits_{i=1}^{m} n_{ig} c_{pig} + \sum\limits_{j=1}^{p} n_{jc} c_{pjc} \qquad (2-34)$$

(6)燃烧产物的熵:

$$S = \sum\limits_{j=1}^{p} n_{jc} S_j^0 + \sum\limits_{i=1}^{m} n_{ig} S_i^0 - R_0 \left[\sum\limits_{i=1}^{m} n_{ig} \ln\left(\frac{n_{ig}}{n_g}\right) + n_g \ln p \right] \qquad (2-35)$$

式中:S_j^0 为 j 凝相组分在 1 物理大气压下的熵;S_i^0 为 i 气相组分在 1 物理大气压下的熵。

2.7.7 计算推进剂燃烧平衡组分的最小自由能法

计算化学反应平衡组分的最小自由能法与化学平衡常数法一样,仍然遵循质量守恒原理和化学平衡原理,只是采用的化学平衡方程与平衡常数法的形式不同。这种方法的依据是,在等温、等压过程中,当系统处于平衡状态时,系统的自由能最小。

1. 吉布斯(Gibbs)自由能(以下简称自由能)定义

对于一个和外界有热交换的化学反应体系,其反应过程自发进行的方向及深度用熵作为判据往往不方便,而用自由能则能很方便地作出判断。

自由能定义为

$$Z=H-TS=U+pV-TS \qquad (2-36)$$

式中：Z,H,T,S,U,p,V 分别为系统的自由能、焓、温度、熵、内能、压强和容积。

2. 自由能的性质

由化学热力学第一定律表达式，即

$$-dQ=dU+pdV \qquad (2-37)$$

热力学第二定律表达式，即

$$dS \geqslant -\frac{dQ}{T} \qquad (2-38)$$

可得

$$dU-TdS+pdV \leqslant 0 \qquad (2-39)$$

将自由能的定义式全微分后带入式（2-39），可得

$$dZ-Vdp+SdT \leqslant 0 \qquad (2-40)$$

对于处于平衡状态的化学反应过程，其温度和压力都为常值，即

$$dp=0, dT=0 \qquad (2-41)$$

于是，式（2-40）变为

$$dZ \leqslant 0 \qquad (2-42)$$

据此可知，在一个等温等压的化学反应中，自由能是此反应能否自发进行及进行深度的判据，自发过程必定沿自由能减小的方向进行而且当自由能最小时系统达到平衡状态。最小自由能法正是利用此原理来求燃烧过程的平衡产物。

自由能是与物态、温度、压力等因素有关的状态参数，它和系统的这些状态之间具有如下的性质。

（1）自由能和压力的关系。将理想气体状态方程代入式（2-39），在等温条件下积分可得

$$Z_2=Z_1+nRT\ln\frac{p_2}{p_1} \qquad (2-43)$$

式中：n 为所研究组分的质量分数；R 为其气体常数。

定义在一个物理大气压下气体的自由能称为标准自由能，用 Z^0 表示，则式（2-43）可表示为

$$Z=Z^0+nRT\ln p \qquad (2-44)$$

式（2-44）反映了等温条件下自由能和压力之间的关系。可以看出，对于气体来说，当压力上升时，自由能是增加的。

（2）自由能和温度的关系。在等压条件下，式（2-39）可变为

$$dZ+SdT \leqslant 0 \qquad (2-45)$$

即

$$\frac{dZ}{dT} \leqslant -S \qquad (2-46)$$

可见，随着温度的上升自由能是减小的。

（3）自由能和物态的关系。对于一个化学反应系统，系统的自由能是系统内各个组分自由能的和。由于凝项组分的自由能只和温度有关而与压力无关，因此系统内的物态变化是会引起自由能变化的。

(4)自由能和化学平衡常数的关系。当等温等压时,由式(2-39)对一个化学反应平衡可得

$$dZ=0 \qquad (2-47)$$

根据 $Z=Z^0+nRT\ln p$,式(2-47)可表示为

$$\ln K_p=\ln \frac{p^2}{p^1}=\frac{Z_1^0-Z_2^0}{R^0 T}=\frac{-\Delta Z^0}{R^0 T}=-\Delta Z^0=-R^0 T\ln K_p \qquad (2-48)$$

式(2-48)说明标准自由能变化与平衡常数之间的关系,也说明化学平衡既可以用平衡常数表示,也可以用自由能来表示。

3.计算模型的建立

(1)无论推进剂是单组元还是多组元,推进剂的假定化学式都写成式(2-4)的形式,假定相对分子量为1。设燃烧产物组成中含有 l 种元素($k=1,2,\cdots,l$),m 种气相组分($i=1,2,\cdots,m$),e 种凝相组分($j=1,2,\cdots,e$),可写出质量守恒方程为

$$\sum_{i=1}^{m}a_{ik}n_{ig}+\sum_{j=1}^{e}a_{jk}n_{jc}=N_k \quad (k=1,2,\cdots,l) \qquad (2-49)$$

式中:a_{ik} 为 1 mol 第 i 种气相组分中含有第 k 种元素的摩尔原子数;n_{ig} 为 1 kg 质量燃烧产物中第 i 种气相组分的摩尔数;a_{jk} 为 1 mol 第 j 种凝相组分中含有第 k 种元素的摩尔原子数;n_{jc} 为 1 kg 质量燃烧产物中第 j 种凝相组分的摩尔数;N_k 为 1 kg 燃烧产物中,即 1 kg 推进剂中,含有第 k 种元素的摩尔原子数。

气体组分的总摩尔数为

$$n_g=\sum_{i=1}^{m}n_{ig} \qquad (2-50)$$

燃烧室内燃烧产物的总自由能等于产物中各组分自由能之和,即

$$G=\sum_{i=1}^{m}g_i n_{ig}+\sum_{j=1}^{e}g_{jc}^0 n_{jc} \qquad (2-51)$$

式中:g_{jc}^0 为 1 mol j 组分凝相产物的自由能。

1 mol i 组分理想气体的自由能为

$$g_i=g_i^0+R_0 T\ln e_i \qquad (2-52)$$

式中:g_i^0 为理想气体在 1 物理大气压下的自由能;R_0 为通用气体常数。

将式(2-52)及 $p_i=pn_{ig}/n_g$ 代入式(2-51),两边同除以 $R_0 T$,得

$$\frac{G}{R_0 T}=\sum_{i=1}^{m}\left(\frac{g_i^0}{R_0 T}+\ln p+\ln \frac{n_{ig}}{n_g}\right)n_{ig}+\sum_{j=1}^{e}\frac{g_{jc}^0 n_{jc}}{R_0 T} \qquad (2-53)$$

式(2-53)表示在一定的温度和压力条件下,燃烧产物自由能函数 $G/R_0 T$ 只是其组分摩尔数的函数。

令 $G(n)=\dfrac{G}{R_0 T}$,$c_{ig}=\dfrac{g_i^0}{R_0 T}+\ln e$,式(2-13)可改写为

$$G(n)=\sum_{i=1}^{m}\left(c_{ig}+\ln \frac{n_{ig}}{n_g}\right)n_{ig}+\sum_{j=1}^{e}\frac{g_{jc}^0 n_{jc}}{R_0 T} \qquad (2-54)$$

(2)$G(n)$ 表达式的线性化。式(2-54)是一个非线性方程,为求极值先进行线性化,即采用泰勒级数将其展开成一个多项式。假设燃烧产物各组分初值为一组正值,气相组分为 y_{1g},y_{2g},$\cdots$,y_{mg},凝结相组分为 y_{1c},y_{2c},$\cdots$,y_{ec}。令 $y_g=\sum_{i=1}^{m}y_{ig}$,$\Delta_{ig}=n_{ig}-y_{ig}$,$\Delta_{jc}=n_{jc}-y_{jc}$ 和 $\Delta_g=n_g-y_g$,将式(2-54)在 $n=y$ 处用泰勒级数展开,忽略三阶及以上微量,用函数 $Q(n)$ 表示 $G(n)$

的近似值,可得

$$Q(n) = G(n)_{n=y} + \sum_{i=1}^{m}\left(\frac{\partial G}{\partial n_{ig}}\right)_{n=y}\Delta_{ig} + \sum_{j=1}^{e}\left(\frac{\partial G}{\partial n_{jc}}\right)_{n=y}\Delta_{jc} + $$

$$\frac{1}{2}\sum_{i=1}^{m}\sum_{s=1}^{m}\left(\frac{\partial^2 G}{\partial n_{ig}\partial n_{sg}}\right)\Delta_{ig}\Delta_{sg} + \frac{1}{2}\sum_{i=1}^{m}\sum_{j=1}^{e}\left(\frac{\partial^2 G}{\partial n_{ig}\partial n_{jc}}\right)\Delta_{ig}\Delta_{jc} + \qquad (2-55)$$

$$\frac{1}{2}\sum_{j=1}^{e}\sum_{t=1}^{e}\left(\frac{\partial^2 G}{\partial n_{jc}\partial n_{tc}}\right)\Delta_{jc}\Delta_{tc}$$

式中:下标 s 与 i 意义相同;下标 t 与 j 意义相同。

对式(2-54)求各偏导数代入式(2-55)可得

$$Q(n) = G(y) + \sum_{i=1}^{m}\left(c_{ig} + \ln\frac{y_{ig}}{y_g}\right)\Delta_{ig} + \sum_{j=1}^{e}\frac{g_{jc}^0}{R_0 T}\Delta_{jc} + \frac{1}{2}\sum_{i=1}^{m}\left(\frac{\Delta_{ig}}{y_{ig}} - \frac{\Delta_g}{y_g}\right)\Delta_{ig} \qquad (2-56)$$

(3)求函数 $Q(n)$ 的条件极值方程。在定温、定压条件下,函数 $Q(n)$ 与函数 $G(n)$ 的极小值条件是相同的,此外还必须满足质量守恒方程,这是求一个多元函数的条件极值问题。应用拉格朗日因子 $\lambda_k (k=1,2,\cdots,l)$ 乘以各个条件约束方程,然后与函数 $Q(n)$ 相加,可以得到一个新的函数,即

$$F(n,\lambda_k) = Q(n) + \sum_{k=1}^{l}\lambda_k\left(N_k - \sum_{i=1}^{m}a_{ik}n_{ig} - \sum_{j=1}^{e}a_{jk}n_{jc}\right) \qquad (2-57)$$

函数 $F(n,\lambda_k)$ 的无条件极值就是函数 $Q(n)$ 在约束条件(质量守恒方程)下的极值。函数 $F(n,\lambda_k)$ 的极值条件为 $\partial F(n,\lambda_k)/\partial n_{ig}=0$、$\partial F(n,\lambda_k)/\partial n_{jc}=0$ 和 $\partial F(n,\lambda_k)/\partial\lambda_k=0$,由式(2-57)求得各偏导数,可得方程为

$$\left[c_{ig} + \ln\left(\frac{y_{ig}}{y_g}\right)\right] + \left(\frac{n_{ig}}{y_{ig}} - \frac{n_g}{y_g}\right) - \sum_{k=1}^{l}\lambda_k a_{ik} = 0 \quad (i=1,2,\cdots,m) \qquad (2-58)$$

$$\frac{g_{jc}^0}{R_0 T} - \sum_{k=1}^{l}\lambda_k a_{jk} = 0 \quad (j=1,2,\cdots,e) \qquad (2-59)$$

$$N_k - \sum_{i=1}^{m}a_{ik}n_{ig} - \sum_{j=1}^{e}a_{jk}n_{jc} = 0 \quad (k=1,2,\cdots,l) \qquad (2-60)$$

(4)计算推进剂燃烧平衡组分的方程组。式(2-50)和极值条件式(2-58)～式(2-60)构成了 $(m+e+l+1)$ 个线性方程组,其中未知量也为 $(m+e+l+1)$ 个,因此可以求解推进剂燃烧平衡组分。在上述 $(m+e+l+1)$ 个线性方程组中如果消去气相组分 $n_{ig}(i=1,2,\cdots,m)$,则更便于求解。

由式(2-58)可得

$$n_{ig} = y_{ig}\left(\sum_{k=1}^{l}\lambda_k a_{ik}\right) + y_{ig}\left(\frac{n_g}{y_g}\right) - y_{ig}\left(c_{ig} + \ln\frac{y_{ig}}{y_g}\right) \qquad (2-61)$$

令

$$\left. \begin{array}{l} g_{ig}(y_i) = y_{ig}\left(c_{ig} + \ln\frac{y_{ig}}{y_g}\right) \\ \\ A_k = \sum_{i=1}^{m}a_{ik}y_{ig} \end{array} \right\} \qquad (2-62)$$

将式(2-61)对 i 取总和,整理后得

$$\sum_{k=1}^{l}A_k\lambda_k = \sum_{i=1}^{m}g_{ig}(y_i) \qquad (2-63)$$

令式(2-61)中 $n_g/y_g = \mu$,则

$$n_{ig} = \left(\sum_{k=1}^{l} \lambda_k a_{ik} \right) y_{ig} + y_{ig}\mu - g_{ig}(y_i) \qquad (2-64)$$

式中:下标 k 在连加中依次是 $1,2,\cdots,l$。

为了区别,将式(2-64)中下标 k 换成 $\upsilon(\upsilon=1,2,\cdots,l)$,然后再将式(2-64)代入式(2-49)得

$$\sum_{\upsilon=1}^{l} r_{k\upsilon}\lambda_{\upsilon} + A_k\mu + \sum_{j=1}^{e} a_{jk}n_{jc} = N_k + \sum_{i=1}^{m} a_{ik} g_{ig}(y_i) \quad (k=1,2,\cdots,l) \qquad (2-65)$$

式中

$$r_{k\upsilon} = r_{\upsilon k} = \sum_{i=1}^{m} (a_{ik} a_{i\upsilon}) y_{ig} \qquad (2-66)$$

式(2-59)、式(2-63)和式(2-65)是计算推进剂燃烧平衡组分的最终方程组,共有$(l+e+1)$个方程,未知量为 $\lambda_k(k=1,2,\cdots,l)$,$n_{jc}(j=1,2,\cdots,e)$ 以及 μ,也是$(l+e+1)$个。先联立求解各未知量 λ_k,μ 及 n_{jc},然后求出各气相组分 n_{ig}。联立方程可写成矩阵形式为

$$
\begin{bmatrix}
r_{11} & r_{12} & \cdots & r_{1l} & A_1 & a_{11} & a_{21} & \cdots & a_{e1} \\
r_{21} & r_{22} & \cdots & r_{2l} & A_2 & a_{12} & a_{22} & \cdots & a_{e2} \\
\vdots & \vdots & & \vdots & \vdots & \vdots & \vdots & & \vdots \\
r_{l1} & r_{l2} & \cdots & r_{ll} & A_l & a_{1l} & a_{2l} & \cdots & a_{el} \\
A_1 & A_2 & \cdots & A_l & 0 & 0 & 0 & \cdots & 0 \\
a_{11} & a_{12} & \cdots & a_{1l} & 0 & 0 & 0 & \cdots & 0 \\
a_{21} & a_{22} & \cdots & a_{2l} & 0 & 0 & 0 & \cdots & 0 \\
\vdots & \vdots & & \vdots & \vdots & \vdots & \vdots & & \vdots \\
a_{e1} & a_{e2} & \cdots & a_{el} & 0 & 0 & 0 & \cdots & 0
\end{bmatrix}
\begin{bmatrix}
\lambda_1 \\ \lambda_2 \\ \vdots \\ \lambda_l \\ \mu \\ n_{1c} \\ n_{2c} \\ \vdots \\ n_{ec}
\end{bmatrix}
=
\begin{bmatrix}
N_1 + \sum_{i=1}^{m} a_{i1} g_{ig}(y_i) \\
N_2 + \sum_{i=1}^{m} a_{i2} g_{ig}(y_i) \\
\vdots \\
N_l + \sum_{i=1}^{m} a_{il} g_{ig}(y_i) \\
\sum_{i=1}^{m} g_{ig}(y_i) \\
\dfrac{g_{1c}^0}{R_0 T} \\
\dfrac{g_{2c}^0}{R_0 T} \\
\vdots \\
\dfrac{g_{ec}^0}{R_0 T}
\end{bmatrix}
\qquad (2-67)
$$

(5)求解推进剂燃烧平衡组分方程组的步骤。

1)在给定的温度和压力条件下,参照同类推进剂的热力计算结果,选择一组 $y(y_{1g},y_{2g},\cdots,y_{mg},y_{1c},y_{2c},\cdots,y_{pc})$ 的近似组分作为初始试算值,要求这组 y 的近似值都为正值且满足质量守恒方程。

2)据式(2-62)计算各试算值的自由能函数 $g_{ig}(y_i)$。

3)按照式(2-62)、式(2-66)和式(2-65)分别算出 A_k,$r_{k\upsilon}$ 和 $N_k + \sum_{i=1}^{m} a_{ik} g_{ig}(y_i)$。

4)求解矩阵方程式(2-67),求出凝相组分 n_{1c},n_{2c},$\cdots$,n_{pc} 及 λ_1,λ_2,$\cdots$,λ_l 和 μ 值。

5)将所求出的 $\lambda_k(\lambda_1,\lambda_2,\cdots,\lambda_l)$ 及 μ 代入式(2-64)可以计算出气相组分 n_{ig},以上计算得到的一组 n_{ig} 及 n_{jc} 值若全部为正值,则可作为平衡组分的第一次近似值。

6)将第一次计算结果作为第二次的试算值,重复上述各步骤进行第二次试算,直到相邻二次计算结果的差值达到要求的精度为止。最后得到的计算结果即为平衡组分的摩尔数。

(6)关于迭代计算的收敛问题。在平衡组分的迭代计算中,当给出的初始值偏离组分实际

值较远时,在迭代初期组分中可能出现负值,使计算过程无法进行下去。当计算过程中出现 n_{ig} 为负值时,必须加以修正使全部组分为正值,其修正方法如下。

设修正后的 n_{ig} 值为 n'_{ig},令

$$n'_{ig} = y_{ig} + \lambda'(n_{ig} - y_{ig}) \tag{2-68}$$

式中:λ' 为修正系数,它是所有 λ_i 中的最小值,即 $\lambda' = (\lambda_i)_{\min}(i=1,2,\cdots,m)$。

定义

$$\lambda_i = \frac{\delta - y_{ig}}{n_{ig} - y_{ig}} \tag{2-69}$$

式中:δ 为很小的正值,例如 $\delta = 10^{-12}$。

当 n_{jc} 中出现负值时,按相同方法进行修正。修正时要求所选择的 λ' 代入式(2-68)中,所得全部组分修正值为一组正值 n'_i,并保证系统自由能不断减小,若系统自由能不能满足上述条件,则要适当减小 λ' 值,使系统自由能绝对值增加,以满足平衡状态时自由能最小。

2.7.8　算例:HAP 三组元推进剂的配比计算

研究 HAP 三组元推进剂的最佳配比,最好的办法是采用理论分析和试验研究相结合的研究方法。

研究过程中,首先对各种配比的燃烧温度和燃烧产物进行理论计算分析,并选择其中的一些配比进行点火燃烧试验,最终确定最佳配比。表 2-10~表 2-13 是不同配比条件下推进剂点燃烧试验的结果数据。

1.燃烧产物组分的计算

将燃烧反应的产物作为一个系统,则在此系统的自由能最小时系统达到平衡,根据该原理可求出燃烧产物的组成。显然,反应产物是满足质量守恒关系的,因此求满足质量守恒条件下系统自由能最小时的产物,即为平衡产物。

设推进剂含有 l 种元素,1 kg 推进剂燃烧产物含有 n 种组分,其中有气相组分 m 种、凝相组分 e 种,其摩尔数分别为 $n_1^g, n_2^g, \cdots, n_m^g, n_1^c, n_2^c, \cdots, n_e^c$。由这些组分构成的产物(系统)自由能 Z 可表示为

$$Z = \sum_{i=1}^{m} n_i \mu_i^g + \sum_{j=1}^{e} n_j \mu_j^c \tag{2-70}$$

式中:μ_i^g 和 μ_j^c 分别为气相和凝相的化学势。

为计算方便,将式(2-70)变成无量纲形式,即

$$\phi = \frac{Z}{R^0 T} = \sum_{i=1}^{m} \left(c_i^g + \ln \frac{n_i^g}{n_g} \right) n_i^g + \sum_{j=1}^{e} \left(\frac{\mu^0}{R^0 T} \right)_j^c n_j^c \tag{2-71}$$

式中:$c_i^g = \left(\frac{\mu^0}{R^0 T} \right)^g + \ln p$,$\phi$ 与 Z 一样是 n_i^g 和 n_j^c 的函数,即 $\phi(n_1^g, n_2^g, \cdots, n_m^g; n_1^c, n_2^c, \cdots, n_e^c)$,简写为 $\phi(n_i^g, n_j^c)$,求它的最小值,令

$$\left. \begin{array}{l} \dfrac{\partial \phi(n_i^g, n_j^c)}{\partial n_i^g} = 0 \quad (i=1,2,\cdots,m) \\[3mm] \dfrac{\partial \phi(n_i^g, n_j^c)}{\partial n_i^c} = 0 \quad (i=1,2,\cdots,m) \\[3mm] \dfrac{\partial \phi(n_i^g, n_j^c)}{\partial n_j^c} = 0 \quad (j=1,2,\cdots,e) \end{array} \right\} \tag{2-72}$$

同时，各组分应满足质量守恒方程，即

$$N_k = \sum_{i=1}^{m} a_{ik} n_i^g + \sum_{j=1}^{c} a_{jk} n_j^c \quad (k=1,2,\cdots,l) \tag{2-73}$$

或写成

$$\phi_k = N_k - \left(\sum_{i=1}^{m} a_{ik} n_i^g + \sum_{j=1}^{c} a_{jk} n_j^c \right) = 0 \tag{2-74}$$

这样，所求问题就归结为多元函数的条件极值问题。由高等数学可知，可用拉格朗日因子建立新函数，将条件极值问题变为一般极值问题，新函数可写成

$$G(n_i^g, n_j^c) = \phi(n_i^g, n_j^c) + \lambda_1 \varphi_1(n_i^g, n_j^c) + \lambda_2 \varphi_2(n_i^g, n_j^c) + \cdots + \lambda_l \varphi_l(n_i^g, n_j^c) \tag{2-75}$$

式中：λ_k 为拉格朗日因子。

对新函数求极值，得

$$\left. \begin{array}{l} \dfrac{\partial G(n_i^g, n_j^c)}{\partial n_i^g} = 0 \quad (i=1,2,\cdots,m) \\[3mm] \dfrac{\partial G(n_i^g, n_j^c)}{\partial n_j^c} = 0 \quad (j=1,2,\cdots,e) \end{array} \right\} \tag{2-76}$$

由以上 $n+l$ 个方程可解出 $n+l$ 个未知数，正好是未知数的个数。由此解出的各组分摩尔数就是平衡产物的组成。

表 2-10　推进剂点火燃烧特性试验结果

序号	OTTO：HAP：H$_2$O	α	温度/K	压力/MPa	点火、燃烧情况
1	0.275：0.59：0.135	0.92	2 780	5	点燃，燃烧稳定
2	0.2：0.6：0.2	1.28	2 200	10	点燃，燃烧稳定
3	0.175：0.45：0.375	1.09	1 590	13	点燃、未点燃各一次，燃烧不稳定
4	0.175：0.375：0.45	0.91			未点燃
5	0.19：0.44：0.37	1.0	1 420	13	点燃，燃烧有振荡
6	0.205：0.45：0.345	0.94	1 500	13	点燃，燃烧稳定
7	0.21：0.45：0.34	0.92	1 510	13	点燃，燃烧稳定

表 2-11　OTTO-II 变化时的组元比例和燃烧性能

OTTO 变化量 (%)	比例偏移值	OTTO：HAP：H$_2$O	α	可溶性/(%)	温度/K	能量 (kJ·kg^{-1})
−2.5	−0.005 00	0.195 0：0.457 4：0.347 6	1.000	82.40	1 543.75	29 354.63
−2.0	−0.004 00	0.196 0：0.456 8：0.347 2	0.995	82.38	1 548.88	29 421.22
−1.5	−0.003 00	0.197 0：0.456 3：0.346 8	0.989	82.30	1 547.96	29 370.05
−1.0	−0.002 00	0.198 0：0.455 7：0.346 3	0.983	82.16	1 547.78	29 333.35
−0.5	−0.001 00	0.199 0：0.455 1：0.345 9	0.977	82.05	1 547.04	29 286.03
0.5	0.001 00	0.201 0：0.454 0：0.345 0	0.965	81.84	1 545.76	29 195.11
1.0	0.002 00	0.202 0：0.453 4：0.344 6	0.959	81.73	1 545.21	29 151.52
1.5	0.003 00	0.203 0：0.452 8：0.344 2	0.953	81.62	1 544.30	29 101.04
2.0	0.004 00	0.204 0：0.452 3：0.343 7	0.948	81.51	1 543.93	29 061.11
2.5	0.005 00	0.205 0：0.451 7：0.343 3	0.942	81.41	1 543.20	29 014.35
3.0	0.006 00	0.206 0：0.451 1：0.342 9	0.937	81.30	1 542.65	28 971.12
3.5	0.007 00	0.207 0：0.450 6：0.342 4	0.931	81.19	1 541.92	28 924.49

表 2 - 12　HAP 变化时的组元比例和燃烧性能

HAP 变化量 / %	比例偏移值	OTTO∶HAP∶H₂O	α	可溶性/(%)	温度/K	能量 (kJ·kg⁻¹)
−2.5	−0.011 36	0.204 2∶0.443 2∶0.352 7	0.930	81.46	1 500.72	28 471.26
−2.0	−0.009 09	0.203 3∶0.445 5∶0.351 2	0.937	81.57	1 509.69	28 622.15
−1.5	−0.006 82	0.202 5∶0.447 7∶0.349 8	0.945	81.67	1 518.85	28 776.49
−1.0	−0.004 55	0.201 7∶0.450 0∶0.348 3	0.954	81.76	1 528.00	28 930.66
−0.5	−0.002 27	0.200 8∶0.452 3∶0.346 9	0.962	81.85	1 537.16	29 084.78
0.5	0.002 27	0.199 9∶0.456 8∶0.344 0	0.979	82.03	1 555.65	29 396.08
1.0	0.004 55	0.198 3∶0.459 1∶0.342 6	0.988	82.12	1 564.81	29 549.89
1.5	0.006 82	0.197 5∶0.461 4∶0.341 1	0.997	82.19	1 573.41	29 692.84
2.0	0.009 09	0.196 7∶0.463 6∶0.339 7	1.000	82.12	1 570.85	29 619.40

表 2 - 13　H₂O 变化时的组元比例和燃烧性能

H₂O 变化量 / %	比例偏移值	OTTO∶HAP∶H₂O	α	可溶性/(%)	温度/K	能量 (kJ·kg⁻¹)
−2.0	−0.006 91	0.202 1∶0.459 3∶0.338 5	0.971	81.72	1 573.96	29 533.05
−1.5	−0.005 18	0.201 6∶0.458 1∶0.340 3	0.971	81.77	1 567.00	29 458.94
−1.0	−0.003 45	0.201 1∶0.456 9∶0.342 0	0.971	81.83	1 560.23	29 388.03
−0.5	−0.001 73	0.200 5∶0.455 7∶0.343 7	0.971	81.89	1 553.45	29 317.00
0.5	0.001 73	0.199 5∶0.453 2∶0.347 2	0.971	82.00	1 539.54	29 167.32
1.0	0.003 45	0.198 9∶0.452 1∶0.348 9	0.971	82.06	1 532.58	29 092.14
1.5	0.005 18	0.198 4∶0.450 9∶0.350 6	0.971	82.11	1 525.80	29 020.31
2.0	0.006 91	0.197 9∶0.449 7∶0.352 4	0.971	82.17	1 518.85	28 944.74

2.燃烧温度的计算

求得燃烧产物的组成后，可利用能量守恒关系求得反应物的温度，具体的关系式为

$$\eta_c(E_{f,T_1} + \alpha M E_{o,T_1} + X E_{c,T_1}) = \sum n_i E_{i,T_2} \qquad (2-77)$$

式中：η_c 为燃烧室效率，一般根据经验和试验数据给出；E_{f,T_1}，E_{o,T_1}，E_{c,T_1}，E_{i,T_2} 分别为 OTTO（燃烧剂）、HAP（氧化剂）和水（冷却剂）以及燃烧产物各组分在不同温度下的焓用化学能；α 为氧平衡系数；M 为化学当量系数，即 1 mol 燃烧剂所需氧原子数和 1 mol 氧化剂所提供氧原子数的比值；X 为相对于燃烧剂的冷却水含量系数。

一般取常温来计算。对于 T_2，先假设一个温度值进行计算，如果满足质量守恒方程，则假设正确，如果不满足，对假设温度进行修正后再进行计算，直到满足一定的精度要求，这时求出的温度即为燃烧反应温度。

习　　题

2.1　推进剂与鱼雷的性能指标密切相关。请结合鱼雷的工作特点，描述热动力鱼雷对推进剂性能的主要性能要求。

2.2　简述鱼雷推进剂的分类及其性能特点。

2.3　简述推进剂热化学计算的主要内容。

2.4　试计算 HAP＋OTTO－Ⅱ＋海水三组元推进剂的最佳配比。

第3章 能源供应系统

3.1 引 言

由上述可知,推进剂需按一定比例构成在燃烧室中燃烧产生高温、高压气体作为发动机做功的工质,供应系统就是完成上述功能的系统。该系统包括推进剂各组元的存储、输送装置、管路、各种控制部件及辅助装置、燃烧室等。

在鱼雷上推进剂各组元的输送一般是采用流体动力输运(由于燃烧室有一定工作压力,推进剂组元要输入必须克服此压力,故需有一定动力才能输运)。根据推进剂进入燃烧室的方式,输运方式大致分两类:泵供式和挤压式。

供应系统中的控制装置有以下作用:

1)满足推进剂各组元在预定时间内及时、可靠地到达燃烧室。

2)保证各组元之间的比例关系正确和稳定。

3)保证推进剂总流量与所要求的工质压力及秒耗量相协调,以保证燃烧过程的稳定和连续。

供应系统中的控制方式主要有流量控制方式和压力控制方式。主要控制参数有流动方向、压力、流量、温度等。此外,控制参数还可以是发动机的工作参数和鱼雷的工作参数,如转速和雷速。

3.2 供 应 系 统

1.挤代式能供系统

不同产品、不同型号的鱼雷,其所用能源情况不同,输送供应与控制方式也不同。作为例子,下面介绍两种使用过的能供系统原理图,如图 3-1 所示。图中,实线输送是一种方案,虚线是另一种方案。高压气体氧化剂经控制开关打开后至压力调节阀(减压器),对实线方案分三路:一路去挤燃烧剂,一路作为氧化剂,另一路去挤冷却水,挤代后三路分别进行流量调节,按要求比例进入燃烧室。

虚线方案与前一方案的区别是减压后气体只分两路:一路作氧化剂,另一路去挤水。水再分两路:一路作冷却水,另一路去挤燃烧剂。后面的情况与前一方案相同。

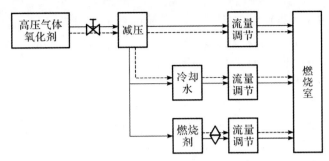

图 3-1　挤代式供应系统原理图

　　这两种方案区别所带来的结果是,前一方案对鱼雷来说在航行中会因气体逐渐取代液体推进剂而使鱼雷重心位置有较大变化,从而影响鱼雷航行姿态,后一种方案在这一点上有所改善,此外,后一方案中当水路发生故障时燃烧不能进行,起到了保护燃烧室不致烧坏的作用。需要指出的是,后一方案必须在水与燃烧剂不相溶的情况下使用。

　　由挤代方案可以看出,由于要有高压气源,必然需要高压容器以及高压传输管路,增加了系统的质量和体积。因此,当原系统有高压气源时可选用该方案,否则选用要慎重。这种方案曾经在早期的热动力系统中广泛应用,现代新型鱼雷基本已经不使用该方案。

　　2.泵供式

　　图 3-2 为 MK46-1 鱼雷能供系统原理图。

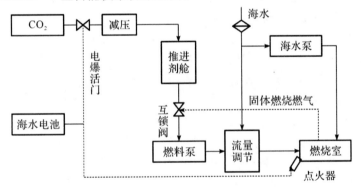

图 3-2　MK46-1 鱼雷能供系统原理图

　　MK46-1 鱼雷采用的 OTTO-Ⅱ 是单组元推进剂,因此它的推进剂供应只有一路,主要是从推进剂存储处经泵供入燃烧室,其间有流量控制,这就是泵供式供应系统,是靠泵挤压输送的。图 3-2 中还包括了挤代分系统。由于泵入口要求有一定压力,为了达到此要求,在泵入口前段采用了挤代式,是由 CO_2 气瓶出来的高压气经减压去挤代推进剂至泵入口且达到一定压力要求,因此,图 3-2 实际是上述两种方式的联合形式。但由于推进剂是通过燃料泵加压进入燃烧室的,所以应该算作泵供式系统。

　　在图 3-2 中,能供系统的控制组件主要包括由海水电池控制的一个开关(电爆活门),燃烧室内固体药柱的电点火器、压力调节阀、燃气互锁阀等。

　　现代鱼雷推进剂大都是通过泵加压的方式进入燃烧室的,下面介绍几种典型的动力系统,通过全系统可以更好地理解能供系统在整个鱼雷动力系统中的作用。

　　(1)HAP 三组元能供系统。图 3-3 所示是英国"矛鱼"鱼雷三组元动力系统原理。从图中可以看出,HAP 和 OTTO-Ⅱ 分别装在燃料舱的两个密封橡胶袋中。鱼雷发射出管后,HAP 阀才允许 HAP 流出密封橡胶袋,以确保安全。工作时燃料舱壳体和各橡胶袋之间进海水增压。HAP 阀[在 HAP 入口(23)之前]与燃料比例调节器(28)之间的管路充以惰性液体,启动时 HAP 将惰性液体挤入缓冲蓄压器(15)。OTTO-Ⅱ 阀[在 OTTO-Ⅱ 入口(16)之前]与燃烧室(42)、可破膜片(35)之间的相关管路在真空条件下充满 OTTO-Ⅱ,为了预防受热膨胀设置有热膨胀蓄压器(6)。用于舰队练习的操雷其两个燃料舱,全装 OTTO-Ⅱ 不装 HAP,也不向燃烧室供应海水,这样的操雷除航程短外,其他性能都不变。

燃料阀(1)在启动药柱单独工作期间和停车时关闭去燃烧室的推进剂路,使推进剂返回燃料泵(40)进口。当动力装置启动工作一定时间,在燃烧室压力达 OTTO-Ⅱ 安全分解压力和燃料泵压力大于燃烧室压力后,电液阀(2)开启、液压油使推进剂阀开启、OTTO-Ⅱ 才开始进入燃烧室。HAP 隔离阀(20)、燃料转换阀(25)和推进剂比例调节器联合工作使得启动后先向燃烧室供应 OTTO-Ⅱ 推进剂;工作到预定时间后,燃料转换电液阀(14)开启,燃料转换阀和 HAP 隔离阀才开始向燃料泵、燃烧室供应三组元推进剂。燃料比例调节器的三个组元定量元件(17,26 和 27)保证推进剂三个组元流量间的正确比例。燃料泵是斜盘旋转的轴向柱塞变量泵,7 个柱塞,其配流是用柱塞内的单向阀和油缸头部的单向阀完成的。泵输出流量的大小由改变斜盘角实现,斜盘坐在两个滚柱上并由一套连杆机构控制斜盘角大小,连杆机构由电液伺服阀(24)的作动筒活塞杆拉动。燃烧室内装启动药柱。出口面积可变的涡流式推进剂喷嘴能适应大的流量变化又可防止启动药柱燃气加热喷嘴腔造成推进剂开始进入时可能的爆燃。头部的可破膜片防止启动前推进剂进入燃烧室。

(2)瑞典 TP2000 型鱼雷动力系统。图 3-4 是瑞典 TP2000 型鱼雷动力系统,这是一个典型的半闭式循环动力系统。鱼雷主要性能参数如下:口径为 533 mm,长度为 5.99 m,航速为 50 kn,航程为 25~30 km,能量储备为 80 kW·h,功率为 250~300 kW,工作时间为 960~1 150 s,最大航深为 500 m。

该动力系统使用 85% 浓度的过氧化氢(HTP)和柴油作为推进剂,采用泵挤压式推进剂供应系统。HTP/水舱在动力装置前面,HTP 装在橡胶袋中,袋外是水和气垫;柴油舱在动力装置后面,柴油也装在橡胶袋中,袋外的水并和 HTP/水舱相通。启动时由空气增压,此后由废气冷却的水增压供应推进剂各组元。

启动时,鱼雷计算机通过点火控制器使硝化火药启动系统工作产生燃气驱动动力系统,同时燃料舱由空气增压供应推进剂。进入分解室的 HTP 分解成约 600℃ 的水蒸气和氧气,它们进入气体发生器(即燃烧室)和柴油燃烧并由淡水冷却成约 750℃ 的高压燃气。高温高压的燃气驱动发动机工作。废气流入冷凝器冷却成水和二氧化碳,冷却的水再输送到燃料舱作为增压、冷却剂,从而鱼雷只需携带少量水。二氧化碳经两级压缩后排入海中减小了发动机排气压力,故该动力系统性能受航深影响不大。

鱼雷计算机通过控制系统对动力系统进行管理,控制系统的速度开关控制流入气体发生器的推进剂各组元流量以控制鱼雷速度。工作过程发动机速度可以随意改变,即无级变速。控制系统还控制冷却泵和海水泵。

冷凝器包围在发动机周围,冷却废气的海水由一离心泵(图 3-4 中未示出)供应。

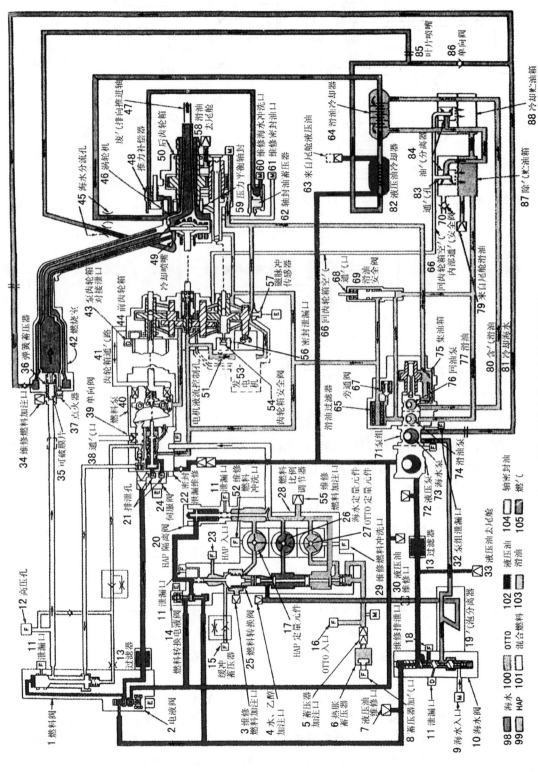

图 3-3 英国 "矛鱼" 鱼雷三组元动力系统原理图

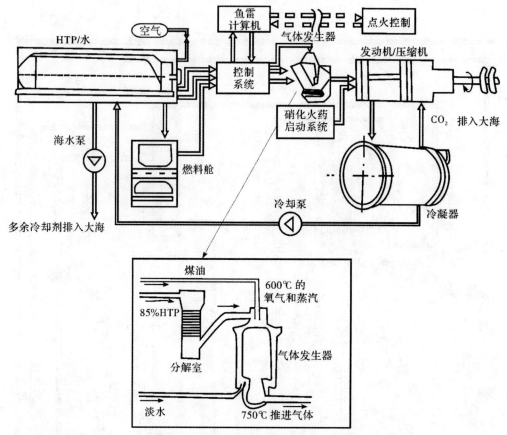

图 3-4　瑞典 TP2000 型鱼雷动力系统

（3）美国 MK50 鱼雷动力系统。图 3-5 所示是美国 MK50 鱼雷动力系统，这是一个典型的闭式循环动力系统。鱼雷主要性能参数如下：直径为 324 mm，长度为 2.8 m，航速为 50 kn，航程为 15 km，功率为 110 kW，工作时间为 580 s，最大航深为 1 000 m。

该动力系统的能源为 Li/SF_6，金属 Li 铸装在锅炉反应器内，动力装置启动时靠装在锅炉反应器内的火药柱燃烧加热成液态 Li。SF_6 以液态储存于贮舱，在其饱和蒸汽压力挤压下，经过 SF_6 控制阀进入锅炉反应器进行反应放热。Li 和 SF_6 反应放出的热量加热锅炉反应器换热管中的水使其成为过热蒸汽，高温、高压、过热蒸汽驱动涡轮机工作从而推进鱼雷前进。工作过的蒸汽在冷凝器中被海水冷凝成水，并由馈水泵经水控制阀重新输送回锅炉反应器换热管中，开始新的循环。动力系统的输出功率由调节器（图 3-5 中未示出）管理下的 SF_6 控制阀和水控制阀控制。

这是一个全封闭的动力系统，它仅向外释放废热而没有任何物质排出雷外，故其性能不受海水背压影响，且噪声小。

实航实践证明，该动力系统性能稳定、可靠性高，因此在其基础上发展了 ADSCEPS（先进型 Li/SF_6 闭式循环），ADSCEPS 用在 MK50 鱼雷上具有更高的航速和航程，以及较低的费用。随着冷战结束，ADSCEPS 在研究发展阶段仅进行了很少的实航试验，但证实了这种动力系统的比功率和比能量是可以达到的，只需要进行适当的工程改进即可实用。

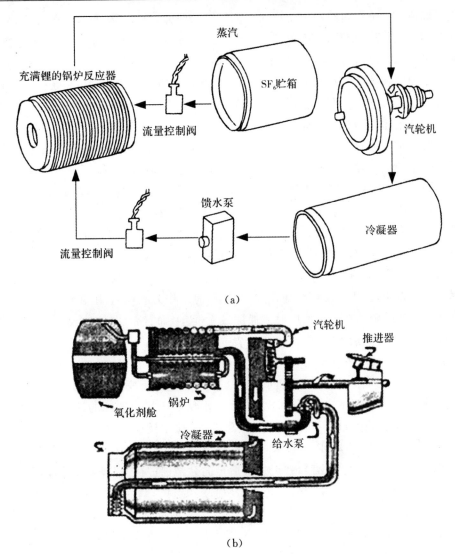

（a）

（b）

图 3-5　闭式循环动力系统

美国也在发展用于无人水下航行器的小功率 Li/SF_6 闭式循环动力系统,由斯特林发动机和油芯燃烧室组成。油芯燃烧室用毛细原理分配液体金属与燃烧。

（4）水冲压发动机系统。在采用超空泡技术降阻后,超空泡鱼雷的航速大大提高,航程和打击半径也有相当的增加,极大地提高了鱼雷武器的性能。其惊人的航速使现在的作战舰船无法进行有效的机动,躲避鱼雷的攻击。但总体性能的提高也要求鱼雷各个系统相应地作出适当的改进,超空泡鱼雷在运动过程中有着不同于其他鱼雷的特点,针对这些运动特点,超空泡鱼雷对鱼雷的推进系统设计提出了下述新的要求。

1）超空泡鱼雷能高速运动,而且必须在短时间内达到空化临界速度,这都要求推进系统能提供足够高的推力。

2）超空泡鱼雷的尾部不直接与水作用（包裹在气泡中）,传统的螺旋桨不能产生推进力,必须考虑新的推进方式。

3) 超空泡鱼雷在航行过程中由于存在尾部气体的泄漏,所以要进行气体的补充,来保证空泡的形状、参数不会发生变化,从而保证鱼雷航行的稳定性。为达到这一目的,推进系统在提供推力的同时,还必须能够起到气体发生器的作用。

传统鱼雷动力系统无法达到上述要求,因此必须对超空泡鱼雷的动力系统重新进行设计,从推进装置类型、推进方式、燃料选择等各方面对超空泡鱼雷的动力系统进行综合设计,以期能最大限度地满足超空泡鱼雷的性能要求,在能量储备方面水反应金属推进剂是最有效的能源之一。水反应金属燃料的能量密度很高,使用该类燃料是推进超高速航行器的最佳途径。而且水下航行体的喷射推进系统所采用的燃料如果是与水反应的,更可大幅度提高比冲,水反应金属在比冲和冲量密度上都高于传统的火箭燃料。因此,水反应金属燃料喷射推进系统的比冲要比一般的固体火箭发动机大得多,而且克服了固体火箭发动机工作时间较短、可控性能差的不足。由于采用水反应金属燃料,航行器可以仅携带金属燃烧剂,而作为氧化剂和冷却剂的海水可自航行器外部的海洋环境中获取,极大地提高了能源储备量,为大功率、远航程提供了物质基础。更因为无需携带水,推进系统的整体结构非常紧凑,减少了对鱼雷内部有限空间的占用率。研究表明,使用水反应金属作为燃料,用海水作为氧化剂、压载和冷却剂,对于水下航行器是最有效的。金属在与水反应时能保证最大能量,而且金属-海水反应器具有体积小、反应速度可控、气体生成量大、生成气体中无杂质等优点。

超空泡鱼雷铝水反应发动机所使用的水反应金属如 Al,Mg,Li 等,在常温下不与水反应,要使之能与水反应,先要将其熔化,即在水反应金属与水进行反应之前就需要额外的能量使之熔融,从而导致水下发动机的启动延迟。为克服以水反应金属为能源的动力系统启动延迟的不足,必须为超空泡鱼雷推进系统设计启动方案。为克服水反应金属熔点高的不足,可将燃烧剂 Al,Mg,Li 合金按比例加工成粉末,并在金属粉末中加入一定量的氧化剂 $NaNO_3$,NH_4ClO_4,KNO_3(比例少于 20%),然后加入适量的黏结剂进行充分混合,按设计结构加工成固体药柱。在固体药柱的前端镶上启动药,一旦启动药点燃,瞬间熔化药柱端面的金属粉末,熔融的金属与氧化剂 $NaNO_3$,NH_4ClO_4,KNO_3 发生剧烈的燃烧反应,释放的热量一方面继续熔融金属并使金属与氧化剂持续反应,另一方面使未反应的熔融金属汽化,与喷入反应室的海水反应。当药柱将要耗尽时,适时在燃烧室中加入作为主要燃烧剂的金属 Al 粉末,使反应继续进行,从而快速、持续地释放大量热量供推进系统使用。这种启动方法简单、迅速、安全可靠,而且功率可设计得很大,能够实现快速启动,并能在短时间内将鱼雷加速到临界速度。启动过程将要结束时,向燃烧室中喷入铝粉,利用启动过程产生的热量使铝粉熔融,继续与海水反应。反应产物固体氧化铝是一种有强韧外壳的生成物,本身不发生反应,也阻止了整个反应继续发生。解决这一问题可以采用旋转燃烧室或人为的使参与反应的海水产生涡流,也可以称为"涡流燃烧室"。涡流燃烧室是一个圆形带有喷嘴的容器,铝粉和水沿燃烧器外圆,切向喷入燃烧器中(见图 2-1)。该燃烧室的工作原理和其他燃烧室相比其实并无区别,利用燃烧室旋转或海水涡流的剪切作用,铝粉与反应的海水在燃烧室里高速旋转,将铝粉聚集并产生剧烈摩擦和碰撞,铝粉表面的惰性氧化铝薄膜被擦掉,暴露了小部分铝,这些铝与水发生反应,加热铝粒直至它们熔化。燃烧室的剪切作用不断减小熔化了的铝滴直径,从而使未发生反应的铝滴暴露出较大的面积。这种有效的快速反应使铝粒加热沸腾,使其在蒸汽层完全燃烧。铝在重新氧化的过程中发生强烈的放热反应,使海水加热,并以高压蒸汽形式从喷口喷出,推动鱼雷前进。若把铝粉颗粒制成纳米级,则铝粉与海水可直接完成全反应,推力的调节只需控制参与反应的铝粉数量即可。

　　燃烧的产物按体积而论,大约有 75% 是水蒸气,25% 是氢气,还有少部分亚微米尺寸的氧化铝细粒。超空泡鱼雷速度极快,前方海水来流速度很高,可以将该高速海水具备的动压通过减速扩压转换为高静压,直接注入燃烧室进行工作,以提高工作效率,类似于航空上的冲压发动机。由于水反应金属推进剂能量非常大,配合这种释能的特点,在燃烧室的后面直接接上一个类似火箭发动机的喷口,燃气在燃烧室的作用下形成高温、高压燃气,在收敛扩张的喷管作用下被加速成超声速气流从喷管直接喷入海水,推动鱼雷前进。超空泡鱼雷水冲压动力系统示意图,如图 3－6 所示。

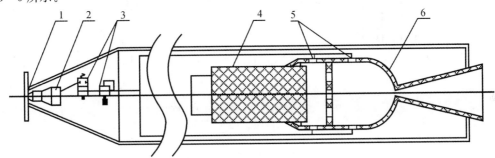

图 3－6　超空泡鱼雷水冲压动力系统示意图
1—水入口;2—扩张增压室;3—控制阀;4—金属燃料药柱;5—喷嘴;6—发动机

3.3　供应系统的控制和调节

3.3.1　压力调节控制器

　　对于采用开环热动力推进系统,其排气背压随着鱼雷航深增大而增大。不同的航行深度推进系统所受到的排气背压将会有相当大的变化,这样,势必会使鱼雷航速受到严重的影响。因此,压力调节控制器的作用便是依据鱼雷航深而相应改变发动机的进气压力,从而保证发动机的输出功率及鱼雷航速基本不变。

　　为了清楚地说明压力调节控制器在热动力鱼雷动力系统的工作原理,首先引入压力控制元件的概念。压力控制元件是用来调节或限制液压系统压力的,简称压力控制阀。常见的压力控制阀有溢流阀、减压阀、顺序阀、泄荷阀、压力继电器等。这些阀无论它们的结构如何变化,它们都是根据液压作用力和弹簧的力平衡原理进行工作的。溢流阀是压力控制阀中较典型的一种形式。按其阀芯的结构形式又可分为球形阀、锥形阀、滑阀 3 种。

　　MK46Ⅱ型鱼雷是使用压力调节控制器进行转速开环控制的典型代表,该鱼雷为恒速反潜鱼雷,转速控制的目的是使得鱼雷在不同航深下维持航速稳定。该任务由位于燃料泵和燃烧室之间的压力调节控制器来完成。

　　1.压力调节控制器的工作原理

　　压力调节控制器的工作原理如图 3－7 所示:其上部的进口接定量燃料泵的出口和燃烧室喷嘴,静压为燃料泵出口压力;其左下部的出口接燃料泵的进口,静压为燃料舱的压力。鱼雷在一定航深运动时,压力调节阀处于平衡状态。当航行深度变化时,背压活塞感受海水压力的变化,使得阀体向上或向下运动,从而改变截流口的面积大小,通过改变溢流量的多少调节进入燃烧室的推进剂流量,从而保证燃烧室的压力恒定。

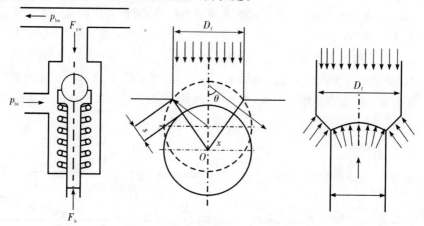

图 3-7　压力调节控制器工作原理

2.压力调节阀的受力分析

建立一维坐标系,正方向向下,原点位于阀芯闭死的位置。阀芯的运动可以根据动量方程描述为

$$\left(m_f + 0.5m_k\right)\ddot{x} = F_{yw} - F_{k0} - kx - F_{ys} - F_c - p_h A_h \tag{3-1}$$

式中:m_f 为阀芯的质量;m_k 为调节弹簧的质量;x 为阀开度;F_{yw} 为推进剂作用于阀芯上的稳态力,包括静压力和稳态液动力两项;F_{k0} 为阀关闭时弹簧的弹力;k 为弹簧的刚度;F_{ys} 为瞬态液动力;F_c 为阀芯运动所受到的黏性摩擦力;p_h 为海水背压;A_h 为海水背压柱塞承压面积。

推进剂作用于阀芯上的力为

$$F_{yw} = \pi r_f^2 p_{bo} - A_f p_{bi} \cos\theta - Q_y v_{yfx} \cos\theta + Q_y v_{yfb} \tag{3-2}$$

式中:r_f 为阀口半径;p_{bo} 为泵后压力,$p_{bo} = p_2$;A_f 为阀口过流面积;p_{bi} 为泵前压力;θ 为阀口处的推进剂射流角;v_{yfx} 为阀口处的液流速度;v_{yfb} 为阀口上游的液流速度。

根据几何关系,不难给出阀口处的射流角为

$$\theta = \arctan\left(\frac{\sqrt{r_q^2 - r_f^2} + x}{r_f}\right) \tag{3-3}$$

式中:r_q 为钢球半径。阀口过流面积为

$$A_f = \frac{2}{\pi}(R_f + D_q \cos\theta)s =$$
$$\frac{\pi}{2}(D_f + D_q \cos\theta)\left(\frac{R_f}{2\cos\theta} - \frac{D_q}{2}\right) =$$
$$\frac{\pi}{\cos\theta}(r_f^2 - r_q^2 \cos^2\theta) \tag{3-4}$$

$$\cos\theta = \frac{r_f}{\sqrt{r_q^2 + x^2 + 2x\sqrt{r_q^2 - r_f^2}}} \tag{3-5}$$

式中:s 为阀球径向距离;D_q 为阀球直径。

溢流质量流量为

$$Q_y = C_f A_f \sqrt{2\rho_f (p_{bo} - p_{bi})} \qquad (3-6)$$

式中：C_f 为阀流量系数。

阀口处的液流速度为

$$\upsilon_{yfx} = \frac{Q_y}{A_f \rho_f} \qquad (3-7)$$

阀口上游的液流速度为

$$\upsilon_{yfb} = \frac{Q_y}{\rho_f \pi r_f^2} \qquad (3-8)$$

瞬态液动力为

$$F_{ys} = L_y \frac{dQ_y}{dt} \qquad (3-9)$$

式中：L_y 为阀口至主流道长度。

阀芯运动所受到的黏性摩擦力为

$$F_c = 2\pi r_z L_z \mu \frac{\dot{x}}{\delta} \qquad (3-10)$$

式中：r_z 为背压柱塞半径；L_z 为柱塞摩擦长度；μ 为推进剂动力黏度；δ 为柱塞与导套之间的间隙。

3. 压力调节控制器结构参数对于性能的影响

考虑到燃烧室压力与泵后压力相差不多，而排气压力与背压近似相同，阀的功能又转化为泵后压力相对于稳态设计点的偏量与背压相对于稳态设计点的偏量近似成正比例。根据压力调节控制器的稳态力分析可知，该比例关系主要由阀口承压面积与背压柱塞面积之比来保证。而稳态设计点则主要由阀口承压面积、背压柱塞面积、调节弹簧刚度、弹簧预压缩量来保证。

压力调节控制器的设计应遵循下述原则：

（1）根据发动机特性，取得不同航深下的燃烧室压力、工质秒耗量稳态值，这是压力调节控制器控制对象的特性；

（2）选择阀的结构参数使之在稳态设计点处满足阀的流量平衡关系以及稳态力平衡关系，这样可以保证稳态设计点的准确性，同时应与燃料泵的当量排量（对应于发动机转速的燃料泵排量）保持协调；

（3）调整阀口承压面积与背压柱塞面积之比使之满足全航深范围内的恒速要求；

（4）弹簧刚度的选择应使得全工况范围内阀开度变化量尽量小，且相对于预压缩量尽量小。

3.3.2　流量调节控制器

鱼雷使用流量调节控制器的目的是通过自动调节进入燃烧室的推进剂流量，相应地改变发动机的进气压强，保证发动机的输出功率在不同航行深度和速度条件下维持恒定。

1. 推进剂流量调节控制器的结构及工作原理

如图 3-8 所示，推进剂流量调节控制器主要由主阀、平衡阀、节流阀、换速阀、节流阀以及补偿活塞等组成。

（1）初始状态，换速阀杆插入 Ⅰ 速制阀节流阀孔中，主阀处于 Ⅱ 速制背压补偿状态，鱼雷以

Ⅱ速制启动。鱼雷启动后,换速阀杆依然维持在节流阀孔中,保持Ⅱ速制的工作状态。

(2)当需要速制切换时,电液阀在控制指令信号的作用下动作,指令海水由电液阀导入调节器的Ⅰ速制控制腔,换速阀杆从节流阀孔中拔出。与此同时,主阀处于Ⅰ速制背压补偿状态,鱼雷由Ⅱ速制转换为Ⅰ速制。Ⅰ速制转换Ⅱ速制的动作与之相反,在此不再描述。

2.推进剂流量调节控制器的调节原理

如图3-8所示,推进剂流量调节控制器是一种带压力补偿的等差式流量调节装置,由溢流阀和节流阀组合而成。在相对稳定的工况下,通过溢流阀压力补偿使之在节流阀前后的压差在负载变化时自动保持不变,其调节机理如图3-9所示。

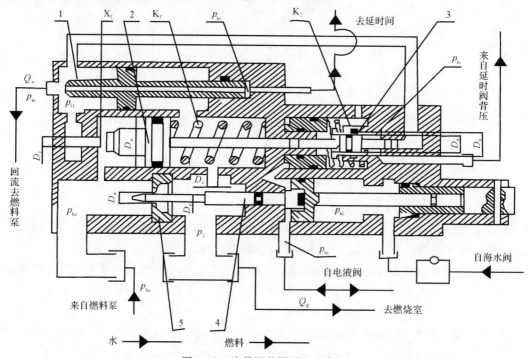

图3-8　流量调节器原理示意图

1—平衡阀;2—主阀;3—补偿活塞;4—换速阀;5—节流阀

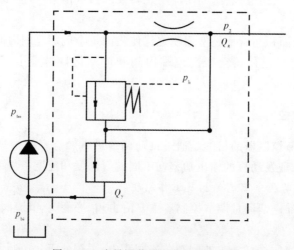

图3-9　流量调节器调节机理示意图

节流阀的出口与溢流阀有弹簧的腔相通,节流阀的进口与溢流阀的无弹簧腔相通,来自燃料泵的压力为 p_{bo},一部分经节流阀以 p_2 的压力输送给燃烧室,流量用 Q_g 表示,另一部分经溢流阀以 x_f 的开度、p_{11} 的压力流回燃料泵,用 Q_y 表示。在某一相对稳定的工况条件下,主阀芯在 x_f 处平衡。当进口流量相对不变时,溢流阀的开度 x_f 一定。当负载变化时(即出口压力 p_2 变化时)即作用在溢流阀阀芯端的液压力增大,阀芯将向左运动,使阀的开度 x_f 减小,直到阀芯处于新的平衡位置。这样溢流阻力增大,使进口压力 p_{bo} 随之增大,维持节流阀前后的压差 $\Delta p = p_{bo} - p_2$ 近于不变。从而保持通过节流阀口推进剂流量即输送到燃烧室的推进剂流量基本不变。当进口压力 p_{bo} 变化时,由于平衡溢流阀压力补偿作用,使节流阀前后的压差(p_{bo} $-$ p_2)基本上保持不变,使阀的输出流量恒定,与进口流量变化无关。

电液阀将液压控制信号导入推进剂流量调节控制器速制切换腔,控制不同速制间的切换。

3. 推进剂流量调节器的数学模型

(1) 主阀机理模型。主节流口流量方程为

$$Q_g = C_g A_g \sqrt{2\rho_f (p_{bo} - p_2)} \tag{3-11}$$

式中:C_g 为流量系数;A_g 为可变节流口面积。

主阀溢流口流量方程为

$$Q_y = 2\pi r_f x_f C_y \sqrt{2\rho_f (p_{bo} - p_{11})} \tag{3-12}$$

式中:C_y 为流量系数;x_f 为主阀开度;p_{11} 为主阀下游压力,等于平衡阀左腔室压力。

主阀力平衡方程为

$$(m_f + 0.5 m_{kf}) \ddot{x}_f = F_{yfw} - F_{kf0} - k_f x_f + F_{yfs} - F_{cf} - p_h A_h \tag{3-13}$$

式中:m_{kf} 为调节弹簧的质量;F_{yfw} 为推进剂作用于阀芯上的稳态力,主阀口结构形式决定了稳态液动力很小,可忽略;F_{kf0} 为阀关闭时弹簧的弹力;k_f 为弹簧的刚度;F_{yfs} 为瞬态液动力,很小,可忽略;F_{cf} 为阀芯运动所受到的黏性摩擦力。

推进剂作用于阀芯上的稳态力为

$$F_{yfw} = (p_{bo} - p_{1r}) A_{pf} \tag{3-14}$$

式中:A_{pf} 为主阀承压面积;P_{1r} 为主阀右腔室压力,等于平衡阀右腔室压力。

阀芯运动所受到的阻尼力为

$$F_{cf} = 2\pi r_{fg} L_{fg} \mu \frac{\dot{x}_f}{\delta_{fg}} \tag{3-15}$$

式中:r_{fg} 为主阀杆半径;L_{fg} 为主阀杆当量摩擦长度;δ_{fg} 为主阀杆与导套的间隙。

(2) 平衡阀机理模型。平衡阀受力见图 3-10。

平衡阀力平衡方程为

$$m_b \ddot{x}_b = F_{ybw} + F_{ybs} - F_{cb} \tag{3-16}$$

式中:m_b 为阀芯质量;x_b 为阀口开度;F_{ybw} 为推进剂作用于阀芯上的稳态力,包括静压力和稳态液动力;F_{ybs} 为瞬态液动力;F_{cb} 为阀芯运动所受到的黏性摩擦力。

推进剂作用于阀芯上的力为

$$F_{ybw} = p_{11} A_{b11} - p_{1r} A_{b1r} + p_{bi} A_{bil} - p_{bi} A_{bir} - (p_{11} A_b \cos\theta_b + Q_y v_{ybx} \cos\theta_b - Q_y v_{ybi}) \tag{3-17}$$

式中:A_{b11},A_{b1r} 分别为阀左、右高压承压面积;A_{bir},A_{bil} 分别为阀芯右侧及左侧泵前压力感受面积;A_b 为阀口过流面积,即

$$A_b = 2\pi r_b x_b \sin\theta_b \qquad (3-18)$$

式中：r_b 为阀口半径；θ_b 为阀口处液流射流角；v_{ybx} 为阀口处液流速度，即

$$v_{ybx} = \frac{Q_y}{A_b \rho_f} \qquad (3-19)$$

式中：v_{ybi} 为阀口下游液流速度，即

$$v_{ybi} = \frac{Q_y}{A_{bir} \rho_f} \qquad (3-20)$$

瞬态液动力为

$$F_{ybs} = L_{yb} \frac{dQ_y}{dt} \qquad (3-21)$$

式中，L_{yb} 为阀口至泵前当量液柱长度。

阀芯运动所受到的阻尼力为

$$F_{cb} = 2\pi r_{bg} L_{bg} \mu \frac{\dot{x}_b}{\delta_{bg}} \qquad (3-22)$$

式中：r_{bg} 为平衡阀杆半径；L_{bg} 为平衡阀杆当量摩擦长度；δ_{bg} 为平衡阀杆与导套的间隙。

平衡阀过流量为

$$Q_y = C_b A_b \sqrt{2\rho_f (p_{1l} - p_{bi})} \qquad (3-23)$$

式中，C_b 为流量系数。

p_{1r} 与 p_2 的关系为

$$A_{f1r} \dot{x}_f + A_{b1r} \dot{x}_b = C_z A_z \sqrt{2(p_{1r} - p_2)/\rho_f} \qquad (3-24)$$

式中：C_z 为流量系数；A_z 为阻尼孔面积。

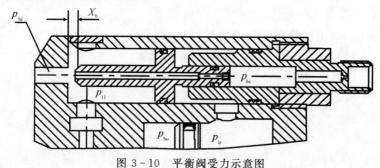

图 3-10 平衡阀受力示意图

4. 流量调节控制器性能分析及系统匹配

流量调节控制器的稳态设计点主要由主阀承压面积、背压柱塞面积、调节弹簧刚度、弹簧预压缩量以及节流面积来保证。

当以上各主要结构参数发生变化时，系统特性将发生变化，且主阀承压面积与背压柱塞面积之比则不仅影响稳态设计点的位置，而且也对背压补偿性能产生影响，阀对背压进行补偿的程度随主阀承压面积与背压柱塞面积之比的减小而增强。

5. 静态特性分析

如前所述，调节器是一个带压力补偿的等差式流量调节装置。对流量调节器而言，调节特性的优劣最主要的是其静态特性（稳定工况时的性能）。以下介绍重要的静态特性。这3种静

态特性时流量调节器的节流孔面积不变。

(1)负载特性。某一速制条件下,入口推进剂流量恒定且航深固定时,出口压力变化,被调节的出口流量 Q_g(进入燃烧室的流量)与出口压力的相互关系式,即 $Q_g = f(p_2)$。

(2)速度特性。某一速制条件下,推进剂出口压力恒定且航深固定时,进口流量变化,被调节的出口流量 Q_g 与进口流量的相互关系式,即 $Q_g = f(Q_{bo})$。

(3)深度特性。某一速制条件下,入口推进剂流量恒定时,航深变化,被调节的出口流量 Q_g 与背压 p_h 的相互关系式,即 $Q_g = f(p_h)$。

流量调节器静态特性受以下几方面的影响。

(1) 节流阀口的流动特性。由式(3-11)可以看出,节流阀流量系数、节流面积和节流阀前后压降 ΔP 的变化将影响流量 Q_g 的变化。

如果把流量系数视为常数且在某一给定的工况条件下节流面积保持不变,显然,压降的变化将引起流量 Q_g 的变化。

(2) 节流阀的刚度。为了评价节流阀在节流面积不变时,压降变化维持 Q_g 的能力,可引入节流阀刚度的概念。节流阀刚度定义为节流阀两边压差的变化与通过流量变化的比值,即

$$\frac{d\Delta p}{dQ_g} = \cot\alpha \qquad (3-25)$$

节流阀的流量方程是在流动状态为紊流时推得的,其通用表达式为

$$Q_g = C_g A_g \Delta p^n \qquad (3-26)$$

式中:n 与流体的流动状态有关(当流动为层流时,$n=1$;当流动为紊流时,$n=1/2$;当层流与紊流之间的过渡区时,$1/2 < n < 1$)。

由式(3-26)可以看出:

1)节流阀刚度大,则流量变化小,用于液压系统可获得良好的负载刚度;

2)节流阀刚度与节流阀两端的压差成正比;

3)在节流口两边压差一定时,节流阀刚度与通过的流量成反比;

4)系数 n 小,则节流阀刚度大。

显然,较大节流阀刚度是人们所希望的。为此,适当提高节流阀两端的压力差是有必要的。另外,获得小的系数 n,是节流阀设计的要点,为使节流口的流动状态为紊流,使 $n=1/2$。沿程阻力与介质的黏度有关,而薄壁小孔可忽略沿程阻力,由于薄壁小孔的流量与压差的二次方根成比例,压力变化引起流量变化较小,所以,薄壁小孔的流量受温度变化(相应于介质黏度变化)及负载变化(相应于压差变化)影响较小。薄壁小孔同时还有不易堵塞的特点。设计时,尽量在结构允许的情况下,使节流口的壁最薄。

(3) 流量系数的变化。通常流量系数是由经验取得的,对于给定开口形状的阀口,其流量系数受阀门开度、流速、压力和温度而发生变化,只是人们在应用中取其极限值罢了。它是雷诺数 Re 的函数。在做阀的设计计算时,应使 $Re > Re_L = 400$。而

$$Re = \frac{d_s C_v}{\gamma} \qquad (3-27)$$

式中:d_s 为水力直径,$d_s = 4A_g/W$,W 是湿周;C_v 为节流孔口平均流速,$C_v = \varphi\sqrt{\dfrac{2}{\rho_f}\Delta p}$,$\varphi$ 是速度系数(可近似看作 1);γ 为推进剂的运动黏度。

A_g 照理是不应该变化的,但是由于推进剂中的杂质会附着于节流孔口的流道壁面,尤其在低速制工作状态,阀的环状间隙很小,所以,推进剂中产生的极化分子会在节流孔口堆积,从而使节流孔口的过流面积发生变化。显然,要增加 Re,应加大 d_s 和 Δp,但是从通过节流孔的流量来看,加大 Δp 后,就要减小过流面积 A_g,而且加大 Δp 将引起推进剂在节流孔口处的局部升温,这将会加剧推进剂的氧化变质而析出杂质,从而加重对阀口的阻塞现象,导致不可预料的后果。而过小的 Δp 不仅使 Re 减小,还会影响到速度系数 φ 的变化,而且会使节流阀的刚度减小。

(4)减小节流孔口过流面积的变化。节流孔口过流面积的变化,影响流量的稳定性。为了减小节流孔口的过流面积的变化,与上面提到的一样,要加大水力直径 d_s。此外,提高节流孔口的壁面的粗糙度,也能起到较好的效果。

(5)维持节流孔口前后的压降 Δp 近于不变。维持节流孔口前后的压降 Δp 近于不变是提高阀静态特性的重要措施,为此,在进口流量 Q_{bo} 和出口压力 p_2 扰动下,以一定的精度保持在不同速制条件下节流阀进出口压差 $\Delta p = (p_{bo} - p_2)$ 恒定,以实现 Q_g 的恒定。

同样,背压 p_h 的变化就意味着改变压降,它通过 p_h 在补偿活塞上的力对主阀门的附加力来实现。进口流量 Q_{bo} 和出口压力 p_2 的扰动导致活塞阀门上受力元件上作用力的变化,将引起阀平衡位置的偏离,意味着弹簧应力和可调压降的变化。可调压降的变化破坏了系统的平衡,引起出口流量 Q_g 的变化。

此外,当阀门在运动时,相对于阀体表面的摩擦力随着阀门的开关相应地改变着符号,这便导致当扰动和控制作用向两端变化时静态特性的不一致性——调节器的滞后特性。因此,调节器静态特性的确定是在扰动作用向两个方向,也就是增加和减小方向变化时进行的。

由此可见,调节器的几何特性包括由设计和必要的工艺保证的弹簧的初始应力及弹簧刚度都是影响调节器静态特性的主要因素。

节流孔口前后的压降方程由静态力平衡方程表示为

$$p_{bo} - p_2 = \frac{F_{T0} + p_h A_b}{A_n - A_f} + \frac{k_1 x - R_x + A_a(p_{bo} - p_{1r}) - F_m^\Sigma}{A_n - A_f} \qquad (3-28)$$

式中,右边第一项是当阀门开度 $x = 0$ 时,节流阀进出口的初始压降 $\Delta p_0 = p_{bo}^0 - p_2^0$,当在第 I、II 速制上调节调节阀门时,出现了阀门开度 $x = x^n$,对应于阀溢流流量 $Q_y = Q_y^n$ 和节流阀进出口的压降 $\Delta p_0^n = p_{bo}^n - p_2^n$ 在进口流量 Q_b,出口压力 p_2 和背压 p_h 的任何扰动作用偏离额定值,将引起 Δp 的变化,即表示被调节的流量变化到了静态误差值。由于当活塞阀门行程方向变化时,摩擦力 F_m^Σ 改变符号,这导致在其他相同条件下当扰动作用向两端变化时,静态特性具有不一致性,这种现象被称为调节器的滞后现象。

式(3-28)的压降方程可表示为

$$\Delta p = \frac{F_T + F_b + F_a - (R_x + F_m^\Sigma)}{A_n - A_f} \qquad (3-29)$$

由式(3-29)可以看出,影响 Δp 变化主要有以下几种因素:

1)调节器主弹簧的弹簧力: $F_T = F_{T0} + k_1 x = k_1(H_0 + x_{max})$。

2)背压补偿液压力: $F_b = p_h A_b$。

3)作用在主阀芯的液压力: $F_a = (p_{bo} - p_{1r}) A_f$。

4)流经节流阀阀门的稳态液动力: $R_x = Q_g C_1 \cos \alpha$。

5)作用在主阀芯的摩擦力:F_{m}^{Σ}。

(6) 节流阀的堵塞现象。由于工作介质中的不纯洁、老化和流动过程受压,受热后会产生极化分子,同时,节流缝隙的金属表面上具有正极的电荷,所以,介质的极化分子在节流缝隙金属表面上电荷的吸收下挨个紧密地排列在节流缝隙金属表面上,形成油液极化分子的吸附层。其厚度根据不同的介质而不同,为 $5\sim10~\mu m$。由于吸附层破坏了原来的节流放缝的几何形状,所以在多次使用后输出流量有所改变。通流面积的相应变化同时也会造成液流的波动,但吸附层会在介质一定压力和速度下遭到周期性的破坏。因此,为了提高调节器的精度,对调节器进行不定期的复测是必要的。

介质中的杂质颗粒也会造成节流孔堵塞。

提高节流阀抗堵塞性的措施如下:

1)对工作介质进行精滤。

2)采用电位差小的金属作节流阀阀口,如钢对钢比铜对钢好,避免采用摩擦副材料。

3)减小阀口通道的湿周,扩大水利半径,尽可能采用薄刃型节流口。

(7)静态特性的保证措施。

1)提高活塞阀门运动元件及弹簧的制造精度。

2)适当提高补偿活塞的面积值。

3)最大限度地减小敏感元件活塞上的摩擦力。

4)减小主弹簧刚度。

5)增加主弹簧的初始压缩力。

6)可能最大限度地补偿液体动力。

必须指出,完全实现这些建议会导致剧烈增大调节器的外形尺寸和质量。因此,在设计中必须注意在期望的精度与调节器的质量——尺寸特性之间合理权衡。

3.3.3　闭环调节控制

3.3.2 节所讲的两种流量调节和控制方式均属于开环控制。目前,鱼雷的航深已经接近1 000 m,航速超过 55 kn,燃烧室压力已超过 30 MPa,系统输出功率也已超过 400 kW。在目前普遍采用的对航深进行补偿的开环控制模式下已经接近系统性能的极限水平。其主要表现在以下几方面:

1)对航深进行补偿的开环控制策略仅将鱼雷航速限制在有限的两个或 3 个航速上。

2)它割裂了航速与航深之间的制约关系,造成了动力系统潜力发挥不足,鱼雷航速的变化范围并不很大,主要表现在浅水情况下高速潜力未得到发挥。

3)由于系统不具备无级变速能力,垂直命中的新型制导规律只能近似实现,武器效能大打折扣。

4)系统仅采用机械液压控制方式,无法为上位机提供优化弹道所需的各种信息参量。

5)使用燃料泵后加溢流阀的方式造成燃料泵消耗功率加大,额外消耗了宝贵的输出功率(此损耗的功率甚至可与实际需求值相比拟)。

6)在使用新型多组元推进剂时,推进剂的化学特性不允许推进剂在燃料泵内进行多次的挤压研磨循环,溢流方案会造成安全隐患。

7)新型推进剂中有不利于液压阀灵敏动作的组分,可能造成控制失效。

8)采用开环控制方案,控制的稳态精度不易保证、动态品质不易调整。

综上所述,尽管开环控制方案具有系统构成简单、使用传统推进剂时运行可靠等优点,它已经不能使得鱼雷武器的作战效能进一步提高了,只有采用新型的控制策略、改革系统的能源供应方式才有可能使系统性能大幅度提高。

新型闭环控制热动力装置原理图如图 3-11 所示。该系统主要由变排量燃料泵、燃烧室、活塞发动机、推进器、辅机(包括海水泵、交流发电机、润滑系统及各种辅件)、微机控制器等组成。

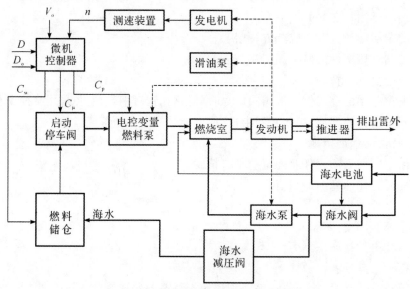

图 3-11　新型闭环控制热动力装置原理图

┈┈┈表示机械传动;─────表示电信号传递;─────表示推进剂传送

雷外海水经海水阀、海水减压阀引入燃料储仓,推进剂被海水挤代送往燃料泵增压。增压后的推进剂经单向阀进入燃烧室,经推进剂喷嘴雾化后燃烧,产生高温、高压燃气,驱动发动机运转。摆盘式活塞发动机驱动螺旋桨使鱼雷航行,做功后的废气经推进轴内孔排出雷体。

闭环控制系统的反馈信号是发动机转速。因发动机以恒定的速比驱动交流发电机,故用磁传感器测出的交流发电机转速就可以按某一比例关系换算出发动机转速。转速控制器接收该转速信号,同时接收上位机给定的转速指令,比较后确定相应的控制信号。转速控制器将该控制信号输出给电控变量燃料泵伺服系统,其执行元件——伺服电机,根据所接收的控制信号,调节燃料泵的斜盘倾角以改变推进剂的输出流量,达到对鱼雷进行变工况(变速、变深等)控制的目的。

综上所述,闭环转速控制器在该动力推进系统中是一个非常关键的环节,其控制规律的优劣及控制器性能的好坏直接影响着动力推进系统的性能。

在该动力调节系统中,输入燃烧室推进剂流量的改变是通过改变燃料泵的柱塞行程而实现的。柱塞行程可以改变的燃料泵称之为可变量燃料泵。

当油缸被泵轴带动旋转时,柱塞在柱塞腔内作往复运动。当柱塞向后运动时,推进剂从配流盘的进油孔吸入柱塞腔,而当柱塞向前运动时,推进剂被压进配油盘的出油孔。在柱塞一次往复中的排油量决定于柱塞行程,柱塞行程则取决于斜盘的倾角。斜盘倾角是由凸轮相对于角盘(它被销轴制动不能转动)的周向位置确定的,周向相对位置的相应改变则靠直流马达经过蜗杆蜗轮减速器带动凸轮转动而实现。

上述鱼雷动力调节系统由以下几个主要部分组成:可变量燃料泵,控制泵排量的直流驱动马达,直流驱动马达的放大器,满足发动机转速控制需要的低限度电子部件以及为使系统的调节品质指标最佳的补偿器等。

该调节装置对发动机转速和功率的控制是通过改变可变量燃料泵输出推进剂流量从而改变输入燃烧室的推进剂流量而实现的。在这一调节装置中,输入燃烧室的推进剂流量成了控制手段。在闭环调节系统中,反馈回路直接将发动机的真实转速反馈给调节装置,调节装置根据这一反馈信号来不断作出调整,直到发动机实际转速与给定值相等或非常接近为止。在这种闭环调节系统中,发动机工作气体的漏泄不会对转速的调节效果产生影响。例如,在输入燃烧室推进剂流量一定的情况下,当漏泄量加大时,发动机的转速将降低,此时调节装置就会加大推进剂流量,使发动机转速恢复到给定值。因此,闭环调节系统可以通过调整输入燃烧室中的推进剂流量来达到调节的目的,而开环系统则不然,必须通过控制输入燃烧室的推进剂压强来进行调节。

无级变速技术与闭环控制技术是紧密联系的,闭环控制技术是无级变速技术的基础和前提,而系统的闭环控制一旦实现,将稳定速度指令改造为时变速度指令,无级变速技术也就水到渠成了。因此,国内外的鱼雷研究总是将无级变速与闭环控制技术合二为一,作为一个问题的两个方面来研究,致力于发展高性能闭环控制的能源供应系统。例如,当鱼雷浅水航行时,发动机进气压力较低,系统各部件的负荷较轻,通过闭环控制系统的有效调节,可以增大输出功率、获得更高的航速而不对系统各部件造成损害;又如,采用变量燃料泵后,燃料泵负荷减轻,节省了系统有效输出功率;再如,要获得更安静的鱼雷声辐射隐蔽性,除深入研究减振、隔振措施外,降低航速是效用最显著的措施,这就要求更大的鱼雷速度变化范围,采用闭环控制的能源供应系统可以较容易地实现这一目标。

3.4　供应系统典型组件

3.4.1　供应泵

鱼雷供应泵在鱼雷供应和控制系统中的主要功能是分别将系统中的液体推进剂、海水、润滑油和液压油等增压并输送。目前鱼雷使用的泵类产品主要有齿轮泵(外啮合齿轮泵)、叶片泵(单作用定量泵)、斜盘式轴向柱塞泵(通轴式定量泵和变量泵)。现代鱼雷供应泵多在变工况条件下工作,主要是适应鱼雷各种速制、航深等的变化。其中齿轮泵、叶片泵主要用于压力较低的冷却、润滑、推进剂挤代和指令控制的增压,而在高压推进剂供应系统中,由于叶片泵与齿轮泵在高进气压力发动机(16～35 MPa)的工作压力范围内,其体积、强度、容积效率、机械效率等方面均不满足要求,因此主要采用体积小、噪声低、输出压力高的斜轴式轴向柱塞泵进行增压,其主要结构形式有斜盘旋转和油缸旋转。

3.4.2　齿轮泵

1.结构与工作原理

鱼雷齿轮泵推荐采用外啮合型泵,配置为一对参数相同的渐开线齿轮,并使用两体式结构,即将常规的中段壳体和后盖合为一体,再加上前盖、泵轴、轴承和密封件等,其优点为减少了密封件及相应连接紧固件,同时减轻了质量,但对壳体的加工提出了更高的要求,典型的结构如图 3-12 所示。

如图 3-13 所示,一对齿轮被封闭在壳体与前盖构成的空间中啮合旋转,由啮合线和端盖把高压介质腔和低压介质腔隔开。齿间与壳体或啮合齿都形成介质腔。随着两齿轮相互反向旋转,按着 4 个过程,封闭介质腔在吸入腔容积扩大而吸入介质,然后沿着壳体内缘向排出腔方向运送,到排出腔后,封闭介质腔容积缩小,将介质压出到排出腔。如此,工作介质被齿轮连续不断地由吸入腔输送到排出腔并压出。

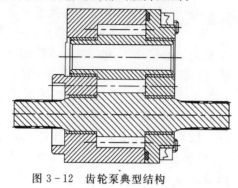

图 3-12　齿轮泵典型结构　　　　图 3-13　齿轮泵工作原理图

2.特点

鱼雷齿轮泵具有下述特点。

(1) 主要用于海水增压、滑油和液压油增压等,且一般采用渐开线外啮合齿轮结构。

(2) 为提高输出流量,采用少齿数 Z(8~11)、大模数 m(3~5)及高转速设计,转速一般设计在 3 000~6 000 r/min 范围内。

(3) 采用径向尺寸小的滑动轴承或滚针轴承作为轴的支撑,有利于减小齿轮泵的体积,所采用的滑动轴承具有高的 PV 值和自润滑性能。

(4) 采用轴向压力补偿措施提高容积效率、机械效率和使用寿命。

(5) 为确保鱼雷完成作战使用,使用寿命为 2~4 h。

(6) 齿轮泵的壳体材料选用高强度铝合金或防锈铝,以减轻质量。侧板采用的是特种工程塑料,如聚甲醛(Polyoxymethylene, POM)、聚酰亚胺(Polyimide, PI)、聚谜谜酮(Polyether ether ketone, PEEK)等,这些工程塑料的改性材料由于具有密度小、耐化学腐蚀、力学强度高、耐热性好、成型加工容易、耐磨性好等特点,已经在鱼雷供应泵中得到成功应用。

3.设计准则

(1) 高速性系数。在鱼雷供应和控制系统中,海水、滑油和液压油等介质的增压泵在设计时一般给出的初始参数包括泵的流量、压差、入口压力和转速,而是否选择齿轮泵可遵照高速性系数 n_s,有

$$n_s = 3.65n(\sqrt{Q}/\Delta p^{3/4}) \tag{3-30}$$

式中:Q 为流量,m^3/s;Δp 为压差,mH_2O($1mH_2O = 9.8$ kPa)。

当 $n_s < 30$,对应流量为 60~240 L/min,压差不大于 10 MPa,工作寿命约 2 h 情况下,最经济的泵是齿轮泵。

（2）排量计算。在鱼雷齿轮泵设计中应遵循质量轻、体积小、效率高、振动和噪声级低、工作可靠的设计准则，围绕这些准则和鱼雷齿轮泵的特点，为满足较大的出口压力和流量的性能要求，避免削弱齿轮根强度和运转时产生撞击，降低振动和噪声，通常在设计中采用"增一齿修正法"来修正泵的齿轮，这样泵的排量按照下式计算：

$$q = 2\pi m^2 (Z+1) B \times 10^{-3} \tag{3-31}$$

式中：m 为模数，mm；Z 为齿数；B 为齿宽，mm。

（3）齿轮端面密封和轴向间隙液压自动补偿机构。齿轮端面密封的轴向间隙泄漏占齿轮泵流量总泄漏量的 $75\% \sim 80\%$，减小轴向间隙的泄漏是齿轮泵容积效率和工作压力提高的关键，也是齿轮泵使用寿命长短的关键所在。但轴向间隙仅凭经验调整是不够的，如果间隙调大了，就达不到有效的密封，工作时就有一部分液体高压逆流至低压，降低了容积效率，甚至出口压力上不去。如果间隙调节小、耗功大，磨损严重，使用寿命短，甚至齿轮与密封环相互咬死。因此，需采用某种补偿措施来控制间隙。对于水介质，鱼雷海水增压泵的设计大都采用轴向间隙液压自动调节机构和齿轮端面补偿侧板，设计时须满足以下 3 条：

1）补偿侧板密封材质的刚柔并存。

2）轴向间隙自动调节。

3）液压腔压紧力作用线与齿间介质工作压力反推力作用线重合。

典型的轴向间隙液压自动调节机构结构如图 3-14 所示。该机构借助将出口的高压海水引到补偿腔来压紧补偿侧板靠向齿轮，浮动轴套的压紧力与泵的工作压力成正比，压力越高，压紧力越大，端面间隙就越小，泄漏也就越少。当泵的压力降低，浮动轴套的压紧力也就减小。此时由于泵的压力低，泄漏也不会增加，而磨损却下降，这对提高泵的机械效率是有利的。补偿腔由一橡皮碗和轴承的轴径组成橡皮碗有一定的弹力，当泵启动时高压腔的压力还未建立，浮动轴套在橡皮碗的弹力作用下贴紧齿轮端面以保证密封，这样泵的容积效率可达到 $0.85 \sim 0.95$，同时，橡皮碗还起密封的作用。由于齿轮泵采用了端面自动补偿，浮动轴套与齿轮端面摩擦加大，机械效率较低，一般为 $0.55 \sim 0.65$。

鱼雷海水增压泵齿轮端面补偿侧板典型结构如图 3-15 所示。

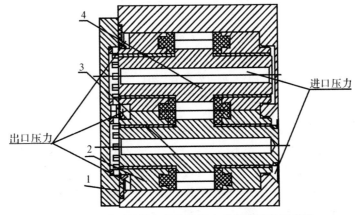

图 3-14　典型的轴向间隙液压自动调节机构示意图

1—皮碗；2—补偿侧板；3—主动齿轮；4—从动齿轮

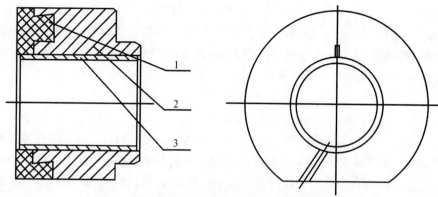

图 3-15　填充聚酰亚胺端面补偿侧板及滑动轴承

1—填充聚酰亚胺；2—支架；3—滑动轴承

（4）泵轴密封。鱼雷泵轴密封的形式有动 O 形密封圈、皮碗、机械密封等。由于滑油泵安装在发动机的机舱内，因此一般不需要轴密封；而海水泵及柱塞泵由于转速高、泵腔压力较高、介质种类多等的特点，因此动 O 形密封圈、皮碗、机械密封这些泵轴密封结构均在不同的产品上使用过。O 形密封圈、皮碗一般应用于压力较低的情况下，而像图 3-12 这样的齿轮泵由于应用于泵轴转速为 6 000 r/min ，内压为 5 MPa 的工作环境下，因此必须使用机械密封。

机械密封是关系到海水齿轮泵成败的关键技术之一。在已有的机械密封产品中，如此高速（5 800 r/min）、高压（5 MPa）的机械密封比较少见。鱼雷齿转泵专用机械密封结构见图3-16。

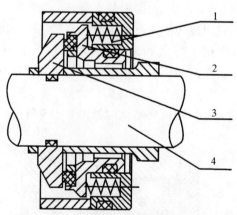

图 3-16　鱼雷齿转泵专用机械密封结构

1—簧；2—静环；3—动环；4—泵轴

该机械密封为多弹簧、内置、静止、内装、滑动式机械密封，其特点如下：

1）防止海水对弹簧的腐蚀，采用不锈钢弹簧丝。

2）防止由于机械密封在泵中的不平衡，造成对泵轴向力的影响，采用静止式结构。

3）针对海水腐蚀和抗一定的固体颗粒磨损，摩擦副采用石墨复合材料和 $1Cr_{17}Ni_2$，其中石墨复合材料具有高强、润滑、耐磨、密封等综合性能。

按道理，齿轮泵并不适用于低黏度工作介质（如海水），但在解决了材料抗海水冲蚀和气蚀，配对摩擦副的润滑及冷却等问题，并采取了进口过滤等措施后，齿轮泵已成功用于鱼雷海水供应与控制系统。考虑到齿轮泵在鱼雷海水供应与控制系统中使用时,其进口压力始终保证是正压,且为鱼雷航行当地海水深度压力,这样气蚀就已经不是需要特别需要考虑的问题了。

3.4.3 叶片泵

1.结构与工作原理

鱼雷叶片泵的典型结构如图 3-17 所示,一般为单作用叶片泵。如图 3-18 所示,其工作原理是,配流盘上有两个对称配流孔定子与转子间安装有偏心距 e。两相邻叶片和配流盘、上端盖组成一个小腔室,由于转子、定子间有偏心距 e,当转子旋转时,各小腔室容积是变化的。在吸液腔,腔室容积变大而吸液;在压液腔容积变小而排油、两个液腔被封闭,由此分隔开吸、排液腔,不连通。但是液腔被封闭的过程很短,应有消除困液现象的措施。

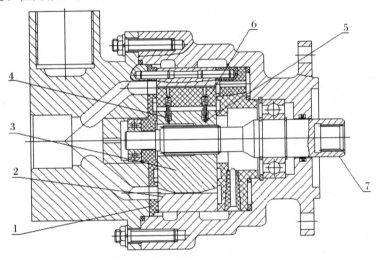

图 3-17　鱼雷叶片泵的典型结构

1—配流盘;2—定子;3—转子;4—弹簧;5—导向柱;6—叶片;7—泵轴

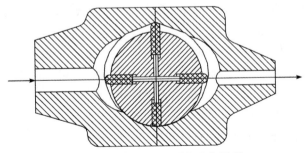

图 3-18　鱼雷叶片泵的工作原理

2.特点

鱼雷叶片泵具有以下特点。

(1)鱼雷叶片泵主要用于供应及控制系统中的海水增压,一般为单作用定量泵。同齿轮泵一样,叶片泵也不适用于输送海水介质,但在采取了特殊措施后,也得到了成功地应用。

(2)为提高输出流量,泵轴转速高,一般为 3 000～4 000 r/min。

(3)采用径向尺寸小的滑动轴承和滚针轴承的设计方法,有利于减小叶片泵的体积。

(4)鱼雷叶片泵的定子和壳体常设计为一体,材料选用高强度铝合金或防锈铝,这样虽然在加工定子型腔曲面时增加了工业难度和成本,但却获得了较好地质量、尺寸特性,一般用于轻型鱼雷。当然也有定子和壳体分开设计,定子材料多选择轴承钢,壳体材料选高强度铝合金,一般用于重型鱼雷。

(5)叶片采用的是特种工程塑料,如聚甲醛(POM)、聚酰亚胺(PI)、聚谜谜酮(PEEK)等,这些工程塑料的改性材料具有密度小、耐化学腐蚀、力学强度高、耐热性好、成型加工容易、耐磨性好等特点。

(6)泵的进、出口设计考虑到便于雷外海水进入雷内的方向以及动力装置的结构配置,通常安排在转子的径向方向,这是与工业用叶片泵的很大差别,工业叶片泵一般通过配流盘从轴向进、出工作介质。这样一来鱼雷叶片泵省去了配流盘,但在转子轴向两侧设计了压板和耐磨板,材料多和叶片同质。

(7)泵的转子与轴通常设计为一体,转子上的叶片按照在槽底沿轴向扩成圆孔以减少应力集中,通常选择耐海水腐蚀的沉淀硬化型不锈钢制成。

3.设计准则

(1)排量计算。叶片泵的理论排量为

$$q = 2Be\left(\pi D - Z\delta\right) \times 10^{-3} \tag{3-32}$$

式中:B 为叶片宽度,mm;e 为定子与转子的中心线的偏向距,mm;D 为定子直径,mm;Z 为叶片数;δ 为叶片厚度,mm。

一般发动机的转速认为是常值,因此如叶片泵为定量泵时其偏心距 e 为固定的结构常数,变量泵只要改变的偏心距 e 的大小,就可以改变泵的输出流量,改变偏心距的符号(方向),泵的进、出口液体的流动方向将改变,进、出口功能对换。

一般叶片泵要求的转速范围较窄。转速太高,吸油真空度太大,将产生气泡,吸不上油,产生转动噪声;转速太低,叶片甩不出来,或和定子表面接触不紧密,吸不上油或容积效率严重下降。因此,鱼雷叶片泵在设计时一定要注意对最低、最高转速加以限制。

(2)叶片及受力补偿。定量叶片泵,无论是单作用还是双作用,其叶片的安装可以不是纯径向安装,而是沿转子的旋转方向倾斜一个角度,这种设计方法有利于减少压液区沿槽道向槽里运动时的摩擦力和因而造成的磨损,防止叶片被卡住,改善叶片的运动,但这样的设计会使转子的结构变的极为复杂,给工艺实现带来困难。经过对鱼雷叶片泵多年的研究表明,叶片倾角并非完全必要。鱼雷上使用的叶片泵采用无倾角叶片安装方式,转子槽径向设计,其工作仍然正常,并未引起其他不良后果。

鱼雷叶片泵叶片由工程塑料制成,宽度与转子厚度精确一致,与定子型腔曲面接触的一端制成光滑的圆角,圆角母线与侧边精确垂直。单作用叶片泵的叶片通常为简单的平板。要求在吸液区段的叶片具有更大的径向加速度才能确保其外端不脱离曲面,由于运动摩擦力等的影响,单靠叶片本身的离心力往往无法满足要求,因此借助液压力使位于吸液区的叶片快速伸出。对于工作压力较高的泵来说,引入叶片槽底的液压力却又显著超过了使叶片伸出所需要的力,造成在此区段中的叶片与滑道的接触应力过大,致使摩擦阻力增加,机械效率下降,接触面磨损加剧(在吸液段终点附近尤甚)。严重时,还会因端部所受切线方向的阻力太大而导致叶片外伸部分断裂,因此需要对作用在叶片底部的外推力进行补偿。

叶片及受力补偿方法一：采用平衡柱塞方式（见图3－19）。具体的设计方法：在缩短的叶片底部专设一个小柱塞，使叶片外伸的力主要来自作用在柱塞底部的排液腔压力，适当设计该柱塞的作用面积，即可控制叶片在吸液区受到的外推力。

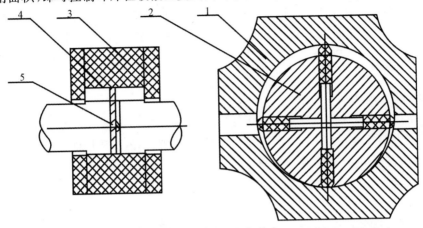

图3－19　平衡柱塞方式

1—定子；2—转子；3—叶片；4—耐磨板；5—平衡柱塞

叶片及受力补偿方法二：弹簧加压方式（见图3－20）。具体的设计方法：在转子槽底部预设了一根或多根压缩弹簧帮助叶片外伸，当槽底与同相位的配液窗口连接时，叶片端部对滑道的压紧力即仅取决于泵的转速及接触位置的矢量值，而与工作压力无关。此方法的优点在于叶片的运动不像方法一或液压补偿那样影响泵的瞬时排量。缺点则是需在转子底部钻孔，对强度有不利影响，同时对弹簧疲劳强度的要求难以满足。

（3）定子过渡曲线。叶片泵定子内廓曲线将直接决定着整个泵的性能（包括噪声、效率、流量均匀性、压力和寿命等），因此对过渡曲线的要求：

1）能使叶片在槽内径向运动时的速度、加速度变化均匀，减少流量的脉动。

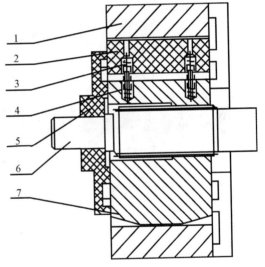

图3－20　弹簧加压方式

1—定子；2—叶片；3—弹簧；

4—弹簧支架；5—耐磨板；

6—泵轴；7—转子

2）能保证叶片不脱空，并紧贴在定子表面，形成可靠的密封工作腔。

3）当叶片沿着槽向外运动时，叶片对定子内表面的冲击应尽量小，以减少定子曲面的磨损。

在目前定子内廓曲线采用的修正方法中只有正弦修正的阿基米德螺线才能真正消除过渡区的"硬冲击点"和"软冲击点"。考虑到鱼雷叶片泵低噪声的要求，因此定子过渡曲线采用不等角修正的正弦修正的阿基米德螺线的设计方法。

不等角修正即在阿基米德螺线的开始段、结束段,在不同的修正范围角用正弦加速度曲线修正的阿基米德螺线。

采用不等角正弦修正的阿基米德螺线的单作用叶片泵,其定子轮廓曲线是连续光滑的,无任何间断点。因此,可以保证泵在运行过程中,紧贴在内轮廓滑动的叶片径向运动的速度和加速度不会发生突变,没有硬冲击和轮冲现象,避免了冲击、噪声,减少了磨损。

3.4.4 柱塞泵

1. 结构与工作原理

目前鱼雷用的柱塞主要是直轴式高压柱塞泵,根据其输出流量的方式分为定量柱塞泵(见图 3-21)和变量柱塞泵(见图 3-22)两类,柱塞泵的斜盘倾角 γ 固定的为定量泵,γ 可变的为变量泵,但当斜盘倾角一定时,其工作原理是相同的。

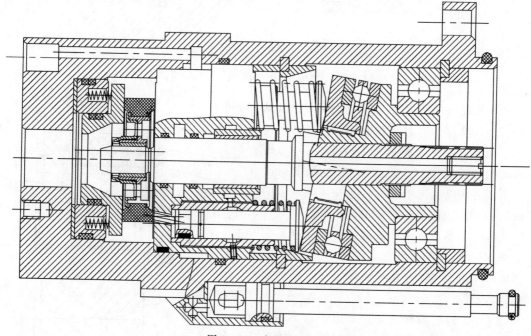

图 3-21　定量柱塞泵

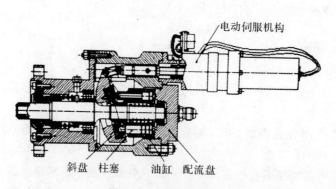

图 3-22　变量柱塞泵

当柱塞随转子旋转时,同时被斜盘推着来回伸缩,柱塞后的小腔室容积相应变大或变小。柱塞转到配流盘的吸液区,其后的小油室容积变大吸液;柱塞转到配流盘的排液区,其后的小油室容积变小排液。在两区交界处,小液室被封闭,有困液现象。为减少困液的危害,配流盘上有泄荷槽。每个柱塞随转子转一圈,吸、排液各进行一次,柱塞数为 z(取奇数时可减少流量脉动)。

对于燃气压力在 16～35 MPa,甚至更高的压力范围内的活塞式发动机及燃气涡轮发动机,推进剂供应系统的增压泵推荐采用变量式柱塞泵,它可方便地调节流量,并且因配流端面为平面,间隙可做得很小,即使在高压下容积效率也较高,它在高压、变流量自动调节方面具有明显的优越性,并且尺寸、质量也不大。它的缺点是结构较复杂、零件精度要求较高,对使用条件要求也较高。

2. 特点

鱼雷用柱塞泵有以下特点:

(1)鱼雷柱塞泵主要用于液体推进剂的增压,一般为固定排量和可变排量的轴向柱塞泵。

(2)鱼雷柱塞泵由发动机驱动,转速变化范围大,角速度大,转矩振动大,因此采用通轴、旋转斜盘式轴向柱塞泵,这种类型的柱塞泵与常用斜盘式轴向式柱塞泵相反,旋转斜盘式柱塞泵由泵轴驱动,缸体则固定在壳体内或缸体和壳体一体化。其优点是旋转部件的旋转惯量较小,主要缺点则为难以调节旋转斜盘的倾角以制成变量泵。

(3)为提高输出流量,泵轴转速高,一般应为 3 000～6 000 r/min。

(4)采用径向尺寸小的滑动轴承和滚针轴承的设计方法,减小缸体的体积,进而缩小泵体积。滑动轴承采用具有高的 PV 值和自润滑性能的 SF－5 滑动轴承。

(5)由于鱼雷在不同的速制下航行,因此为了柱塞泵可靠的工作,其入口压力应满足不同泵转速下的入口压力要求。

(6)宜选用点接触式柱塞与推力轴承、斜盘配合,最好不采用引入高压推进剂进行液压平衡的滑靴结构。

(7)配流方式为间隙密封型配流副。

(8)柱塞回程机构采用各柱塞内单独的弹簧预压实现回程,柱塞采用点接触式柱塞,其数量为奇数,一般推荐采用 5,7,9。

(9)为确保鱼雷完成作战使用,使用寿命为 2～4 h。

3. 设计准则

鱼雷柱塞泵是一种轴向柱塞泵,它除具有输出压力高,容积效率高等特点外,还具有完善的泵传动结构的润滑设计,配流结构低噪声设计和动密封的冷却设计,这些是国内同类产品在设计过程中很少采用的方法,而这正是保证鱼雷柱塞泵可靠性和安全性等的设计准则。

(1)排量计算。理论排量为

$$q=\frac{\pi}{4}d^2DZ\tan\gamma\cdot 10^{-3} \tag{3-33}$$

式中:d 为柱塞直径,mm;D 为柱塞孔分布圆直径,mm;Z 为柱塞数;γ 为斜盘倾角,(°)。

(2)大比压配流环和高负载推力轴承,燃料泵配流环结构如图 3-23,斜盘及斜盘推力轴承结构如图 3-24 所示。

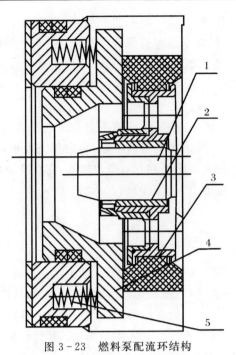

图 3-23 燃料泵配流环结构

1—带偏心小轴的泵轴；2—滑动轴承；3—配流环；4—补偿环；5—弹簧

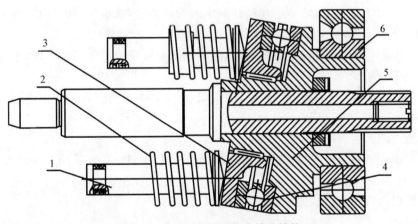

图 3-24 斜盘及斜盘推力轴承结构

1—柱塞；2—回程弹簧；3—斜盘；4—推力轴承；5—角轴；6—向心球轴承

（3）配流方式。鱼雷柱塞泵的配流机构（见图 3-24）是柱塞泵设计的关键技术之一，由配流阀（由过流盘、密封环、弹簧、弹簧座、支撑板组成）和油缸配流表面构成，是一种偏心旋转的平面滑阀式配流盘，即泵轴通过偏心小轴带动配流阀旋转，密封环分别与支撑板和油缸配流表面接触并在其上滑动，通过接触面形成封闭容腔，接触面内部为低压液体吸入腔，外部容腔为高压液体压出腔。

柱塞泵的这种配流方式属于端面配流，如设计不当，将直接影响到输出压力和流量的平稳，并进一步加大泵的自噪声。产生噪声的主要原因包括：缸体内液体在配流过程中，由低压腔转向高压腔和高压腔转向低压腔时，柱塞腔通液孔需要通过过渡区，如过渡区过小，则泵容积效率提高,但会出现柱塞通液孔的封闭容积,产生闭死现象,造成封闭柱塞腔容积胀一缩的压力交替变化,引起零件的气穴、冲击、振动、噪声;如过渡区较小会产生容积效率下降。为了降低噪声,在设计柱塞泵配流机构时可采用图 3-25~图 3-28 所示的配流方法。

1)当泵轴在 0°～182.77°工作区时,油缸配流窗口一直处在低压腔,而泵在 180°时应处在上死点,这时油缸配流窗口应进入排油工作区,在本设计中增加了 2.77°的预升压区,在该区柱塞腔处于压出行程,腔内容积逐渐减小,与低压腔逐渐断开,但还未与高压腔相通,这样就使得由低压腔转为与高压腔连通前,柱塞腔中的低压推进剂得到压缩,压力平稳上升。

2)当泵轴在 182.77°～195.52°工作区时,油缸配流窗口处在低压腔向高压腔转换的过渡区,在这个工作区内通过密封环与配流窗口未必完全遮盖的面积形成阻尼孔连通高、低压腔,使得柱塞腔的推进剂压力从低压平稳上升到高压,从而降低压力冲击,达到降噪的目的。

3)当泵轴在 195.52°～344.48°工作区时,缸体配流窗口处在高压腔。

4)当泵轴在 344.48°～357.23°工作区时,缸体配流窗口处在由高压腔向低压腔转换的过渡区。在这个工作区内通过密封环与配流窗口未必完全遮盖的面积形成阻尼孔连通高、低压腔,使得柱塞腔的液体压力从高压平稳降低到低压,从而降低压力冲击,达到降噪的目的。

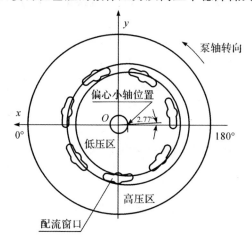

图 3-25　吸液工作区

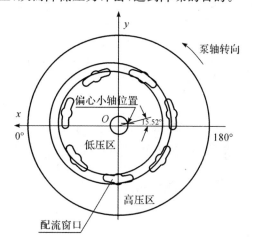

图 3-26　增压工作区

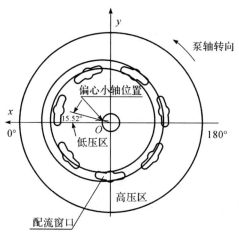

图 3-27　排液工作区

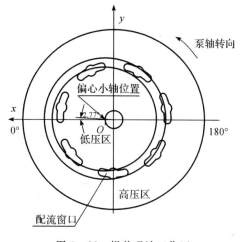

图 3-28　提前吸液工作区

5)当泵轴在 357.23°～360°工作区时,缸体配流窗口进入低压腔。在这个工作区内柱塞仍处在压液行程,这样可在柱塞达到下死点之前有一个超前卸压角,这样可进一步延长高压向低压的过渡时间,降低压力脉动,降低密封环和缸体配流窗口尺寸的精度,但同时也降低了泵的效率。

采用负封闭角的配流方式在输出流量裕度较大、输出压力很高的情况下,是鱼雷柱塞泵较理想的选择。

3.4.5 多组元推进剂比例混合调节和控制器

现代鱼雷热动力系统所使用的多组元推进剂液体推进剂一般为三组元推进剂,由燃烧剂、氧化剂和海水组成。下述以 OTTO-Ⅱ、HAP、海水三组元推进剂的供应和控制组件三组元比例控制器为例,介绍多组元推进剂比例混合调节和控制装置。

当鱼雷发射并打开启动阀后,三组元比例控制器首先输出 OTTO-Ⅱ单组元推进剂,待该推进剂在燃烧室可靠点火后即快速平稳地切换为三组元推进剂,并对推进剂各组元进行精确的比例控制和充分的均匀混合,同时跟随燃料泵的流量变化自主调节其输出流量,以保证鱼雷动力系统安全、可靠和高效率运行。因此,三组元比例控制器性能的好坏,直接影响动力系统的工作性能,必须满足下述要求。

(1)输出流量范围大,即输出流量满足鱼雷所有航行状态中所需的推进剂流量。

(2)比例控制精度高。组元供应比例的误差,会使燃气温度有相应改变,严重时使鱼雷动力系统不能安全可靠地工作。根据燃烧反应计算,组元质量流量相对控制误差以不大于 2%～3%较为适宜。

(3)推进剂切换快速平稳。推进剂切换的快速性和平稳性,与燃烧室是否会出现断流熄火和压力波动关系密切,动力系统启动过程要求三组元比例控制器除具备推进剂顺序供应功能外,还应能迅速将输入燃烧室的 OTTO-Ⅱ单元推进剂快速平稳地切换成输入三组元推进剂。

(4)均匀混合能力强。

(5)输出流量跟随性好。供应流量能自主调整,当鱼雷变速和变深航行时与燃料泵流量变化相匹配。

目前,使用三组元推进剂的在役或在研鱼雷所应用的三组元比例控制器按照结构和工作原理不同,可分为调节阀式(见图 3-29)和容积式(见图 3-30)两类。调节阀式比例控制器和容积式比例控制器均可以满足三组元推进剂质量比例控制的精度要求,且各有特点。因此,上述两种结构的比例控制器可依具体使用要求选用。

相比较而言,调节阀式比例控制器结构简单紧凑,便于设计制造,且调试方便,但系统构成较为复杂,比例控制精度相对较低。容积式比例控制器精度高,系统构成简单,便于使用,但结构复杂,精密构件多,因而加工成本高,若泄漏问题解决不好则会对控制精度产生一定影响。本节将分别介绍它们的工作原理和特性。

1.调节阀式比例控制器

(1)工作原理。如图 3-29 所示,调节阀式比例控制器采用混合流量设定方式,安装在燃料泵前。鱼雷使用时,依靠海水压力挤代推进剂各组元进入比例控制器,经组元比例控制并充分混合后输入燃料泵。

图 3-29　调节阀式三组元比例控制器

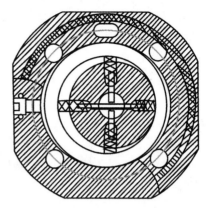

图 3-30　容积式比例控制器

调节阀式比例控制器是一个组合件，一般由推进剂顺序切换阀、混流器和分别控制 OTTO-Ⅱ，82.5% 浓度 HAP 及海水流量的 3 个子系统组合构成。各子系统均由调节活门、调准弹簧、节流螺塞、计量孔板、调整螺塞及承力薄膜等组成。顺序切换阀和混流器结构简单，此处从略。

固体药柱点火并当启动阀打开后，OTTO-Ⅱ 单组元推进剂经比例控制器组件迅速充填燃料泵和泵后管路容积，然后进入燃烧室，开始固-液混合燃烧过程。同时，根据系统指令，引自燃料泵后的压力使顺序切换阀的切换活门动作，将 OTTO-Ⅱ 推进剂快速平稳地切换为 HAP 三组元推进剂，比例控制器组件随即进入比例控制阶段。此时，由微机控制器给出控制指令，转换为压力信号后作用于承力薄膜的上腔，与作用于其下腔的反馈信号比较后驱动调节活门动作，使比例控制器组件内部的被控制量得到相应调整。当作用在调节活门上的诸力达成平衡时，调节活门亦取得一个平衡位置。此时，比例控制器有相应的、严格满足组元质量比例关系的流量输出。

采用反馈闭环，使比例控制器内部被控制量只与输入指令有关，基本上不受进出口压力扰动的影响，保证了组元质量比基本恒定而与流量大小无关，提高了质量比控制精度；同时也为比例控制器在燃料泵前压力变化时，输出流量能够在一定范围自动调整提供了条件。

（2）静态特性数学模型。在平衡状态下，三组元比例控制器的输出量和输入量之间存在一定的关系，这种关系称为三组元比例控制器的静态特性。研究三组元比例控制器静态特性可以从分析调节活门受力和各流量节点流动特性着手。此时，调节活门轴向受有控制压力、反馈压力、液动力及弹簧力；各流量节点应满足孔口节流公式和流量连续方程。

1）调节活门力平衡方程为

$$k\left(x_{d0} - x_{u0} + 2x\right) = A_m\left(p_{ct} - p_{oi} + p_{ki}\right) - \left(k_m + k_y\right)x \tag{3-34}$$

式中：k 为弹簧刚度系数；x_{d0} 为阀口开度为零时预调侧弹簧的预压缩量；x_{u0} 为阀口开度为零时薄膜侧弹簧的预压缩量；x 为阀口开度；A_m 为薄膜有效作用面积；p_{ct} 为控制压力；p_{oi} 为反馈压力；p_{ki} 为当量压力；k_m 为薄膜刚度系数；k_y 为液动力系数。

2）流量连续方程。各流量节点的连续方程为

$$c_{1i}A_{1i}\sqrt{p_j - p_{oi}} = c_{2i}A_{2i}\sqrt{p_{oi} - p_c} \quad (i=1,2,3) \tag{3-35}$$

$$\dot{m}_v = \dot{m}_f + \dot{m}_o + \dot{m}_c$$

式中：c_{1i}，c_{2i}分别为调节阀口和计量孔板流量系数；A_{1i}，A_{2i}分别为调节阀口和计量孔板过流面积；p_c为比例控制器出口压力。

3）流量方程为

$$\dot{m}_i = c_{1i}A_{1i}\sqrt{2\rho}\sqrt{p_j - p_{oi}} \quad (i=1,2,3) \tag{3-36}$$

4）控制信号压力特性为

$$c_v = k_p p_{ct} \tag{3-37}$$

式中：k_p为电流压力系数。

式(3-34)~式(3-37)描述了三组元比例控制器的静态特性。图3-31为比例控制器进、出口压力恒定条件下的静态特性曲线。图3-32为控制指令恒定、进出口压力差变化时比例控制器静态特性曲线。

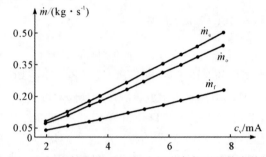

图3-31　比例控制器进、出口压力恒定条件下的静态特性曲线

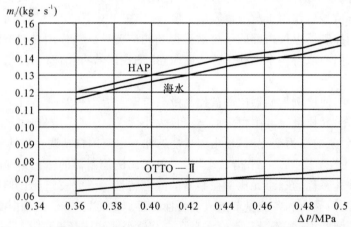

图3-32　控制指令恒定、进出口压力差变化时比例控制器静态特性曲线

由计算曲线知：

1）调节阀式三组元比例控制器组元质量比控制精度高。试验测定比例误差分布在2%以内，可以满足鱼雷恒速、变速、变深航行时动力系统稳定工作的要求。

2）在工作范围内，控制特性曲线具有较好的线性度。这主要由调节活门的型面设计和各流量节点参数的合理配置所决定。

3）流量跟随性好。在控制指令恒定、进出口压力较大幅度变化时，仍能保持较高精度的质量比例，从而为与燃料泵流量匹配奠定了基础。

4）鲁棒性好。理论分析和试验结果表明，弹簧参数、调节活门参数等主要设计参数加工制造误差对比例控制器性能所产生的影响,可通过适当调试有关参数消除。

2.容积式比例控制器

(1)结构原理。对液体体积流量的精确计量和控制,标准容积装置具有明显的优势,故可利用其原理并结合鱼雷使用特点研制容积式比例控制器。容积式比例控制器结构原理如图3 -30 所示。

容积式比例控制器由顺序切换阀、混流器和 3 个严格满足三组元体积流量比例关系的标准容积计量室组成。每个计量室均由定子、转子、刮板、轴、调整螺杆及侧板等组成,均有独立的推进剂进口和出口。3 个转子固连在同一根轴上且可绕轴心 O 旋转,旋动调整螺杆可使定子左右小量移动以改变其偏心距。当推进剂 3 个组元分别由各计量室的进口压入时,在推进剂压力差的作用下,推动刮板与 3 个转子同步旋转,同时刮板在定子曲线的约束下在转子槽内沿径向往复滑动。这样,刮板把推进剂三组元连续不断地分割成单个的、严格符合三组元体积流量比例关系的标准体积,并输运到各自的出口,再经混流器混合后输往燃料泵。

由于采用严格符合三组元体积流量比例关系的标准容积且 3 个转子的转动严格同步;采用弹簧导杆浮动刮板结构并选用最佳端面间隙值,因而使内泄漏甚微;配置了调整螺杆可分别调整定子的偏心距进而消除加工制造中所产生的计量室容积误差,因而容积式比例控制器能达到足够高的比例控制精度。由于刮板的转速也即比例控制器的输出流量正比于其进口和出口的压力差,所以比例控制器在工作过程中,能感知燃料泵前的压力变化并自主地调整其输出流量,从而与燃料泵流量特性相匹配。

顺序切换阀和混流器功能同前节所述,此处从略。

(2)启动压差的确定。比例控制器的转子由静止状态到转动所需要的最小压差,称为启动压差。启动压差与转子偏心距、摩擦副的状况等因素有关。启动压差的大小对比例控制器至关重要,特别在海水自由挤带推进剂方案中,启动压差过大的比例控制器就不能使用。容积式比例控制器是利用液体做功的装置(功率甚小)。分析启动压差可从分析作用在刮板上的各种力矩间的关系着手。因此,有必要建立刮板的运动学、动力学方程进行研究,并据以确定启动压差。

1)刮板的运动分析。如图3 - 33 所示,刮板交转子圆周于 B,切定子内曲线于 A,则矢径 **OA** 可表示为

$$\rho(\varphi)=\sqrt{R^2-e^2\sin^2\varphi}-e\cos\varphi \tag{3-38}$$

用幂级数展开近似为

$$\rho(\varphi)=R^2-\frac{e^2}{4R}(1-\cos2\varphi)-e\cos\varphi \tag{3-39}$$

由于刮板为径向放置,故其运动学参数与定子曲线的相同。若以 $h(\varphi)$ 表示刮板伸出转子以外的长度,则刮板径向位移为

$$h(\varphi)=\rho(\varphi)-r \tag{3-40}$$

刮板径向速度为

$$U_e=\frac{\mathrm{d}h(\varphi)}{\mathrm{d}t}=e\omega(\sin\varphi-\frac{e}{2R}\sin2\varphi) \tag{3-41}$$

刮板径向加速度为

$$a_e=\frac{\mathrm{d}^2h(\varphi)}{\mathrm{d}t^2}=e\omega^2(\cos\varphi-\frac{e}{R}\cos2\varphi) \tag{3-42}$$

式中:ω 为转子角速度。

定子相对于刮板的压力角为

$$\gamma = \sin^{-1}\left(\frac{e}{R}\sin\varphi\right) \tag{3-43}$$

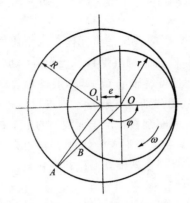

图 3-33 刮板运动分析

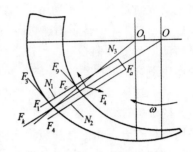

图 3-34 刮板受力图

2)刮板受力分析。刮板在旋转过程中,受力较为复杂。其中当刮板处于过渡区时受力情况最差,如图 3-34 所示。作用在刮板上的诸力有以下几种。

①离心惯性力。顶杆旋转时,其不平衡离心惯性力很小,可以略去,则作用在刮板、导杆及弹簧上的离心惯性力计算公式为

$$F_c = \sum_{i=1}^{2} m_i \frac{v_{ci}^2}{\rho_{ci}} \quad (i=1,2) \tag{3-44}$$

式中:m_i 为刮板质量、导杆与弹簧折合质量;v_{ci} 为刮板、导杆弹簧质心处圆周线速度,$v = \rho(\varphi)\omega$;ρ_{ci} 为质心矢径,$\rho_{c1} = \rho(\varphi) - \dfrac{l}{2}$,$\rho_{c2} = \rho(\varphi) + 3.61 - l$;$l$ 为刮板长。

②直线运动惯性力为

$$F_a = m a_e \tag{3-45}$$

式中:m 为当量质量。

③哥氏力为

$$F_g = 2m v_e \omega \tag{3-46}$$

④摩擦力 F_4。F_4 是由于刮板圆周运动和直线运动合成速度 $v = \sqrt{v_c^2 + v_e^2}$ 与两侧配流盘相运动而产生的黏性摩擦力,有

$$F_4 = 2lb'\mu \frac{V}{\delta} \tag{3-47}$$

式中:b' 为刮板与配流盘的接触宽度;μ 为动力黏度;δ 为刮板与配流盘间隙。

⑤刮板对转子槽及定子内曲线的摩擦力为

$$F_1 = fN_1 + \mu A' \frac{v_e}{\delta'} \tag{3-48}$$

$$F_2 = fN_2 + \mu A' \frac{v_e}{\delta'} \tag{3-49}$$

$$F_3 = fN_3 \tag{3-50}$$

式中：f 为滑动摩擦因数，取 $f=0.1$；A'，δ' 分别为刮板与槽接触面积及间隙；B 为刮板宽。

可以证明 $\mu A' \dfrac{v_e}{\delta'} \ll fN$。

⑥弹簧力为

$$F_k = k(38.67 - \sqrt{R^2 - e^2 \sin^2 \varphi}) \tag{3-51}$$

式中，k 为弹簧刚度系数。

⑦定子对刮板的正压力。由刮板径向和法向上的静力平衡及静压矩 M_A 平衡，有

$$N_3 \cos\gamma + fN_1 + fN_2 - F_k - F_c - fN_3 \sin\gamma + F_a = 0 \tag{3-52}$$

$$N_3 \sin\gamma + N_1 - N_2 - fN_3 \cos\gamma + F_P = 0 \tag{3-53}$$

$$N_1 l - N_2 h(\varphi) + \frac{1}{2} h(\varphi) F_P = 0 \tag{3-54}$$

联立求解，可得

$$N_1 = \frac{h(\varphi)}{l - h(\varphi)} \left[\frac{F_P}{2} + N_3(\sin\gamma - f\cos\gamma) \right] \tag{3-55}$$

$$N_2 = \frac{l}{l - h(\varphi)} \left\{ F_P \left[l - \frac{h(\varphi)}{2l} \right] + N_3(\sin\gamma - f\cos\gamma) \right\} \tag{3-56}$$

$$N_3 = \frac{F_k + F_c - \dfrac{lfF_P}{l - h(\varphi)} - F_a}{(1 - f^2)\cos\gamma + \dfrac{2fh(\varphi)}{l - h(\varphi)}(\sin\gamma - f\cos\gamma) + 2f\sin\gamma} \tag{3-57}$$

式中：F_P 为液压作用在外伸刮板上的合力，$F_P = Bh(\varphi)\Delta p$，当刮板离开过渡区时，$F_P$ 消失；Δp 为比例控制器进、出口压差。

3）启动压差确定。当刮板匀速转动时，作用在刮子转子上的合力矩应等于零，即

$$M_T - M_R = 0 \tag{3-58}$$

作用于转子上的主动力矩，依据流体动力学分析可求得，即

$$M_T = \frac{1}{2} \Delta p B [(R+e)^2 - r^2] \tag{3-59}$$

至于作用于在刮板转子上的阻力矩 M_R，为分析方便起见，可看作由以下两类组成。

①与转子转速无关或关系甚微的阻力矩 M_1，主要有轴承、轴密封面、刮板与定子内曲线接触面的摩擦力矩，则

$$M_1 = f_0 p_0 d_0 + f_1 p_1 d_1 + 3\sum_{i=1}^{4} fN_3(\varphi)\rho(\varphi)\cos(\gamma(\psi)) \tag{3-60}$$

式中：p_0，p_1 分别为轴密封接触压力，每个轴承径向载荷；f_0，f_1 分别为摩擦因数；d_0，d_1 分别为轴直径和轴承内径。

②与刮板转速成正比的阻力矩 M_2，主要有刮板端面、转子端面，以及轴与配流盘间的流体黏性摩擦力矩。

刮板与配流盘间的黏性摩擦力矩为

$$M_{21} = \frac{\pi \mu b' n l}{15\delta} [4R^2 + l^2 - 2l(\sqrt{R^2 - e^2 \sin^2 \varphi} + \sqrt{R^2 - e^2 \cos\varphi})] \tag{3-61}$$

转子端面与配流盘间的黏性摩擦力矩为

$$M_{22} = \frac{\pi^2 \mu n}{480\delta_2}(d^4 - d_0^4) - \frac{2\pi^2 \mu Bn}{90\delta_2}(d^3 - d_2^3) \tag{3-62}$$

式中：d_2 为刮板槽根部直径。

轴与配流盘径向间隙黏性摩擦力矩为

$$M_{23} = \frac{\pi^2 \mu l_3 d_0^3 n}{120 \delta^3} \qquad (3-63)$$

于是，有

$$M_2 = M_{21} + M_{22} + M_{23} = n \sum k_i / \delta_i \qquad (3-64)$$
$$M_R = M_1 + n \sum k_i / \delta_i$$

将 M_T，M_R 代回力矩平衡方程，并令 $\lambda = \dfrac{2}{B[(R+e)^2 - r^2]}$，得

$$\Delta p = \lambda (M_1 + n \sum k_i / \delta_i) \qquad (3-65)$$

式(3-65)即为容积式比例控制器的压差静特性表示方式。

由式(3-65)可得

当 Δp 逐渐减小到使转子停止转动时，$n=0$，因此 $M_2 = 0$，由此可以求得转子停止转动的最小压差，写为 $\Delta p_{\min} = \lambda M'_1$。

当 M'_1 为静摩擦力矩时，式(3-65)所表示的即为转子由静止到转动所需的最小压差，即启动压差。

决定 $\Delta p_{\min}$ 的因素不仅有几何参数，而且与摩擦状态直接有关，故在研制中要采取措施，有效控制和改善摩擦副的性能。

Δp 反比于 δ。要降低 Δp 就要增大 δ，δ 过大则泄漏增大。因此，需寻找两者兼顾的最佳间隙值。

（3）调节品质分析。调节品质指比例控制器的比例精度、流量特性以及与燃料泵的适配工作特性。

1）比例控制精度。从理论上讲，容积式比例控制器可以获得比调节阀式控制器更高的调节精度。影响容积式比例控制器精度的主要因素为加工误差和内泄漏。故当研制容积式比例控制器时，可从分析加工误差和内泄漏的情况着手，来确定比例控制器的控制精度，并由实验验证之。

①容积误差 σ_1。容积误差指 3 个计量室标准容积误差所带来的组元质量比例误差。其值可根据技术条件规定的极限偏差进行排列，并对下式求解估算：

$$\Delta_j = \frac{p_j Q_j}{\sum\limits_{i=1}^{3} \rho_i Q_i} \quad [Q_j = n B \varepsilon D (\pi D - Z b), j = 1, 2, 3] \qquad (3-66)$$

$$\sigma_1 = \max \left\{ \frac{g_j - \Delta_j}{g_j} \times 100\% \quad (j = 1, 2, 3) \right\} \qquad (3-67)$$

式中：b 为刮板厚度。

②泄漏误差 σ_2。泄漏误差是由于各组元通过计量室时内泄漏量不满足比例要求所产生的误差。在比例控制器各相对运动间隙中，不可避免地存在着压差流和剪切流。但由于各组元的黏度不同，其内泄漏量必然不等。泄漏量也不会恰好满足比例要求，因此应进行分析和估算。

端面泄漏，则

$$q_1 = 2 e \delta_1 \left(\frac{\Delta p \delta_1^2}{6 \mu b'} + \frac{\pi n}{30} R \right) + \frac{\pi}{3 n l (r/r_0)} \frac{\Delta p}{\mu} \delta_2^3 \qquad (3-68)$$

式中：第一项为单组元从高压腔室经刮板与配流盘之间的轴向间隙流入低压腔室的流量；第二

项为流入轴孔与低压腔相通的流量。

导杆间隙泄漏。刮板的导杆孔与高、低压腔相贯通,其间隙泄漏用下式计算:

$$q_2 = \frac{\pi d \delta_4}{2} \left(\frac{\Delta p \delta_4^2}{6 \mu h} - U_e \right) \qquad (3-69)$$

式中:h 为导杆大端高度。

此外,刮板顶部与定子内表面的间隙,只有液膜厚度大小,其泄漏均必然很小,可以忽略不计。

③比例控制误差。将比例控制器设计参数代入式(3-66)~式(3-69),且参数 Δp 和 n 均取最大值,求得 σ_1 和 σ_2。因为误差 σ_1 和 σ_2 彼此独立,相加后即可得到比例控制相对误差的理论最大值。用上述方法对某在研的容积式比例控制器的控制误差进行估算,求得的误差指标与原理结构非常相似的刮板流量计的国家规范标准基本一致,因而有较高的置信度。

2)流量特性。流量特性是比例控制器输出流量与变量燃料泵的匹配程度和瞬时流量品质。

①流量适配特性。容积式比例控制器的工作原理与刮板流量计或不带负载的叶片马达相同,在结构参数确定后,其输出流量的大小仅取决于进出口压力差 Δp。显然,其输出流量将随燃料泵前的压力变化而变化,即具有流量自动调整能力,称之为流量适配特性。故在比例控制器与燃料泵之间,不需增设任何中间装置,就能与变量燃料泵很好地匹配工作。

②瞬时流量分析。由图 3-35 知,比例控制器的瞬时流量 q 可以表示为

$$q = \frac{B}{2}(\rho_1^2 - \rho_2^2) \frac{\mathrm{d}\varphi}{\mathrm{d}t} \qquad (3-70)$$

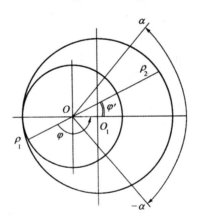

图 3-35　瞬时流量计算辅图

令压、排液腔口的夹角为 2α,即从 $-\alpha$ ~ $+\alpha$。2α 区称为工作区。刮板在工作区运动时才起计量作用,故角 φ 的变化范围为 $-\alpha \leqslant \varphi \leqslant \alpha$ 或 $(\pi - \alpha) \leqslant \varphi \leqslant (\pi + \alpha)$。考虑到容积式比例控制器一般为四刮板或六刮板的特点,现以四刮板为例,将 $\rho = \sqrt{R^2 - e^2 \sin^2 \varphi} - e \cos \varphi$ 代入式(3-70)后,有

$$q = B \varepsilon R^2 \omega (1 - \varepsilon \sin^2 \varphi - \cos \varphi \sqrt{1 - \varepsilon^2 \sin^2 \varphi}) \qquad (3-71)$$

因 $\varepsilon = e/R$ 值很小,可认为 $\varepsilon^2 \approx 0$,并舍去 $\varepsilon^2 \sin^2 \varphi$,令 $\varphi = \varphi + \pi'$,式(3-71)简化为

$$q = 2 B \varepsilon R^2 \omega \cos^2 \frac{\varphi'}{2} \qquad (3-72)$$

这就是比例控制器的瞬时流量表达式。可以看出,在转子旋转一周内,瞬时流量是不断变化的。显然,当 $\varphi'=0°$ 时有最大瞬时流量,即

$$q_{max}=2B\varepsilon R^2\omega \tag{3-73}$$

当 $\varphi'=\pm\alpha$ 时,为最小瞬时流量,即

$$q_{min}=2B\varepsilon R^2\omega\cos^2\frac{\pi}{2Z} \tag{3-74}$$

由此可求出瞬时流量不均匀系数为

$$\delta_q=\frac{q_{max}-q_{min}}{q_{max}}=1-\cos^2\frac{\pi}{2Z}=14.6\% \tag{3-75}$$

流量脉动周期为

$$T=\frac{2\alpha}{\omega}=\frac{60}{4n} \tag{3-76}$$

流量脉动频率为

$$f=\frac{1}{T}=\frac{4n}{60} \tag{3-77}$$

流量脉动的程度由压力决定。比例控制器工作压力不高,其脉动不大且会被燃料泵完全隔绝。从推进剂均匀混合角度考虑,适量的脉动是有益无害的。

习　题

3.1　试述挤代式和泵供式两种能供系统的工作原理,并对比分析二者的优缺点。

3.2　简述开环控制的鱼雷能供系统有哪些缺点?

3.3　简述鱼雷热动力系统闭环控制的工作原理。

3.4　简述对多组元推进剂比例控制器性能的要求。

3.5　调节阀式和容积式两种形式的比例控制器,都可以满足推进剂比例控制的要求。试简述其各自的工作原理,并归纳其优缺点。

第4章 燃 烧 室

4.1 引 言

4.1.1 鱼雷燃烧室的工作过程

鱼雷燃烧室的工作过程是一个复杂的物理化学过程(见图 4-1),过程的进行与采用的推进剂密切相关,整个工作过程可分为点火过程和稳定燃烧过程。使用 OTTO-Ⅱ推进剂的 MK46 鱼雷燃烧室的点火过程,首先是点火器点燃固体药柱,在燃烧室形成一定的温度和压强,产生的燃气使主机工作带动燃料泵,燃料泵将推进剂泵入燃烧室。推进剂在高温、高压的燃烧室环境中被点燃并持续燃烧,此后燃烧室进入稳定燃烧过程。对于反潜鱼雷,鱼雷航行深度会不断变化,为保持一定的航速,燃烧室的压强就应按要求改变以适应不断变化的背压。对于要求两种速制的鱼雷也同样要求改变燃烧室的压强。

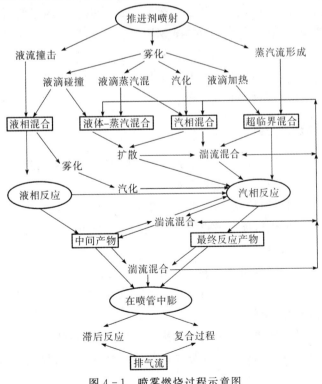

图 4-1 喷雾燃烧过程示意图

推进剂在进入燃烧室后要经历以下 3 个阶段。

(1)雾化阶段。推进剂在进入燃烧室时先经雾化器雾化成很细微的液滴群。

(2)升温阶段。推进剂液滴接受燃烧室中燃烧产物的热量而逐渐升温、蒸发生成蒸汽并出现很弱的分解反应。但此时分解反应的热量还不足以维持燃烧,仍需周围介质提供热量。

(3)燃烧阶段。当火焰区温度等于周围介质温度时,液滴分解反应开始不需要外界热量。此为着火状态,标志着推进剂液滴已经着火。此后液滴蒸发、分解反应强烈,并向周围介质提供热量。

由于燃烧室内流场的紊流性及推进剂液滴间尺度上的差别,使得后两个阶段存在于几乎整个燃烧室中。

4.1.2 鱼雷燃烧室的特点

由于鱼雷燃烧室所用推进剂及其工作过程的特殊性,其主要有下述特点。

(1)有较高的热容强度。燃烧室的热容强度是在单位时间内送入燃烧室的推进剂燃烧完后在单位燃烧室容积中所释放出来的热量。忽略物理不完全燃烧损失和散热损失,热容强度可表示为

$$Q_V = \frac{q_m Q_F}{V_t}$$

式中:Q_F 为推进剂的热值,J/kg;V_t 为燃烧室容积,m³;q_m 为推进剂流量,kg/s。

热容强度的大小反映了燃烧室工作过程的强烈程度、燃烧室的利用程度以及组织燃烧的特殊要求。

(2)有较高的压强。鱼雷燃烧室的压强比燃气轮机燃烧室的压强要高出许多。使用单组元液态激料的鱼雷燃烧室压强一般为 20~40 MPa。

(3)推进剂在燃烧室内停留的时间很短。推进剂从燃烧室头部的喷嘴喷出到燃烧产物从燃烧室排出所经历的时间(称为停留时间)极其短暂。在这短暂的时间内,要使推进剂完全燃烧,要求推进剂的雾化及燃烧过程必须完善。

4.1.3 对鱼雷燃烧室的要求

对燃烧室的要求是设计燃烧室时必须考虑和解决的问题,主要有以下几点。

(1)可靠地启动点火。鱼雷燃烧室可靠地点火是保证鱼雷开始正常工作的关键问题之一。在点火过程中推进剂不断地输入燃烧室,如果此时燃烧室内没有足够的温度和压强,一方面可能造成熄火,另一方面也可能造成点燃前推进剂在燃烧室内积聚过多,待点燃后燃烧室内压强突然升高过大而造成毁坏事故。

(2)燃烧稳定性要好。燃烧室在各种工况下应能稳定燃烧,既不发生强烈的振荡燃烧现象,也不中途熄火。大深度反潜鱼雷其航行深度经常变化,燃烧室的工作压强也随之变化,在变工况过程中要求燃烧稳定变化。

(3)燃烧要完全。对于已选定推进剂的燃烧室,要求燃烧室燃烧效率高,即燃烧室中的各种能量损失应尽可能小。同时,应避免部分推进剂液滴直接喷射到高温的燃烧室壁上而产生积炭现象。

（4）燃烧室出口温度场要均匀。如果燃烧室出口处燃烧产物混合气体的温度场不均匀,则温度过高的气体连续作用在主机某些机件上就有可能造成损坏。苏制蒸气瓦斯鱼雷主机的左缸温度通常比右缸温度高出 50 ℃以上,容易造成"爆缸"事故,这正是由于燃烧室出口温度场不均匀造成的。

（5）体积小结构紧凑。鱼雷上各零部件均要求体积小、质量轻,对燃烧室来说也是这样的。在保证推进剂能稳定和完全燃烧的前提下,燃烧室的体积应尽量小,即燃烧室要具有较高的热容强度。使用不同推进剂的燃烧室,热容强度是不相同的。为了合理地确定燃烧室的尺寸,通常要参考工作可靠的母型的有关数据,再通过必要的实验来确定。

（6）燃烧室应有足够的强度。由于燃烧室工作在高温、高压条件下,燃烧室应有足够的强度、刚度及良好的密封性。燃烧产物的温度通常很高,如果燃烧室内壁不能得到可靠的冷却,会使壁温超过材料所能承受的程度,从而影响到室壁的强度。因此,设计燃烧室时必须考虑采用合适的材料和充分考虑室壁的有效冷却。

4.1.4　燃烧室的分类

燃烧室根据工作时其燃烧腔是否旋转分为固定燃烧室和旋转燃烧室两种类型。

1. 固定燃烧室的结构

如图 4 - 2 所示,燃烧室做成一个整体,顶部呈半球形,球形中央装有喷嘴,推进剂经过喷嘴形成所需要的雾滴。燃烧室用合金钢做成内外套两层,两层之间为冷却水道,海水从顶部进入水道,对内壁进行冷却后从下部流入发动机的缸套四周,对发动机气缸进行冷却,最后与废气一同从发动机的内轴排出。在燃烧室的上部装有点火器,在燃烧室的下端还有一接管口,它是将燃气通向互锁阀的管道接头,以便启动时用燃气打开互锁阀。

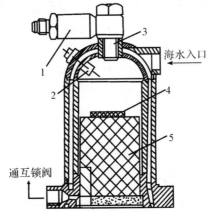

图 4 - 2　固定燃烧室实验装置示意图

1—单向阀；2—点火器；3—喷雾器；4—引燃药；5—固体药柱

2. 旋转燃烧室的结构

图 4 - 3 所示为一个旋转燃烧室的实验装置。旋转燃烧室结构和固定燃烧室结构基本相同,只是旋转燃烧室的燃烧室本体与发动机配气阀固结在一起,并与发动机轴一起旋转。主要由单向阀、前端盖、高压旋转密封、推力机构、前后轴承、点火机构、喷嘴、燃烧室内外壳体、后端盖等部分组成。

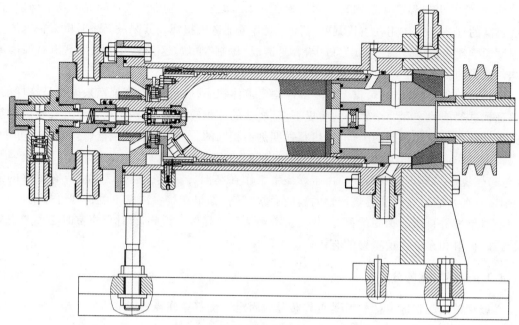

图 4 - 3　旋转燃烧室实验装置结构

　　旋转燃烧室内壳体是一个带轴颈的半球形壳体和圆柱形壳体焊接而成的高压容器,如图 4 - 4 所示。它的前端通过内壳体头部的轴颈支承在隔板的轴承孔中,后端则通过配器法锥面支承在主机隔板的配气阀座上。燃烧室外壳是一个带法兰盘的圆柱形壳体,用螺钉固定在发动机隔板上,其用于支承内壳体,并于内壳体外壁构成环形冷却水道。在前端盖腔室中安装有高压密封,通过它向燃烧室提供燃料。在燃烧室隔板和内壳体头部之间,安装有轴向推力机构,提供配气机构必须的压紧力。燃烧室内壳体头部轴向的前端装有燃料喷嘴,侧端凸台上装有点火器,其点火线与点火环相连接,确保燃烧室内壳体在任何位置均能可靠引燃点火器。配气阀通过螺纹和内壳体后端相连接,并由发动机的内轴花键驱动做旋转运动。单向阀安装在高压旋转密封前,用以防止燃烧时启动固体药柱燃烧产生的高压燃气倒流入燃料进口管。

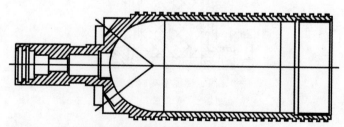

图 4 - 4　旋转燃烧室内壳体示意图

　　某实际产品的旋转燃烧室结构如图 4 - 5 所示。

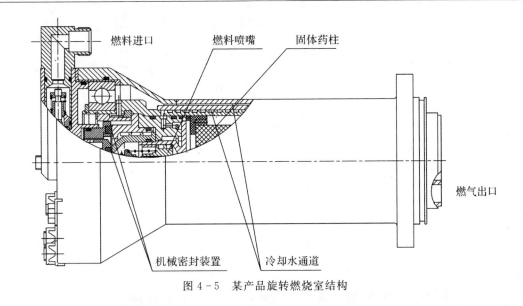

图 4 - 5 某产品旋转燃烧室结构

4.2 推进剂燃烧基本概念

推进剂实际燃烧过程很复杂,下面介绍一些基本概念以便读者理解实际燃烧过程。

在燃烧物理中,通常把燃烧分为扩散燃烧、动力燃烧以及扩散-动力燃烧三类。所谓扩散燃烧就是指燃烧体系中化学反应速度要比传热、传质速度快得多,过程的速度取决于扩散、流动混合和其他物理过程等。如果某些燃烧体系中,由于强烈搅拌作用,或由于传热、传质速度非常高,以致其中的浓度和温度总是均匀的,这时过程的反应速度只取决于化学动力学因素,即由化学反应速度控制,这种燃烧称为动力燃烧。介于此两者之间的燃烧称为扩散-动力燃烧。

现代鱼雷燃烧室为液雾燃烧,燃烧过程一般包括推进剂的雾化、蒸发、扩散混合和燃烧等过程。研究单个推进剂液滴的燃烧规律是研究液雾燃烧的重要基础,有助于了解液雾燃烧过程的实质。

4.2.1 燃烧剂液滴的蒸发和燃烧

在自然对流和强迫对流很小的情况下,可以近似认为燃烧剂液滴是在相对静止的环境中蒸发和燃烧的。当燃烧剂液滴受热蒸发形成燃烧剂蒸气并与周围的氧结合,于是燃烧并形成火焰峰。因为燃烧剂的沸点通常低于其着火点,所以燃烧剂的燃烧实际是燃烧剂蒸气的燃烧。燃烧时产生的热量一部分由火焰峰传给燃烧剂液滴,使燃烧剂液滴继续蒸发成燃烧剂蒸气,并不断地向外扩散,直至燃烧剂液滴蒸发和燃烧完为止。现在近似讨论这种燃烧的基本规律,假设如下:

(1)液滴与环境无相对运动速度,只有斯蒂芬流引起的球对称径向一维流动。

(2)忽略热辐射和热离解。

(3)火焰面为一球面(见图 4 - 6),燃烧剂蒸气由液滴向火焰面扩散,燃烧所发出的热量除部分供液滴蒸发外,其余使燃气温度升高,即达到火焰峰面的温度 T_r,此过程可认为是绝热过程。

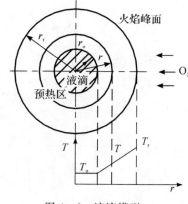

图 4-6 液滴模型

(4)通过燃烧剂蒸气层中半径为 r 向内传导的热量等于燃烧剂液滴表面汽化和使燃烧剂蒸气温度升高到该球面温度所需的总热量。

(5)燃烧剂蒸气的燃烧速度取决于燃烧剂蒸气从液滴表面到火焰峰面的流量,该流量则取决于由火焰峰面到液滴表面的导热。

(6)燃烧剂蒸气温度场不均匀对导热系数和扩散系数无影响。

燃烧过程中的能量守恒方程为

$$4\pi r^2 \lambda \frac{\mathrm{d}T}{\mathrm{d}r} = \dot{m}\Big[c_p\big(T-T_o\big)+H \Big] \tag{4-1}$$

式中:λ 为导热系数;T 为在半径 r 球面处燃烧剂蒸气的温度;$\dot{m}$ 为燃烧剂蒸气的流量,即液滴表面的气化量;T_o 为液滴表面的饱和温度;H 为燃烧剂的汽化潜热。

在 $r_o \sim r_r$ 区间积分式(4-1)并整理,得

$$\dot{m} = \frac{4\pi\lambda}{c_p\left(\dfrac{1}{r_o}-\dfrac{1}{r_r}\right)} \ln\left[1+\frac{c_p}{H}(T_r-T_o)\right] \tag{4-2}$$

式中:r_o 为液滴的半径;r_r 为火焰峰面的半径;T_r 为火焰峰面处的温度。

设火焰峰面外有一半径为 r_w 的球面,氧从远处通过该球面向内扩散,其数量等于火焰峰面上消耗掉的氧量,即等于燃烧剂蒸气流量 $\dot{m}$ 乘以氧与燃烧剂的化学计量比 β,其质量方程为

$$4\pi r_w^2 D \frac{\mathrm{d}C}{\mathrm{d}r_w} = \beta\dot{m} \tag{4-3}$$

式中:D 为氧分子的扩散系数;C 为氧的浓度。

在无限远处与火焰峰面 r_r 之间积分式(4-3)并整理,得

$$r_r = \frac{\beta\dot{m}}{4\pi DC_\infty} \tag{4-4}$$

将式(4-4)代入式(4-2),得

$$\dot{m} = 4\pi r_o \left\{ \frac{\lambda}{c_p}\ln\left[1+\frac{c_p}{H}(T_r-T_o)\right]+\frac{DC_\infty}{\beta} \right\} \tag{4-5}$$

引入燃烧速度常数 K_r,即

$$K_r = \frac{8}{\rho_r}\left\{ \frac{\lambda}{c_p}\ln\left[1+\frac{c_p}{H}(T_r-T_o)\right]+\frac{DC_\infty}{\beta} \right\} \tag{4-6}$$

式中:ρ_r 为燃烧剂的密度。在一定环境温度和氧浓度条件下,K_r 取决于燃烧剂的性质,为常数。

将燃烧速度常数 K_r 和液滴直径 $\delta=2r_o$ 代入式(4-5),得

$$\dot{m} = \frac{\pi\rho_r\delta K_r}{4} \tag{4-7}$$

燃烧过程中液滴直径 δ 是时间 τ 的函数,根据质量守恒关系有

$$\dot{m} = -\rho_r \frac{\mathrm{d}}{\mathrm{d}\tau}\left(\frac{\pi}{6}\delta^3\right) = -\frac{\rho_r \pi \delta^2}{2}\frac{\mathrm{d}\delta}{\mathrm{d}\tau} \qquad (4-8)$$

式(4-7)与式(4-8)联立,得

$$2\delta\mathrm{d}\delta = -K_r \mathrm{d}\tau \qquad (4-9)$$

积分式(4-9)得到燃烧剂液滴从直径 δ_0 烧到直径 δ 时所需的时间为

$$\tau = \frac{\delta_0^2 - \delta^2}{K_r} \qquad (4-10)$$

由式(4-10)可知,燃烧剂液滴烧完所需的时间

$$\tau = \frac{\delta_0^2}{K_r} \qquad (4-11)$$

式(4-11)为燃烧剂液滴燃烧的直径平方直线定律,大量实验证明液雾燃烧是符合这个规律的。燃烧剂液滴的直径增加一倍,则其燃尽时间就要增大四倍。因此,如果燃烧剂雾化质量不好,有较大直径的液滴颗粒存在时,燃烧室中就会出现燃烧不完全现象甚至出现燃烧振荡现象。已知煤油的 $K_r = 1.12 \ \mathrm{mm^2/s}$,当液滴的平均直径 $\delta_0 = 200 \ \mu\mathrm{m}$,可计算出燃尽时间 $\tau = 0.036 \ \mathrm{s}$。

4.2.2 单组元液体推进剂的燃烧

单组元推进剂的燃烧规律和燃烧速度与燃烧剂液滴的燃烧有所不同。单组元液体推进剂因其本身就含有氧化剂和燃烧剂成分,不存在扩散与混合的问题。由于单组元液体推进剂的反应温度一般也高于其沸点,所以也是先蒸发才进行燃烧反应。这种蒸气与预混合可燃气体有某些相似的地方,在一定温度和压力下便进行分解燃烧反应,并形成火焰峰。火焰峰的位置取决于液滴的蒸发速度和火焰传播速度,如两者相等,则火焰峰面近似静止。

对上述单个燃烧剂液滴蒸发和燃烧时用的物理模型稍加变动就可用于分析单组元推进剂液滴的蒸发和燃烧。如果假设(3)(见 4.2.1 节)改变为,分解反应所放出的热量部分用来使推进剂液滴蒸发和预热,其余热量使燃烧产物的温度提升至 T_r,此外,并无热量散失,其他假设不变,那么单组元推进剂的燃烧模型如图 4-7 所示。

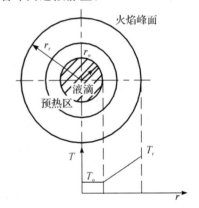

根据上述物理模型和假定,在预热区的能量方程与式(4-1)相同,两边积分,得

$$\dot{m} = \frac{4\pi\lambda}{c_p\left(\dfrac{1}{r_0} - \dfrac{1}{r_r}\right)}\ln\left[1 + \frac{c_p}{H}(T_r - T_0)\right] \qquad (4-12)$$

图 4-7 单组元推进剂的燃烧模型

因推进剂液滴蒸气一直加热到燃烧产物的温度,即火焰峰面的温度 T_r,所以此处的温度积分上限为 T_r。

引入蒸发参数 $B = \dfrac{4\pi\lambda}{c_p}\ln\left[1 + \dfrac{c_p}{H}(T_r - T_0)\right]$,则式(4-12)可改写为

$$\dot{m} = \frac{Br_0}{1 - \dfrac{r_0}{r_r}} \qquad (4-13)$$

当火焰峰静止不动时,液滴蒸发速度等于层流火焰传播速度 u_r,则有

$$\dot{m}=4\pi r_r^2 u_r \qquad (4-14)$$

引入化学反应能力参数 $A=4\pi u_r$,联立式(4-13)和式(4-14)得

$$\dot{m}=Br_o\left[1+\frac{Ar_o}{2B}+\sqrt{\left(1+\frac{Ar_o}{2B}\right)^2-1}\right] \qquad (4-15)$$

式中:$\frac{Ar_o}{2B}$ 表示推进剂液滴的化学能力与蒸发能力之比;$\frac{B}{r_o}$ 代表液滴单位表面上的蒸发能力。

当化学能力很强时,则 $\frac{Ar_o}{2B}\gg1$,此时可忽略式(4-15)中所有等于1的数,从而可得

$$\dot{m}\approx Ar_o^2=4u_r\pi r_o^2=u_r S \qquad (4-16)$$

式中:S 为推进剂液滴的表面积。

式(4-16)表明单组元推进剂液滴的蒸发速度与其表面积成正比,即推进剂液滴燃烧的直径平方直线定律同样适用于单组元推进剂,由式(4-7)得

$$K_r=\frac{4\dot{m}}{\pi\delta\rho_r} \qquad (4-17)$$

如果实验测到 K_r 值,便可得到单组元推进剂的燃烧速度或蒸发率 $\dot{m}$ 的值。

4.2.3　影响燃烧室燃烧过程的因素

前文是对推进剂液滴燃烧规律的近似分析,推进剂在燃烧室中的燃烧过程是极其复杂的物理化学过程,要完善地完成燃烧过程,在设计燃烧室时还必须注意以下几种情况:

(1)推进剂的理化性质。

(2)如果是多组元推进剂,最好在蒸发前已很好混合,可选择在喷嘴前混合或雾化过程中混合。

(3)一定要保证喷嘴的雾化质量从而获得精细、均匀的推进剂液滴。

(4)适当提高喷嘴压降是提高燃烧过程稳定性的重要手段。

(5)提高推进剂不同组分相对运动的速度和气流的紊流。

(6)重视逆向气流的生成,这种气流把燃烧的热量带给待燃烧的推进剂使其加热和蒸发。

(7)推进剂液滴沿燃烧室横截面的分布均匀程度主要取决于推进剂喷嘴的特性。

(8)增大燃烧室压力可以加强燃烧过程。

(9)增大推进剂在燃烧室中的停留时间,燃烧会更完全。

4.3　液体推进剂的雾化与喷嘴设计

为了获得高强度和高效率的燃烧效率,必须首先将推进剂破碎成小滴,破碎的过程称为液体推进剂的雾化。由于液滴总表面积反比于直径,故推进剂破碎或雾化成小液滴后,表面积大大增加,从而提高燃烧时的热量和质量的交换速率,加快燃烧过程,提高燃烧性能。雾化质量的优劣对燃烧过程起着重要的作用。雾化技术不但在燃烧中很重要,而且在农业、医药卫生、各种工业粉剂、食品工业等方面都很重要,因此许多研究者对液体雾化做了大量的研究,取得了许多有用的成果,但是由于雾化过程的复杂性,至今还未建立起一套系统的理论,多数属于半经验性的。

将液体推进剂雾化成液滴群的装置称为喷嘴。根据其雾化方式的不同,分为直射喷嘴(或称射流喷嘴)、离心喷嘴、气动喷嘴以及旋转喷嘴等(见图4-8)。鱼雷喷嘴一般位于燃烧室前部,到目前为止鱼雷上采用的喷嘴主要有3种:直射喷嘴、离心喷嘴和气动喷嘴。直射喷嘴是靠燃油在较高压差作用下通过喷嘴上的小孔射出而雾化,结构简单,布置方便,但要求有较大的压差才能达到较细的雾化程度。离心喷嘴是靠燃油在压差作用下先通过旋流器或漩涡室再从喷口喷出雾化,具有雾化方便,雾化效果好等优点,但其喷出轴向速度不大,雾化质量往往随工况变化。气动喷嘴是靠外加一股气流(空气或蒸气)使燃油在液面上受到高速流动气体作用力的影响而雾化,雾化质量不随油量而变化,雾化质量较高。

喷雾过程的一般描述如下:液体由喷嘴的喷孔喷出,形成液流或涡流面,或者由两股以上的射流相撞击而形成液膜。液体中存在的扰动使液流、液膜或涡流面变得不稳定,出现振荡不断增长的断纹。典型的扰动源包括:射流湍流度、气泡形成、喷孔的缺陷、周围气体的气动力效应或者喷嘴振动等。不稳定的波纹或薄膜碎裂成液纹或液滴,由于气动力的作用或表面波的发展,液滴从液膜表面剥离,液纹或大液滴进一步破裂成小液滴。因而雾化过程是一种随机过程,影响的因素很多,并有多种雾化机理同时存在,这就说明液雾中必然存在多种液滴尺寸,并有一定的分布。现有的雾化理论分析尚未发展到能充分考虑几种雾化机理同时存在的情况,而且即使在单一机理作用下所考虑的模型,其中亦包含一些实验常数。

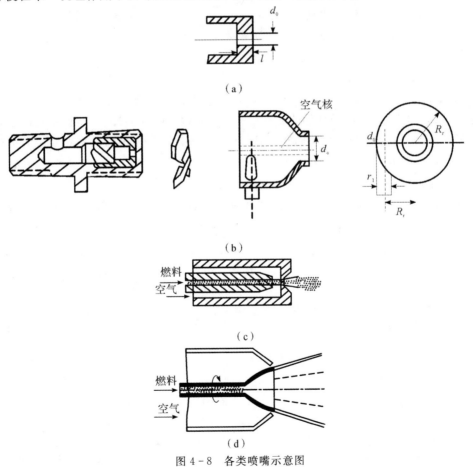

图 4-8　各类喷嘴示意图
(a)射流喷嘴;(b)离心喷嘴;(c)气动喷嘴;(d)旋转喷嘴

喷雾理论基础以及特性的评价指标如下：

喷嘴的种类繁多，如果要对各种喷嘴的雾化机理作出准确的说明，目前还是有困难的。常用的雾化理论有射流破碎理论和液膜破碎理论两种。喷嘴特性一般是指流量特性和雾化特性两个方面，这两种特性的评价指标是研究喷嘴特性的重点。

4.3.1 雾化的理论基础

喷嘴的形式是多种多样的，但喷嘴的雾化过程在物理实质上是基本相同的。要使燃油雾化必须首先将燃油扩展成很薄的液膜或很细的液流，在运动中由于气动力的作用，呈现不稳定性，薄膜或射流破碎成大大小小的液滴。喷嘴的喷射过程有以下作用：

(1)要得到液体与周围介质气体之间的相对运动。

(2)让液体通过特定设计的流路展成膜或细射流，这流路可以是窄缝或槽，或通过旋转流体使液体在金属表面延展变薄。

从液体破碎的物理过程来看，基本上可分为两种形式的破碎：射流破碎和液膜破碎。

1. 射流破碎

对雾化机理研究的比较早而且比较有影响的人物是 Rayleigh。他在 1878 年发表了非黏性液束在层流状态下散裂的数学表达式，最早提出了射流不稳定理论。Rayleigh 的理论认为，当液体射流上出现不稳定性的扰动，并逐渐增长到未受扰动的液体射流直径的一半时，该射流就会破碎成液滴群了。这种情况的数学表达式为

$$\lambda/d_0 = 4.51 \tag{4-18}$$

式中：λ 为扰动的波长；d_0 为射流起始直径。

当 $\lambda/d_0 \geqslant 4.51$ 时，液体射流不稳定并要破碎，这时破碎出来的液滴平均直径为 $1.89d_0$。由于 Rayleigh 当时所研究的是理想的非黏性液体低速射流破碎的过程，而且只假设液体的表面张力是唯一抵抗液体破碎的力，所以 Rayleigh 对液滴直径的预测值与现在常用的折射式喷嘴的实际雾化结果不符合，偏差较大，但尽管如此，其结果为后来的研究奠定了基础，其结论被作为一般性理论，并在后人的研究工作中被经常引用。

Weber 在 Rayleigh 研究的基础上，对液体的射流破碎进行了较细致的研究。在研究时将液体的黏性、表面张力、密度等因素考虑在内，从而发展了 Rayleigh 的理论，并导出形成黏性射流最大不稳定的比值，即

$$\frac{\lambda}{d_0} = \pi\sqrt{2}\left(1 + \frac{3\mu_l}{\sqrt{\rho_l\sigma d_0}}\right)^{0.5} \tag{4-19}$$

式中：λ 为扰动的波长，m；d_0 为射流起始直径，m；μ_l，ρ_l，σ 分别为液体的黏度，N·s/m²、密度，kg/m³、表面张力，N/m。

对于理想的非黏性液体 $\mu_l = 0$，这时式(4-19)变为 $\lambda/d_0 = \pi\sqrt{2} = 4.44$，这表明其理论与 Rayleigh 的理论相一致。

韦伯数 We 是雾化分析中经常用到的一个重要的无因次参数，其表达式为

$$We = \frac{\rho_A\omega^2 d_0}{\sigma} \tag{4-20a}$$

式中：ω 为气液相对速度，m/s；ρ_A 为气体密度，kg/m³；d_0 为喷口直径，m；σ 为液体的表面张力，N/m。

韦伯数的物理意义:液体射流在空气中做相对运动,一方面它受到空气动力的作用,大小正比于 $\rho_A \omega^2$,这个力促进射流破碎;另一方面是液体表面张力的作用,大小正比于 σ/d_0,这个力使射流不破碎。在这两个力的作用下液膜破碎成小液滴,如图 4-9 所示。韦伯数代表空气动力与液体表面张力的比值,反映了使液体破碎的因素与维持液体现状的因素之间的相对关系。

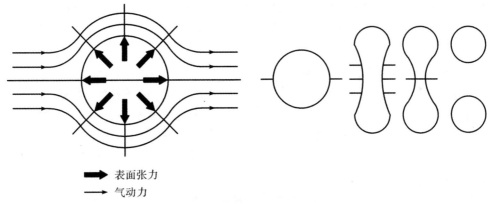

➡ 表面张力
→ 气动力

图 4-9 液滴受力与破碎示意图

Ohnesorge 曾成功地列出了液束的稳定性与雷诺数的关系式,并将液束的分散倾向用液体的黏度、密度、表面张力、液滴尺寸等表示。Ohnesorge 研究表明,在没有周围空气影响的情况下,射流破碎后的液滴尺寸主要取决于喷口直径、液体密度、表面张力和黏性力,并整理出了无因次准数 Z 来进行描述。其表达式为

$$Z = \frac{We^{0.5}}{Re} = \frac{\mu_l}{\sqrt{\rho_l \sigma d_0}} \tag{4-20b}$$

液体推进剂之所以雾化,是液流表面不稳定扰动不断发展的结果。因此,研究喷嘴雾化的目的就是掌握这种不稳定扰动形成、发展的机理并加以控制,以达到希望的雾化效果。一般认为,液流破碎是气动力、黏性力和液体表面张力之间复杂相互作用的结果:气动力趋向于促进扰动增长,黏性力对表面扰动的增长起阻尼作用,而表面张力则趋向于将液体聚集到一起。

2. 薄膜破碎

破碎的方式与形成的液滴群平均尺寸的大小及液滴的尺寸分布有很大的关系。通常认为,薄膜破碎可以分为以下 3 种形式。

(1)轮毂破碎。液体表面张力的作用使液体薄膜的边缘处收缩成一个较厚的轮毂。随后这轮毂以自由破碎一样的机理破碎。当液体的黏性和表面张力两者都很高时,出现这种薄膜破碎方式。这种破碎方式会生成较大的液滴。

(2)穿孔薄膜式破碎。在离开喷嘴一定的距离处,薄膜出现孔。这种孔的尺寸变大,直到相邻的孔连上,形成不规则形状的液滴。

(3)波浪式破碎。薄膜上出现波,波动增长,直到半个波长或整个波长的液膜被撕下来,然后由于表面张力作用又收缩。薄膜出现穿孔的距离是比较有规律的,形成不规则形状的液带直径比较均一,于是雾化的液滴尺寸比较均匀,因此穿孔薄膜式破碎的液雾尺寸较均匀,而波浪式破碎是很不规则的,形成液雾的尺寸就很不均匀。

喷嘴喷射雾化时 3 种破碎方式都可能出现,甚至同时存在几种破碎方式。喷嘴喷射出的推进剂以哪一种方式破碎,对雾化平均尺寸和尺寸分布都有很大的影响。

4.3.2 雾化特性的评定参数

通常说的雾化特性包含液雾的平均直径、液雾的尺寸分布、液雾锥角、液雾的空间分布以及液雾的穿透。液雾的锥角取决于喷嘴的结构设计,液雾的穿透在很大程度上取决于燃烧室的压力,液雾的空间分布一般通过实验测定。下面主要讨论关于平均直径和尺寸分布的数学表达。

1. 平均直径

液雾的平均直径用来表征液雾的细度。所谓平均直径就是用一个假想的尺寸均一(都是平均直径)的液雾来代替原来的液雾,而保持原来液雾的某个特征量不变。按照尺寸平均方法的不同有不同的平均直径。经常使用的统计平均直径有算术平均直径 d_{10}、表面积平均直径 d_{20}、体积平均直径 d_{30} 和体积表面积平均直径(也称索太尔平均直径 SMD)d_{32} 等。其代表的具体意义以及数学表达式如下。

算术平均直径为
$$d_{10} = \frac{\sum n_i D_i}{\sum n_i} \tag{4-21}$$

表面积平均直径为
$$d_{20} = \left(\frac{\sum n_i D_i^2}{\sum n_i} \right)^{1/2} \tag{4-22}$$

体积平均直径为
$$d_{30} = \left(\frac{\sum n_i D_i^3}{\sum n_i} \right)^{1/3} \tag{4-23}$$

体积表面积平均直径为
$$d_{32} = \frac{\sum n_i D_i^3}{\sum n_i D_i^2} \tag{4-24}$$

式中:D_i 为第 i 种大小的粒径;n_i 为粒径为 D_i 的液滴数量。

目前最常用的平均直径是索太尔平均直径 SMD(d_{32})。由式(4-24)可知,按照保持原来液雾的总表面积不变的原则求的平均直径即索太尔平均直径(Sauter Mean Diameter,SMD),它反映了液体占据的体积与液体总表面积的比值。显然在相同体积下,SMD 越小表示液体具有更大的表面积,雾化质量也越好。另一个常用的代表性直径是质量中间直径(Mass Median Diameter,MMD),其物理意义:比该质量中间直径小的液滴和比它大的液滴的质量各占液滴质量的一半。

2. 液滴的尺寸分布

研究喷嘴的雾化特性时不仅需要了解液滴的平均直径,而且需要了解不同尺寸液滴在全部液滴中所占的比例,因为过大或者过细的液滴都会影响燃烧效率和燃烧的稳定性,影响发动机的工作。液滴尺寸分布要说明的是每种尺寸的液滴各占多少,一般有两种方法表示液滴尺寸分布:①积分分布,表示液滴尺寸小于(或大于)给定直径 D_i 的液滴所具有的质量(或液滴数)占总质量(或总液滴数)的百分数;②微分分布,表示直径在指定的范围内($D_i - \Delta D_i < D_i < D_i + \Delta D_i$)内液滴的质量(或数量)占液雾总质量(或数量)的百分数。

现在喷嘴雾化分析中最常用的是 R-R(Rosin-Rammler)分布和上限对数正态分布。

(1)R-R 分布。R-R 分布只有两个参数整理实验数据时很方便,因此是目前应用最广泛的一种液雾尺寸分布数学表达式。其函数形式为
$$Q = 1 - \exp\left[\left[-\frac{D}{\bar{D}} \right]^n \right] \tag{4-25}$$

式中：Q 为直径小于 D 的液滴体积占总液雾的体积百分数；$\overline{D}$ 为液滴尺寸分布中的某个特征尺寸（SMD 或 MMD）；n 为液滴尺寸分布指数，表征液雾尺寸分布的均匀性，一般要求液滴尺寸分布指数不超过一定范围。一般希望 $\overline{D}$ 尽量小，而 n 有一定分布范围，既不太大而造成贫油边界，也不太小而存在很多大液滴，对离心式喷嘴，一般 $n=2\sim4$。

（2）上限对数正态分布。用带上限的对数正态分布，其数学表达式为

$$\frac{\mathrm{d}Q}{\mathrm{d}y}=\frac{1}{\sigma\sqrt{2\pi}}\exp\left(\frac{-y^2}{2\sigma^2}\right) \tag{4-26}$$

$$y=\ln\frac{aD}{D_{\max}-D} \tag{4-27}$$

式中：y 代表雾化最大直径与平均直径之差和平均直径之比，a 为液雾尺寸分布指数。当 y 由 $-\infty$ 到 $+\infty$ 变化时，D 由 $D_{\min}$ 增加到 $D_{\max}$。这克服了 R-R 分布中的一个缺点：在 R-R 分布中，从数学表达式上讲，无论多大直径的液滴在液雾中都是可以存在的。但这不符合实际情况。实际液雾中常有最大液滴尺寸（有限直径）存在。上限对数正态分布中有 3 个参数表示液雾尺寸分布。由实验数据拟合得出雾化特性时，常需要采用几个 $D_{\max}$ 值进行几次试凑，因而整理实验数据就复杂得多。

雾化特性的其他表征参数如雾化角反应喷嘴雾化场的空间尺寸大小，对推进剂的混合和燃烧亦有很大的影响。根据燃烧室设计要求的不同，对雾化角的要求也不同。液雾的空间分布和浓度分布对燃烧室的燃烧效率、火焰稳定性、出口温度分布等都有很大的影响，因此要求液雾的空间分布或浓度分布的不均匀性不超过某个极限值，有适当的雾化锥角。要求液雾的空间分布不要过于集中从而形成富油区，也不要过宽而使推进剂打到燃烧室壁上。

4.3.3 流量特性的评定参数

喷嘴的流量特性是指流体流出的力学特性，即喷嘴的流量与流体的控制参数（喷嘴前后压差）的关系，是喷嘴设计和改进的主要依据之一。喷嘴的流量特性是喷嘴的基本特征，它体现了喷嘴输送推进剂的能力及其随喷嘴压降变化的特征，决定了单位时间内参与燃烧的推进剂的质量，进而决定发动机的推力。喷嘴的流量特性与很多因素有关，除了与控制参数有关外还受到喷嘴的结构参数、流体的物性以及压力分布等因素的影响。

对流量特性的研究主要是得出喷嘴压差与流量之间的关系，一个最主要参数是流量系数，它是对计算流量的修正，是实际测量的流量与理论流量的比值。流量系数的大小受理论流量计算方法影响，理论流量的计算方法不同时，流量系数可以相差很大。

进行喷嘴设计时，喷嘴流量系数的确定是一项十分重要的工作，直接关系到设计的成败，如果流量系数选择过大，会使出口截面积远远大于实际要求，将严重影响喷嘴的雾化质量。而选择的流量系数过小，又有可能造成喷嘴在实际运用中达不到额定的流量，不能满足发动机的要求，因此对于任何形式的喷嘴，确定流量系数是一项重要的工作。

为了推进剂的稳定和完全燃烧，以及燃气温度场的均匀，推进剂雾化过程一方面要求推进剂雾化成很细的液滴，另一方面要求推进剂流密沿燃烧室截面均匀分布。

4.3.4 影响雾化质量的主要因素

1. 喷嘴形式与结构

单个直流式喷嘴的雾化液滴较粗,雾化锥角较小,雾化区的长度较大,增加了燃烧室所需的容积。一般离心喷嘴具有长度不大的雾化锥和较大的雾化锥角(70°~120°),故其雾化质量较高,为了保证推进剂液滴沿燃烧室截面的分布比较均匀,可以调整雾化锥角。采用直流喷嘴两股或多股射流互击的形式雾化质量也能满足要求,较有利的互击角是80°~100°。采用何种形式的喷嘴,应视推进剂性能、对雾化质量的要求以及燃烧室的设计尺寸而定,对同一类型的喷嘴而言,喷嘴喷孔越小,射流越细或液膜越薄,雾化就越细。

2. 喷嘴压降

喷嘴压降越大,射流出口的速度越大,因而湍流度和韦伯数就大,这有利于射流的破裂,使形成的液滴更细,更均匀。但当喷嘴压降超过 1 MPa 时,液滴平均直径下降趋缓。

3. 推进剂性质

推进剂的黏性、表面张力、密度越小,则它们的雾化越细。

4. 燃烧室中气态介质的性质、压力和温度

燃烧室压力大,燃气密度就大,较大密度和黏性的燃气有利于雾化的气动力增加;但过大密度和黏性的燃气会使射流或液膜遇到的阻力增加、速度下降、气动力下降。

4.3.5 喷嘴设计

1. 直流式喷嘴

单孔直流式喷嘴的质量流量为

$$G_T = \mu_s \pi R_u^{\ 2} \sqrt{2\Delta p \rho_r} \qquad (4-28)$$

式中:G_T 为喷嘴的质量流量;μ_s 为喷孔的流量系数;R_u 为喷孔半径;Δp 为喷嘴压降。

(1)喷孔直径。直流式喷嘴喷孔直径一般在 0.8~2.5 mm 选取。小于 0.8 mm,喷孔易于堵死和难于制造;直径大于 2.5 mm 的喷孔,推进剂射流很难破裂成液滴,雾化质量显著恶化。

(2)喷嘴压降。直流式喷嘴的压降一般在 0.3~1.0 MPa 选取,小于 0.3 MPa 时雾化质量恶化,超过 1 MPa 时,液滴平均直径下降趋缓。

(3)流量系数。影响喷嘴流量系数 μ_s 的主要因素有喷嘴的进口形状和喷嘴孔的轴线长度与孔径之比 l_u/d_u。锐边进口的喷嘴,当 $l_u/d_u \leqslant 0.5$ 时,$\mu_s = 0.62$;$l_u/d_u = 2 \sim 3$ 时,$\mu_s = 0.7 \sim 0.8$。此种喷嘴加工方便,但进口边毛刺难以清除干净,流量系数重复性差。锥形进口喷嘴的进口角 $\varphi = 30° \sim 60°$,倒角深度 $\chi = 0.25 d_u$,当 $l_u/d_u = 2 \sim 3$ 时,$\mu_s = 0.75 \sim 0.85$。此种喷嘴加工方便,流量系数重复性好。圆形(或椭圆形)进口形式的喷嘴具有液体不与孔径表面分离,流动稳定,流量系数高等特点,并且 $\mu_s = 0.9 \sim 0.98$。但此种喷嘴加工复杂,需要专用刀具来保证。

喷嘴孔的出口应保持锐边,不允许倒圆,以保持出口射流的完整。

(4)互击式喷注单元合成射流与燃烧室轴线的夹角 β。如图 4-10 所示,为了缩短雾化锥,得到更精细、更均匀的雾化液滴和使推进剂组元沿燃烧室横截面均匀分布,可将两个或两个以

上的同组元或不同组元的直流式喷嘴的轴线互相交于一点,组成一个互击式的喷注单元。根据动量守恒定律,可以确定互击式喷注单元合成射流与燃烧室轴线的夹角 β,则

$$\tan\beta = \frac{G_{T1}v_1\sin\alpha_1 - G_{T2}v_2\sin\alpha_2}{G_{T1}v_1\cos\alpha_1 + G_{T2}v_2\cos\alpha_2} \tag{4-29}$$

式中:α_1,α_2 分别为两股射流中心线与燃烧室轴线的夹角;G_{T1},G_{T2} 分别为两股射流的流量;v_1, v_2 分别为两股射流的流速。

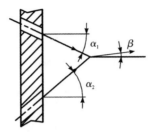

图 4-10　互击式喷注单元推进剂射流合成动量图

2.普通离心式喷嘴

(1)推进剂无黏性时。在离心式喷嘴中,推进剂液体经切向通道进入旋流室,旋转产生的离心力使推进剂贴附于集液腔表面,同时在喷孔出口处形成了很薄的环形膜,在液膜的中心存在着与燃烧室燃气压力相等的气体旋涡。推进剂质点从喷孔出来后,因为失去了喷嘴壁面作用的向心力,于是沿着直线的轨迹飞散而形成雾化锥。离心喷嘴有两种结构形式,如图 4-11 所示。

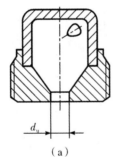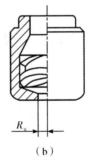

（a）　　　　　　　　　（b）

图 4-11　普通离心式喷嘴

（a）切向进口式；（b）旋流器式

　　离心式喷嘴的流量计算式与直流式喷嘴的流量计算式一样。喷嘴的流量系数和雾化锥角主要取决于喷嘴的几何特性系数和其结构形状。由阿勃拉莫奇理论公式,可以确定喷嘴的流量系数、雾化锥角和几何特性的关系。其计算公式为

$$\mu_s = \sqrt{\phi^3/(2-\phi)} \tag{4-30}$$

$$\tan\alpha = 2\sqrt{2}(1-\phi)/\left[\sqrt{\phi}(1+\sqrt{1-\phi})\right] \tag{4-31}$$

$$A = (1-\phi)/\sqrt{\phi^3/2} \tag{4-32}$$

$$\phi = 1-(R_o/R)^2 \tag{4-33}$$

式中:A 为离心喷嘴的几何特性;ϕ 为喷嘴出口的有效截面系数;$R_\circ$ 为喷嘴出口的气体旋涡半径;α 为雾化锥的半角。

离心喷嘴的几何特性系数与其结构形式密切相关,切向进口离心式喷嘴的几何特性为

$$A = \frac{\pi R_{in} R_u}{n_j A_{in}} \qquad (4-34)$$

式中:A_{in} 为切向进口孔的横截面积;n_j 为切向进口孔的数量;R_{in} 为切向进口孔轴线到喷嘴轴线的距离。

旋流器类型离心喷嘴的几何特性为

$$A = \frac{\pi R_h R_u}{n_j A_t} \cos\beta \qquad (4-35)$$

式中:A_t 为旋流器通道的横截面积;n_j 为旋流器通道的数量;R_h 为旋流器切向进口孔轴线到喷嘴轴线的距离;β 为旋流器通道的升角。

由式(4-34)和式(4-35)可以看出,离心喷嘴的几何特性 A 与液体的旋转半径 R_h(或 R_{in})成正比,与进口横截面积成反比,即与液体的进口速度成正比,因此几何特性与液体的动量距成正比。

离心喷嘴雾化锥角 2α、喷口有效截面系数 ϕ 和流量系数 μ_s 与几何特性 A 的关系如图 4-12 所示。

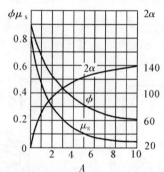

图 4-12　喷口有效截面系数 ϕ 和流量系数 μ_s 与几何特性 A 的关系

(2)推进剂有黏性时。阿勃拉莫维奇的理论计算适用于液体推进剂黏性很小的情况,实验表明随着液体黏性的增加,离心喷嘴的流量系数增加。因此,根据阿勃拉莫维奇理论的结果,即离心喷嘴流量系数与几何特性参数相关这一结论,同时又要考虑喷嘴结构尺寸与液体推进剂黏性的影响,采用量纲分析的方法给出修正流量系数的计算公式。

1)当 $Re \leqslant 16\,000$,且当 $1 \leqslant A \leqslant 10$ 及 $1.5 \leqslant D_c/d_u \leqslant 4.5$ 时,有

$$\left.\begin{aligned} \frac{\mu}{\mu_a} &= 1.173 k A_c^{0.18} \left(\frac{D_c}{d_u}\right)^{0.5} Re^{-0.108} \\ A_c &= \frac{\pi D_c d_u}{4n A_t} \\ Re &= \frac{v_u d_u}{v_f} \\ k &= \left(\frac{3}{D_c/d_u}\right)^{0.3} \left(4.3 - \frac{A_c D_c}{d_u}\right)^{0.01} \end{aligned}\right\} \qquad (4-36)$$

式中：μ 为修正后的流量系数；μ_a 为根据阿勃拉莫维奇理论计算的流量系数；D_c 为旋流室直径；d_u 为喷嘴出口直径；A_c 为考虑结构尺寸影响的几何特性；v_u 为按喷嘴出口截面积平均的推进剂速度。

如果 $(4.3-A_cD_c/d_u)<0$，则 $(4.3-A_cD_c/d_u)^{0.01}$ 就无意义，这时只要取 $k=1$ 即可。大部分喷嘴的 k 值都为 1，此时式（4-36）可简化为

$$\frac{\mu}{\mu_a}=1.173A_c^{0.18}\left(\frac{D_c}{d_u}\right)^{0.5}Re^{-0.108} \tag{4-37}$$

2）当 $Re\geqslant16\ 000$ 时，液流达到自模化状态流量系数与黏性无关，这时下面的修正公式可得到较满意的结果，即

$$\frac{\mu}{\mu_a}=0.5A_c^{0.18}\left(\frac{D_c}{d_u}\right)^{0.5} \tag{4-38}$$

式（4-38）的适用范围仍然是 $1\leqslant A\leqslant10$ 及 $1.5\leqslant D_c/d_u\leqslant4.5$。若 A 为 2~10，计算结果表明 D_c/d_u 的上限可取 7，即 $1.5\leqslant D_c/d_u\leqslant7$。

3. 锥阀式离心喷嘴

锥阀式离心喷嘴与普通离心喷嘴不同的是，在旋流器中心安置一个锥形阀杆，如图 4-13 所示。喷嘴的流量不仅与喷嘴前后压差有关系，而且与喷嘴压差变化使锥形阀杆的位置变化导致喷口横截面积变化有关。此种离心喷嘴在工作区间内可设计成流量与压降近似为线性的关系，而且能以较小压降变化获得较大的流量变化，从而适用于推进剂流量大范围变化。

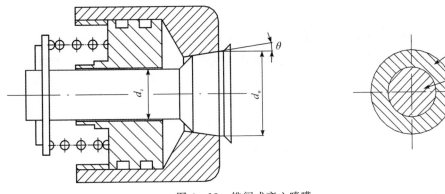

图 4-13　锥阀式离心喷嘴

令 μ_z 为锥阀式离心喷嘴的流量系数，则质量流量为

$$G_z=\mu_z\pi R_u^2\sqrt{2\Delta p\rho_r} \tag{4-39}$$

（1）流量系数。锥阀式离心喷嘴的流量系数与针栓锥形阀杆在喷口处的半径（R_s）有关，当 $R_s\leqslant R_0$ 时，阀杆只占据喷嘴气体旋涡的部分或全部面积，对喷嘴的流量特性不产生影响，喷嘴的流量系数与无针栓锥形阀杆时一样，用式（4-30）计算。当 $R_s>R_0$ 时，阀杆直接影响到喷嘴出口的流通截面积，下面推导这种情况下喷嘴流量系数的计算公式。

假设推进剂是无黏性的理想流体，忽略径向速度，认为喷嘴处于最大流量下工作，由伯努利方程、动量距方程和流量方程可得

$$G_z = \frac{\pi R_u^2 \rho_r \sqrt{2\Delta p / \rho_r} \sqrt{1 - \Delta p_s / \Delta p}}{\sqrt{1/\phi_s^2 + A^2/(1-\phi_s)}} \tag{4-40}$$

$$\phi_s = 1 - (R_s/R_u)^2 \tag{4-41}$$

式中：ϕ_s 为喷嘴出口的截面系数；Δp_s 为喷嘴出口 R_s 处压降。

比较式(4-39)与式(4-40)可得

$$\mu_z = \frac{\sqrt{1 - \Delta p_s / \Delta p}}{\sqrt{1/\phi_s^2 + A^2/(1-\phi_s)}} \tag{4-42}$$

假设喷嘴中心锥形阀杆存在与否不影响喷嘴出口 R_s 处的静压，即 Δp_s 与普通离心喷嘴出口 R_s 处的静压 $\Delta p_s'$ 相同，由伯努利方程和动量距方程，则有

$$\Delta p_s = \Delta p_s' = (v_{\theta ro}'^2 - v_{\theta rs}'^2 + v_{xro}'^2 - v_{xrs}'^2)\rho_r/2 \tag{4-43}$$

$$v_{\theta ro}' = G_T R_h \cos\beta/(R_o \rho_r n A_t) = G_T A/(\rho_r \pi R_u \sqrt{1-\phi}) \tag{4-44}$$

$$v_{\theta rs}' = G_T R_h \cos\beta/(R_s \rho_r n A_t) = G_T A/(\rho_r \pi R_u^2 \sqrt{1-\phi_s}) \tag{4-45}$$

式中：$v_{\theta ro}'$ 为普通离心喷嘴气体旋涡处切向速度；$v_{\theta rs}'$ 为普通离心喷嘴 R_s 处的切向速度；v_{xro}' 为普通离心喷嘴气体旋涡处轴向速度；v_{xrs}' 为普通离心喷嘴 R_s 处轴向速度。

假设喷口处的推进剂质点不论其离喷嘴轴线远近如何，都具有相同的轴向速度，则由式(4-43)~式(4-45)，得

$$\Delta p_s = \rho_r [G_T R_h \cos\beta/(\rho_r n A_t)]^2 (1/R_o^2 - 1/R_s^2)/2 \tag{4-46}$$

由式(4-28)、式(4-33)、式(4-41)、式(4-42)和式(4-46)可得锥阀式离心喷嘴流量系数的计算公式为

$$\mu_z = \sqrt{1 - (\mu_s A)^2 [1/(1-\phi) - 1/(1-\phi_s)]} / \sqrt{1/\phi_s^2 + A^2/(1-\phi_s)} \tag{4-47}$$

(2)流量特性数学模型。忽略摩擦力和液体推进剂的黏性力，令喷嘴前压力为 p_1，喷嘴出口 R_s 处压力为 p_2，燃烧室压为 p_c，弹簧刚性系数为 K，弹簧的预压缩量为 X_o。则锥形阀杆静态力的平衡方程为

$$p_1 S_1 + p_2 S_2 = p_c(S_1 + S_2) + K(X + X_o) \tag{4-48}$$

式中：S_1 为锥形阀杆圆柱段横截面积；S_2 为阀杆在喷口 R_s 处至圆柱段的投影面积；X 为锥阀的开度。

由伯努利方程可得

$$p_2 = p_1 + (V_{in}^2 - V_{\theta rs}^2 - V_{xrs}^2)\rho_r/2 \tag{4-49}$$

$$v_{in} = G_z/\rho_r n A_t \tag{4-50}$$

$$v_{\theta rs} = G_z A/(\pi R_u^2 \rho_r \sqrt{1-\phi_s}) \tag{4-51}$$

$$v_{xrs} = G_z/(\pi R_u^2 \rho_r \phi_s) \tag{4-52}$$

式中：v_{in} 为喷嘴旋流器入口处液体总速度；$v_{\theta rs}$ 为喷嘴喷口 R_s 处的切向速度；v_{xrs} 为喷嘴喷口 R_s 处的轴向速度。

由式(4-49)~式(4-52)得

$$p_2 = p_1 + \mu_z^2 \Delta p \{\pi R_u^2/(n A_t)^2 - [1/\phi_s^2 + A^2/(1-\phi_s)]\} \tag{4-53}$$

令 $C_r = \mu_z^2 \{\pi R_u^2/(n A_t)^2 - [1/\phi_s^2 + A^2/(1-\phi_s)]\}$，则有

$$p_2 = p_1 + C_r \Delta p \qquad (4-54)$$

将式(4-54)代入式(4-48),得

$$(p_1 - p_c)(S_1 + S_2) + C_r S_2 \Delta p = K(X + X_o) \qquad (4-55)$$

由上述可知

$$\Delta p = p_1 - p_c$$

$$\pi R_s^2 = S_1 + S_2$$

$$S_2 = \pi(R_s^2 - R_z^2)$$

$$X = 10^3 (R_u - R_s)/\tan\theta$$

式中:R_z 为锥形阀杆圆柱段的半径;θ 为阀杆头部的锥角。

将上面各式代入式(4-55)得

$$\Delta p \pi R_s^2 + \pi C_r \Delta p (R_s^2 - R_z^2) = K[10^3 (R_u - R_s)/\tan\theta + X_o] \qquad (4-56)$$

对式(4-56)两边求导,有

$$\frac{\mathrm{d}R_s}{\mathrm{d}\Delta p} = \frac{\pi R_s^2 + \pi C_r R_s^2 - \pi C_r R_z^2}{-2\pi R_s \Delta p - 2\pi C_r R_s \Delta p - 10^3 K/\tan\theta} \qquad (4-57)$$

由式(4-39)、式(4-47)和式(4-57)联立即可组成计算锥阀式离心喷嘴流量特性的数学模型。图4-14所示是某锥阀式离心喷嘴液体推进剂质量流量 G_z、流量系数 μ_z 和锥形阀杆在喷口半径 R_s 处随喷嘴压降的变化关系,图4-15所示是该喷嘴工作段流量特性计算值与实验值的比较。

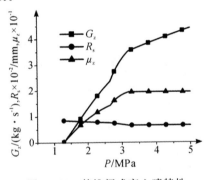

图 4-14 某锥阀式离心喷特性

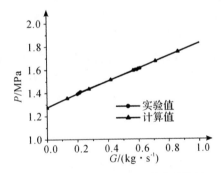

图 4-15 某锥阀式离心喷流量特性

4.3.6 喷嘴实验及喷雾流场模拟

迄今为止,喷嘴及喷雾过程的研究工作虽取得了很多成果,但并不令人满意,远未达到理想的效果。无论是哪一种型式的喷嘴,对其雾化的研究远远没有完成,雾化的基本过程,如撞击波的形成与弥散,液膜及液丝和大液滴团的破裂,液体湍流度、环境声波、气体密度与速度的影响等并不是十分清楚,更没有较好的喷雾通用模型。喷雾性能的测试评定技术也不是十分完美,喷雾研究的实验技术尤其是喷嘴的模拟技术仍不成熟,有的还存在争议。实际上,大多数喷嘴的设计,仍然是根据以前喷嘴的实验结果进行半经验设计,然后通过单独的喷嘴实验、缩比发动机实验和全尺寸发动机实验等进行改进和完善,这也是喷嘴研制周期较长、费用较高的主要原因。

喷雾实验研究的水平同测量仪器的发展有密不可分的关系,可以说测试手段的发展加深了人们对喷雾这一复杂的两相流动的认识。测量喷嘴雾化液滴尺寸比较老的方法有熔化石蜡法、氧化镁涂层印痕法、液氮冷冻法等。这些老方法有一些共同的缺点：①不可能在接近于实际燃烧室条件下(高压下)来测量雾化尺寸；②实验工作量大，处理一次雾化数据需要很长时间，因而不适合对喷嘴雾化进行大量的研究。

随着光学技术的发展，主要采用激光技术来测量液雾尺寸以及分布。目前最常用的测量仪器主要有马尔文粒度仪(Malvern)、激光多普勒测速测粒仪(Phase Doppler Anemometer，PDA 或 Phase Doppler Particle Analyzer，PDPA)以及粒子图像速度场仪(Particle Image Velocimetvy，PIV)3 种，下述主要对国内外学者运用相关仪器所做的研究进行介绍。

(1)马尔文粒度仪是利用激光散射技术测量液雾平均直径。它的基本原理是利用一束激光通过要测的液雾后，直接测量散射光的能量分布，由散射光的强弱通过一定计算后得出粒子的平均直径。马尔文粒度仪测量的是光束内液雾平均 SMD 以及液滴的尺寸分布，可用来研究喷嘴的喷雾特性即平均直径、尺寸分布等特征量，以及喷嘴几何参数、燃油特性和工作参数对喷雾特性的影响等。

(2)激光多普勒测速测粒仪基本原理是由四束激光(其中两束蓝光、两束绿光，分别位于相互垂直的平面上)在喷雾场中相交于一点，形成一椭球形测量体，蓝光和绿光在测量体内形成明暗相间的干涉条纹。当粒子穿过测量体时引起干涉条纹的变化，产生多普勒信号，通过对信号的处理同步得出粒子的速度和大小。PDA 具有很高的空间和时间分辨率，可以同时测量气流和油珠的速度以及雾化粒径的大小，因此可以分析喷嘴的雾化特性、气流和油珠的相互作用，以及油珠的湍流扩散等。

(3)PIV 技术是利用脉冲激光片光源对喷雾场进行摄像，然后用图像处理的方法得到一个二维平面上的喷雾场，并且能在同一时刻记录下整个二维平面流场的速度信息以及可测量液雾的空间分布，可研究喷嘴出口处速度随着工作参数的变化以及结构对液膜厚度和喷雾锥角的影响。

实验是喷嘴研究的一个重要手段，但随着数值计算技术的发展，数值模拟方法已经成为喷嘴研究的另一个重要手段。20 世纪 90 年代，Rizk 等人运用实验和数值模拟结合的方法研究了气体雾化喷嘴燃油雾化、液滴湍流扩散、液雾蒸发以及燃烧等一些参数的变化情况，并总结出了有一定应用范围的经验公式。目前对喷嘴内流场的研究主要是采用 ALE 和 VOF 方法。下面给出一个利用计算流体力学方法得到的喷雾流场算例。

1. 物理模型及网格划分

所研究的喷嘴为中心锥阀截面可调离心式喷嘴，其结构如图 4-16 所示。正常情况下，喷嘴前后的压差不足以克服弹簧的弹性力，因此锥形阀杆与前面的机械机构一起阻止了推进剂进入燃烧室。当喷嘴工作时，弹簧被压缩，锥形阀杆前移，在阀杆头部形成一个环形间隙，推进剂流经旋流室，并从环形间隙中以一定的速度进入燃烧室。当水下航行体在两种不同速制下航行时，喷嘴前后的压差和环形间隙开度保证了不同速制所需的推进剂流量。

物理模型根据实验实体模型建立，包括喷嘴和喷雾室两部分。喷嘴的长为 34 mm，喷雾室的尺寸根据实际燃烧室的尺寸确定，简化模型为直径 70 mm、高 150 mm 的圆柱。采用 Gambit 前处理工具建立三维计算模型。由于喷嘴和喷雾室两部分的体积相差太大，给网格划分造成一定难度，计算模型采用六面体非结构网格 Cooper 方式划分，对喷嘴和喷雾室分别进行网格划分，这样可以得到高质量网格，并且计算非稳态时容易收敛。网格总数约为 68 455，网格划分如图 4-17 所示。

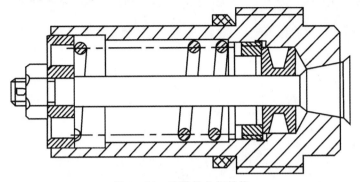

图 4-16 喷嘴的几何结构

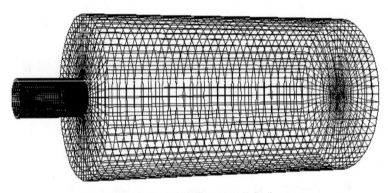

图 4-17 计算模型的网格划分

2. 数学模型

采用拉格朗日离散相模型将空气处理为连续相,并通过直接求解雷诺时均 N-S 方程得到连续相流场,湍流模型采用标准的 $k\text{-}\varepsilon$ 模型。将液滴处理为离散相,在拉格朗日坐标下,通过积分颗粒作用力微分方程来求解离散相颗粒的运动轨迹。

(1)连续相控制方程。连续相控制方程采用三维等温可压缩稳态雷诺时均 N-S 方程,本书采用标准的 $k\text{-}\varepsilon$ 双方程湍流模型。

连续性方程为

$$\frac{\partial \rho}{\partial t} + \frac{\partial}{\partial x_i}(\rho u_i) = 0 \tag{4-58}$$

动量方程为

$$\frac{\partial \rho}{\partial t}(\rho u_i) + \frac{\partial}{\partial x_j}(\rho u_i u_j) = -\frac{\partial p}{\partial x_i} + \frac{\partial y}{\partial x_j}\left[\mu\left(\frac{\partial u_i}{\partial x_j} + \frac{\partial u_j}{\partial x_i} - \frac{2}{3}\delta_{ij}\frac{\partial u_i}{\partial x_i}\right)\right] + \frac{\partial}{\partial x_j}(-\rho\overline{u'_i u'_j}) \tag{4-59}$$

式中:i,j 分别为三维直角坐标系中的坐标方向和速度分量方向;$\tau_{ij} = -\rho\overline{u'_i u'_j}$ 为雷诺应力。

一般的方法利用布辛涅司克近似(Boussinesq)假设把雷诺压力和平均速度梯度相联系,其关系为

$$-\rho\overline{u'_i u'_j} = \mu_t\left(\frac{\partial u_i}{\partial x_j} + \frac{\partial u_j}{\partial x_i}\right) - \frac{2}{3}\left(\rho k + \mu_t\frac{\partial u_i}{\partial x_i}\right)\delta_{ij} \tag{4-60}$$

式中：k 为单位质量流体湍流脉动动能；μ_t 为湍流动能黏度，$\mu_t = C_\mu \rho \dfrac{k^2}{\varepsilon}$，其中 $C_\mu = 0.09$；ε 为单位质量流体湍流脉动动能的耗散率。

湍流模型：

1)k 方程为

$$\frac{\partial(\rho k)}{\partial t} + \frac{\partial(\rho k u_i)}{\partial x_i} = \frac{\partial}{\partial x_j}\left[\left(\mu + \frac{\mu_t}{\sigma_k}\right)\frac{\partial k}{\partial x_j}\right] + G_k + G_b - \rho\varepsilon - Y_M + S_k \qquad (4-61)$$

2)ε 方程为

$$\frac{\partial(\rho\varepsilon)}{\partial t} + \frac{\partial(\rho\varepsilon u_i)}{\partial x_i} = \frac{\partial}{\partial x_j}\left[\left(\mu + \frac{\mu_t}{\sigma_\varepsilon}\right)\frac{\partial\varepsilon}{\partial x_j}\right] + C_{1\varepsilon}\frac{\varepsilon}{k}(G_k + C_{2\varepsilon}G_b) - C_{2\varepsilon}\rho\frac{\varepsilon^2}{k} + S_\varepsilon \qquad (4-62)$$

式中：G_k 是由于平均速度梯度引起的湍动能 k 的产生项；G_b 是由于浮力引起的湍动能 k 的产生项。

根据 Launder 等的推荐值及后来的实验验证，模型常数 $C_{1\varepsilon} = 1.44$，$C_{2\varepsilon} = 1.92$，$\sigma_k = 1.0$，$\sigma_\varepsilon = 1.3$。

(2)离散相控制方程。实际的喷雾过程是很复杂的，包括液膜形成、液膜破碎、液滴破裂、液滴合并以及液滴形成。在整个过程中液滴受力状态十分复杂。为简化分析，计算中假设颗粒为球形，通过计算流场中颗粒的运动方程和轨迹方程得到颗粒的运动轨迹。

颗粒运动方程为

$$\frac{\mathrm{d}u_p}{\mathrm{d}t} = F_D(u - u_p) + \frac{g_x(\rho_p - \rho)}{\rho_p} + \frac{1}{2}\frac{\rho}{\rho_p}\frac{\mathrm{d}}{\mathrm{d}t}(u - u_p) \qquad (4-63)$$

式中：u，u_p 分别为流体和颗粒的速度；ρ，ρ_p 分别为流体和颗粒的密度；$F_D(u - u_p)$ 为颗粒的单位质量曳力，其中，$F_D = \dfrac{18\mu C_D Re}{\rho_p d_p^2 \, 24}$，$d_p$ 为颗粒直径，Re 为颗粒的雷诺数，$Re = \dfrac{\rho d_p |u - u_p|}{\mu}$，$C_D$ 为曳力系数，$C_D = a_1 + \dfrac{a_2}{Re_p} + \dfrac{a_3}{Re_p}$，对于球形颗粒，在一定的雷诺数范围内，$a_1$，$a_2$，$a_3$ 为常数，由 Morsi and Alexander 模型确定。

颗粒轨迹方程为

$$\frac{\mathrm{d}x}{\mathrm{d}t} = u_p \qquad (4-64)$$

3.计算方法及边界条件

(1)计算方法。采用二阶精度迎风差分格式，并基于有限体积法计算连续相和离散相控制方程，通过 SIMPLE 算法求解压力速度耦合，采用分离式求解器求解控制方程。计算连续相时采用一阶定常隐式格式求解，得出稳态的连续相流场；计算离散相时采用二阶非定常隐式时间推进法求解，定义离散相模型，选择离散相和连续相耦合求解，考虑液滴的破碎和合并；创建雾滴喷射源，选择压力旋流雾化喷射模型，颗粒类型选择惯性颗粒，通过积分颗粒作用力微分方程得到颗粒的运动轨迹。计算过程中压力、k、动量、ε 等的亚松弛因子取默认值。

(2)边界条件。进口边界条件有以下几种。

1)连续相。喷嘴的进口定义为流场的进口，设置速度进口边界条件，沿轴线方向速度为 31.75 m/s，其他方向速度为零。入口的湍动能为 $k = \dfrac{3}{2}(u_{\mathrm{avg}}I)^2$，其中取湍流强度 $I = 0.05$，计

算得出 $k=3.78\ \mathrm{m^2/s^2}$；入口湍流动能耗散率为 $\varepsilon=C_\mu^{\frac{3}{4}}\dfrac{k^{\frac{3}{2}}}{l}$，其中 $C_\mu=0.09$，$l=0.07L$（L 为水力直径）。

2）离散相。采用压力旋流雾化模型及惯性颗粒，水作为模拟介质，颗粒曳力规律选择球形规律，认为在计算过程中液滴是球形颗粒即不考虑液滴的变形。质量流率为 $0.3\sim0.7\ \mathrm{kg/s}$，喷嘴前后的压差为 $1.4\sim2.4\ \mathrm{MPa}$。粒子初始的速度根据公式 $v_i=\dfrac{\dot{m}}{\rho_l A}$ 计算，根据不同的质量流率计算得出粒子的初始速度分别为 $v_1=1.327\ \mathrm{m/s}$ 和 $v_2=3.097\ \mathrm{m/s}$。

3）出口边界条件。喷雾室的出口定义为流场的出口，设置压力出口边界条件，出口静压为大气压，出口压力为 12 MPa。

4）壁面边界条件。对连续相，在固体壁面上施加无滑移固体边界条件，近壁面采用标准壁面函数法。对离散相，颗粒与壁面碰撞时发生弹性反射，恢复系数为 1，即颗粒在碰撞前后没有动量损失。

喷嘴出口截面是喷嘴和喷雾室两个流动区域共同拥有的平面，设置为内部面（interior），使流体能从一个流动区域通过此面到达另一个流动区域。

4. 模拟结果及分析

连续相的收敛残差监视图如图 4-18 所示，进行 100 步迭代计算连续相流场，计算到 40 步收敛，收敛残差为 10^{-3}。气体从喷嘴环形通道内喷出，进入喷雾室后继续直线运动，大概在距喷口 50 mm 处通道突然扩大，气流向上壁面偏转，分成向喷嘴附近运动和向出口方向运动两部分。这时流场便形成两个回流区：一个是喷嘴附近的小回流区；另一个是靠近出口喷雾室壁面的大回流区。速度的数值在轴心处最大，速度最大值可以达到 33.2 m/s。

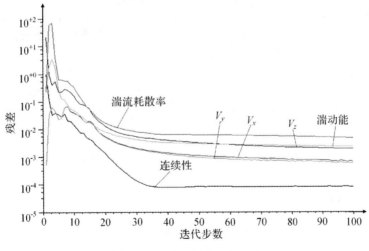

图 4-18　连续相残差监视图

图 4-19～图 4-21 所示是流量为 0.3 kg/s、喷嘴压差为 1.4 MPa 时喷嘴的喷雾流场随着时间的变化情况。在计算过程中时间步长设置为"1×10^{-5}"，下图分别是喷嘴不同时间的喷雾情况。从图中可以看出喷嘴喷射 1 ms 后雾滴的分布呈规则的喷雾锥状，喷雾锥角为 90°；喷射 2 ms 后部分雾滴已到达喷雾室的壁面，雾滴与壁面碰撞时发生弹性反射，出现了不规则的运动情况；喷射 3 ms 后随着所喷射粒子的增多已有很多粒子经壁面反射后向中心线方向运

动。这一现象和实际的喷雾现象相符合。在整个喷雾过程中雾化粒径主要集中在 $65 \sim$ $159\ \mu\mathrm{m}$，这与实验结果 $80 \sim 160\ \mu\mathrm{m}$ 大致相符。

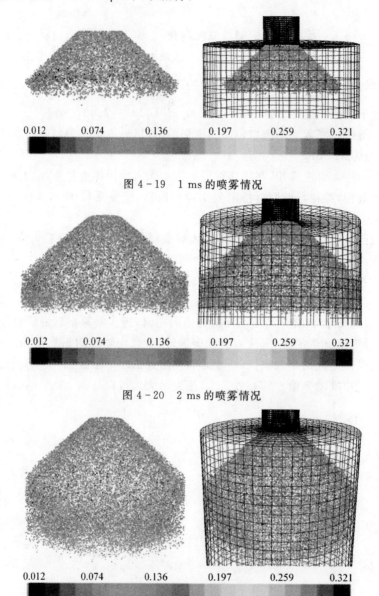

图 4-19 1 ms 的喷雾情况

图 4-20 2 ms 的喷雾情况

图 4-21 3 ms 的喷雾情况

图 4-22 所示是在不同流量下喷嘴压差从 $1.0 \sim 2.4\ \mathrm{MPa}$ 变化时索太尔平均直径（d_{32}）的变化情况。

由图 4-22 中可以看出，随着喷嘴压差的增大，雾化平均直径降低，但在喷嘴压差超过 $2.0\ \mathrm{MPa}$ 后，平均直径降低的趋势逐渐转平。图中模拟值和计算值在定性上基本符合但在定量上存在差异，主要是因为在模拟中用水代替推进剂作为模拟介质，而在计算时用的是实际推进剂的参数。从经验公式中可以看出，同一推进剂下雾化平均直径与流量成正比与压差成反比,这点模拟结果和经验公式完全符合。

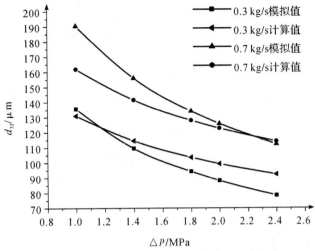

图 4-22　液滴尺寸分布指数随喷嘴压差的变化

图 4-23 表示在不同流量下液滴尺寸分布指数 n 随喷嘴压差的变化情况。随着喷嘴压差的增大,n 值逐渐减小。n 值变小会使喷雾尺寸的分布相对地变得不均匀,这样的变化并不是理想的。人们希望当压差增大即液雾平均直径变细时 n 值变大,这样液雾尺寸分布变细且均匀;但迄今为止还没有研究结果说明如何设计喷嘴才能改变和控制 $\triangle p - n$ 的关系曲线。模拟得出喷嘴的 n 值在 $3.172 \sim 3.55$,这一参数也符合离心式喷嘴 n 的取值范围(一般取 $n=2 \sim 4$)。

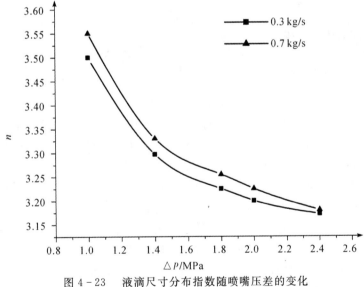

图 4-23　液滴尺寸分布指数随喷嘴压差的变化

4.4　燃烧室形状和容积的设计

鱼雷推进剂从燃烧室头部的喷雾器喷出到燃烧产物从燃烧室排出所经历的时间(称为停留时间)极其短暂。在这短暂的时间内,要使推进剂完全燃烧,要求推进剂的雾化及燃烧过程必须完善,这就对燃烧室的形状设计提出了很高的要求。

4.4.1 传统设计方法

按照对鱼雷燃烧室的要求,并考虑到为便于加工及总体布置,现有鱼雷燃烧室的横截面均为最简单的圆形,并且轴向的前端为推进剂入口处,形状为球形或椭球形,中间段为圆筒形,燃烧产物出口处位于后端,某些鱼雷燃烧室的出口处为收敛形。燃烧室的容积与许多因素有关,如推进剂的性质和流量、燃烧室的形状及其头部的结构等。这些因素对燃烧室容积的影响的定量研究,以前做得还很不够,还没有得出完全理论上的依据和理论分析得出的计算公式,目前确定燃烧室容积的方法主要以实验统计和经验所确定的某些准则为依据,主要有下述准则。

(1)按推进剂及其燃烧产物在燃烧室内的停留时间是影响燃烧效率的主要因素,因此利用停留时间来计算燃烧室的停留时间较为合理。停留时间可表示为

$$\tau = \frac{V_t}{q_m \upsilon_2} \qquad\qquad (4-65)$$

式中:V_t 为燃烧室容积,m^3;q_m 为推进剂流量,kg/s;υ_2 为燃烧产物在燃烧室出口处的比容,m^3/kg。

实际上推进剂及其燃烧产物在燃烧室内的停留时间,其比容一直是变化的,应取其平均值较为合理,但该值难以精确求得,因此用 υ_2 代替。应该说明的是,υ_2 比平均值大,设计时可参照母型的停留时间来确定燃烧室的容积。

(2)按热容强度来确定。目前鱼雷燃烧室的热容强度都较高,参照使用同类推进剂的母型选定热容轻度 Q_V 可初步设计燃烧室的容积为

$$V_t = \frac{q_m Q_f}{Q_V} \qquad\qquad (4-66)$$

式中:Q_f 为推进剂的热值,J/kg。

4.4.2 采用计算燃烧的方法确定燃烧室的容积

传统方法的主要缺点为鱼雷燃烧室在设计时要满足体积小、结构紧凑的要求。长期以来,燃烧室的设计基本上是根据已有经验和参考模型进行初步设计,通过热试车反复修改设计参数和设计方案,直到满足要求为止。燃烧室尺寸的选择主要根据一些经验数据,但是这些经验数据范围很广,很难精确选取,而且这些数据也反映不出燃烧室的结构尺寸和工作参数的影响,设计时需要在原有基础上依据试验情况进行多次修改。动力系统的试车既费时又耗资,一次试车往往要数万、数十万元以上,而且燃烧室内的高温、高压环境以及过程的迅速变化,使得测量的难度大大增加,很难在每次试验中都能获得足够可靠的测量数据,准确的确定性能改变以及失败的原因。因此,传统燃烧室的设计周期都比较长。鉴于此种情况,人们想通过建立数学物理模型对发动机的燃烧过程及性能进行理论分析。但是由于实际的燃烧过程非常复杂,是一个包含流体流动、传热、传质和化学反应以及它们之间相互作用的复杂的物理化学过程,而且燃烧过程有控制方程数目多、非线性和耦合的特点,这就决定了分析得出的模型难以得到合理的解析解,因而数值模拟就成了解决此问题的有效手段。

随着气体动力学、两相流体动力学和湍流燃烧理论的进一步完善以及计算流体力学软件的不断发展,目前对湍流流动及雾化燃烧过程可以进行详细的数学描述,并且对热态流体进行数学模拟可以实现。采用计算流体动力学软件对燃烧室中推进剂雾化燃烧过程进行数值模

拟,得到温度场、速度场以及浓度场,为燃烧室的优化提供必要的依据。

燃烧过程的数值模拟是以计算机为桥梁,把燃烧室的几何形状、结构尺寸和进出口条件作为边界条件,通过求解控制微分方程组来模拟燃烧室内部工作物质流动速度、温度和浓度等参数的分布及其变化,预测燃烧室的燃烧性能,通过调整燃烧室参数及边界条件来实现鱼雷燃烧室的设计,与传统燃烧室的设计相比,不但节约了时间,而且大大减少了人力物力。

1. 软件介绍

计算流体力学(Computational Fluid Dynamics,CFD)软件是通过计算机数值计算和图形显示对包含流体流动和热传导等相关物理现象的系统所做的分析,可以看作是在基本方程(质量守恒方程、动量守恒方程、能量守恒方程)控制下对流动的数值模拟。其基本思想是把原来在时间域及空间域上连续的物理量的场用一系列有限个离散点上的变量值的集合来代替,通过一定的规则和方式建立起关于这些离散点上场变量之间关系的代数方程组,然后求解代数方程组获得场变量的近似值。

常用的 CFD 商用软件有 PHOENICS,CFX,STAR - CD,FIDIP,FLUENT 等,这些软件的功能比较全面,几乎可以求解工程界中的各种复杂问题,而且具有前、后处理系统及与其他 CAD 和 CFD 软件的接口,便于用户操作。其中,FLUENT 软件是目前功能最全面、适用性最广、国内使用最广泛的基于有限体积法的 CFD 软件之一,处于世界领先地位。

FLUENT 软件广泛用于航空、汽车、透平机械、水利、电子、发电、建筑设计、材料加工、加工设备、环境保护等领域,主要模拟能力:非结构自适应网格求解 2D 或 3D 区域内的流动;无黏湍流;热、质量、动量和化学组分的体积源项模型;旋转坐标系模型;化学组分的混合和反应模型,包括燃烧子模型;离散项的运动轨迹及离散项与连续项的耦合等。

从本质上讲,FLUENT 软件只是一个求解器,它的主要功能包括导入网格模型、提供计算物理模型、施加边界条件和材料特性、求解和后处理,它支持的网格生成软件包括 GAMBIT,Tgrid,prePDF,GeoMesh 及其他 CAD/CAE 软件包。

GAMBIT 是专用的前处理软件包,它的主要功能包括三方面:构造几何模型、划分网格和制定边界条件。其中,划分网格是最主要的功能。如果几何模型不太复杂,一般可以在 GAMBIT 中直接建模;如果几何模型较复杂,就要借助专用 CAD 软件(如 Pro/E)来完成建模。GAMBIT 可以导入的几何模型的文件类型包括 ACIS,IGES 和 STEP 等格式,并且 GAMBIT 提供了多种网格单元,它可以生成结构网格、非结构网格和混合网格等多种类型的网格,它有着良好的自适应功能,能对网格进行细分或者粗化,或生成不连续网格、可变网格和滑移网格。在 GAMBIT 中制定边界条件的目的是为了后续进行 CFD 模拟时输入边界条件。

FLUENT 软件的求解步骤:

1)创建几何模型和网格模型(在 GAMBIT 或其他前处理软件中生成)。

2)启动 FLUENT 求解器,包括单精度和双精度,根据需要选择。

3)导入网格模型,直接从所存文件中读取 GAMBIT 生成的 mesh 文件。

4)检查网格模型是否存在。

5)选择求解器及运行环境。

6)决定计算模型,即是否考虑热交换,黏性和多相流等。

7)设置材料特性,可以从材料库选择或自定义。

8)设置边界条件,可以调整在划分网格时定义的边界条件。

9)调整用于控制求解的有关参数,如松弛因子、迭代精度等。

10)初始化流场,即对流场解的初始猜测。

11)求解,即对稳态或瞬态流场的迭代。

12)显示求解结果,有云图、矢量图、等值线图和流线图等。

13)保存求解结果,保存为 .dat 和 .cas 文件。

14)如果必要,修改网格或计算模型,然后重复上述过程重新求解。

2.燃烧室的物理数学模型

(1)气相湍流模型。鱼雷液体推进剂燃烧室不像一般多组元燃烧室有外界供入的氧化剂气流,而是由液体推进剂蒸发形成的蒸汽和气态燃烧产物共同形成气相湍流。因而可采用湍流黏性系数法中的 K-ε 方程模型描述此气相湍流,即

$$\nabla(\rho_g \bar{U}_g K) = \nabla\left(\frac{\mu_{eff}}{\sigma_k}\nabla K\right) + \mu_T G_w - \rho_g \varepsilon \tag{4-67}$$

$$\nabla(\rho_g \bar{U}_g \varepsilon) = \nabla\left(\frac{\mu_{eff}}{\sigma_\varepsilon}\nabla \varepsilon\right) + C_1 \varepsilon \mu_T G_w / K - C_2 \rho_g \varepsilon^2 / K \tag{4-68}$$

$$\mu_T = C_\mu \rho_g K^2 / \varepsilon \tag{4-69}$$

式中

$$\mu_{eff} = \mu + \mu_T \tag{4-70}$$

$$G_u = \nabla \bar{U}_g \left[\nabla \bar{U}_g + (\nabla \bar{U}_g)^T\right] \tag{4-71}$$

(2)湍流燃烧模型。液体推进剂蒸发分解后,假设燃烧剂和氧化剂按预定比例充分混合,因此,液体推进剂可按预混气湍流燃烧模型和漩涡破裂(EBU)模型处理,即

$$\nabla(\rho_g \bar{U}_g F_f) = \nabla\left(\frac{\mu_{eff}}{\sigma_f}\nabla F_f\right) + \dot{m}_g + W_f \tag{4-72}$$

$$W_f = \min[W_{EBU}, W_{ARR}] \tag{4-73}$$

$$W_{EBU} = -C_R \rho_g K^{1/2} (\nabla^2 F_f)^{1/2} \tag{4-74}$$

$$W_{ARR} = -\sigma_f M_f \rho_g^2 F_f^2 \exp\left(\frac{-E}{RT_g}\right) \tag{4-75}$$

(3)辐射模型。由热化学计算及实验知,液体推进剂的燃烧产物主要为三原子及两原子,燃气中仅含有极少量的固态碳,故可忽略不计这部分,以比两原子气体辐射大得多的三原子气体辐射热代替总辐射热,即

$$q_{rg} = q_{CO_2} + q_{H_2O} \tag{4-76}$$

$$q_{C_2O} = 14.6538\sqrt{p_{C_2O}l}\left[\left(\frac{T_g}{100}\right)^{3.5} - \left(\frac{T_{gw}}{100}\right)^{3.5}\right] \tag{4-77}$$

$$q_{H_2O} = 14.6538 p_{H_2O}^{0.3} l^{0.6}\left[\left(\frac{T_g}{100}\right)^3 - \left(\frac{T_{gw}}{100}\right)^3\right] \tag{4-78}$$

式中:p_i 为第 i 种产物的分压,Pa;l 为平均射线长,其值取决于燃烧室形状;T_g 为燃气温度;T_{gw} 为靠燃气面壁温。

(4)两相流模型。对于三组元液体推进剂形成的液雾及气相这两相流,可采用颗粒轨迹模型,即不考虑颗粒湍流扩散,但是通过给定不同的初始喷入方向来适当考虑弥散效应。由于燃烧室是圆柱形,故按轴对称系统处理。假设液滴是球形,液雾的初始尺寸及分布由实验确定,对这些数据进行分组,采用"折算薄膜法"考虑运动的影响,用雾群因子 S_v 来考虑雾滴之间的

影响,由液滴颗粒运动方程可求出颗粒轨迹,由连续方程、能量方程等可得蒸发速率及液滴尺寸变化规律,即

$$\dot{m}_1 = 4\pi \frac{\lambda_1}{C_{pg}} N_u r_1 S_v \ln(1+B) \tag{4-79}$$

$$\frac{\mathrm{d}r_1}{\mathrm{d}t} = \frac{-\lambda_1}{\rho_g C_{pg}} \frac{1}{r_1} N_u S_v \ln(1+B) \tag{4-80}$$

$$B = C_{pg}(T_g - T_b)/L \tag{4-81}$$

$$N_u = 1 + 0.276 Re^{1/2} P_r^{1/3} \tag{4-82}$$

$$\mathrm{d}x/\mathrm{d}t = u_1 \tag{4-83}$$

$$\mathrm{d}r/\mathrm{d}t = V_1 \tag{4-84}$$

$$r(\mathrm{d}\theta/\mathrm{d}t) = W_t \tag{4-85}$$

$$\mathrm{d}u_1/\mathrm{d}t = -(18\mu/\rho_1 d_1^2)(C_D Re/24)(u_1 - u_g) \tag{4-86}$$

$$\mathrm{d}V_1/\mathrm{d}t = W_1^2/r_1 - (18\mu/\rho_1 d_1^2)(C_D Re/24)(V_t - V_g) \tag{4-87}$$

$$\mathrm{d}W_1/\mathrm{d}t = -(V_1 W_1/r_1) - (18\mu/\rho_1 d_1^2)(C_D Re/24)(W_t - W_g) \tag{4-88}$$

用颗粒能量方程给出平衡蒸发到达之前液滴的温度变化规律,有

$$\mathrm{d}T_1/\mathrm{d}t = [3N_u \lambda_1(T_g - T_1)]/C_1 \rho_1 r_1^2 \tag{4-89}$$

液滴的质量、动量、能量等因素对气相守恒方程的影响表现在下述方程的源项 $S_{p,\varphi}$ 之中。因此,该轴对称问题的基本方程可统一表达为

$$\frac{\partial}{\partial x}(\rho u \phi) + \frac{1}{r}\frac{\partial}{\partial r}(r\rho V\phi) = \frac{\partial}{\partial x}\left(\Gamma_\phi \frac{\partial \phi}{\partial x}\right) + \frac{1}{r}\frac{\partial}{\partial r}\left(r\Gamma_\phi \frac{\partial \phi}{\partial r}\right) + S_\phi + S_{p,\phi} \tag{4-90}$$

式中:S_ϕ 为气相源项;$S_{p,\phi}$ 为前述的液滴源项;ϕ 为通用变量,可以代表 u,v,w,T 等求解变量;Γ_ϕ 为广义扩散系数;S_ϕ 为广义源项。例如,ϕ 为 u,v,w 时,液滴源项 $S_{p,\phi}$ 对应为 F_x,F_r,F_θ。其中,F_x,F_r,F_θ 为控制容积内由于两相流作用而造成的附加动量源项(取所有进入与离出控制容积的液滴的动量差值)。

3. 定解条件

由理论计算可得喷嘴出口液滴雾化数据,在进行分组后确定入口边界条件;轴线上取对称条件,即 $W_g = V_g = 0$,$\dfrac{\partial \phi}{\partial r}\Big|_{r=0} = 0$;在出流边界附近的区域呈现局部的单向状态,故认为出口截面节点对内节点的影响系数为零。同时,出口应满足质量及化学组分守恒的条件;壁面取速度无滑移,浓度不渗透,湍流脉动为零,并设定壁面温度。由于壁面附近输运系数变化很陡,采用壁面函数法处理,在液滴碰壁后其径向速度为负值,且在数值上减少 15%。$W_g|_w = W_b$,$U_g|_w = V|_w = F_f|_w = \dfrac{\partial F_f}{\partial r}\Big|_w = 0$,这里 W_b 由燃烧室内径求得。

网格的生成是数值模拟的基础。利用 GAMBIT 前处理软件首先建立燃烧室几何模型,由于燃烧室是轴对称的,所以只画一半即可,然后生成四边形结构化网格,如图 4 - 24 所示。

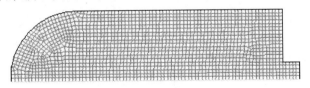

图 4 - 24   燃烧室的网格模型

4.计算方法与边界条件

(1)计算方法。基于有限体积法用分离式求解器求解方程,采用一阶精度迎风差分格式,通过 SIMPLE 算法求解压力速度耦合。计算连续相时采用稳态计算,离散相采用非稳态求解。定义离散相模型,选择离散相和连续相耦合求解,考虑液滴的破碎和合并,液滴的破碎模型采用泰勒类比破碎(Taylor Analogy Breakup, TAB)模型,设置初始液滴变形值为 0.05;创建雾滴喷射源,选择液滴群喷射模型,颗粒类型选择液滴,通过解微分方程得到颗粒的运动轨迹。定义涡耗散模型,详细定义化学反应;化学反应方程式的配平采用平衡常数法。

(2)边界条件。

1)入口边界:连续相选择速度入口;离散项选择液滴群喷射,其速度根据公式 $Q_P = C_Q A_P \sqrt{2\rho(\Delta p)}$ 计算,其中 Q_P 和 Δp 是通过实验确定。

2)入口的湍动能: $k = \frac{3}{2}\left(u_{avg} I\right)^2$,其中湍流强度 $I = \frac{u'}{u_{avg}} \approx 0.16\left(Re_{D_H}\right)^{-1/8}$,入口湍流动能耗散率 $\varepsilon = C_\mu^{\frac{3}{4}} \frac{k^{\frac{3}{2}}}{l}$,其中 $C_\mu = 0.09, l = 0.07L$ (L 为水力直径)。

3)出口边界条件:设置为压力出口。

4)壁面边界条件:对连续相,在固体壁面上施加速度无滑移固体边界条件,近壁面采用标准壁面函数法。对离散相,颗粒与壁面碰撞时发生弹性反射,恢复系数为1。

对某旋转燃烧室模拟结果如图 4-25～图 4-36 所示。

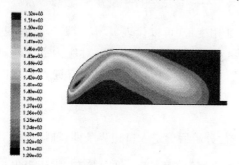

图 4-25　燃烧室 $\omega = 0$ r/min 温度云图

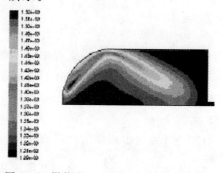

图 4-26 燃烧室 $\omega = 625$ r/min 温度云图

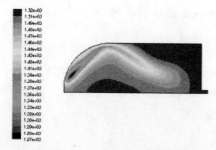

图 4-27　燃烧室 $\omega = 1\,250$ r/min 温度云图

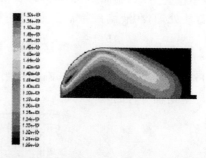

图 4-28　燃烧室 $\omega = 1\,500$ r/min 温度云图

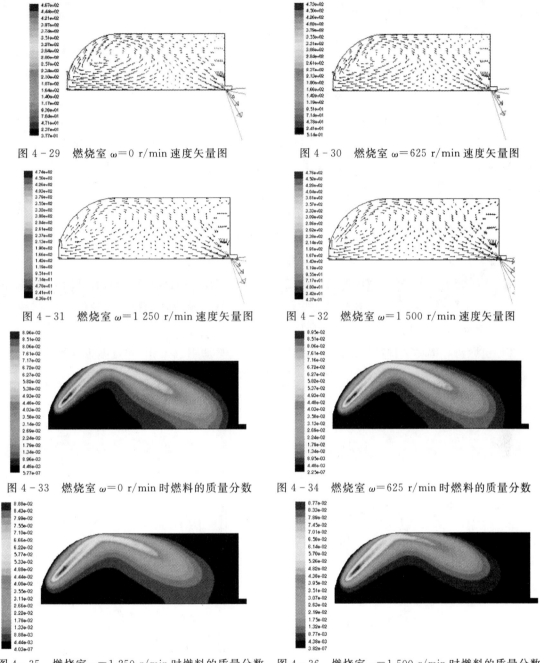

图 4 - 29　燃烧室 $\omega = 0$ r/min 速度矢量图　　　图 4 - 30　燃烧室 $\omega = 625$ r/min 速度矢量图

图 4 - 31　燃烧室 $\omega = 1\,250$ r/min 速度矢量图　　图 4 - 32　燃烧室 $\omega = 1\,500$ r/min 速度矢量图

图 4 - 33　燃烧室 $\omega = 0$ r/min 时燃料的质量分数　图 4 - 34　燃烧室 $\omega = 625$ r/min 时燃料的质量分数

图 4 - 35　燃烧室 $\omega = 1\,250$ r/min 时燃料的质量分数　图 4 - 36　燃烧室 $\omega = 1\,500$ r/min 时燃料的质量分数

4.5　燃烧室的点火

4.5.1　点火方式

1. 催化剂点火

催化剂点火中的催化剂引起和维持推进剂的化学反应,但自身在反应中保持不变。如用

催化剂使高浓度过氧化氢分解成高温的自由氧和水蒸气。

2. 火药点火

火药点火是在燃烧室中预装一定能量的火药,火药点燃后在燃烧室中形成一定温度和压力的燃气使主机启动,并点燃推进剂维持至稳定燃烧。

火药点火主要由点火器、引燃药和固体药柱组成。点火器可采用冲击式底火或电爆管;引燃药一般采用容易点燃的黑火药或燃速较高的复合药或由两者混合组成,引燃药的量既要求能可靠点燃固体药柱,又不能在燃烧室中产生过高的压力峰值;固体药柱是火药点火方式的主要能量载体,固体药柱用双基药或复合药。

鱼雷燃烧室火药点火过程分为以下 4 个阶段。

(1)鱼雷发射时,点火电源使电爆管点燃,或机械激发式装置击发底火,这一过程称为发火阶段。

(2)发火阶段产生的火焰点燃引燃药,引燃药点燃后产生温度 2 500 K 左右、压力十几兆帕的高温、高压燃气,这种燃气中含有一定数量的炽热颗粒。

(3)引燃药产生的高温、高压燃气以对流、传导和辐射的方式向固体药柱传热,固体药柱受热最强烈的部位首先被加热到点燃温度并开始燃烧。若形成的温度和压力条件具备,产生的初始火焰向固体药柱裸露的表面扩散,使固体药柱进入正常燃烧阶段。

(4)引燃药和固体药柱产生的混合高温、高压燃气驱动主机工作,并点燃进入燃烧室的推进剂直至稳定燃烧为止,此时燃烧室的点火过程才算完成。

图 4-37 是火药点火过程中燃烧室压力随时间的变化曲线,固体药柱为等面燃烧。

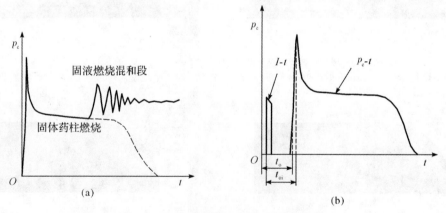

图 4-37　点火过程压力随时间变化曲线

(a)点火过程压力曲线;　(b)点火延迟期示意图

p_c—燃烧室压力;I—点火电流;t—时间

从点火指令或信号发出到要求的燃气压力建立为止所对应的时间间隔称为点火延迟时间,如 4-37 图中的 t_o 或 t_{oi}。

燃烧室火药点火的主要要求如下:

(1)点火延迟期短。点火延迟期过长,固体药柱表面蒸发形成大量可燃混合物会导致爆燃。

(2)点火能量适中。固体药柱的能量过小不能保证安全、可靠点火;而能量过高,固体药柱与推进剂混合燃烧段过长,可能形成过高的压力峰值和大的压力振荡。

(3)点火压力峰值小。过大的点火压力峰,不仅对发动机造成冲击,而且还影响到燃烧室的壳体强度。

(4)点火温度适中。固体药柱的燃气温度一般控制在 1 400~1 750 K。温度过低会影响推进剂的可靠点燃;温度过高则会影响到燃烧室、发动机的强度。

(5)引燃药、引燃药盒、固体药柱和包覆层安全使用性好,可长期存储,它们的燃尽物中不应形成坚硬粒子,以免磨损发动机。

3. 影响火药点火的因素

(1)引燃药。引燃药的燃烧温度越高,固体药柱的点火延迟期越小,一般引燃药的燃烧温度为 2 000~2 600 K。颗粒小的引燃药燃烧时间短,其燃气在固体药柱表面的停留时间短,不易在固体药柱的表面形成加热层,故药柱难以点燃。引燃药药量过小,会增大固体药柱的点火延迟期或者导致点火失败;引燃药药量过多会产生过高的点火压力峰值。

(2)固体药柱。固体药柱的导热系数、比热容和密度大时,固体药柱的表面温度不易升高,会导致其点火延迟期增大。一般来说,复合药固体药柱要比双基药固体药柱难点燃。浇铸的复合药固体药柱表面脱模层,会增大固体药柱的点火延长期,因此固体药柱脱模后一般要经过加工整形,增加表面粗糙度,便于药柱点燃。

(3)燃烧室结构。自由容积越大,点火难度增加,因为点火过程中燃气压力、温度上升慢;药柱与燃烧室内壁的间隙越小,燃气对固体药柱表面加热越难,也会增大点火难度;固体药柱初始燃烧表面积与发动机当量喷喉面积之比越大,越易完成点火,因为燃气压力、温度上升快。

(4)药柱初温。固体药柱初温越高其点火延迟期越小,对于低发火点的药柱,初温的影响较大。

4. 固体药柱设计

(1)固体推进剂的分类及其特性。鱼雷燃烧室点火用固体药柱通常采用双基药或复合药。

1)双基药。双基药(Double Base,DB)的基本成分是硝化棉和硝化甘油,硝化棉被硝化甘油所胶化。为改善推进剂的力学特性和工艺性需加入一定量的增塑剂,如聚氨酯(Poly Urethane,PU);为改善其化学安定性需加入适量的安定剂,如 EC 乙基中定剂;为改善内弹道性能需加入燃烧催化剂,如水杨酸铜(CuSa)等。此外,因工艺上的需要,还加入少量的工艺附加物,如碳黑等。

双基药能量特性低、燃速范围有限、吸湿性强。

2)复合药。复合药的氧化剂为晶体过氯酸铵(Ammonium Perchlorate,AP)、过氯酸钾(Potassium Perchlorate,KP)等;燃烧剂(黏合剂)有聚氨酯和聚丁二烯等;金属添加剂(燃烧剂)有铝、镁等。除这些基本成分外还有少量其他成分,少量的固化剂可改善推进剂的固化性能,如二氧化对醌(Perylenequinones Deriveration,PQD);如加入一些燃烧催化剂和稳定剂能改善推进剂的燃烧性能;为改善工艺性需加入增塑剂、稀释剂和润湿剂等。比较典型的复合推进剂主要由过氯酸铵和聚丁二烯组成。

复合药习惯上根据黏合剂来分类,而且所用黏合剂不同其性能也有较大变化。复合药有较高的能量特性和较宽的燃速范围,而且抗吸湿性优于双基药。

表 4-1 列出了一些固体推进剂的性能参数。

表 4-1　一些固体推进剂的性能参数

固体推进剂类型	静态燃速公式 u $(\text{mm} \cdot \text{s}^{-1})$	燃气温度 K	密度 ρ $(\text{g} \cdot \text{cm}^{-3})$	燃气分子量 μ	比热比 k	备　注
3П-211(双基药)	$1.6 p_c^{0.25}$ *	1 750	1.55	21.589	1.3	吸湿
DR(双基药)	$3.353 p_c^{0.097}$ * *	2 214	1.6	22.95	1.243	吸湿
DR-3(双基药)	$0.694 p_c^{0.314}$ * *	1 867	1.55	21.84	1.257	吸湿
424H-5A(复合药)	$1.300\,9 p_c^{0.2078}$ *	1 413	1.581	20.028	1.294	抗吸湿性好
424H-5B(复合药)	$2.52 p_c^{0.43}$ *	1 800~2 000	1.6	18.83	1.29	抗吸湿性好

注:* —20 ℃,2~9 MPa 时的燃速公式;* * —1 MPa 时的燃速公式。

(2)固体推进剂选用原则。

1)具有较高的能量特性。装在燃烧室有限容积内的固体药柱,不仅要点燃进入燃烧室的推进剂直至稳定燃烧为止,还要完成动力装置的启动,因此要求固体药柱具有尽量高的能量特性。

2)燃速低。鱼雷燃烧室的结构尺寸小,但要求固体药柱的相对工作时间较长,因此要求固体推进剂的燃速低些。双基药通过加入燃烧催化剂和改变其含量的方法来调节燃速;复合药既可以采用加入燃烧催化剂和改变其含量的方法来调节燃速,也可以采用改变氧化剂颗粒大小和颗粒匹配的方法来调节燃速,复合药的燃速通常有较宽的调节范围。

3)燃速压力指数 n_p 应尽量小。稳定状态时燃烧室压力为

$$p_c = \left(C^* \rho_s a \frac{A_b}{A_K}\right)^{\frac{1}{1-n_p}} \tag{4-91}$$

则有

$$\frac{\mathrm{d}p_c}{p_c} = \frac{1}{1-n_p}\left(\frac{\mathrm{d}C^*}{C^*} + \frac{\mathrm{d}\rho_s}{\rho_s} + \frac{\mathrm{d}a}{a} + \frac{\mathrm{d}A_b}{A_b} - \frac{\mathrm{d}A_K}{A_K}\right) \tag{4-92}$$

式中:C^* 为固体药柱燃气特征速度;ρ_s 为固体药柱密度;a 为固体药柱燃速系数;A_b 为固体药柱燃烧表面积;A_k 为当量喷喉面积。

由式(4-92)可知,n_p 小时燃烧室的压力受 C^*,ρ_s,a,A_b 和 A_k 等的影响小,燃烧室压力稳定,启动时再现性好。

4)燃速温度敏感系数 $(a_u)_T$ 应尽量小。燃速温度敏感系数表示当燃烧室压力不变时,固体推进剂初温 T_0 对燃速 u 的影响,表达式为

$$(a_u)_T = \left(\frac{\mathrm{d}\ln a}{\mathrm{d}T_o}\right)_{p_c} \tag{4-93}$$

当 $(a_u)_T$ 值小时,燃烧室的燃气压力受初温影响小。

5)具有良好的燃烧特性。

①小的侵蚀燃烧效应,以避免过高的初始点火压力峰值;

②小的临界压力,固体推进剂不出现断续燃烧(或称反常燃烧)现象的最小压力称为临界压力,临界压力小则安全可靠的点火压力小;

③良好的燃烧稳定性。

6)具有良好的力学性能,低温下的延伸率和高温下的机械强度应达到要求值。

7)具有良好的物理、化学安定性。复合药的化学安定性稍差,长期储存有老化现象,以致增加点火延迟期。但其热安定性优于双基药。

(3)固体药柱燃面设计。在固体药柱的推进剂选定后,影响燃气生成率也就是控制燃烧室压力和药柱燃烧时间的关键因素是药柱燃烧面积的变化规律。通常,固体药柱燃烧表面积可以设计成图 4-38 所示的减面燃烧、增面燃烧和等面燃烧。

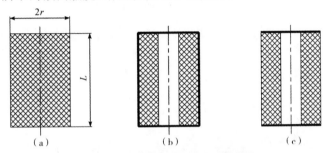

图 4-38 不同燃面设计的固体药柱

(a)减面燃烧;(b)增面燃烧;(c)等面燃烧

注:图中的粗线部分为缓燃包覆层

鱼雷热动力装置采用不同燃面设计的固体药柱,其启动过程燃烧室压力 p_c 和发动机转速 n 如图 4-39 所示。

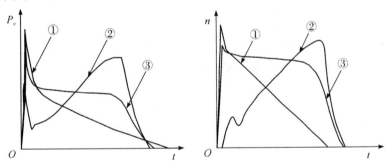

图 4-39 不同燃面固体药柱启动过程燃烧室压力和发动机转速曲线

①减面燃烧;②增燃烧面;③等面燃烧

固体药柱为减面燃烧情况时,燃烧室压力开始很高,随后随时间较快下降,开始的高压对燃烧室和发动机造成的冲击大。固体药柱为增面燃烧情况时,启动前期燃烧室压力较小,动力装置启动缓慢,燃烧室压力随时间增大并与推进剂燃烧压力峰叠加成更高的压力峰值。固体药柱等面燃烧较为理想,燃烧室压力长时间内基本不变,这满足动力装置快速启动的要求,对燃烧室和发动机的冲击也不大。

动力装置启动过程除了受固体药柱推进剂性能和燃面影响外,发动机、推进器和鱼雷阻力特性也是主要影响因素。固体药柱设计时需对固体推进剂性能、药柱燃面及其变化规律进行反复调整,计算燃烧室压力、发动机转速等参数随时间的变化关系,直到动力装置的启动特性满意为止。

(4)固体药柱内弹道计算。固体药柱内弹道试验是在喷喉面积不变的燃烧室内进行的,现在介绍这种情况下的内弹道计算。

1)假设条件。

①药柱燃气为理想气体、在燃烧室内各处均匀一致。

②药柱的几何燃烧是理想的沿所有表面均匀燃烧,线燃烧速度仅随压力变化。

③不考虑燃烧室热损失,不考虑流动对固体药柱的冲刷和侵蚀。

2)基本方程。由质量守恒定律可知

$$\frac{\mathrm{d}m_c}{\mathrm{d}t} = \dot{m}_g - \dot{m}_{out} \tag{4-94}$$

式中:m_c 为燃烧室内燃气质量;$\dot{m}_g$ 为固体药柱单位时间的燃烧质量;$\dot{m}_{out}$ 为单位时间从当量喷喉流出的燃气质量。

固体药柱燃气生成率为

$$\dot{m}_g = A_b u \rho_s \tag{4-95}$$

式中:u 为固体药柱的燃烧速度。

燃气流出率和特征速度为

$$\dot{m}_{out} = \frac{p_c A_K}{C^*}$$

$$C^* = \sqrt{R_c T_c} \Big/ \left(\frac{2}{\gamma+1}\right)^{\frac{\gamma+1}{2(\gamma-1)}} \sqrt{\gamma} \tag{4-96}$$

式中:T_c 为固体药柱燃气温度;R_c 为固体药柱燃气的气体常数。

由燃气气休状态方程可得

$$\frac{\mathrm{d}m_c}{\mathrm{d}t} = \frac{\mathrm{d}}{\mathrm{d}t}\left(\frac{p_c V}{R_c T_c}\right) = \frac{V}{R_c T_c}\left(\frac{p_c}{V}\frac{\mathrm{d}V}{\mathrm{d}t} + \frac{\mathrm{d}p_c}{\mathrm{d}t}\right) \tag{4-97}$$

式中:V 为燃烧室自由容。其对时间的导数为

$$\frac{\mathrm{d}V}{\mathrm{d}t} = A_b u \tag{4-98}$$

固体药柱燃速为

$$u = a p_c{}^n \tag{4-99}$$

式(4-95)~式(4-99)联立,整理得

$$\frac{\mathrm{d}p_c}{\mathrm{d}t} = \frac{R_c T_c}{V} A_b a p_c^n \rho_s - \frac{R_c T_c p_c A_K}{V C^*} - \frac{p_c}{V} A_b a p_c^n \tag{4-100}$$

积分式(4-100)可求得燃烧室药柱燃气压力随时间的变化规律。

4.6 燃烧室冷却结构设计

4.6.1 概述

热动力系统所用的燃烧室的工作特点是,内部压强高、热负荷大、工作时间长、需要重复使用,因此需要设计专门的冷却结构以保证燃烧室有足够的强度和效率。

一般热动力系统的主机和燃烧室均装在水密后舱内,需用专门的海水泵来供水冷却。海水泵从后舱进水口吸入海水加压后排出,海水先冷却交流发电机与整流器,然后从燃烧室头部

进入燃烧室的冷却水道中,冷却燃烧室后从燃烧室尾部排出再冷却主机的各气缸套,从气缸套后端排出后与废气一道沿内轴孔排出鱼雷体外。一般地,对燃烧室的冷却系统有下述要求。

(1)保证发动机在不同的速制时,燃烧室壁和气缸套有可靠的冷却以保证组件的强度。

(2)组件结构紧凑、体积质量小。

(3)冷却水通道的流动阻力尽可能小,有良好的密封性。

(4)冷却水通道结构合理简单,工艺性好。

4.6.2 燃烧室的热传导及换热

1.热传导问题的微分方程及边界条件

针对燃烧室壁的三维传热问题研究,温度场的场变量 $\phi(x,y,z,t)$ 在直角坐标系中可描述为以下微分方程,即

$$\rho c \frac{\partial \phi}{\partial t} - \frac{\partial}{\partial x}\left(k_x \frac{\partial \phi}{\partial x}\right) - \frac{\partial}{\partial y}\left(k_y \frac{\partial \phi}{\partial y}\right) - \frac{\partial}{\partial z}\left(k_z \frac{\partial \phi}{\partial z}\right) - \rho Q = 0 \qquad (4-101)$$

式中:ρ 为材料密度;c 为材料比热;t 描述时间;k_x,k_y,k_z 分别为材料沿 x,y,z 方向的热传导系数;$Q=Q(x,y,z,t)$ 为物体内部的热源密度。

微分方程(4-101)是热量平衡方程。式中第一项是微体升温需要的热量;第二、三、四项是由 x,y,z 方向传入微体的热量;最后一项是微体内热源产生的热量。该微分方程表明微体升温所需的热量应与传入微体的热量以及微体内热源产生的热量相平衡。

式(4-101)应满足的边界条件:

(1)在 Γ_1 边界上,有

$$\phi = \bar{\phi} \qquad (4-102)$$

式(4-102)是在边界 Γ_1 上给定温度 $\bar{\phi} = \bar{\phi}(\Gamma_1,t)$,为第一类边界条件,是强制边界条件;

(2)在 Γ_2 边界上,有

$$k_x \frac{\partial \phi}{\partial x}n_x + k_y \frac{\partial \phi}{\partial y}n_y + k_z \frac{\partial \phi}{\partial z}n_z = q \qquad (4-103)$$

式(4-103)是在边界 Γ_2 上给定热流量 $q=q(\Gamma_2,t)$,为第二类边界条件;

(3)在 Γ_3 边界上,有

$$k_x \frac{\partial \phi}{\partial x}n_x + k_y \frac{\partial \phi}{\partial y}n_y + k_z \frac{\partial \phi}{\partial z}n_z = h(\phi_a - \phi) \qquad (4-104)$$

式中:n_x,n_y,n_z 分别为各边界外法线的方向余弦;h 为换热系数;在自然对流条件下,$\phi_a = \phi_a(\Gamma,t)$ 是外界环境温度,而在强迫对流条件下,ϕ_a 是边界层的绝热壁温度。式(4-104)是在边界 Γ_3 上给定对流换热条件,为第三类边界条件。第二、三类边界条件是自然边界条件。

显然各边界应满足几何关系:

$$\Gamma_1 + \Gamma_2 + \Gamma_3 = \Gamma \qquad (4-105)$$

式中:Γ 是研究区域 Ω 的全部边界。

当在一个方向上温度变化为零时,式(4-101)就退化为二维问题的热传导方程。例如,z 方向温度变化为零时,则有

$$\rho c \frac{\partial \phi}{\partial t} - \frac{\partial}{\partial x}\left(k_x \frac{\partial \phi}{\partial x}\right) - \frac{\partial}{\partial y}\left(k_y \frac{\partial \phi}{\partial y}\right) - \rho Q = 0 \qquad (4-106)$$

这时场变量 $\phi(x,y,t)$ 不再是 z 的函数。

场变量应该满足的边界条件相应地蜕变为

在 Γ_1 边界上,有

$$\phi = \bar{\phi}(\Gamma_1, t) \tag{4-107}$$

在 Γ_2 边界上,有

$$k_x \frac{\partial \phi}{\partial x} n_x + k_y \frac{\partial \phi}{\partial y} n_y = q(\Gamma_2, t) \tag{4-108}$$

在 Γ_3 边界上,有

$$k_x \frac{\partial \phi}{\partial x} n_x + k_y \frac{\partial \phi}{\partial y} n_y = h(\phi_a - \phi) \tag{4-109}$$

求解瞬态温度场问题是求解在初始条件 $\phi(0) = \phi_0$ 时满足瞬态热传导方程及边界条件的场函数 ϕ,显然 ϕ 是坐标和时间的函数。

2. 燃烧室的传热

燃烧室的传热可分为 3 个阶段,即燃气与室壁的对流和辐射换热、室壁的热传导、室壁与冷却水的对流换热。

燃气与室壁的对流换热可描述为

$$q_c = a_c(T_g - T_{wg}) \tag{4-110}$$

式中:α_c 为室壁与燃气的对流换热系数;q_c 为燃气与室壁的对流换热强度;T_g 为燃气平均温度;T_{wg} 为燃烧室内套内壁面温度。

以下简述燃气辐射换热的计算方法。

HAP 三组元推进剂燃烧产物的辐射主要是由三原子气体 CO_2 和 H_2O 产生,其辐射换热量分别为

$$q_{CO_2} = 14.5 \sqrt[3]{p_{CO_2} L} \left[\left(\frac{T_g}{100}\right)^{3.5} - \left(\frac{T_{wg}}{100}\right)^{3.5} \right] \tag{4-111}$$

$$q_{H_2O} = 14.5 p_{H_2O}^{0.3} L^{0.5} \left[\left(\frac{T_g}{100}\right)^{3} - \left(\frac{T_{wg}}{100}\right)^{3} \right] \tag{4-112}$$

式中:p_{CO_2},p_{H_2O} 分别为 CO_2 和 H_2O 分压;L 为燃气射线平均行程。

总的辐射换热量当为

$$q_r = q_{CO_2} + q_{H_2O} \tag{4-113}$$

在稳态情况下,通过室壁的传导换热量为

$$q = \frac{\lambda_w}{\delta}(T_{wg} - T_{wl}) \tag{4-114}$$

式中:λ_w 为室壁导热系数;δ 为室壁厚度;T_{wl} 为室壁的外壁温度。

由室壁与冷却水的换热为

$$q = \alpha_l(T_{wl} - T_l) \tag{4-115}$$

式中:α_l 为室壁与水的对流换热系数,即

$$\alpha_l = 0.244 \frac{\lambda_{0.6} C_p^{0.4}}{\mu^{0.4}} \frac{G^{0.8}}{F_{0.8} d_e^{0.2}} \tag{4-116}$$

式中:C_p 为水的比热;μ 为水的动力黏度;λ 为水的导热系数;G 为冷却水流量;d_e 为冷却水通

道的当量直径;F 为冷却水通道截面积。

3. 换热系数的确定

燃烧室中燃气以对流和辐射方式传热给燃烧室壁面,以实验为依据,按照传热学中管内紊流相似准则,结合气体辐射特点,并根据热平衡理论可得燃气侧热系数 H_g、冷却液侧的换热系数 H_l 以及气体辐射 Q_{H_2O} 和 Q_{CO_2},则有

$$H_g = 0.016\ 2 \left(\frac{\lambda_g}{c_p g \mu}\right)^{0.18} \left(\frac{c_p g \mu}{d}\right)^{0.18} (\rho u c_p)^{0.82} \left(\frac{T_g}{T_{gw}}\right)^{0.35} \tag{4-117}$$

$$H_l = 75.6\beta \frac{z}{d_e^{0.2}} \left(\frac{G_l}{F_l}\right)^{0.8} \tag{4-118}$$

$$Q_{CO_2} = 14.563\ 8 \sqrt[3]{p_{CO_2} l} \left[\left(\frac{T_g}{100}\right)^{3.5} - \left(\frac{T_{gw}}{100}\right)^{3.5}\right] \tag{4-119}$$

$$Q_{H_2O} = 14.563\ 8 p_{H_2O}^{0.8} l^{0.6} \left[\left(\frac{T_g}{100}\right)^3 - \left(\frac{T_{gw}}{100}\right)^3\right] \tag{4-120}$$

式中:c_p 为定压比热;g 为重力加速度;μ 为燃气动力黏度;d 为管内径;G 为混合气体的每秒流量;λ_l 为冷却液热传导系数;μ_l 为液体黏性系数;c_{pl} 为液体的定压比热;G_l 为冷却液秒流量;F_l 为冷却液通道的断面积;β 为考虑热流方向的系数;p_i 为第 i 种产物分压,其值取决于燃烧室的形状。

燃气是混合气体,其定压比热和动力黏性系数分别可由下式求得

$$c_p = \sum g_i c_{pi} \tag{4-121}$$

$$\frac{1}{g\mu} = \sum \frac{g_i}{g\mu_i} \tag{4-122}$$

上述公式中的一些变量(如液体的定压比热,气体某组分的定压比热,燃气动力黏度,液体黏性系数等)为温度的函数。

4.6.3 算例

某燃烧室冷却结构如图 4-40 所示。该结构采用了双层螺旋水道冷却方式,保证了组件的冷却和强度要求,而且结构紧凑、体积质量小。

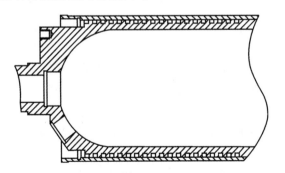

图 4-40 燃烧室的冷却结构

利用前述方法在下列参数下进行计算,燃气中 5 种气体的克分子数分别为 $N_{CO_2} = 5.764\ 50$,$N_{H_2O} = 32.018\ 58$,$N_{N_2} = 2.385\ 23$,$N_{HCL} = 2.819\ 55$,$N_{H_2} = 0.776\ 64$;燃气压力 $p_c = 28$ MPa;燃烧室内径 $d = 82$ mm;燃烧室长度 $l = 160$ mm;燃气温度 $T_g = 1\ 500$ K;内壁厚 $s = 4$ mm;推进剂流量 $q_g = 0.61$ kg/s;内壁热传导系数 $l_w = 62.88$ kJ/m·K。

将推进剂燃烧产物和有关数据代入以上各式,使用大型系统分析软件 IDEAS,利用有限元方法对系统进行数值计算,求得燃烧室的温度场分布,如图 4-41 和图 4-42 所示,得到了燃烧室的机械应力和热应力分布,并校核了其强度。

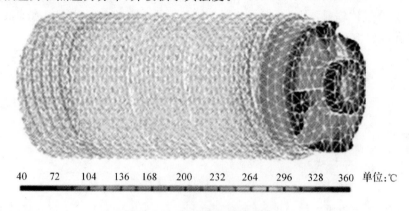

40　　72　　104　　136　168　　200　232　　264　296　328　360　单位:℃

图 4-41　燃烧室外部的温度场

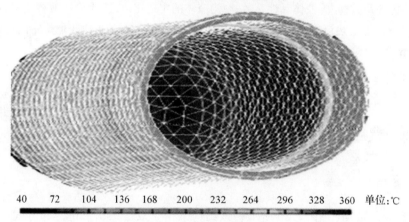

40　　72　　104　　136　168　　200　232　　264　296　328　360　单位:℃

图 4-42　燃烧室内部的温度场

根据实验数据对于以上计算进行修正,最终确定分析结果:燃气侧换热的对流换热系数 $H_g=664$ W/m² · K;辐射换热系数 $H_r=235$ W/m² · K;冷却水侧的对流换热系数 $H_1=1\,927$ W/m² · K。

运用上述方法对燃烧室进行了换热计算,计算的结果经过圆整及考虑结构上的实现等,最终确定的冷却水通道尺寸为宽度:环型通道宽度 $h=1.5$ mm;螺旋形冷却水道数 $n_1=6$;冷却水流量 $q_c=50$ L/min,其中环型水道分配流量 35 L/min。在以上条件下,计算燃烧室内壁温度为 629 K,外壁温度为 463 K,水温平均上升 9.4 K,符合设计要求。

4.7　旋转机械密封设计

4.7.1　机械密封装置的功能与特点

旋转燃烧室用机械密封装置密封推进剂、冷却水,旋转燃烧室机械密封装置具有以下特点。

(1)要求机械密封的泄漏量小,近乎"绝对"密封。

(2)要求机械密封能适应燃烧室头部狭小的空间。

(3)要求适应工作转速快,介质压力高,工作过程中工况变化频繁、变化范围大的特点。如极限转速超过 2 000 r/min,极限压力超过 30 MPa,压力变化达到 20 MPa,转速变动超过 1 000 r/min。

(4)被密封的推进剂往往具有易燃、易爆和易腐蚀等特性。

4.7.2 密封结构形式

在接触式机械密封中,密封端面相互贴紧在一起,摩擦副间存在局部接触面。从密封功能来讲,接触式机械密封的密封效果最好,因此鱼雷旋转燃烧室通常选用接触式机械密封。机械密封简图如图 4 - 43 所示。

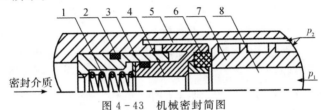

图 4 - 43　机械密封简图

1—弹簧;2—O 形圈;3—浮动套;4—支撑座;5—冷却腔;6—石墨环;7—动环;8—密封腔

接触式机械密封按接触端面上所受的作用力随被密封介质压力变化而变化的程度分为平衡型和非平衡型两种。平衡型机械密封的端面比压随密封介质压力的升高上升慢;非平衡型机械密封的端面比压随密封介质压力的升高上升快;完全平衡型机械密封的端面比压不随密封介质压力变化。由机械密封轴向力平衡公式可以看出,机械密封由可预知的闭合力 F_c 使密封端面闭合,闭合力作用在密封端面上,从而得到密封端面比压 p_b,则

$$p_b = F_c/A = p_{sp} + \Delta pB + p_2 \qquad (4-123)$$

式中:p_{sp} 为弹簧比压;Δp 为密封流体压力,$\Delta p = p_1 - p_2$;A 为密封面面积;B 为平衡系数;p_1 为密封环内测介质压力;p_2 为密封环外测介质压力。

若密封端面配合正常,端面比压即为端面的支承压力。当密封流体压力很高时,Δp 远大于 p_{sp},p_{sp} 可以忽略。令 $\delta p = p_1 - p_b$,由式(4-123)得

$$\delta p = \Delta p (1 - B) \qquad (4-124)$$

显然,若 $\delta p > 0$,则液膜容易形成;若 $\delta p < 0$,则液膜易被挤出。从式(4-124)中可知,随着密封流体压力的增加,非平衡型密封($B > 1$)端面间的液膜趋向被挤出,密封面更紧密,端面间的摩擦状态越来越趋向于干摩擦,密封面在此状态下运转会出现早期磨损失效;而对于平衡型密封($B \leqslant 1$)来说,其端面间的液膜越来越易形成,端面间的液膜越来越厚而趋向于泄漏和不稳定。

大多数机械密封失效不是由于正常磨耗所造成的,而是机械密封的早期失效。早期失效的一个根本原因是所采用的平衡型机械密封失稳。尤其在频繁变化的工作条件下,如工作压力和转速变化较大时,平衡型机械密封缝隙张开的倾向尤为突出。旋转燃烧室工况变化时密封介质压力和密封动环转速变动范围很大,这对平衡型机械密封的稳定性不利。因此,旋转燃烧室的机械密封装置选用非平衡形式。在高压载荷的作用下,非平衡形式械密封端面的接触

面积会较大,但相对有利的条件是燃烧室的工作时间较短。通过选择适当摩擦副配对材料并适度提高密封端面的表面粗糙度等级,能使密封面间保存分子膜,使密封端面的摩擦状态维持在混合摩擦与边界摩擦之间,保证其机械密封装置在运转中不致出现早期磨损失效。

在稳定的高压工作环境中,接触式机械密封可选择平衡型。

4.7.3 摩擦副配对材料的选配

1.被密封介质的性质

选配摩擦副配对材料时应考虑被密封推进剂和海水(水)的腐蚀性、沸点、燃点、黏度和热爆等物理化学性质。材料除了能承受推进剂的作用,还不能对推进剂产生不利的影响。

2.密封摩擦副的 pv 值

由于旋转燃烧室要密封的介质压力非常高,密封结构形式采用非平衡型,密封面间的接触比压势必很高,密封摩擦副的 pv 值也就非常高。旋转燃烧室在工作时,密封装置的密封端面因摩擦产生大量的热。密封端面产生的摩擦热与 pv 值成正比,而摩擦热的大小又直接影响到摩擦副的温度分布,当密封摩擦副温度分布的极大值大于摩擦副间推进剂液膜的沸点或燃点,摩擦副间的推进剂液膜就会蒸发、沸腾,同时产生热振;高温还引起变形、热裂和热应力。这些会导致摩擦副磨损加剧、寿命缩短、泄漏量增加最终使密封失效,更严重的是有可能引燃被密封的推进剂产生爆炸。因此,当选择密封摩擦副材料时,要求材料的导热性大和线膨胀系数小。

3.密封摩擦副的摩擦因数

影响摩擦副摩擦热大小的另一个重要因素是摩擦因数。旋转燃烧室在稳态工况下,密封端面间的摩擦状态可能为混合摩擦与边界摩擦状态;而在启动和变工况时,密封压力和转速大幅度变化使摩擦副接触面积增大,此时密封端面间的摩擦状态可能存在暂时局部乃至完全干摩擦状态。边界摩擦依赖于接触表面之间由吸附而形成的密封流体分子膜,因此,端面材料与密封流体的物理化学性质都会影响到密封面间的边界润滑特性。而在固体接触的干摩擦状态下,尤其在极限压力和高转速情况下,要保证密封摩擦副具有低的摩擦因数,就取决于密封面材料的自润滑性能。对这些条件的适应能力随密封面配对材料不同而异,含有自润滑材料的密封摩擦副,即使发生了表面直接接触,在一定程度上也能保证具有小的摩擦因数,防止密封面的磨损,控制因摩擦而产生过高的热量,避免摩擦面的温升过高。

4.具有良好的气密性

要保证旋转燃烧室机械密封装置近乎“绝对”的密封性能,对于密封摩擦副所选配的材料,具有良好的气密性是十分重要的。例如,旋转燃烧室所采用的浸树脂石墨复合材料的开口气孔率应控制在小于1‰的范围内。

5.具有较高的机械强度

机械密封工作中的摩擦热会导致摩擦副端面温度场不均匀从而发生热变形,作用在密封环上的不均匀压力和因装配产生的残余应力也会使摩擦副端面发生变形。为避免摩擦副产生强度破坏和较大的变形,必须选用具有较高强度的材料。

综上所述,旋转燃烧室机械密封摩擦副一般采用石墨复合材料与硬质合金配对。当硬质合金与石墨复合材料组成摩擦副时,石墨晶体受层间滑移而沿晶层剥离,剥离的石墨层在摩擦面形成极薄的定向晶体膜,此晶体膜具有不饱和键,靠极性吸附在硬质合金环表面上,有足够的连接强度。硬质合金环表面愈洁净、平整,其定向程度愈好,附着力也愈强。这样,摩擦副在运转时便在石墨与石墨晶体层之间滑移,其摩擦因数会大大降低。在干摩擦时摩擦因数不超过 0.2,在润滑介质中小于 0.1,即使摩擦副在边界摩擦或干摩擦条件下运转,产生的摩擦热也不多,其磨损率也很小。

4.7.4　摩擦副温升控制

旋转燃烧室机械密封装置具有很高的 pv 值,工作时摩擦副产生大量的摩擦热。摩擦热可能导致两种情况:一种是摩擦热未能导出而使局部推进剂液膜汽化而造成事故性的泄漏;另一种更严重的后果是摩擦热积累过多使摩擦副端面温度过高导致被密封推进剂爆炸。

因此,旋转燃烧室机械密封装置除了选用导热性能好的摩擦副配对材料和合理利用分配至燃烧室的冷却水量进行冲洗冷却外,还应根据旋转燃烧室设计空间狭小的特点,为硬质合金材料的机械密封环设计最大的散热面积和有效的散热结构。某型号旋转燃烧室机械密封动环结构示意图如图 4-44 所示。

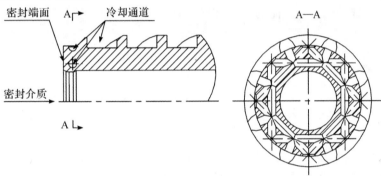

图 4-44　机械密封动环冷却结构示意图

习　　题

4.1　简述推进剂在燃烧室内的燃烧过程,并分析影响推进剂燃烧过程的主要因素。

4.2　相比于一般的燃烧室,鱼雷燃烧室的主要特点有哪些? 对鱼雷燃烧室的主要要求有哪些?

4.3　简述影响喷嘴雾化质量的主要因素有哪些?

4.4　简述鱼雷燃烧室火药点火的主要过程和主要要求。

4.5　试列写固体药柱点火的内弹道计算数学模型。

第5章　鱼雷活塞发动机

5.1　活塞发动机基本原理

活塞发动机的活塞在气缸中往复运动,配气机构负责进、排气,再加上其他部件的协调配合,最终将工质热能转化为机械能的动力机械。为了衡量活塞发动机的性能,对发动机提出各种性能指标。

5.1.1　活塞发动机常用术语

目前现代鱼雷活塞发动机只用单作用发动机,不再使用双作用式发动机,主要原因是对于双作用式发动机,在目前性能参数要求下,气缸的进、排气过程难以实现。以下情况只讨论单作用发动机。

活塞发动机的活塞与气缸是将工质热能转化为机械能的重要部件,两者的结构和几何参数对热功转换有着重要的影响。

1.活塞与气缸的结构

活塞、活塞环构成活塞组件,是活塞发动机的主要零部件之一。

不同的鱼雷,其活塞有不同的结构和尺寸,图 5-1 和图 5-2 所示为两种活塞的三维造型。活塞一般都是圆柱形体,根据功能的不同,将活塞分为顶端、环槽、杆部等三部分。活塞顶端采用平顶或接近平顶设计,有利于减少活塞与高温气体的接触面积,使应力分布均匀。活塞圆柱面上的凹槽称为环槽,一般有 3~4 个槽,用于安装活塞环。活塞杆部是指活塞的下端,是活塞的导向部分,即用于保持活塞在往复运动中的垂直姿态。

图 5-1　某重型鱼雷的活塞

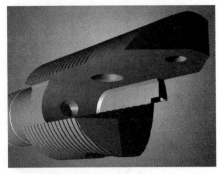

图 5-2　某轻型鱼雷的活塞

由于活塞处于一个高温、高压和高速的恶劣工作环境,又要考虑到发动机的运行平稳及耐用,因此要求活塞也必须要有足够的强度和刚度,相对密度小(质量轻),耐磨及耐腐蚀;同时要求导热性好,耐热性高,膨胀系数小(尺寸及形状变化要小),还要成本低。由于要求多而高,有些要求互相矛盾,很难找到一个能够完全满足各项要求的活塞材料。现代民用发动机的活塞普遍采用铝合金,而鱼雷上的活塞可以考虑采用钛合金。

活塞环的作用是密封,防止工质向外泄漏和防止外面的润滑油进入工作腔。活塞环一般由铸铁、石墨做成,有一定弹性,截面有多种形状,表面有涂层以增加磨合性能。当发动机运转时,活塞会受热膨胀,因此活塞环有开口间隙,如图 5-3 所示。安装时为了保持密封性,要将各活塞环的开口间隙位置错开。在整个活塞组与气缸的配合中,真正与气缸套的内壁接触的是活塞环,它填补了活塞与气缸套内壁间的空隙,因此它是发动机中最容易磨损的零件之一。

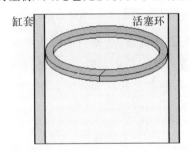

图 5-3　活塞环及活塞环与气缸套的配合

不同的鱼雷,气缸体也有不同的结构和尺寸。气缸体一般采用密度较小的铝合金,在每个气缸的位置再套上合金钢做成的气缸衬套(简称气缸套)。实际上活塞的活塞环与气缸套进行紧密配合,两者有相对运动。图 5-4 所示为某轻型鱼雷的气缸体、气缸套三维造型。图中有 5 个圆柱孔均布,可容纳 5 个活塞往复运动,中心孔用于安装功率输出轴。

2.活塞和气缸的重要几何参数

活塞发动机中活塞是在气缸中作前后往复运动,活塞和气缸的几何尺寸是活塞发动机的重要几何参数。

活塞有前、后两个极限位置,分别称为前止点和后止点,也叫上止点和下止点。活塞冲程 S(Stroke)指活塞在气缸内往复运动时前、后止点之间的距离。

活塞直径 D_p(Diameter of Piston)实际上并不是活塞顶端光滑段的外径,而是指发动机工作时压紧于气缸壁的活塞环的外径,它比活塞顶端光滑段的外径稍微大一点。

图 5-4　某轻型鱼雷的气缸体和气缸套

活塞部件承受气缸内工质压强的面积称为活塞有效面积 F_p(Face of Piston)，公式为

$$F_p = \pi D_p^2/4 \tag{5-1}$$

气缸直径 D_c(Diameter of Cylinder)简称缸径，指气缸衬套的内径。实际上，同一台活塞发动机的缸径等于其活塞直径，即 $D_p = D_c$。活塞发动机的各个气缸的轴线分布在同一个圆上，该圆的半径称为气缸分布圆半径 R。

气缸有效容积 V_c(Volume of Cylinder)是指活塞移动一个完整的冲程，活塞有效面积所扫过的容积，计算公式为

$$V_c = F_p S = \pi D_c^2 S/4 \tag{5-2}$$

为了防止活塞与缸盖碰撞，活塞到达前止点时与气缸盖之间有一定空隙。另外，气阀通道也有一定容积。当活塞位于前止点时，气缸盖与活塞之间的空间，再加上配气机构节制截面到气缸之间气道的空间，两者之和称为余隙容积 V_0。余隙容积与气缸有效容积之比称为余隙容积比 ε_0，即

$$\varepsilon_0 = V_0/V_c \tag{5-3}$$

为了衡量活塞冲程与缸径之间的大小关系，引入缸径冲程比 δ(通常 $\delta \approx 1$)，有

$$\delta = S/D_c \tag{5-4}$$

燃气在气缸中的最大散热面积为

$$F = 2F_p + \pi D_c S \tag{5-5}$$

当发动机气缸有效容积 V_c 恒定时，D_c 与 S 如何选择，才可以减少热交换损失？若其他条件相同，缸内工质换热量的大小可以用单位气缸有效容积的最大换热表面积来衡量，有

$$\sum F_c \approx \pi D_c S + 2\left(\frac{\pi D_c^2}{4}\right)$$

$$V_c = \frac{\pi}{4} D_c^2 S$$

即

$$\sum F_c \approx \frac{4V_c}{D_c} + \frac{\pi D_c^2}{2}$$

上式表示最大散热表面积与气缸直径的关系。将上式对气缸直径求导，当导数为零时，有

$$\frac{d\sum F_c}{dD_c}=0$$

$$\frac{4V_c}{D_c^2}+\frac{2\pi}{2}D_c=0$$

$$\pi D_c=\frac{4V_c}{D_c^2}$$

因此
$$D_c^3=\frac{4V_c}{\pi}$$

将上式带入气缸有效容积公式可得

$$S^3=\frac{4V_c}{\pi}$$

因此,对于有效容积一定的气缸,为了使工质散热量为最小,冲程缸径比应为

$$\frac{S}{D_c}=1 \tag{5-6}$$

5.1.2　配气机构及气缸中工作过程

1. 配气机构

鱼雷活塞机采用缸体活塞部件,把活塞的往复运动转变为主轴的转动,与内燃机有进气门、排气门等配气机构类似,在这个过程中必须有专门的配气机构来配合。

目前鱼雷常用的是转阀配气机构,由阀体和阀座组成。图 5-5 所示为某重型鱼雷(6 缸发动机)所用的配气机构。阀体与主轴固连并随其旋转运动。阀座通过过盈配合安装在缸体上,两者相对位置保持不变,而阀体阀座两者之间必须有相对转动。

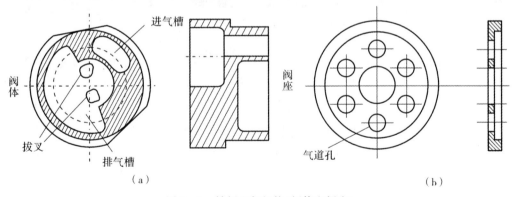

图 5-5　转阀配气机构(阀体和阀座)

图 5-5(a)为阀体结构,阀体底面为配合表面。底面有一个蚕豆形进气槽,用来引入燃烧室产生的高温、高压工质;底面还有一个扇形排气槽,在排气槽中冷却海水与废气相混合,使废气降温。图 5-5(b)为阀座结构,阀座内底面为配合表面。阀座底面开设有 6 个圆孔,称为气道孔,每个气道孔与一个气缸始终保持相通并固定不动,气道孔既是进气过程中新鲜工质进入气缸的通道,也是排气过程中废气排出气缸的通道。

配气机构的功能为根据活塞往复运动所到达的特定位置,使配气阀体和配气阀座处于不

同的相对位置,以相应地打开或者关闭进气槽、排气槽,有规律地让工质进入缸内去推动活塞做功,或者让工作后的废气从缸内流出以利于活塞返回。

图5-6所示为阀体阀座配合后的示意图。图5-6(b)以某个气道孔和对应的气缸为例,来阐述配气过程。为了便于分析,常常认为阀体固定不动,而只有阀座以角速度 ω 旋转。

(1)若阀座转动到将该气道孔与进气槽相通,则对应的气缸内进行进气过程,这时新鲜工质经阀座气道孔和缸体气道进入该气缸。

(2)阀座继续转动,若该气道孔转到与排气槽相通,则对应的气缸内进行排气过程,这时工作后的废气从该气缸流出,达到该气道孔,再流入阀体排气槽。

(3)阀座继续转动,若该气道孔转到被阀体底面堵住,使该气道孔均不与阀体的进气孔和排气槽相通时,则对应的气缸内进行膨胀或压缩过程。

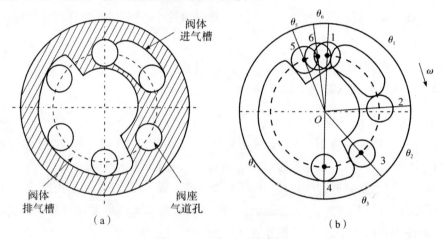

图5-6　配气过程示意图

2.实际示功图

(1)发动机的缸内工作过程。发动机的缸内工作过程可以用 pV 示功图,即缸内压强 p 随缸内容积 V(气道口至活塞顶端的缸内空间容积)变化的关系图来表示。为了提高气缸中热功转换的效率和发动机工作的平稳性,除了必须的进气、膨胀和排气3个过程外,还安排了提前进气、提前排气和废气压缩三个辅助过程,因为一个发动机的多个气缸的缸内 pV 示功图是一样的。下面以一个气缸为例,也就是以阀座上的一个气道孔为例,其 pV 示功图如图5-7所示。

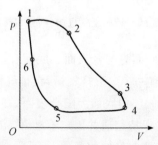

图5-7　缸内实际 pV 示功图

发动机的缸体活塞部件同配气机构之间相互配合工作,而发动机的缸体活塞部件内的工质状态可以用 pV 示功图表示,同时配气机构状态可以用阀体阀座相对位置的配气图来表示,因此也就是 pV 示功图(见图 5-7)与配气图(见图 5-6)有对应关系,见表 5-1。

表 5-1　pV 示功图与配气图的对应关系

pV 图活塞位置	配气机构对应位置	配气机构状态	活塞运动	缸内过程	进气槽	排气槽
1 点 前止点	阀座气道孔位于起点	气道孔与进气槽已经部分贯通	向后	进气	开	关
2 点 膨胀点	阀座气道孔与进气槽后导边相外切	刚刚关闭进气槽	向后	膨胀	关	关
3 点 预排气点	阀座气道孔与排气槽前导边相外切	即将打开排气槽	向后	预排气	关	开
4 点 后止点	阀座气道孔位于半周循环处	气道孔与排气槽已经贯通	向前	排气	关	开
5 点 压缩点	阀座气道孔与排气槽后导边相外切	刚刚关闭排气槽	向前	压缩	关	关
6 点 预进气点	阀座气道孔与进气槽前导边相外切	即将打开进气槽	向前	预进气	开	关
1 点 前止点	阀座气道孔位于起点	气道孔与进气槽已经部分贯通	向前	预进气	开	关

进气过程为 1→2,此时活塞为正行程。在图 5-6(b)的配气图中,1 点(即前止点)时阀座气道孔与阀体的进气槽已经部分贯通,即进气面积已经增大到一定数值,从燃烧室来的工质进入气缸,进气过程开始。当阀座相对转动时,进气面积一直增大直到全开,进入到缸内的工质推动活塞向后运动。随后进气面积又逐渐减小,当阀座气道孔到达 2 点(称为膨胀点)时,进气过程结束,此时阀座气道孔与进气槽后导边相外切,进气面积减小到零。

膨胀过程为 2→3,此时活塞仍然为正行程。在图 5-6(b)的配气图中,当阀座继续转动时,阀座气道孔与进气槽和排气槽都隔绝,那么这个气缸中的燃气处于封闭空间中。缸内气体质量不变,但体积不断膨胀增大,高温、高压的燃气推动活塞向后移动而做功,这是唯一的做功过程。当阀座气道孔到达 3 点(称为预排气点)时,膨胀过程结束,此时阀座气道孔与排气槽前导边相外切,即将使得阀座气道孔与排气槽贯通。

预排气过程为 3→4,此时活塞仍然为正行程。在图 5-6(b)的配气图中,当阀座继续转动时,阀座气道孔与排气槽贯通,随着排气面积不断增大,工质在内外压差作用下大量向外冲出,缸内质量减少;再加上活塞继续后移,气缸容积增大,缸内压强迅速下降。当阀座气道孔转动到 4 点(称为后止点)时,预排气过程结束,此时活塞位于后止点,活塞即将回程。

排气过程为 4→5,此时活塞为回程。在图 5-6(b)的配气图中,4 点时阀座气道孔与阀体的排气槽已经贯通,缸内工作完的废气排出缸外到达排气槽。当阀座相对转动时,活塞回程对废气有推动作用,使得废气继续排出缸外。随后排气面积又逐渐减小,当阀座气道孔到达 5 点(称为压缩点)时,排气过程结束,此时阀座气道孔与排气槽后导边相外切,排气面积减小到零。

压缩过程为 5→6,此时活塞仍然在回程。在图 5-6(b)的配气图中,当阀座继续转动时,阀座气道孔与进气槽和排气槽都隔绝,那么这个气缸中的燃气处于封闭空间中。活塞继续回程对残余废气进行压缩,体积不断减小,压强不断上升。当阀座气道孔到达 6 点(称为预进气点)时,压缩过程结束,此时阀座气道孔与进气槽前导边相外切,即将使阀座孔与进气槽贯通。

预进气过程为 6→1,此时活塞仍然在回程。在图 5-6(b)的配气图中,当阀座继续转动时,阀座气道孔与进气槽贯通,随着进气面积不断增大,新鲜的工质进入气缸,与残余废气混合,并对后者进行加热和增压。当阀座气道孔转动到 1 点,预进气过程结束,此时活塞位于前止点,活塞即将开始正行程。

总之,整个进气阶段为预进气点 6 时打开进气槽,到前止点 1,再到膨胀点 2 关闭进气槽,也就是预进气过程与进气过程。整个排气阶段为预排气点 3 时打开排气槽,到后止点 4,再到压缩点 5 关闭排气槽,也就是预排气过程与排气过程。

实际 pV 示功图可以反映活塞发动机缸内压强的变化情况,并可以从数量上确定发动机做功的大小。运用热力学原理和积累的实践经验和数据,可以对不同发动机或者同一个发动机在不同工况下的 pV 示功图进行比较和分析,从而对气缸内过程的完善程度和热功转换的数量作出正确的评价和判断,为改进和提高发动机的工作性能提出应采取的措施。因此,示功图是计算活塞发动机工作性能数据的重要而有效的工具,常用来分析各种因素对缸内工作过程影响。

(2)两类示功图。为了取得发动机的性能参数,通常要进行发动机功率试验(试车)。发动机功率试验时,除了常规测量所要求的发动机力矩、转速,有关部位的压强、温度、燃料流量、冷却介质流量等以外,还可以用示功器或相应的传感器,记录相对于不同活塞位置或不同主轴转角时气缸中压强的变化,即测录缸内实际示功图。

示功图有两类,一类是 pV 示功图,如图 5-8(a)所示,表示的是缸内工质气体压强与工质所占有的体积之间的关系。这种示功图的面积就是该循环所做的功,因此比较适合于计算发动机的动力性和经济性指标。

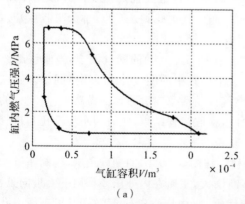
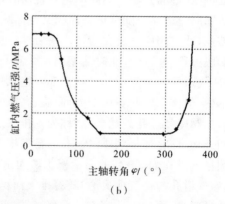

图 5-8 pV 示功图和 $p\varphi$ 示功图

一类是 $p\varphi$ 示功图,如图 5-8(b)所示,表示的是缸内工质气体压强与主轴转角之间的关系,通常令活塞位于前止点时主轴转角为零。这种示功图可以看出每个转角时对应的工质压强,很便于对发动机进行动力学计算,以确定各个零部件的载荷。

实际上两种示功图可以互相转换,只要知道其中一个就可以绘出另一个示功图,以平面曲柄连杆机构为例,如图 5 - 9 所示。

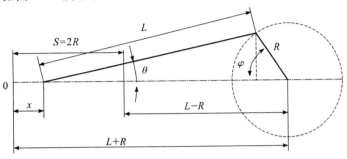

图 5 - 9　平面曲柄连杆机构

连杆长度为 L,曲柄长度为 R,因此活塞冲程为 $S=2R$,图中连杆与水平方向的夹角为 θ,曲柄转角为 φ,从前止点起算的活塞位移 x 为

$$x=(R+L)-(R\cos\varphi+L\cos\theta)=(R+L)-(R\cos\varphi+\sqrt{L^2-R^2\sin^2\varphi}) \qquad (5-7)$$

可见,$x=f(\varphi)$,也就是 $V=f(\varphi)$,因此两种示功图可以互相转换。

3. 理论示功图和配气参数

(1)理论 pV 示功图。对于没有条件进行功率试验或者正在设计中的发动机,常在一些假设的基础上,绘制出理论 pV 示功图,如图 5 - 10 所示。进气 1→2 为多变过程,用连接 1 点和 2 点的直线代替;膨胀 2→3 为等熵膨胀过程;预排气 3→4 为多变过程,用连接 3 点和 4 点的直线代替;排气 4→5 为定压过程;压缩 5→6 为定熵压缩过程;预进气 6→1 为多变过程,用连接 6 点和 1 点的直线代替。可见,理论 pV 示功图是由直线和等熵线组成的,称这种循环为理论循环。

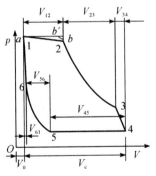

图 5 - 10　理论 pV 示功图

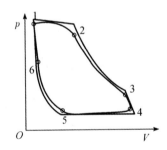

图 5 - 11　理论示功图与实际示功图

气缸工作时的实际 pV 示功图与理论 pV 示功图有差别,如图 5 - 11 所示,内圈为气缸实际示功图,外圈为理论示功图。实际 pV 示功图所包围的面积,就是气缸完成一次工作循环中工质对活塞做的净功,称为一个气缸的循环功或者指示功 W_i。理论 pV 示功图所包围的面积,就是理论循环中气缸完成一个工作循环工质对活塞做的净功,称为一个气缸的理论循环功或者理论指示功 W_{it}。

实际 pV 示功图小于理论 pV 示功图的面积,它们的比值就是示功图丰满系数 f,则

$$f = \frac{W_i}{W_{it}} \tag{5-8}$$

对于不同的实际示功图,如果采用的理论示功图不同,则求得的丰满系数的值也不同。对同一台发动机来说,丰满系数也不是固定值,它随着进气压强、航深、转速的改变而改变,但变化范围不大。

(2)理论 pV 示功图的配气比。为了描述理论 pV 示功图上缸内各过程的完善程度,引入 6 个配气比参数。配气比是指缸内各过程中活塞扫过的容积与气缸有效容积之比,也就是各过程的活塞位移与活塞冲程之比。在图 5 - 10 的 pV 示功图中,进气比 ε_1、膨胀比 ε_2、预排气比 ε_3、排气比 ε_4、压缩比 ε_5、预进气比 ε_6 分别为

$$\varepsilon_1 = \frac{V_{12}}{V_c} = \frac{s_{12}}{S} \tag{5-9}$$

$$\varepsilon_2 = \frac{V_{23}}{V_c} = \frac{s_{23}}{S} \tag{5-10}$$

$$\varepsilon_3 = \frac{V_{34}}{V_c} = \frac{s_{34}}{S} \tag{5-11}$$

$$\varepsilon_4 = \frac{V_{45}}{V_c} = \frac{s_{45}}{S} \tag{5-12}$$

$$\varepsilon_5 = \frac{V_{56}}{V_c} = \frac{s_{56}}{S} \tag{5-13}$$

$$\varepsilon_6 = \frac{V_{61}}{V_c} = \frac{s_{61}}{S} \tag{5-14}$$

由图 5 - 10 可知,有

$$V_{12} + V_{23} + V_{34} = V_{45} + V_{56} + V_{61} = V_c$$

$$s_{12} + s_{23} + s_{34} = s_{45} + s_{56} + s_{61} = S$$

可得

$$\varepsilon_1 + \varepsilon_2 + \varepsilon_3 = 1 \tag{5-15}$$

$$\varepsilon_4 + \varepsilon_5 + \varepsilon_6 = 1 \tag{5-16}$$

可见,6 个配气参数中只有 4 个独立变量,一般取进气比 ε_1、提前排气比 ε_3、压缩比 ε_5、提前进气比 ε_6 为独立配气参数,其余两个可根据上述两个公式获得。

(3)理论 pV 示功图的各点坐标。在进气过程 1→2,考虑到燃烧室到发动机之间存在进气管,工质流动时有压强损失,如假设燃烧室压强为 p_c、温度为 T_c,则 1 点的发动机进气压强 p_1、容积 V_1、温度 T_1 为

$$p_1 = (0.98 \sim 1)p_c \tag{5-17}$$

$$V_1 = \varepsilon_0 V_c \tag{5-18}$$

$$T_1 = (0.98 \sim 1)T_c \tag{5-19}$$

由于进气结束时进气面积缩小产生的节流作用,2 点压强略低于 1 点压强,可用压降系数 α 来将两者联系起来。2 点压强和容积分别为

$$p_2 = \alpha p_1 \tag{5-20}$$

$$V_2 = (\varepsilon_0 + \varepsilon_1)V_c \tag{5-21}$$

因为 2 点压强低于 1 点压强,所以进入气缸的工质质量较等压进气少。如图 5 - 10 所示,从 1 点画等压进气线 ab,a 点即 1 点,b 点容积等于 2 点容积。再以点 2 为基础,向上延伸等熵线,交等压进气线于 b' 点。因为 1→2 进气质量等于 ab' 进气质量,所以令等压进气过程 ab' 与

ab 的进气质量之比为充填系数 ξ，则

$$\xi = \frac{ab'}{ab} \tag{5-22}$$

压降系数 ξ 与充填系数 α 的关系为

$$\left. \begin{array}{l} \xi = 1 - \left(1 + \dfrac{\varepsilon_0}{\varepsilon_1}\right)(1 - \alpha^{1/k}) \\[2mm] \alpha = \left(1 - \dfrac{1 - \xi}{1 + \varepsilon_0/\varepsilon_1}\right)^k \end{array} \right\} \tag{5-23}$$

膨胀过程 2→3 为等熵膨胀过程，因此 3 点容积和压强分别为

$$V_3 = (\varepsilon_0 + 1 - \varepsilon_3)V_c \tag{5-24}$$

$$p_3 = \left(\frac{V_2}{V_3}\right)^k p_2 \tag{5-25}$$

排气系统出口截面一般位于鱼雷尾部，此处海水背压 p_B 为

$$p_B = p_a + \rho g H + \frac{1}{2}\rho V_T^2 \tag{5-26}$$

式中：p_a 为海平面的大气压强；ρ 为海水密度；H 为鱼雷航深；V_T 为鱼雷航速。

4 点缸内排气压强高于排气系统出口处的海水背压 p_B，如果发动机排气系统压强损失为 Δp，则 4 点排气压强和体积分别为

$$p_4 = p_a + \rho g H + \frac{1}{2}\rho V_T^2 + \Delta p \tag{5-27}$$

$$V_4 = (\varepsilon_0 + 1)V_c \tag{5-28}$$

排气过程 4→5 为等压过程，因此 5 点压强和容积分别为

$$p_5 = p_4 \tag{5-29}$$

$$V_5 = (\varepsilon_0 + \varepsilon_5 + \varepsilon_6)V_c \tag{5-30}$$

压缩过程 5→6 为等熵过程，因此 6 点体积和压强分别为

$$V_6 = (\varepsilon_0 + \varepsilon_6)V_c \tag{5-31}$$

$$p_6 = \left(\frac{V_5}{V_6}\right)^k p_5 \tag{5-32}$$

知道了相邻两点的坐标后，如果在相邻两点之间取一些点进行插值，得到插值点的坐标，就可以在计算机上绘制理论 pV 示功图。下述求出相邻两点之间任意一点的坐标。

表 5－2　理论 pV 示功图各点坐标及插值点坐标

序号	体　积	压　强	相邻两点之间任意一点 V 处的压强 p
1 点	$V_1 = \varepsilon_0 V_c$	$p_1 = (0.98 \sim 1)p_c$	$p = p_1 + \dfrac{p_2 - p_1}{V_2 - V_1}(V - V_1)，V \in [V_1, V_2]$
2 点	$V_2 = (\varepsilon_0 + \varepsilon_1)V_c$	$p_2 = \alpha p_1$	$p = \left(\dfrac{V_2}{V}\right)^k p_2，V \in [V_2, V_3]$
3 点	$V_3 = (\varepsilon_0 + 1 - \varepsilon_3)V_c$	$p_3 = \left(\dfrac{V_2}{V_3}\right)^k p_2$	$p = p_4 + \dfrac{p_4 - p_3}{V_4 - V_3}(V - V_4)，V \in [V_3, V_4]$
4 点	$V_4 = (\varepsilon_0 + 1)V_c$	$p_4 = p_a + \rho g H + 0.5\rho V_T^2 + \Delta p$	$p = p_4，V \in [V_5, V_4]$

续表

序号	体　积	压　强	相邻两点之间任意一点 V 处的压强 P
5 点	$V_5=(\varepsilon_0+\varepsilon_5+\varepsilon_6)V_c$	$p_5=p_4$	$p=\left(\dfrac{V_5}{V}\right)^k p_5,V\in[V_6,V_5]$
6 点	$V_6=(\varepsilon_0+\varepsilon_6)V_c$	$p_6=\left(\dfrac{V_5}{V_6}\right)^k p_5$	
1 点	同前,略	同前,略	$p=p_1+\dfrac{p_6-p_1}{V_6-V_1}(V-V_1),V\in[V_1,V_6]$

过程 1→2 中任意一点 $V,V\in[V_0,V_0+\varepsilon_1 V_c]$,则

$$p=p_1+\frac{p_2-p_1}{V_2-V_1}(V-V_1) \qquad (5-33)$$

过程 2→3 中任意一点 $V,V\in[V_0+\varepsilon_1 V_c,V_0+V_c-\varepsilon_3 V_c]$,则

$$p=\left(\frac{V_2}{V}\right)^k p_2 \qquad (5-34)$$

过程 3→4 中任意一点 $V,V\in[V_0+V_c-\varepsilon_3 V_c,V_0+V_c]$,则

$$p=p_4+\frac{p_4-p_3}{V_4-V_3}(V-V_4) \qquad (5-35)$$

过程 4→5 中任意一点 $V,V\in[V_0+\varepsilon_5 V_c+\varepsilon_6 V_c,V_0+V_c]$,则

$$p=p_4 \qquad (5-36)$$

过程 5→6 中任意一点 $V,V\in[V_0+\varepsilon_6 V_c,V_0+\varepsilon_5 V_c+\varepsilon_6 V_c]$,则

$$p=\left(\frac{V_5}{V}\right)^k p_5 \qquad (5-37)$$

过程 6→1 中任意一点 $V,V\in[V_0,V_0+\varepsilon_6 V_c]$,则

$$p=p_1+\frac{p_6-p_1}{V_6-V_1}(V-V_1) \qquad (5-38)$$

将以上 pV 示功图的公式汇总见表 5-2。

4. 配气角

(1)理论 $p\varphi$ 示功图的配气角。在图 5-6 的配气图上,相邻两个位置的阀座气道孔中心所在半径之间的夹角称为配气角。进气角为 $\theta_1=\overset{\frown}{12}$,膨胀角为 $\theta_2=\overset{\frown}{23}$,预排气角为 $\theta_3=\overset{\frown}{34}$,排气角为 $\theta_4=\overset{\frown}{45}$,压缩角为 $\theta_5=\overset{\frown}{56}$,预进气角为 $\theta_6=\overset{\frown}{61}$。

由图 5-6 可见,对于此配气机构,有

$$\theta_1+\theta_2+\theta_3=180°/i \qquad (5-39)$$
$$\theta_4+\theta_5+\theta_6=180°/i \qquad (5-40)$$

式中:i 为主轴旋转一周,每个气缸完成的循环数(对于峰数为 m 的凸轮发动机,$i=m$;对于周转斜盘机,$i=1$)。

(2)已知配气角计算配气参数。以凸轮式活塞发动机为例,以前止点起算的向后止点为正的活塞往复运动位移方程为

$$s=\frac{S}{2}[1-\cos m(\omega_i+\omega_o)t]=\frac{S}{2}(1-\cos m\theta)$$

式中:S 为活塞冲程;m 为凸轮工作曲面的峰数;$\omega_i+\omega_o$ 为内、外轴相对转角,即转阀的阀体/阀座相对转角。

如果已知配气角,可计算出对应的配气比为

$$\varepsilon_1=\frac{1-\cos m\theta_1}{2} \qquad (5-41)$$

$$\varepsilon_2 = \frac{1-\cos m(\theta_1+\theta_2)}{2} - \varepsilon_1 \text{ 或 } \varepsilon_2 = \frac{1+\cos m\theta_3}{2} - \varepsilon_1 \qquad (5-42)$$

$$\varepsilon_3 = \frac{1-\cos m\theta_3}{2} \qquad (5-43)$$

$$\varepsilon_4 = \frac{1-\cos m\theta_4}{2} \qquad (5-44)$$

$$\varepsilon_5 = \frac{1-\cos m(\theta_5+\theta_6)}{2} - \varepsilon_6$$

或

$$\varepsilon_5 = \frac{1+\cos m\theta_4}{2} - \varepsilon_6 \qquad (5-45)$$

$$\varepsilon_6 = \frac{1-\cos m\theta_6}{2} \qquad (5-46)$$

(3)已知独立配气参数,反算配气角大小的公式,即

$$\theta_1 = \frac{1}{m}\arccos(1-2\varepsilon_1) \qquad (5-47)$$

$$\theta_1 = \frac{\pi}{m} - \theta_1 - \theta_2 \qquad (5-48)$$

$$\theta_3 = \frac{1}{m}\arccos(1-2\varepsilon_3) \qquad (5-49)$$

$$\theta_4 = \frac{\pi}{m} - \theta_5 - \theta_6 \qquad (5-50)$$

$$\theta_5 = \frac{1}{m}\arccos(1-2\varepsilon_5-2\varepsilon_6) - \theta_6 \qquad (5-51)$$

$$\theta_6 = \frac{1}{m}\arccos(1-2\varepsilon_6) \qquad (5-52)$$

5.1.3　性能指标

建立活塞发动机性能的评价指标,目的是可以根据这些评价指标来对各种活塞发动机进行对比,并且找出影响这些性能指标的因素,以提高发动机性能的途径。

热力发动机的工作性能一般可分为动力性、经济性、可靠性、耐久性。动力性表征一定尺寸和质量的发动机,在单位时间内做功能力的大小。经济性表征发动机做一定量机械功时,消耗的燃料或者热能的大小。可靠性是指产品在规定的条件下和规定的时间内完成规定功能的能力,或者在规定的条件下和规定时间内所允许的故障数,常做的是振动疲劳试验。耐久性是指某种试验条件下到达试验坏为止能达到的极限寿命,常做的是寿命试验。鱼雷设计工作时间在数十分钟左右,后两类指标在鱼雷上应用得很少。

工质在将自身热能转化为主轴动能的过程中,如图 5 - 12 所示,能量依次进行了以下传递:工质热能→活塞动能→曲柄连杆的能量→主轴旋转能量。在每个阶段都有能量损失,理论上应该对每个阶段都有指标来衡量。在实际中重要考察两个阶段,即第一个阶段和最后一个阶段,从而提出了指示指标和有效指标两类指标。

指示指标是以发动机工质对活塞所做的功为基础,可以根据 pV 示功图来计算,常用于研究分析气缸内的实际工作工程,以及评定实际循环的质量好坏。

有效指标是以发动机主轴输出功率为基础,用于表示发动机主轴驱动负载的动力性和经济性指标。

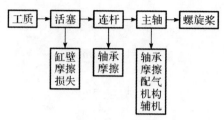

图 5-12　活塞发动机能量转递与转换过程

1. 指示指标

常用的指示指标有平均指示压强、指示功率、指示燃料消耗率和指示效率,前两个是评价发动机动力性能的指标,后两个是评价发动机经济性能的指标。

(1)指示功(循环功)W_i。指示功(循环功)是指一个气缸中完成一个工作循环,工质对活塞所做的功。在 pV 示功图上,它等于实际示功图的面积。

(2)平均指示压强 p_i。实际循环的指示功同气缸有效容积 V_c 之比称为平均指示压强 p_i。它表征气缸有效容积利用率高低的性能参数,是衡量发动机动力性能的一个重要指标,有

$$p_i = \frac{W_i}{V_c} \qquad \left(\frac{J}{m^3} = \frac{N \cdot m}{m^3} = \frac{N}{m^2}\right) \tag{5-53}$$

(3)指示功率 N_i。指示功率是指单位时间内工质对发动机各活塞所做指示功之和,即工质在发动机各气缸中发出的总功率。与前面的 W_i 和 p_i 不同,指示功率 N_i 这个参数涉及多缸多个循环。

因为发动机完成每次循环所用的时间为 τ,即

$$\tau = \frac{1}{in}$$

所以指示功率 N_i 为

$$N_i = \frac{W_i}{\tau} z = izn p_i V_c \tag{5-54}$$

式中:z 为发动机气缸数目;n 为发动机主轴相对于鱼雷雷体的转速;i 为主轴旋转一周各个气缸都完成 i 次工作循环(即 i 次做功)。

注意:对于曲柄连杆机构活塞发动机,以及单轴输出的周转斜盘发动机(即摆盘机),n 就是主轴转速,$i=1$;而对于双轴输出周转斜盘活塞发动机,如果内、外轴相对于雷体的转速为 n_i,n_o,$n=n_i+n_o$,则 $i=1$;对于凸轮式活塞发动机,且圆柱凸轮工作曲面的峰数为 m,当同心双轴反向旋转输出时,$n=n_i+n_o$,$i=m$。

(4)指示燃料消耗率 m_i。对于以大气为氧化剂的热力发动机,氧化剂可以取自大气而且不受限制,因此燃料通常是指燃烧剂。鱼雷通常要自身携带燃烧剂和氧化剂,甚至还要携带用于对工质进行降温并参与形成工质的燃气冷却剂,而且氧化剂、燃气冷却剂的体积和质量常常比燃烧剂大得多。对于鱼雷热动力系统而言,燃料是满足以下两个条件的各种成分的总和:一是在鱼雷内携带储存的;二是参与形成发动机工质。

注意:

1)海水作为燃气冷却剂参与形成发动机工质,但它取自雷外,不占鱼雷的储备容积和增添质量。因此,不能计入燃料流量中,但在计算工质秒耗量时应该包括海水流量。

2)取自身携带的淡水作为燃气冷却剂参与形成发动机工质,此时,淡水流量计入燃料流

量,因此,燃料流量等于工质流量。

3)压缩 CO_2、压缩 N_2 或者海水作为燃料挤代剂。它们不参与形成工质,因此,不能计入燃料和工质流量。

指示燃料消耗率是指发动机在单位时间内发出单位指示功所消耗的燃料量,或者发动机要维持单位指示功时所消耗的燃料秒耗量。燃料秒耗量 $\dot M$ 用于表示鱼雷在单位时间内消耗的燃料质量,单位为 kg/s,则指示燃料消耗率 m_i 计算公式为

$$m_i = \frac{\dot M}{N_i} \tag{5-55}$$

(5)指示效率 η_i。指示效率 η_i 是指发动机实际循环的指示功与其消耗燃料的热能之比,它可以衡量燃料热能转化成发动机指示功的有效程度,即

$$\eta_i = \frac{N_i}{(\dot M_f + \dot M_o) H_u \eta_c} \tag{5-56}$$

式中:η_c 为燃烧室的燃烧效率;H_u 为燃料的低热值;$\dot M_f$ 和 $\dot M_o$ 分别为燃烧剂和氧化剂的秒耗量。

2. 有效指标

常用的有效指标为有效功率、有效转矩、平均有效压强、有效燃料消耗率、有效效率、升功率、比功率和比重力。除有效燃料消耗率和有效效率为发动机的经济性能指标外,其他均属于动力性指标。

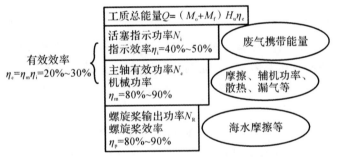

图 5-13 活塞发动机的能量传递与效率

(1)机械损失功率 N_m。活塞获得能量后,在将能量传递到主轴上的过程中存在机械损失功率 N_m,它是指发动机各种机械性损失和消耗之和,如图 5-13 所示,主要包括以下几项:

1)发动机内部运动部件的摩擦损失。例如,活塞、活塞环与缸壁间的摩擦,各轴承与轴颈之间的摩擦,配气机构的摩擦。

2)驱动辅机的能量。例如,驱动燃料泵、海水泵、滑油泵、发电机(三泵一机),配气机构等。

3)漏气损失和散热损失。

(2)有效功率 N_e。发动机主轴输出的用来驱动推进器的功率称为有效功率,等于指示功率 N_i 减去机械损失功率 N_m。当发动机作双轴输出时,有效功率是两轴输出功率之和,即

$$N_e = N_i - N_m \tag{5-57}$$

(3)机械效率 η_m。有效功率与指示功率之比称为发动机的机械效率,则

$$\eta_m = \frac{N_i - N_m}{N_i} = \frac{N_e}{N_i} \tag{5-58}$$

(4)平均有效压强 p_e。平均有效压强 p_e 是指单位气缸有效容积所发出的有效功率,它是从发动机主轴输出有效功率的角度来衡量气缸有效容积利用率高低的性能参数,是表征发动机动力性能的一个重要指标,有

$$p_e = \frac{N_e}{izV_c n} \qquad (5-59)$$

平均有效压强和平均指示压强之间的关系为

$$p_e = \eta_m p_i \qquad (5-60)$$

(5)有效转矩 M_e。发动机主轴输出的用来驱动推进器的转矩称为有效转矩。当发动机作双轴输出时,有效转矩应是两输出轴的输出转矩之和,即

$$M_e = M_i + M_o = \frac{N_{ei}}{2\pi n_i} + \frac{N_{eo}}{2\pi n_o} \qquad (5-61)$$

(6)有效燃料消耗率 m_e。发动机在单位时间内发出单位有效功率所消耗的燃料量称为有效燃料消耗率,有

$$m_e = \frac{\dot{M}}{N_e} \qquad (5-62)$$

有效燃料消耗率与指示燃料消耗率的关系为

$$m_e = \frac{m_i}{\eta_m} \qquad (5-63)$$

有效燃料消耗量 m_e 表征发动机在燃料消耗方面的经济性,具有很重要的实际意义。热动力鱼雷自身携带的燃料有体积和质量两方面的限制。如果 m_e 小,意味着相同 N_e 条件下 $\dot{M}$ 小,就可以延长发动机的工作时间,从而增大鱼雷的航程;或者意味着在相同 $\dot{M}$ 条件下 N_e 大,获得更大的有效功率和航速。因此,m_e 是与鱼雷的航程、航速有关的发动机经济性指标。

(7)有效效率 η_e。发动机有效功率与所消耗的燃料的热能之比称为有效效率,则

$$\eta_e = \frac{N_e}{(\dot{M}_f + \dot{M}_o) H_u \eta_c} \qquad (5-64)$$

可见,有效效率考虑了实际发动机工作时的一切损失。有效效率与指示效率的关系为

$$\eta_e = \eta_m \eta_i \qquad (5-65)$$

(8)升功率。在标定工况下,发动机单位气缸有效容积发出的有效功率,称为发动机的升功率,即

$$N_l = \frac{N_e}{zV_c} \qquad (5-66)$$

升功率越大,表示同样的发动机有效容积能够发出更大的功率,或者说发出同样的功率时,只需很小的气缸有效容积,即发动机更小巧。这个参数是从有效功率的角度来衡量发动机有效容积利用率高低的动力性指标。

(9)比功率。在标定工况下,发动机有效功率与发动机质量之比,称为比功率。比功率越大,表示同样的功率需要的发动机质量越小,即发动机越轻巧,有

$$N_M = \frac{N_e}{M} \qquad (5-67)$$

现在列出某些发动机的比功率参数。民用发动机,例如某解放汽车使用的发动机为

0.16 kW/kg,6135 柴油机为 0.13 kW/kg,东风 4 系列内燃机车的发动机 16V240Z 为 0.15 kW/kg。鱼雷上使用的发动机,例如卧式双缸双作用活塞发动机为 1.6 kW/kg,5 缸凸轮发动机为 5.18 kW/kg。可见鱼雷发动机是高度强化的发动机。

(10)比重力。在标定工况下,相应于每单位有效功率分配到的发动机重力称为比重力。比重力越小,表示同样的功率需要的发动机质量越小,即发动机越轻巧,有

$$\gamma_E = \frac{G_E}{N_e} \quad (N/W) \tag{5-68}$$

5.1.4　计算性能指标

1. 计算平均有效压强

分析上述动力性指标 W_{it},W_i,p_i,p_e,N_e 等的计算公式可以发现,只有在求出理论循环功 W_{it} 后,再引入一些系数,例如 f,η_m 等,才能计算其他指标,计算顺序为 $W_{it} \rightarrow W_i \rightarrow p_i \rightarrow p_e \rightarrow N_e$。现在根据理论 pV 示功图求 W_{it}。

根据工程热力学的相关结论,W_{it} 就是该理论 pV 示功图所包围的面积,即正向循环面积之和减去逆向循环面积之和。正向循环是指把热能转变成机械能的循环,工质对活塞做功,在 pV 示功图上的特点是循环过程按顺时针方向进行的。逆向循环是指把机械能转变为热能的循环,活塞对工质做功,在 pV 示功图上的特点是循环过程按逆时针方向进行的。

在图 5-14 的理论 pV 示功图中,过程 123456 的面积可表达为 $W_{it} = F(122'1') + F(233'2') + F(344'3') - F(455'4') - F(566'5') - F(611'6')$,也就是 $F(两个梯形) + F(一个弧梯形) - F(两个梯形) - F(一个弧梯形)$。

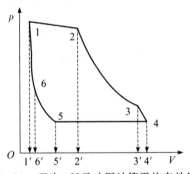

图 5-14　理论 pV 示功图计算平均有效压强

以 1→2 过程的梯形面积为例:
$$F(122'1') = (上底 + 下底) \times 高/2 = (p_1 + p_2)V_{12}/2$$

以 2→3 过程的弧梯形面积为例:

$$W = \int_{V_2}^{V_3} p\,dV = \int_{V_2}^{V_3} \left(\frac{V_2}{V}\right)^k p_2\,dV = -\frac{1}{k-1}(p_3 V_3 - p_2 V_2) = \frac{1}{k-1}(p_2 V_2 - p_3 V_3)$$

因此

$$W_{1t} = \varepsilon_1 V_1 \left(\alpha p_1 + \frac{p_1 - \alpha p_1}{2}\right) + \frac{V_c}{k-1}[\alpha p_1(\varepsilon_0 + \varepsilon_1) - p_3(\varepsilon_0 + 1 - \varepsilon_3)] +$$

$$\varepsilon_3 V_c \left(p_4 + \frac{p_3 - p_4}{2}\right) - (1 - \varepsilon_6 - \varepsilon_5)V_c p_4 - \frac{V_c}{k-1}[p_6(\varepsilon_0 + \varepsilon_6) - p_4(\varepsilon_0 + \varepsilon_5 + \varepsilon_6)] -$$

$$\varepsilon_6 V_c \left(p_6 + \frac{p_1 - p_6}{2} \right) =$$

$$V_c \left[\left(\frac{1+\alpha}{2} \varepsilon_1 - \frac{\varepsilon_6}{2} \right) p_1 + \frac{\varepsilon_0 + \varepsilon_1}{k-1} \left(1 - \frac{p_3}{\alpha p_1} \frac{\varepsilon_0 + 1 - \varepsilon_3}{\varepsilon_0 + \varepsilon_1} \right) \alpha p_1 + \frac{\varepsilon_3}{2} p_3 - \left(1 - \varepsilon_6 - \varepsilon_5 - \frac{\varepsilon_3}{2} \right) p_4 - \right.$$

$$\left. \frac{\varepsilon_0 + \varepsilon_6 + \varepsilon_5}{k-1} \left(\frac{p_6}{p_4} \frac{\varepsilon_0 + \varepsilon_6}{\varepsilon_0 + \varepsilon_5 + \varepsilon_6} - 1 \right) p_4 - \frac{\varepsilon_6}{2} p_6 \right]$$

理论 pV 示功图中 $2 \to 3$ 过程和 $5 \to 6$ 过程为等熵过程，则有

$$\alpha p_1 \left[(\varepsilon_0 + \varepsilon_1) V_c \right]^k = p_3 \left[(\varepsilon_0 + 1 - \varepsilon_3) V_c \right]^k$$

$$p_4 \left[(\varepsilon_0 + \varepsilon_5 + \varepsilon_6) V_c \right]^k = P_6 \left[(\varepsilon_0 + \varepsilon_6) V_c \right]^k$$

即 3 点、6 点压强可表示为

$$p_3 = \left(\frac{\varepsilon_0 + \varepsilon_1}{\varepsilon_0 + 1 - \varepsilon_3} \right)^k \alpha p_1, \qquad p_6 = \left(\frac{\varepsilon_0 + \varepsilon_6 + \varepsilon_5}{\varepsilon_0 + \varepsilon_6} \right)^k p_4$$

将 3 点、6 点压强带入 W_{it} 的表达式，整理，得

$$W_{it} = (A p_1 - B p_4) V_c \tag{5-69}$$

$$A = \frac{1+\alpha}{2} \varepsilon_1 - \frac{\varepsilon_6}{2} + \frac{\alpha(\varepsilon_0 + \varepsilon_1)}{k-1} \left[1 - \left(\frac{\varepsilon_0 + \varepsilon_1}{\varepsilon_0 + 1 - \varepsilon_3} \right)^{k-1} \right] + \frac{\alpha \varepsilon_3}{2} \left(\frac{\varepsilon_0 + \varepsilon_1}{\varepsilon_0 + 1 - \varepsilon_3} \right)^k \tag{5-70}$$

$$B = 1 - \varepsilon_6 - \varepsilon_5 - \frac{\varepsilon_3}{2} + \frac{(\varepsilon_0 + \varepsilon_6 + \varepsilon_5)}{k-1} \left[\left(\frac{\varepsilon_0 + \varepsilon_6 + \varepsilon_5}{\varepsilon_0 + \varepsilon_6} \right)^{k-1} - 1 \right] + \frac{\varepsilon_6}{2} \left(\frac{\varepsilon_0 + \varepsilon_6 + \varepsilon_5}{\varepsilon_0 + \varepsilon_6} \right)^k \tag{5-71}$$

在获得 W_{it} 的计算公式后，单缸指示功 W_i、平均指示压强 p_i、平均有效压强 p_e 计算公式为

$$W_{it} = f(A p_1 - B p_4) V_c \tag{5-72}$$

$$p_i = f(A p_1 - B p_4) \tag{5-73}$$

$$p_e = f \eta_m (A p_1 - B p_4) \tag{5-74}$$

分析平均有效压强 p_e 的计算公式可知，p_e 主要与下列参数有关：配气参数 $\varepsilon_1, \varepsilon_3, \varepsilon_5, \varepsilon_6$，工质参数 p_1, k，工况参数 p_4，以及余隙容积比 ε_0 和压降系数 α。因此，6 个配气参数中常常选择其中 $\varepsilon_1, \varepsilon_3, \varepsilon_5, \varepsilon_6$ 4 个配气参数作为已知条件。

2. 发动机工质秒耗量

发动机工质的消耗可以认为由两部分组成，即各缸中进行热功转换所需要的工质消耗量，以及因配气机构泄露而导致的工质泄漏量。下面先求进行热功转换的工质消耗量。

在理论 pV 示功图上（见图 5-10），进气过程结束时一个气缸中的工质质量 m' 为

$$m' = \frac{p_1}{RT_1} (\varepsilon_0 + \xi \varepsilon_1) V_c$$

压缩过程开始时一个气缸中工质气体的质量 m'' 为

$$m'' = \frac{p_4}{RT_4} (\varepsilon_0 + \xi_5 + \xi_6) V_c$$

每个气缸每个循环消耗的工质为

$$m = m' - m'' = \frac{p_1}{RT_1} \xi \varepsilon_1 V_c \left(1 + \frac{\varepsilon_0}{\xi \varepsilon_1} - \frac{p_4}{p_1} \frac{T_1}{T_4} \frac{\varepsilon_0 + \varepsilon_6 + \varepsilon_5}{\xi \varepsilon_1} \right)$$

由于

$$\frac{T_1}{T_4} = \frac{T_1}{T_2} \frac{T_2}{T_3} \frac{T_3}{T_4} \approx \alpha^{\frac{k-1}{k}} \left(\frac{p_2}{p_3} \right)^{\frac{k-1}{k}} \left(\frac{p_3}{p_4} \right)^{\frac{k-1}{k}} = \left(\frac{p_1}{p_4} \right)^{\frac{k-1}{k}}$$

可得

$$m = \frac{p_1}{RT_1} \xi \varepsilon_1 V_c \left\{ 1 + \frac{\varepsilon_0}{\xi \varepsilon_1} \left[1 - \left(\frac{p_4}{p_1}\right)^{\frac{1}{k}} \frac{\varepsilon_0 + \varepsilon_6 + \varepsilon_5}{\xi \varepsilon_1} \right] \right\}$$

发动机理论工质秒耗量 $\dot{M}_{w1}$ 为

$$\dot{M}_{w1} = \frac{zm}{\tau} = iznm$$

即

$$\dot{M}_{w1} = izn \frac{p_1}{RT_1} \xi \varepsilon_1 V_c \left\{ 1 + \frac{\varepsilon_0}{\xi \varepsilon_1} \left[1 - \left(\frac{p_4}{p_1}\right)^{\frac{1}{k}} \frac{\varepsilon_0 + \varepsilon_6 + \varepsilon_5}{\xi \varepsilon_1} \right] \right\} \tag{5-75}$$

在实际发动机工作时,工质的泄漏现象发生在配气机构中,以及活塞环和气缸壁之间。一般来说,泄漏量与缝隙形状的大小、缝隙两端的压强,工质的物性参数有关。但是因为影响漏气的因素很多,不可能一一予以考虑,泄漏量难于精确计算。常用的计算鱼雷活塞发动机工质的秒耗量的方法:根据理论示功图计算工质秒耗量 $\dot{M}_{w1}$,并以此为基础,取泄漏系数 x,认为泄漏的工质秒耗量为 $x\dot{M}_{w1}$。

发动机的实际工质秒耗量 $\dot{M}_w$ 为

$$\dot{M}_w = (1+x) izn \frac{p_1}{RT_1} \xi \varepsilon_1 V_c \left\{ 1 + \frac{\varepsilon_0}{\xi \varepsilon_1} \left[1 - \left(\frac{p_4}{p_1}\right)^{\frac{1}{k}} \frac{\varepsilon_0 + \varepsilon_6 + \varepsilon_5}{\xi \varepsilon_1} \right] \right\} \tag{5-76}$$

分析式(5-76),发动机的实际工质秒耗量 $\dot{M}_w$ 与下列参数有关:配气参数 $\varepsilon_1, \varepsilon_3, \varepsilon_5, \varepsilon_6$,以及余隙容积比 ε_0,充填系数 ξ,发动机结构参数 i, z, V_c,工质参数 p_1, T_1, k, R,工况参数 x, p_4, n。

3. 发动机的燃料消耗率

鱼雷工质秒耗量与燃料秒耗量不一定相等。鱼雷燃料是满足两个条件的各种成分的总和:一是在鱼雷内携带储存的;二是参与化学反应并最终生成工质。前面计算出工质秒耗量,下一步据此计算燃料秒耗量以及燃料消耗率。

假设用于生成发动机工质的海水秒耗量为 $\dot{M}_s$,设海水占工质的质量比例为 γ,则

$$\gamma = \frac{\dot{M}_s}{\dot{M}_w} \tag{5-77}$$

假如 HAP 三组元中 3 种物质的质量百分比为 OTTO：HAP：海水 $= 0.25 : 0.25 : 0.50$,则 $\gamma = 0.50$。

式(5-76)是发动机的实际工质秒耗量,因为海水取自雷外,那么鱼雷中储备的燃料秒耗量 $\dot{M}$ 为

$$\dot{M} = \dot{M}_w - \dot{M}_s = (1-\gamma)\dot{M}_w$$

则有效燃料消耗率 m_e 为

$$m_e = \frac{\dot{M}}{N_e} = \frac{(1+x)(1+\gamma)}{\eta_m f R T_1} \frac{\xi \varepsilon_1}{A - B(p_4/p_1)} \left\{ 1 + \frac{\varepsilon_0}{\xi \varepsilon_1} \left[1 - \left(\frac{p_4}{p_1}\right)^{\frac{1}{k}} \frac{\varepsilon_0 + \varepsilon_6 + \varepsilon_5}{\xi \varepsilon_1} \right] \right\} \tag{5-78}$$

分析式(5-78),发动机的实际工质秒耗量 m_e 与下列参数有关:配气参数 $\varepsilon_1, \varepsilon_3, \varepsilon_5, \varepsilon_6$,以及余隙容积比 ε_0,充填系数 ξ,发动机结构参数 i, z, V_c,工质参数 p_1, T_1, k, R, γ,工况参数 x,

p_4, n, η_m, f。

5.2　雷、桨、机配合特性

一条已经设计定型的鱼雷在实际使用过程中,发动机性能参数(内部参数)会因为各种情况发生改变,那么会导致鱼雷整体参数(外部参数)如何变化? 以及当鱼雷外部环境变化引起鱼雷整体参数(外部参数)变化时,其发动机性能参数(内部参数)又是如何变化的? 这时都需要建立鱼雷、螺旋桨、发动机三者之间的数学关系式。

5.2.1　雷、桨、机工况配合概述

鱼雷、螺旋桨、发动机(简称雷、桨、机)这 3 个部件都有各自的运动学指标、动力学指标,并且都有各自一套独立的运动规律和工作特性。但是在把发动机和螺旋桨都装配到鱼雷上以后,它们就组成了一个相互联系、相互影响的整体,见表 5-3。

表 5-3　雷、桨、机的主要指标

雷、桨、机	运动学指标	动力学指标	功率传递与转换
发动机	n	N_e、M_e、η_e	传递机械能传递功率
螺旋桨	n_P	N_P、M_P、η_P、P_P	
鱼雷	H,V_T	R,N_R	旋转动能转换为平动动能

雷、桨、机之间的运行参数互相配合、互相影响。当内部参数变化时,例如当燃料泵流量 $\overset{.}{m}$ 变化时,会引起下列参数的变化,最终影响鱼雷航速:

$$\overset{.}{m} \to p_1 \to p_e \to N_e \to N_P \to n_p(n) \to V_T$$

当外部参数变化时,例如航深变化,最终会影响发动机的有效功率:

$$H \to p_4 \to p_e \to N_e$$

因此,雷、桨、机在功率配合、能量的传递和转换过程中,它们的工作参数之间既相互联系又相互制约,称为雷、桨、机的工况配合。

最终雷、桨、机能达到某一个新的稳定状态,在该状态下,所有的参数都恒定不变。雷、桨、机三者各自的工作状况均不随时间而改变,称为稳定工况配合。表征工作状况的参数有运动参数和动力参数。因此,稳定工况配合就是鱼雷的 H,V_T 保持不变,即鱼雷在某一个既定深度作水平匀速直线航行;螺旋桨的 n_P,N_P,M_P,η_P,P_P 保持不变;发动机的 n,N_e,M_e,η_e 保持不变。

雷、桨、机三者的某个或者某几个工况参数随时间而改变,称为过渡工况配合。对于开式循环热动力鱼雷,意味着鱼雷在某一个既定航深作水平面内的变速航行,或者在纵平面内变深航行,或者在三维空间中作变速变深航行。

稳定工况配合要求鱼雷的航速大小、方向都不变,即作水平匀速直线运动。但是当鱼雷航速大小不变,方向改变,即在既定航深作水面内机动航行,例如蛇行搜索、螺旋形搜索,此时就是航速大小不变,方向不断变化,但考虑到鱼雷回转半径与其本身尺度相比大得多,对鱼雷和螺旋桨的实际影响并不明显,可以看成是雷、桨、机的准稳定工况配合。

实现雷、桨、机稳定工况配合的条件：雷、桨、机三者达到运动学平衡与动力学平衡。

雷、桨、机三者达到运动学平衡的条件：

$$v_P = (1-\omega)V_T \tag{5-79}$$

$$n_P = n/i \tag{5-80}$$

式中：v_P 为螺旋桨的液流进速（它与螺旋桨转速 n_p 之间有关系式：$v_P = f(n_p)$；ω 为伴流系数，$\omega = 0.18 \sim 0.23$；n 为发动机转速；i 为发动机减速装置的传动比。

常用的推进器有对转螺旋桨、泵喷推进器、导管螺旋桨，鱼雷活塞发动机直接驱动推进器，而不用减速器。因此，通常 $i=1$，即推进器与发动机具有相同的工作转速。

雷、桨、机动力平衡的条件为

$$P_P = R \tag{5-81}$$

$$N_P = N_e \ 或 (M_P = M_e) \tag{5-82}$$

式中：P_P 为螺旋桨产生的有效推力；R 为该航速时鱼雷的航行阻力；N_P,M_P 分别为输入螺旋桨的功率和转矩；N_e,M_e 分别为发动机向推进器输出的有效功率和转矩。

5.2.2　鱼雷阻力特性与螺旋桨推进特性

下述介绍在雷、桨、机稳定工况配合条件中涉及鱼雷和螺旋桨的性能指标，主要包括鱼雷阻力特性、螺旋桨推进特性。

1. 鱼雷阻力特性

鱼雷航行阻力计算公式为

$$R = \frac{C_R \rho V_T^2 \Omega}{2} \tag{5-83}$$

$$C_R = C_F + C_w = (1.2 \sim 1.25)C_F \tag{5-84}$$

$$C_F = \frac{0.455}{(\lg Re)^{2.58}} \tag{5-85}$$

$$Re = \frac{V_T L}{\nu} \tag{5-86}$$

式中：R 为航行器航行阻力；C_R 为阻力系数；C_F 为摩擦阻力系数，可用普朗特公式（5-85）计算；Re 为航行器定型尺寸是全长 L 的雷诺数准则；ν 为海水的运动黏性系数；ρ_s 为海水密度；Ω 为航行器浸湿表面积。

在鱼雷的航速范围内，阻力系数 C_R 变化很小。例如，$\nu = 1.188\ 8 \times 10^{-6}\ \text{m}^2/\text{s}$，$L = 6.2\ \text{m}$，那么 $V_T = 50\ \text{kn}$ 时 $C_F = 0.002\ 0$；$V_T = 28\ \text{kn}$ 时 $C_F = 0.002\ 2$。因此，可以认为既定外形和尺寸的鱼雷，不同航速时阻力系数可以认为是常数，这样，鱼雷航行阻力与航速二次方成正比，即

$$R = A_R V_T^2 \tag{5-87}$$

式中：$A_R = \frac{1}{2}C_R \rho \Omega$。

定义拖曳功率 N_R 为保证鱼雷航速 V_T 克服鱼雷航行阻力所需要的功率，这个功率需要由螺旋桨来提供，有

$$N_R = RV_T = A_R V_T^3 \tag{5-88}$$

2. 螺旋桨推进特性

螺旋桨推力、驱动转矩、驱动功率以及螺旋桨效率计算公式为

$$P_P = K_P \rho n_P^2 D^4 \tag{5-89}$$

$$M_P = K_M \rho n_P^2 D^5 \tag{5-90}$$

$$N_P = M_P 2\pi n_P = 2\pi K_M \rho n_P^3 D^5 \tag{5-91}$$

$$\eta_P = \frac{N_R}{N_e} = \frac{P_P V_T}{N_P} = \frac{R V_T}{N_P} \tag{5-92}$$

式中：K_P，K_M 分别为螺旋桨的有效推力系数、力矩系数（它们都可以表达成螺旋桨相对进程 λ_P 的拟合公式）；D 为前桨叶梢直径。

螺旋桨效率定义为螺旋桨产生的功率（速度与螺旋桨推力的乘积，也就是拖曳功率 N_R）与输入螺旋桨的功率 N_P 之比。

根据螺旋桨理论，v_P 为螺旋桨的液流进速，n_P 为螺旋桨转速，则定义螺旋桨旋转一周使鱼雷前进的距离为螺旋桨进程 h，计算公式为

$$h = \frac{v_P}{n_P} \tag{5-93}$$

螺旋桨相对进程 λ_P 是指螺旋桨进程与螺旋桨直径 D 之比。它是一个无因次量：

$$\lambda_P = \frac{h}{D} = \frac{v_P}{n_P D} = \frac{(1-w) V_T}{n_P D} \tag{5-94}$$

根据螺旋桨敞水特性曲线，对转螺旋桨的有效推力系数 K_P、力矩系数 K_M、螺旋桨效率 η_P 均为相对进程 λ_P 的方程（见图 5-15），有

$$K_P = f(\lambda_P)$$

$$K_M = f(\lambda_P)$$

$$\eta_P = f(\lambda_P)$$

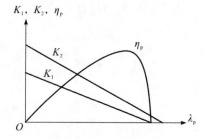

图 5-15　螺旋桨敞水特性曲线

这些单值函数方程都需要实验来测定，然后再进行拟合，一般用 λ_P 的二次多项式来拟合。

对于一条已经定型的鱼雷来说，当它在任意航深以不同航速进行水平直线匀速航行时，相对进程 λ_P 近似不变，也就是 K_P，K_M，η_P 保持不变。因此，可以认为螺旋桨的推力与其转速的二次方成正比，螺旋桨的功率与其转速的立方成正比，即

$$\lambda_P = \text{Const} \tag{5-95}$$

$$P_P = K_P \rho n_P^2 D^4 \approx C_P n_P^2 \tag{5-96}$$

$$N_P = 2\pi K_M \rho n_P^3 D^5 \approx C_N n_P^3 \tag{5-97}$$

5.2.3　活塞发动机特性曲线

本节第一部分先将本章的 5.2.1 节和 5.2.2 节联系起来，找找某些参数之间的关系，然后研究活塞发动机的主要性能指标之间随着工况变化而变化的趋势。

1. 雷、桨、机稳定工况配合特性计算

本章 5.2.1 节给出了雷、桨、机稳定工况配合的 4 个条件：

$$v_P = (1-\omega)V_T \tag{a}$$

$$n_P = n \tag{b}$$

$$P_P = R \tag{c}$$

$$N_P = N_e \tag{d}$$

5.2.2 节给出了其中的 R, P_P, N_P 的计算公式，第 2 章也讲了 N_e 的计算公式：

$$R = A_R V_T^2 \tag{e}$$

$$P_P = K_P \rho n_P^2 D^4 \tag{f}$$

$$N_P = 2\pi K_M \rho n_P^3 D^5 \tag{g}$$

$$N_e = iz V_c n p_e \tag{h}$$

将式(e)、式(f)代入式(c)可得 $A_R V_T^2 = K_P \rho n_P^2 D^4$，即

$$V_T = k_1 n \tag{5-98}$$

将式(g)、式(h)代入式(d)可得 $2\pi K_M \rho n_P^3 D^5 = iz V_c n p_e$，再利用式(b)，可得

$$n^2 = k_2 p_e \tag{5-99}$$

式(5-98)表达了鱼雷航速 V_T 与发动机转速 n 之间有一一对应关系，即鱼雷航速是由螺旋桨转速(也是发动机转速)决定的。某型鱼雷的航速和发动机转速对应关系见表 5-4。

表 5-4　某型鱼雷航速与发动机转速对照表

航速/kn	50	36	28
发动机转速/(r·min⁻¹)	2 017	1 475	1 161

式(5-99)表达了平均有效压强 p_e 与发动机转速 n 之间的关系，说明发动机转速是由缸内平均有效压强决定的。

2. 发动机的工况和特性曲线

发动机的工作状况，简称工况，是由一组运行特征参数，如转速 n、有效功率 N_e、有效转矩 M_e、有效燃料消耗率 m_e、有效效率 η_m 等来表示的。而这些运行特征参数的大小应该由它所驱动的机械设备的参数来决定，即负载决定发动机。

发动机的性能指标随着发动机工况而改变的关系称为发动机特性曲线。根据发动机的用途和使用条件的不同，发动机工作状况变化的范围和特点也很不相同，因此采用不同的发动机特性曲线来评判不同发动机的性能。

鱼雷的工况是由航速、航深来决定的，只有鱼雷航速 V_T、航深 H 保持不变，雷、桨、机就保持在稳定工况配合下工作。只要航速 V_T 或航深 H 变化，雷、桨、机就处于过渡工况配合。当鱼雷航深变化时，反映到发动机上就是发动机排气压强的变化，即需要研究发动机的排气压强特性曲线。

3. 排气压强特性

鱼雷航深改变时，首先影响发动机的排气压强 p_4，现在看看 p_4 如何变化。

废气从气缸内排出后，经阀体气道孔进入阀体排气槽。海水冷却完各个气缸套后，由各缸的回水道流回发动机前端，再冷却发动机进气管和阀体，然后进入阀体的海水孔，最后也进入阀体的排气槽。在排气槽中，海水与废气混合并冷却废气，然后一起进入空心内轴的内孔，流

向雷尾,最后经内轴尾端的排气单向阀排出。以上流动过程十分复杂,为了便于分析,可以将废气从气缸到排气管单向阀出口这一段管路看作是拉法尔喷管。

设计航深较大的反潜开式循环热动力鱼雷,通常情况在深水航行,因此出口截面处流动是亚临界。当攻击目标位于浅水区,鱼雷从深水向浅深度航行时,排气系统喉部处的流动可能达到临界状态,即气流速度等于当地声速。此时如果发动机进气工质的参数保持不变,虽然鱼雷继续上浮,但因为排气喉部压强已不再随海水背压减小而下降,故发动机和排气系统的工作状态就不再改变。排气为临界状态的鱼雷最大航行深度,称为临界航深 H_{cr},对应的临界排气压强为$(P_{e4})_{cr}$。实际上反潜鱼雷的临界航深并不大,也就是只有在比较浅的航深时排气管才是临界状态,其他绝大部分航深情况时排气管属于亚临界状态。

开式循环热动力鱼雷,当其航深改变时,必然改变其排气的海水背压 p_B,则

$$p_B = p_a + \rho g H + 0.5\rho V_T^2 \tag{5-100}$$

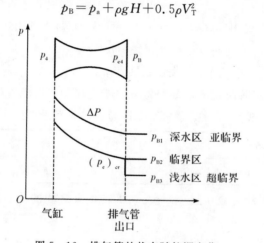

图 5-16 排气管的状态随航深变化

如图 5-16 所示,当鱼雷从深水逐渐上浮时,即航深逐渐减小时:

1)当航行于深水区时,如果大于临界航深,即排气系统海水背压 p_B 比较大,大于排气管出口处临界压强$(p_{e4})_{cr}$,因此废气排气过程处于亚临界状态,排气管出口处压强等于背压。发动机气缸排气压强 p_4 为

$$\left.\begin{array}{l} p_B > (p_{e4})_{cr} \\ p_{e4} = p_B \\ p_4 = p_{e4} + \Delta p = p_B + \Delta p \end{array}\right\} \quad (H > H_{cr}) \tag{5-101}$$

2)当鱼雷继续上浮,背压 p_B 下降,有可能到达临界航深 H_{cr},使得 $p_B = (p_{e4})_{cr}$,此时,排气过程处于临界状态,排气管出口压强 $p_{e4} = p_B = (p_{e4})_{cr}$。发动机气缸排气压强 p_4 为

$$p_4 = p_{e4} + \Delta p = (p_{e4})_{cr} + \Delta p \quad (H = H_{cr})$$

因为

$$\frac{(p_{e4})_{cr}}{(p_4)^*} = \frac{(p_{e4})_{cr}}{p_4} = \left(\frac{2}{k'+1}\right)^{\frac{k'}{k'-1}} = \gamma$$

故得

$$p_4 = \frac{\Delta P}{1-\gamma} \quad (H = H_{cr}) \tag{5-102}$$

3)当鱼雷从临界航深处继续上浮到浅水区,背压 p_B 继续下降,但排气管出口压强 p_{e4} 仍然不变,仍等于 $(p_{e4})_{cr}$,与海水背压 p_B 无关。在航深 $H < H_{cr}$ 的范围内,排气过程处于超临界状态,鱼雷工作深度改变,发动机排气参数不变,仍然是式(5-102)。

根据以上分析,可以画出如图 5-17 所示的排气压强与航深的关系图。

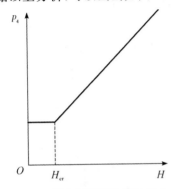

图 5-17 排气压强随航深的变化　　图 5-18 开式循环反潜热动力鱼雷亚临界时的深度特性

考虑到浅水区,即航深小于临界航深时,气缸排气压强和发动机工况保持不变,与航深无关,并且由于临界航深很小导致这种情况较少出现,因此下面只研究亚临界时的深度特性。当活塞发动机排气管出口处于亚临界时,其他条件不变时,如果进气压强保持恒定(即不进行人为改变其大小),当航深 H 增加(即鱼雷下潜)时:

1)排气压强 $p_4 = p_a + \rho g H + 0.5\rho V_T^2 + \Delta p$,则排气压强随航深 H 增加而逐渐增加,且与 H 基本为线性关系。

2)平均有效压强 $p_e = \eta_m f(AP_1 - BP_4)$,如果假设 η_m, f, α 等近似为常数,则 p_e 随航深 H 增加而逐渐减小,且与 H 基本是线性关系。

3)式(5-99)表达了平均有效压强 p_e 与发动机转速 n 之间的关系:$n^2 = k p_e$。因此,发动机转速 n 随 p_e 减小而减小,即随航深 H 增加而减小。

式(5-98)表达了鱼雷航速 V_T 与发动机转速 n 之间有一一对应的关系:$V_T = k_1 n$。因此,鱼雷航速 V_T 随转速的减小而减小,即随航深 H 增加而减小。

4)有效功率 $N_e = i z p_e V_c n = i z V_c (P_e)^{1.5}$,因此发动机有效功率随 p_e 减小而减小,即随航深 H 增加而减小。

5)有效转矩 $M_e = \dfrac{N_e}{2\pi n} = k i z p_e V_c$,因此 M_e 随 p_e 减小而减小,即随航深 H 增加而减小。

6)有效燃料消耗率 m_e 随 p_e 减小而增大,即随航深 H 增加而增加。

综上所述,如图 5-18 所示,对于开式循环反潜热动力鱼雷,如果发动机进气参数不变,当排气系统出口为亚临界时,如果航深增加,发动机 p_e, N_e, M_e, n 下降,m_e 上升,而鱼雷航速 V_T 下降。也就是说,当鱼雷下潜去追击目标时,会导致航速下降,最终会离目标越来越远,这是必须解决的一个问题。

当前开式循环反潜热动力鱼雷,采用根据航深控制推进剂供应量的办法,即当鱼雷下潜航深增加时,增大供入燃烧室的推进剂流量,使燃烧室压强 p_c 增大,自然使进气压强 p_1 增大,使得 p_e 近似保持为常数,最终使 N_e, M_e, n, V_t 保持不变。当然这种方法的缺点为秒耗量增大,导致航程减小。因此,开式循环反潜热动力鱼雷在不同深度定深航行时有不同的航程,航深越大,航程越短。

5.3　鱼雷活塞发动机的热力计算

设计发动机时,进行热力计算的任务和目的:在鱼雷所能容许的尺寸和质量前提下,根据已定的航速和航程,确定发动机主要部件的主要结构尺寸和工质参数。现在分析哪些发动机参数会影响鱼雷航速、航程。

航速 V_T 与拖曳功率 N_R、拖曳功率与有效功率、有效功率与发动机主要参数的关系为

$$N_R = \frac{1}{2} C_R \rho \Omega V_T^3 \tag{a}$$

$$N_e = N_R / \eta_P \tag{b}$$

$$N_e = iz p_e V_c n = f(i, z, n, V_c, p_1, p_4, \varepsilon) \tag{c}$$

而航程与工作时间、工作时间与工质秒耗量、工质秒耗量与发动机主要参数的关系为

$$E = V_T t \tag{d}$$

$$t = \frac{M}{\dot{M}} \tag{e}$$

$$\dot{M}_w = f(i, z, n, V_c, p_1, T_1, \varepsilon) \tag{f}$$

有效功率 N_e 和工质秒耗量 $\dot{M}_w$ 是重要的发动机性能指标,前者决定鱼雷航速的动力性指标,后者涉及鱼雷航程的经济性指标。而影响这两个指标的发动机主要参数有配气参数 ε_1, ε_3, ε_5, ε_6,以及余隙容积比 ε_0、充填系数 ξ,发动机结构参数 i, z, V_c,工质参数 p_1, T_1, k, R,工况参数 x, p_4, n。其中,ε_0, ξ, i, k, R 等参数变化范围不大,对航速、航程的影响有限。下面对缸径冲程气缸数、发动机转速、配气参数等进行分析。

5.3.1　缸径、冲程、气缸数

1. 缸径、冲程

为了减少气缸中工质的散热损失,发动机的冲程缸径比 $S/D_c \approx 1$,则

$$N_e = \frac{\pi}{4} iz P_e n D_c^3 = k D_c^3$$

因此,当其他条件不变时,通过增大缸径可以显著地提高发动机的有效功率。

对鱼雷筒形活塞发动机来说,鱼雷雷体直径比对发动机轮廓尺寸大很多,不会受到雷体轮廓尺寸的限制。增大缸径的负面影响主要有加大发动机缸径,会使主要承受高温、高压的部件,例如气缸、气缸盖、活塞、连杆等,它们的机械负荷加大;还会使零部件的质量增加,运动惯性力加大。

因此,增加 D_c 虽然能提高发动机的功率,但不是无限制的。目前科技发展水平已经使得

鱼雷活塞发动机比功率很高,高度强化,主要部件的载荷已接近于极限,无法进一步提高鱼雷航速。单轴输出发动机的比功率达到 2.4 kW/kg,双轴输出发动机的比功率达到 4.6～5.2 kW/kg,鱼雷整体的航速可达到 50～55 kn。

2.气缸数

根据式 $N_e=izV_cp_en=kz$ 可知,增加气缸数可以成正比地增大发动机的有效功率。

发动机转矩、功率的波动度随着缸数的增多而减少,并且奇数缸的波动度比偶数缸的波动度小得多,因此缸数增加,发动机输出转矩、输出功率的均匀性得到改善。

缸数增加后,发动机的整体往复惯性力和惯性力矩能够基本平衡,发动机的平稳性都得到了改善。

缸数增加,同时有多于一个气缸在做功,使发动机启动过程无启动死区,提高了工作可靠性。

然而,增加缸数也有以下缺点:

(1)i,z 的改变涉及发动机的结构尺寸、复杂程度,缸数过多使发动机结构复杂,使制造、装配、维修变得困难,使用过程中可靠性相对下降。

(2)发动机体积和质量相对增大。

目前,鱼雷筒形发动机常用的缸数一般为 $z=5～7$。另外,选择凸轮式发动机缸数时应该注意,缸数 z 与凸轮工作曲面的峰数 m 之比不能是整数倍。否则,z 个气缸可以分成缸内工作循环相位不同的 z/m 个组,每个组内 m 个缸其工作循环的相位保持相同。从发动机启动和输出转矩的均匀性来说,相当于只有 z/m 个有效容积增大到 m 倍的气缸,不利于消除启动死区和减小转矩的波动度。

5.3.2 发动机转速

一般情况下,鱼雷推进器与活塞发动机具有相同的工作转速,因此研究发动机转速对鱼雷航速、航程的影响时,还要考虑到推进器转速也发生变化。

当水流绕经桨叶时,在吸力面上它的局部速度将大于未扰动的水流速度,压力将小于未扰动时的水流压力,当螺旋桨的转速增加到某一定值时,桨叶的吸力面上的最大流速处的压力降到该处温度下的饱和蒸汽压时,在吸力面上便会出现空泡。随着螺旋桨转速的继续提高,空泡区域会逐渐扩大到整个叶元吸力面,这就是螺旋桨的空化现象,如图 5-19 所示。

螺旋桨的空化现象有下述多方面的危害。

(1)剥蚀叶片。螺旋桨转一周在不同位置时水的绕流速度及攻角是变化的,当螺旋桨转到速度低的攻角区域时,吸力面上的压力就增大了,空泡就会收缩,空泡中的部分水蒸气分子就会凝结,因而周围的水向空泡集中,冲击桨叶,螺旋桨表面遭到破坏,这种现象称为剥蚀。

(2)噪声。空泡的尺寸随着周围水流的压力变化而变化,当空泡进入较高压力区时,泡内的水蒸气将发生凝聚,气体将变成液体,溶于水中,蒸汽泡就会突然破灭,这种蒸汽泡的突然破灭,产生了声强很大的空泡噪

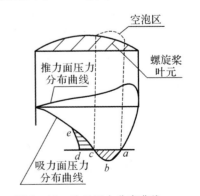

图 5-19 叶元压力分布曲线

声。由于空泡周期性的扩张和收缩,所形成噪声对鱼雷的自导装置产生不良影响,降低作用距离。

(3)螺旋桨效率降低。空泡还破坏螺旋桨附近的海水流场,特别是随着转子转速的继续上升,桨叶吸力面的空泡区域扩大,叶元的升力减小,使螺旋桨效率猛烈下降,从而使鱼雷动力装置的总效率降低。

发生空化时的转数称为螺旋桨空化临界转数 n_{kp}。如果螺旋桨的转数高于此临界转数,则螺旋桨不可能产生所需要的推力,不能保证鱼雷的航行速度。

在发动机转速 n 小于螺旋桨临界转速的范围 n_{kp} 内,当增加发动机转速时,可以近似正比地增大发动机有效功率;或者当发动有效功率 N_e、平均有效压强 p_e 固定时,可以采用较小的缸径冲程,减小发动机质量和尺寸。

但同时发动机上的不平衡力同转速的二次方成正比,而振动和噪声则取决于不平衡力的大小,因此增大转速易于引起振动和噪声,必将影响制导系统的工作。另外转速增加,使气缸和活塞的热负荷增大。最后,转速增加,推进器转速也增加,必然增加推进器同水的摩擦,使推进效率下降。

总之,发动机的转速应该从全雷总体上综合考虑。

5.3.3 配气参数

某个配气参数变化时,对应的该过程的长短就会变化,就会影响发动机 pV 示功图的面积,最终影响发动机的功率、效率等指标,因此发动机的有效指标和经济性指标都与配气参数有关,选择配气参数的原则为减少示功图损失,以提高发动机性能参数。

配气参数可以用配气比 ε_1、ε_2、ε_3、ε_4、ε_5、ε_6 来表达。由于 $s=f(\varphi)$,导致 pV 示功图和 $p\varphi$ 示功图可以相互转化,所以配气参数还可以用配气角来 φ_1、φ_2、φ_3、φ_4、φ_5、φ_6 来表达。

1.提前排气比 ε_3 的选择

提前排气比的大小会影响到提前排气损失和排气损失,最终影响发动机循环功大小和效率大小。

如图 5-20 所示,当其他条件不变时,存在一个提前排气比的最佳值 ε_{3opt},也就是存在最佳预排气角 α_{3opt},最佳的提前排气比应使排气总损失(提前排气+排气损失)为最小,此时发动机功率最大,效率最高。

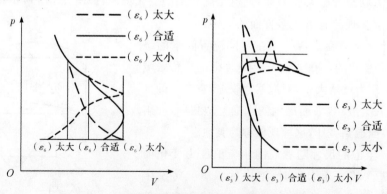

图 5-20 选择合适的提前排气比 ε_3 和提前进气比 ε_6

当 $\varepsilon_3 < \varepsilon_{3opt}$，也就是 ε_3 过小时，提前排气损失小，排气损失大；

当 $\varepsilon_3 > \varepsilon_{3opt}$，也就是 ε_3 过大时，提前排气损失大，排气损失小；

两者的影响相互抵消，因此提前排气比对发动机功率的影响不大。根据经验，对于大航深反潜鱼雷，提前排气比可取

$$0.04 \leqslant \varepsilon_3 \leqslant 0.15$$

从缸内工质压强的角度来说，预排气角的选用值应该保证活塞在回行刚刚开始时缸内压力刚好降低到接近排气压强。

2. 压缩比 ε_5 的选择

压缩过程中的损失是由压缩过量或者压缩不足导致的。

(1)如果压缩过量，压缩终了时缸内压强大于进气压强，在预进气过程中废气将向进气槽回流，此时的工作就像压气机一样要消耗发动机一部分功去挤出废气到燃烧室。这将影响燃烧室的燃烧情况，使得燃烧室、气缸压力出现振荡，增大了发动机的噪声和振动。

(2)如果压缩不足，压缩终了时缸内压强小于进气压强，新鲜工质对缸内存留的废气进行压缩和加热，这部分工质没有充分做功，而造成了损失。

相比之下，应该尽可能保证不要出现过压缩的现象，即压缩比 $\varepsilon_5 < [\varepsilon_5]$，$[\varepsilon_5]$ 为压缩终了的压强刚好等于进气压强：

$$([\varepsilon_5] + \varepsilon_6 + \varepsilon_0)^k p_4 = p_1 \varepsilon_0^k$$

即

$$\left(\frac{[\varepsilon_5] + \varepsilon_6 + \varepsilon_0}{\varepsilon_0} \right)^k = \frac{p_1}{p_4}$$

即

$$\frac{[\varepsilon_5] + \varepsilon_6}{\varepsilon_0} = \left(\frac{p_1}{p_4} \right)^{\frac{1}{k}} - 1$$

即

$$[\varepsilon_5] = \left[\left(\frac{p_1}{p_4} \right)^{\frac{1}{k}} - 1 \right] \varepsilon_0 - \varepsilon_6$$

当 $\dfrac{p_1}{p_4}$ 取不同值时，得出多个 $[\varepsilon_5]_i$，即各个工况的上限。

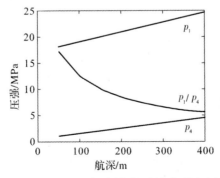

图 5-21　某型鱼雷不同航深时的进、排气压强

如图 5-21 所示,为了保证发动机在各工况下满足条件,则有

$$\varepsilon_5 < \left\{ [\varepsilon_5]_1 , [\varepsilon_5]_2 , [\varepsilon_5]_3 , \cdots \right\}$$

即

$$\varepsilon_5 < \min\{[\varepsilon_5]_i\} = \left[\left(\frac{p_1}{p_4}\right)^{\frac{1}{k}}_{\min} - 1 \right] \varepsilon_0 - \varepsilon_6 \qquad (5-103)$$

因此,可以取最大航深处进行校核。对于大航深反潜鱼雷,压缩比的选择范围为 $0.05 \leqslant \varepsilon_5 \leqslant 0.15$。

3. 提前进气比 ε_6 的选择

提前进气比的大小影响提前进气损失和进气损失的大小,最终影响发动机循环功的大小和效率。

如图 5-20 所示,当其他条件不变时,存在一个预进气角最佳值 α_{6opt},也就使存在提前进气比存在最佳值 ε_{6opt},最佳提前进气比应使得进气总损失(提前进气损失 + 进气损失)为最小,此时发动机功率最大,效率最高。

(1)当 $\varepsilon_6 < \varepsilon_{6opt}$ 过小时,提前进气损失小,进气损失大。这是因为提前进气段太短,进气面积太小,产生很大的节流损失,使得进气损失增加。

(2)当 $\varepsilon_6 > \varepsilon_{6opt}$ 过大时,提前进气损失大,进气损失小。这是因为缸内压强很快达到进气压强 p_1,同时活塞回行,缸内容积减少,对进气进行压缩,有可能缸内压强大于进气压强 p_1,产生回流现象,出现缸内压强的振荡。

由于两者的影响相互抵消,所以提前进气比对发动机功率的影响不大。根据经验,提前进气比 ε_6 的范围为

$$0.01 \leqslant \varepsilon_3 \leqslant 0.02$$

4. 进气比 ε_1 的选择

配气参数中最重要的是进气比 ε_1,选择 ε_1 有以下几个上限和下限。

(1)消除启动死区。进气比太小时,也就是对应的进气角 φ_1 比较小时,有可能该进气孔对应的进气角,竟然比阀座两个气道孔(气缸)之间的夹角还小,这样有可能在某种情况下,当发动机要从静止状态启动时,刚好进气孔面对着两个气道孔(气缸)之间的隔离带,也就是进气孔不与任意一个气缸相通,也就是无法实现启动,即出现了启动死区。因此,进气比要满足使发动机不存在启动死区,即由 $\varphi_1 > [\varphi_{1\min}]$ 得出 $\varepsilon_1 > [\varepsilon_1]_1$。如图 5-22 所示,图(b)比图(a)的进气槽小很多,导致进气比小很多,可能出现启动死区。

下面计算不出现启动死区的最小进气角 $[\varphi_{1\min}]$ 和最小进气比 $[\varepsilon_1]_1$。

以任意一缸活塞位于前止点时为起点,且设该时刻主轴转角为零,主轴转角为 $\varphi_{1\min}$。为使各缸进气过程相衔接,$\varphi_{1\min}$ 应满足:

$$\varphi_{1\min} = \frac{(2\pi/i)}{Z_c} = \frac{2\pi}{i Z_c}$$

式中:i 为主轴旋转一周每个气缸中进行的工作循环次数(对于凸轮式活塞发动机 $i=m$;对于周转斜盘活塞发动机,$i=1$);Z_c 为有效缸数(对于双作用发动机 $Z_c=2$,单作用发动机 $Z_c=1$)。

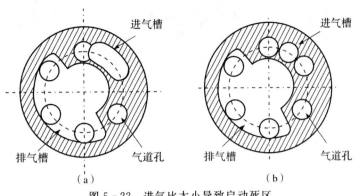

图 5-22　进气比太小导致启动死区

如果根据发动机几何尺寸知道活塞位移和主轴转角的函数关系：

$$s = f(\varphi)$$

可以求出进气结束时活塞的位移 s_{1min}。

令各气缸进气过程相衔接但不重叠的进气比为 $[\varepsilon_{1min}]_1$，因此避免启动死区的最小进气比 $[\varepsilon_1]_1$ 为

$$[\varepsilon_1]_1 = \frac{s_{1min}}{S} \tag{5-104}$$

（2）使膨胀终点的压强大于排气压强。进气比 ε_1（即 φ_1）较小时，也就是每个循环进入气缸的工质比较少。在 pV 示功图上，有可能在膨胀终点的压强小于排气压强，导致废气和废水倒灌。因此，进气比还要足够大，以满足膨胀终了的压强不至于过低，即根据 $p_4 > [p_4]$，得出 $\varepsilon_1 > [\varepsilon_1]_2$。

到 2 点进入的工质质量为 m'，当活塞向后止点移动时，进行膨胀过程。根据等熵膨胀的结论，有

$$\alpha p_1 (V_0 + \varepsilon_1 V_c)^k = p_4 (V_0 + V_c)^k$$

进气比的极限值 $[\varepsilon_1]_2$，就是相应于膨胀到活塞后止点时缸内压强 p_4 等于排气压强 $[p_4]$。

因此　　　　　　　　　$$\alpha p_1 (\varepsilon_0 + [\varepsilon_1]_2)^k = p_4 (\varepsilon_0 + 1)^k$$

即　　　　　　　　$$[\varepsilon_1]_2 = \left(\frac{p_4}{\alpha p_1}\right)^{\frac{1}{k}} (\varepsilon_0 + 1) - \varepsilon_0$$

其中的 p_4 随航深变化而变化，为了在任何航深下都能使废气不倒灌，必须保证在任何航深下都安全，图 5-21 为航深改变时对应的 p_1，p_4，$p_4/\alpha p_1$。因此，取最大航深时来计算进气比极限值 $[\varepsilon_1]_2$，则

$$[\varepsilon_1]_2 = \left(\frac{p_4}{\alpha p_1}\right)^{\frac{1}{k}}_{max} (\varepsilon_0 + 1) - \varepsilon_0 = \left(\frac{\alpha p_1}{p_4}\right)^{-\frac{1}{k}}_{min} (\varepsilon_0 + 1) - \varepsilon_0 \tag{5-105}$$

（3）使进气压强小于极限值。进气比 ε_1 较小时，进入发动机的工质减少，pV 示功图面积减小，发动机指示功率下降。为保证发动机的功率和鱼雷的航速，从 pV 示功图上看，需要进气压强增大，即需要单位质量工质的做功能力提高。但进气压强最大值不能超过允许值，因此根据 $p_1 < p_{1max}$，可以得出 $\varepsilon_1 > [\varepsilon_1]_3$。

根据所需的发动机功率，平均有效压强 p_e 为

$$p_e = \frac{N_e}{izn V_c}$$

$$p_e = f\eta_m(Ap_1 - Bp_4)$$

为使其达到要求的有效功率，即保证 P_e 不变。当 ε_1 减小时，A 减小，必须提高进气压强 p_1。但由于发动机在高温、高压下工作给密封带来相当大的技术困难，即 p_1 存在最大值 p_{1max}，据此可算出 ε_1 的最小界限 $[\varepsilon_1]_3$，有

$$p_1 = \frac{1}{A}\left(\frac{p_e}{\eta_m f} + Bp_4\right) < p_{1max} \tag{5-106}$$

同样，为了保证在所有航深下都满足条件，式（5-106）中 p_4 取最大航深时的排气压强。

（4）使得航程满足要求。进气比较大时，每个循环进入发动机的工质较多，即工质秒耗量和燃料秒耗量增加，也就是影响鱼雷的航程。因此，为了满足最大燃料秒耗量 $[\dot{m}]$ 的要求，有

$$\dot{m} < [\dot{m}] = M/t$$
$$t = E/V_t$$

可得

$$\varepsilon_1 < [\varepsilon_1]_4 \tag{5-107}$$

综上所述，得到了进气比需要满足的性能约束为

$$\max([\varepsilon_1]_1, [\varepsilon_1]_2, [\varepsilon_1]_3) < \varepsilon_1 < [\varepsilon_1]_4 \tag{5-108}$$

根据实际鱼雷，总结出进气比的边界约束为

$$0.1 < \varepsilon_1 < 0.55$$

5.3.4 发动机热力过程优化

优化是指在处理某一个事物的一切可能的方案中，寻求最佳的方案。绝对的最优，只有在某些理论性计算中可以达到。在实际中的优化问题，都是在给定的条件下，从一切可行的方案中寻求最适当的方案。工程中的最优化设计包括以下两项内容。

（1）将设计问题的物理模型转变为数学模型。优化设计的数学模型包括设计变量、目标函数和约束条件 3 种因素。

（2）采用适当的最优化方法，求解数学模型。优化数学模型可归结为在给定的条件下求目标函数的极值或者最优值问题。单目标问题可采用复合形法、惩罚函数法等；多目标可采用统一目标法；也可以采用全局最优算法，例如遗传算法、模拟退火、神经网络等。

鱼雷活塞发动机热力计算的目的：由所要求的鱼雷航速、航深、发动机转速以及所使用的燃料，确定发动机的主要参数，包括结构参数、工质参数和配气参数，计算出气缸中压强和温度的大致变化情况，计算发动机各种性能指标，以便为发动机的后续计算（如动力学计算、冷却计算、强度计算）和结构设计提供依据。

已知参数为设计航速 V_T、设计航深 H、设计航程 L、最大进气压强 p_{1lim}。对于多速制鱼雷，通常以高速制工况作为计算工况，并对其他速制作必要的补充性计算。至于反潜鱼雷，建议选择鱼雷最大航深的一半为设计航深，但必须核算最大航深时燃烧室的压强和发动机各部件的强度。

前面分析了鱼雷航速、航深与发动机的很多参数有关，可以分为以下几种情况：其中一部分参数变化范围不大，在设计中可以根据类似鱼雷发动机进行选取，不作为优化参数，例如发动机的机械效率 η_m、示功图丰满系数 f、进气过程填充系数 ξ、余隙容积比 ε_0、推进器效率 η_P、

泄漏系数 x；还有一些参数事先必须给定，例如循环数 i，燃烧室工质参数 T_1,k,R；还有一些参数是由设计工况决定的，例如发动机转速 n、排气压强 p_4，也不能作为优化参数。最终热力过程优化参数包括：①发动机的结构参数缸径 D、冲程 S、气缸数 z；②发动机的配气参数进气比 ε_1、预排气比 ε_3、压缩比 ε_5、预进气比 ε_6；③燃烧室压强 P_1。

1. 根据设计工况的航深、航速、航程，进行发动机主要参数设计

(1) 鱼雷阻力： $$R = 0.5 C_R \rho \Omega V_T^2$$

(2) 鱼雷拖曳功率： $$N_R = R V_T$$

(3) 发动机有效功率： $$N_e = N_R / \eta_P$$

(4) 发动机指示功率： $$N_i = N_e / \eta_m$$

(5) 气缸有效容积： $$V_c = 0.25 \pi D^2 S$$

(6) 平均指示压强： $$p_i = \frac{N_i}{i z V_c n}$$

(7) 平均有效压强： $$p_e = \frac{N_e}{i z V_c n} = p_i \eta_m$$

(8) 工质秒耗量： $$\dot{M}_w = (1+x) i z n \frac{p_1}{R T_1} \xi \varepsilon_1 V_c \left\{ 1 + \frac{\varepsilon_0}{\xi \varepsilon_1} \left[1 - \left(\frac{p_4}{p_1} \right)^{\frac{1}{k}} \frac{\varepsilon_0 + \varepsilon_6 + \varepsilon_5}{\xi \varepsilon_1} \right] \right\}$$

(9) 有效燃料消耗率 $$m_e = \frac{(1+x)(1+\gamma)}{\eta_m f R T_1} \frac{\xi \varepsilon_1}{A - B(p_4/p_1)} \left\{ 1 + \frac{\varepsilon_0}{\xi \varepsilon_1} \left[1 - \left(\frac{p_4}{p_1} \right)^{\frac{1}{k}} \frac{\varepsilon_0 + \varepsilon_6 + \varepsilon_5}{\xi \varepsilon_1} \right] \right\}$$

2. 接着校核设计工况的主要参数

(1) 校核进气压强。设计工况的排气压强为
$$p_4 = p_a + \rho g H + 0.5 \rho V_T^2 + \Delta p$$
前面已经根据鱼雷航速、航深得出的 P_i，那么对应的进气压强为

$$p_1 = \frac{1}{A} \left(\frac{p_i}{f} + B P_4 \right) \tag{5-109}$$

比较 p_1 和 $p_{1\lim}$，如果 $p_1 > p_{1\lim}$，则应该重新选用进气比或者缸径、冲程，并重新进行有关计算，这个过程需要反复进行直至满意为止。

(2) 校核发动机的工质秒耗量和有效燃料消耗量。已知：鱼雷最大燃料储备量 M_m，航行终了时燃料的剩余量 M_r。

燃料剩余系数： $$\delta = \frac{M_r}{M_m}$$

鱼雷的最大燃料消耗量： $$M = (1 - \delta) M_m$$

假设以设计航速航行，则续航时间： $$\tau = \frac{L}{V_T}$$

允许的发动机燃料秒耗量最大值： $$\dot{M}_m = \frac{(1-\delta) M_m V_T}{L}$$

允许的发动机燃料消耗率最大值： $$m_{em} = \frac{(1-\delta) M_m \eta_p}{R E}$$

比较 $\dot{M}$ 和 $\dot{M}_m$，以及 m_e 和 m_{em} 的大小关系。如果 $\dot{M} > \dot{M}_m$，以及 $m_e > m_{em}$，则就要修改发动机的结构尺寸，然后重新进行有关计算。

(3) 计算发动机其他的各项动力性和经济性指标。

（4）绘制缸内理论 pV 示功图。

3．校核最大工况下的参数

最大工况包括最大航速 V_{max}、最小航速 V_{min}、最大航深 H_{max}、最小航深 H_{min}，对这些工况的校核过程类似于设计工况下的过程，不再赘述。

5.4　鱼雷凸轮式活塞发动机

传统的柴油机、汽油机采用活塞和曲柄连杆机构，将活塞的往复运动转换为所需要的旋转运动。该类机构的主要缺点是运动传递部分所占空间大，连接结构也复杂，单位体积功率受到限制；从机构动力学方面考虑，活塞的高次往复惯性力幅值较大，多次项无法平衡，活塞裙部侧压力容易引起活塞的拉缸等。对此，自20世纪初，人们就在设想新的机构形式，使发动机结构更简单、质量更轻、体积更小、比功率更大以及更平稳可靠地工作。

筒形发动机去掉了曲柄，使曲轴和活塞运动方向平行，可在周向布置多个气缸，又称为轴向活塞式发动机。在不同种类的活塞式发动机之间进行比较，可以发现筒形发动机有比较突出的优点。例如，比功率、升功率大。

凸轮式活塞发动机是筒形发动机的一种，其功率传递机构是圆柱凸轮滚轮机构，是一种空间高副机构，其运动学和动力学比平面曲柄连杆机构复杂。

5.4.1　结构及工作原理

如图5-23所示，凸轮式活塞发动机各气缸的中心线均平行于功率输出轴的轴线，且气缸围绕轴线在圆周上均匀分布，其外形为圆筒形，故属于筒形发动机，又称为轴向活塞式。发动机作同心双轴反向旋转输出，可直接带动对转螺旋桨。

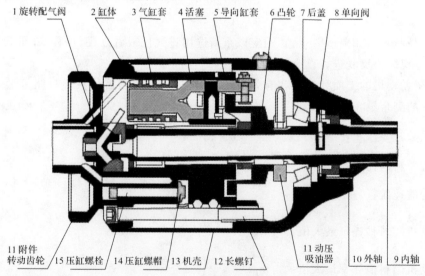

图5-23　凸轮发动机结构图

凸轮式活塞发动机主要零部件可分成两套系统，分别是内轴系统和外轴系统。内轴系统是指跟着内轴以速度 ω_i 旋转的机件，包括内轴、凸轮、配气阀体。内轴系统总质量较轻，负载较少,最后带动鱼雷尾部的后螺旋桨,从尾部向前看为逆时针方向旋转。外轴系统是指跟着外轴以速度 ω_o 旋转的机件,包括外轴、缸体、配气阀座、活塞部件、后盖。缸体外轴部件还通过其头部的圆柱齿轮带动燃料泵、海水泵、发电机,最后带动鱼雷尾部的前螺旋桨,从尾部向前看为顺时针方向旋转。

凸轮式发动机各个零部件中,凸轮、配气系统、活塞、气缸套导向缸套等是其关键部件,了解了这些关键部件的结构,有助于了解凸轮发动机的工作原理。

1. 凸轮

凸轮活塞的圆柱剖面展开图如图 5-24 所示。凸轮外周上有条波浪形的凸边,此凸边的前、后两面都是工作面。前工作面是马鞍形空间曲面,径向宽度较宽,大约为 10 mm,它有向前凸起的峰和向后凹陷的谷各两个,因此该凸轮的峰数 $m=2$。峰和谷高度差即为活塞冲程 S。凸轮的后工作面为辅助工作面,也是马鞍形空间曲面,径向宽度较窄,大约为 5 mm。在不同的地方前、后工作曲面之间的厚度不同,例如在峰和谷处两者之间的厚度较厚,而在冲程中点处最薄。

为了研究方便,取一个圆柱面与凸轮工作曲面、活塞组件相交,并将圆柱面展开,得到了图 5-25 所示的圆柱剖面展开图。从峰到谷为活塞的一个冲程,对应着 pV 示功图的 $1\rightarrow2\rightarrow3\rightarrow4$ 过程,再从谷到峰也对应活塞的一个冲程,对应着 pV 示功图的 $4\rightarrow5\rightarrow6\rightarrow1$ 过程。因此,内、外轴相对转动一周,每个活塞各完成 $2m=4$ 个冲程。而每两个冲程就是一个工作循环,因此内、外轴相对转动一周,每个气缸完成 $i=m=2$ 次工作循环。

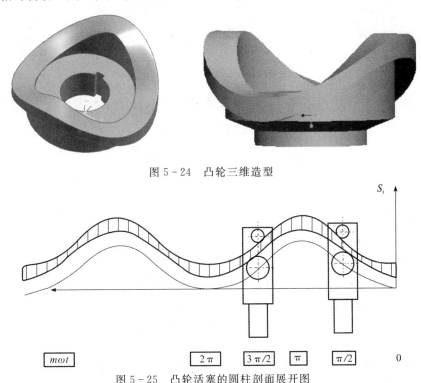

图 5-24　凸轮三维造型

图 5-25　凸轮活塞的圆柱剖面展开图

2. 配气系统

配气系统由阀体与阀座组成,两者通过锥面配合,负责在合适的时候对某个气缸进气或者让某个气缸排气。

(1)阀体。阀体虽然体积很小,但结构比较复杂,图 5-26 是阀体的三向视图以及 B—B向剖面图。阀体根据功能可分为前段、中段、后段三个部分。

1)阀体前段为大圆柱体,中央有一圆孔。燃烧室中产生的高温、高压工作燃气,经输气管、端面密封装置引入到阀体中央圆孔,再与"人"字形的两个进气孔相通,这两个进气孔分别通到中段锥形表面上。

在肩部有两个海水孔,冷却完发动机壳体的海水通过每个气缸的回水道进入阀体的这两个海水孔,用来冷却阀体,冷却完后两路海水再沿"倒人"字形进入排气槽。

燃烧室为固定燃烧室,也就是燃烧室是安装在主机隔板上,相对于鱼雷固定不动。而阀体上相对于鱼雷有 ω_i 的旋转角速度,因此在阀体与燃烧室之间必须有端面密封装置,密封的介质为高温、高压的燃气。

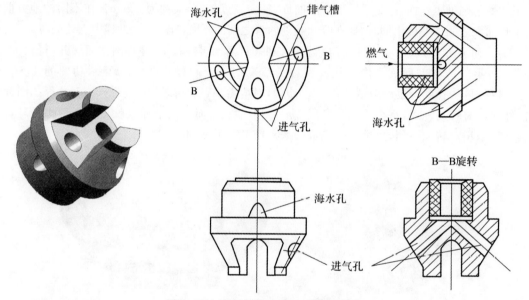

图 5-26 配气阀体三维造型和投影图

2)中段为圆锥体,其外表面与阀座内表面进行配合。表面上有两个进气孔,随着阀座的转动,顺次与阀座上的气道孔(通向气缸)接通,对气缸进行供气。

锥体上有两个小口连通的燕尾槽,槽的轴线平行于阀体轴线,叫作排气槽。在排气槽中冷却海水与废气相混合,使废气降温。排气槽与发动机内轴的内孔相连通,因此废气、海水一起从内轴的内孔流向雷尾,经内轴尾端的排气单向阀排出雷外。

3)后段为直径和高度都小的小圆柱体。燕尾槽将小圆柱体切去后形成两个扇形体,用来与内轴前端的凸齿(见图 5-27)连接,以便由内轴带动配气阀旋转。故配气阀体转动角速度的大小、方向与内轴 ω_i 相同。

定义阀体排气槽中心线与进气孔中心所夹的圆心角为阀体孔位角 δ。

自雷尾方向观察转阀阀体,因为凸轮、阀体都安装于内轴上,所以凸轮阀体之间有相对位置关系,即转阀安装角 γ,如图 5-28 所示,它是指圆柱凸轮的前端工作曲面峰尖与转阀阀体配合锥面进气孔中心之间的圆心角。

图 5-27　内轴前端的凸齿

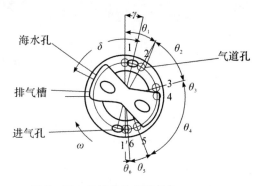

图 5-28　凸轮发动机配气角

(2)阀座。阀座通过过盈配合安装在缸体上,即阀座、气缸的相对位置保持不变。由于阀座由缸体带动着旋转,所以它相对于鱼雷有 ω_e 的旋转角速度。

图 5-29 所示为 5 缸发动机的配气阀座。阀座内表面为锥面,该锥面与配气阀中段锥面相配合。在阀座锥面上开设有 5 个圆孔,称为气道孔,每个气道孔与一个气缸始终保持相通并固定不动,气道孔数目与发动机气缸数相同,都是 $z=5$ 个。气道孔随时间不同,分别流动着新鲜工质或者做功后的废气。进气过程时,由燃烧室来的新气经气道孔流入气缸;排气过程时,气缸排出的废气也经气道孔流出,进入发动机排气系统。

图 5-29　5 缸发动机的配气阀座三维造型

(3)配气过程。正是由于阀座安装于缸体,而阀体安装于内轴,所以两者有相对转动,角速度为 $\omega_i+\omega_e$,因此,阀体的进气孔、排气槽在不同的时刻有规律地分别与阀座气道孔相贯通。如果进气槽与气道孔相通,则缸内进行提前进气或者进气阶段,其工质流经部件如图 5-30 所示;如果排气槽与气道孔相通,则缸内进行提前排气或者排气阶段,其废气流经部件如图 5-30 所示;如果阀体锥面将气道孔堵死,则缸内进行膨胀压缩过程。

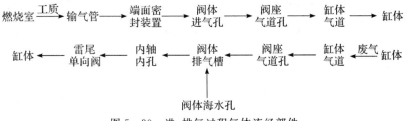

图 5-30　进、排气过程气体流经部件

综合凸轮和配气系统的结构可知,对于鱼雷凸轮式活塞发动机,如果凸轮工作曲面峰数为

$m=2$,则阀体共有 2 个进气孔,2 个排气槽;而且阀体相对阀座转动 1 周,各缸活塞完成 4 个冲程,缸内进行 2 次工作循环。

(4)凸轮发动机配气角。下面以 1 号气道孔和对应的 1 号气缸为例,来阐述由于阀体、阀座相对逆向转动,形成配气过程 6 个阶段。

现取与阀体相固连的坐标系,把圆柱凸轮前工作曲面的两个"峰尖"位于垂直线上,相应两个"谷底"位于水平线上,这样固定了凸轮的位置。再根据实际结构中,凸轮阀体的相对位置决定的转阀安装角 γ,再把此时对应的阀体的进气孔和排气槽画出如图 5-28 所示。

为了便于分析,认为阀体固定不动,阀座以 $\omega=\omega_i+\omega_o$ 旋转,图 5-28 中为 1 号气道孔(圆孔)为顺时针方向旋转。图 5-28 画出活塞发动机配气系统工作时,阀体阀座相互配合的 6 个关键点,分别与 pV 示功图的 6 个点一一对应。注意前止点 1 点、$1'$ 点在纵轴上,后止点 4 点在横轴上。

3.活塞部件

凸轮发动机的活塞部件如图 5-31 所示,其分别由活塞体、活塞环、前后滚轮、前、后滚轮的轴和轴承几部分组成。

图 5-31　活塞部件

活塞体头部较细,用来同气缸套配合工作,头部有三道环形深槽,用来安装活塞环。另外,头部还有多道深度比较浅的环形浅槽,有助于积贮润滑油而减小摩擦。活塞体的杆部较粗,在杆部开设导向槽,与导向缸套的导向块相配合,是活塞的导向部分,使活塞部件相对缸体只能作往复运动,而不会绕自身轴线的转动。杆部也有多道深部比较浅的环形沟槽,可以用来积贮润滑油,从而减少活塞体与导向缸套相对运动的摩擦。

活塞环的作用是密封,防止工质向外泄漏和防止外面的润滑油进入工作腔。一个活塞往往有 3~4 个活塞环,它们按照作用的不同,分为气环和油环两大类。气环一般有 2~3 道,装在活塞靠上的环槽内,用来防止漏气,并将活塞头部的热量传递到气缸壁,疏散活塞的热量。油环安装在气环的下方环槽内,一般有 1 道,它的作用是防止润滑油窜入工作腔,并将气缸壁上过量的润滑油刮回到油池。

活塞杆的后部有两个相隔一定距离的大、小滚轮,前滚轮为大滚轮,后滚轮为小滚轮。前滚轮直径大,传力大,应力大,受力时间长,易磨损。两个滚轮的圆柱面之间形成榫口,使两个滚轮勾套着凸轮的凸边,并分别抵着凸轮的前、后工作面,从而把活塞与凸轮连接起来,使活塞的往复运动同活塞相对于凸轮的转动产生关联。

当工作时,为了减少摩擦,前、后滚轮在凸轮工作曲面上进行滚动,因此前、后滚轮都有自己的轴。该轴线始终通过并且垂直于凸轮轴线。为了减少滚轮与自身轴的摩擦,前、后滚轮都装有滚针轴承。

当凸轮发动机工作时,前、后滚轮分别与凸轮的前、后工作面相接触,使活塞的往复运动同活塞相对于凸轮的转动产生关联。活塞的极前位置(前止点)与极后位置(后止点)对应于滚轮转动凸轮峰顶和谷底位置。

当活塞部件在缸内工质压力作用下向后运动,即活塞正行程时,对应着滚轮由峰顶向谷底滚动的时期,活塞推动前滚轮,前滚轮再施力于凸轮前工作面,使凸轮产生转矩并驱动内轴组件旋转。同时,凸轮对前滚轮施以反作用力,使活塞部件转动并带动缸体一起转动,产生转矩去驱动外轴组件反向旋转。因此,凸轮式活塞发动机可以作反向旋转的同心双轴输出。当活塞部件从后止点开始回行冲程时,对应着滚轮由谷底向峰顶滚动的时期,由凸轮推动前滚轮使活塞部件回行。

4.气缸套和导向缸套

发动机材料为铝合金,能够减轻发动机总质量,但是不耐磨,因此内部镶嵌有钢质的气缸套和导向缸套,分别与活塞的头部和活塞的杆部相配合。

(1)气缸套。气缸套与活塞的头部相配合。气缸套内壁、气缸盖、活塞的前端面所形成的空腔,就是气缸的工作腔。

气缸套采用海水受迫流动换热来进行冷却。如图 5-32 所示,气缸套外壁圆周方向有多道凸棱,这些相邻的凸棱形成了环形凹槽。在把气缸套装配到发动机壳体内后,壳体、凸棱、凹槽就围成多道冷却水道。在凸棱上有一个小缺口,使得相邻的冷却水道相连通,海水可以从第一道冷却水道流到最后一道冷却水道,完成对气缸套的冷却。但相邻凸棱的小缺口开设在圆周上相对的一侧,使得海水可以流遍整个气缸套的外表面。气缸套用压紧螺栓固定在缸体上,以防止移动。

(2)导向缸套。为了防止活塞在圆柱方向发生转动,影响滚轮与凸轮的正常接触,如图 5-33 所示,在导向缸套中装有导向块,与活塞杆部开设的导向槽相配合,从而保证了活塞只能作往复运动。在这里导向缸套主要用以承受活塞的侧向力。

图 5-32　气缸套

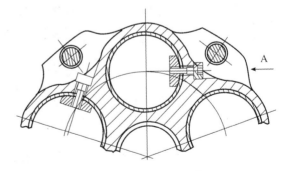

图 5-33　导向缸套

5.其他部件

(1)润滑系统。发动机后盖上有注油孔,发动机启动前由此孔向机内注入一定数量的润滑油,然后用螺塞封堵。发动机工作时,由润滑油和润滑脂来润滑各轴承和摩擦副的摩擦面。

需要润滑的部位包括：①内外轴之间的前轴承(滚针轴承)、后轴承(向心推力轴承)；②活塞部件前滚轮的轴承(滚针轴承)；③活塞部件与导向缸套；④前滚轮与凸轮前工作曲面。因此,在凸轮的后方安装动压汲油器,如图 5 - 34 所示。

(2)圆柱齿轮和主机隔板。发动机前部有一个圆柱齿轮,如图 5 - 35 所示,它用螺钉固定在缸体上,由它带动燃料泵、海水泵、发电机。该齿轮为齿轮轴结构,轴的中空部分容纳发动机进气管,并形成环形冷却海水腔。轴的前部是插入发动机前轴承的轴颈,在轴的壁厚部分沿着圆周方向均布各气缸冷却海水的进水孔。

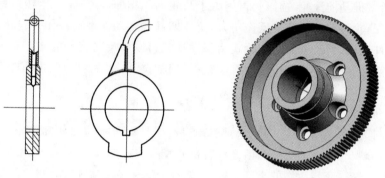

图 5 - 34 动压汲油器 　　　　图 5 - 35 圆柱齿轮

主机隔板安装在鱼雷后舱的隔板支架上,在它上面安装有燃烧室、燃料泵、海水泵、发电机、发动机前轴承座。

(3)雷尾及排气单向阀。各路海水冷却气缸套以后,分别出各自的缸间回水道流回发动机前端的空心轴内,冷却发动机进气管和旋转配气阀,并在环形空间中汇合,然后经配气阀肩部的海水孔进入配气阀的排气槽。在排气槽中,海水与发动机废气混合,冷却废气,并一起进入空心内轴的内孔,流向雷尾部,最后经内轴尾端的排气单向阀的多个小孔排出,如图 5 - 36 所示。废气经由多个小孔排出,可以使得气泡细化,从而降低排气噪声和减少鱼雷航迹。

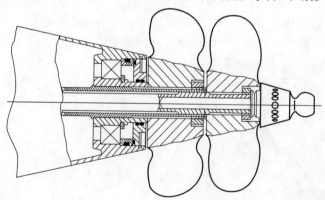

图 5 - 36 雷尾排气单向阀

6.凸轮机的做功特点

凸轮机结构简单紧凑,尺寸和质量较小。

凸轮机功率大。如果凸轮机缸径、冲程、缸数、转速和工质进排气参数、配气参数分别与单作用曲柄连杆活塞发动机相同,则由于凸轮式发动机内、外轴反向旋转,理论功率是平面曲柄连杆的两倍;又由于凸轮机的峰数为 m,内、外轴相对转动一周,活塞冲程数为 m,做功 m 次,所以双轴输出的凸轮式活塞发动机的理论功率将是单作用曲柄连杆活塞发动机的 $2m$ 倍。当然,发动机工质秒耗量也是同倍数地增加。

但是,凸轮机工作时凸轮滚轮机构之间有相对转动,转动角速度为 $\omega_i + \omega_o$。而且两者之间作用着很大的力和力矩,导致该机构比压大,易磨损,如果想让凸轮机作大功率输出,结构和材料都遇到了困难,因此凸轮使活塞发动机在大型鱼雷上的应用受到限制。

5.4.2　活塞往复运动规律以及凸轮工作曲面

1. 活塞往复运动规律

以凸轮相对于缸体(即内轴相对于外轴)的转角为横坐标,或当角速度不变时对应的时间为横坐标,活塞在气缸中的位移为纵坐标,所画出的曲线就是活塞位移曲线,表达式为

$$s = f(\varphi) \qquad (\varphi_1 \leqslant \varphi \leqslant \varphi_2)$$

如果发动机内、外轴相对于雷体的转动角速度分别为 ω_i 和 ω_o,则因为内、外轴反向旋转,凸轮相对于缸体的转角可写成

$$\varphi = \omega t = (\omega_i + \omega_o)t \tag{5-110}$$

活塞在气缸中运动的速度、加速度、加速度变化率分别为

$$V = \frac{\mathrm{d}s}{\mathrm{d}t} = \frac{\mathrm{d}s}{\mathrm{d}\varphi}\frac{\mathrm{d}\varphi}{\mathrm{d}t} = \omega f'(\varphi)$$

$$a = \frac{\mathrm{d}V}{\mathrm{d}t} = \frac{\mathrm{d}f'(\varphi)}{\mathrm{d}\varphi}\omega = \omega^2 f''(\varphi)$$

$$j = \frac{\mathrm{d}a}{\mathrm{d}t} = \frac{\mathrm{d}f''(\varphi)}{\mathrm{d}\varphi}\omega^2 = \omega^3 f'''(\varphi)$$

以上活塞的位移、速度、加速度、加速度变化率的规律,称为活塞往复运动规律。$f(\varphi)$ 不同,就会有不同的 V, a, j。在实际工作中希望活塞在往复行程中的 $V_{max}, a_{max}, j_{max}$ 尽可能小,以使凸轮滚轮之间的冲击尽可能地小。

在分析中活塞位移由前止点起算,指向后止点为正。令活塞冲程为 S,凸轮峰数为 m,气缸中完成一次工作循环所需时间为 t_0,对应的凸轮相对于缸体转过的角度为 φ_0,则

$$\varphi_0 = \frac{2\pi}{m} \tag{5-111}$$

$$\varphi_0 = \omega t_0 = (\omega_i + \omega_o)t_0 \tag{5-112}$$

由前止点起算的气缸一个完整的工作循环内,如果活塞往复运动的加速度是一个整周期的余弦函数,称该活塞采用余弦加速度运动规律。

$$a = a_m \cos \frac{2\pi}{t_0}t$$

活塞速度和位移分别为

$$v = \int a\mathrm{d}t = a_m \frac{t_0}{2\pi}\sin \frac{2\pi}{t_0}t + c_1$$

$$s = \int v\mathrm{d}t = -a_m \left(\frac{t_0}{2\pi}\right)^2 \cos \frac{2\pi}{t_0}t + c_1 t + c_2$$

将边界条件代入上面两式,可得

$$t = 0, \qquad v = 0$$

因此 $$c_1 = 0$$

因为 $$t = 0, \qquad s = 0$$

所以 $$0 = -a_m \left(\frac{t_0}{2\pi}\right)^2 + c_2$$

由于 $$t = \frac{t_0}{2}, \qquad s = S$$

故得 $$S = a_m \left(\frac{t_0}{2\pi}\right)^2 + \frac{1}{2} c_1 t_0 + c_2$$

联立以上三式可解得

$$c_1 = 0, \quad c_2 = \frac{S}{2}, \quad a_m = \frac{2\pi^2 S}{t_0^2}$$

则活塞在气缸中往复运动规律可表达为

$$s = \frac{S}{2}\left(1 - \cos\frac{2\pi}{\varphi_0}\varphi\right) = \frac{S}{2}(1 - \cos m\varphi) \tag{5-113}$$

$$v = \frac{\pi S}{\varphi_0}\cos\frac{2\pi}{\varphi_0}\varphi = \frac{Sm\omega}{2}\sin m\varphi \tag{5-114}$$

$$a = \frac{2\pi^2 S}{\varphi_0^2}\omega^2\cos\frac{2\pi}{\varphi_0}\varphi = \frac{Sm^2\omega^2}{2}\cos m\varphi \tag{5-115}$$

当活塞按余弦加速度进行缸内往复运动时,其速度和加速度曲线均为连续,如图 5-37 所示,因此在凸轮滚轮机构中既不产生刚性冲击,也不产生柔性冲击,适合于凸轮式活塞发动机。

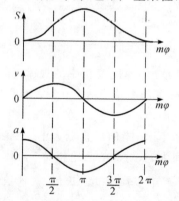

图 5-37 活塞采用余弦加速度运动规律

2. 凸轮前工作曲面方程

在外轴组件的这些组成部分中,活塞部件装在气缸中,因此它随着气缸做旋转运动,但同时活塞又相对于气缸做往复平动,往复平动的运动规律就是 5.4.2 节已经讲过的余弦加速度运动规律。活塞组件通过其杆部的前滚轮和后滚轮与凸轮之间保证运动协调,活塞的运动规律是由凸轮的轮廓曲线来保证的,因此接下来需要知道什么样的凸轮轮廓曲线,或者说满足什么条件的凸轮轮廓曲线才能实现活塞的余弦加速度运动规律。

考虑到凸轮活塞组件是空间模型,为了研究方便,取一个圆柱面与凸轮工作曲面、活塞组件相交,并将圆柱面展开,得到了图 5-25 所示的圆柱剖面展开图形。

凸轮式活塞发动机工作时,活塞部件,包括安装在上面的前、后滚轮以及前、后滚轮的轴,既沿着凸轮轴线在气缸内作往复运动,又随着气缸一起绕着凸轮轴线作定轴转动。在不同的瞬时,根据活塞采用的余弦加速度运动规律,活塞在空间有一系列的位置,而安装在活塞上面的前滚轮在空间中也同样具有一系列的确定位置,就形成了前滚轮的曲面族。任意时刻前、后滚轮与凸轮相接触,凸轮曲面时时与滚轮圆柱面相切。因此,凸轮的工作曲面就是与滚轮圆柱面相切的曲面,即滚轮圆柱面族的包络面。前滚轮的曲面族所形成的两个包络面中的其中一个即后包络面就是凸轮的前工作面,后滚轮的曲面族所形成的两个包络面中的其中一个即前包络面就是凸轮的后工作面。

5.4.2 节已知道了活塞在气缸中采用余弦加速度运动规律,获得了活塞位移与转角的关系曲线,即 $s=f(\varphi)$,也就是确定了滚轮的运动规律,如果已知滚轮半径,那么就可以确定凸轮工作曲面。

为了给出包络面上任意一点必须满足的两个方程,先建立在三维坐标系 $Oxyz$,包络面上任意一点的坐标为 $P(x,y,z)$,已知条件为这些曲面形成的曲面族 $\{S_\lambda\}$ 的通用公式,曲面族 $\{S_\lambda\}$ 方程为

$$F(x,y,z,\lambda)=0$$

式中:λ 为参变量,λ 取不同的值 λ_i,就可以得到曲面族 $\{S_\lambda\}$ 中不同的曲面 $(S_\lambda)_i$。

根据高等数学相关理论,曲面族的包络面上的参数方程为

$$\begin{cases} F(x,y,z,\lambda)=0 \\ \dfrac{\partial}{\partial \lambda}F(x,y,z,\lambda)=0 \end{cases}$$

分析这两个方程,可以发现,有 4 个未知数 x,y,z,λ,这个因为方程组对应的是空间曲面,而不是固定的一个点。

可以给定一个 λ,当然 λ 是有取值范围的,这时如果 z 方向的坐标也给定,就只剩下两个未知数,可以解出一个确切的点来。然后 z 方向的坐标选取遍它取值范围内的所有值,就得到了多个点,这些点就是该给定 λ 下的一条曲线。再让 λ 取不同的值,就可以得到多条曲线,这些曲线就组成了包络面。

现在用这种解析法求凸轮前工作曲面方程。

(1)坐标系及变换公式。为了建立凸轮前工作曲面的方程,给整个发动机加一个 $-\omega_i$ 的角速度,发动机的所有运动情况都不发生改变。这样凸轮内轴系固定不动,求出来的凸轮工作曲面才比较简单。取图 5-38 的坐标系,$Oxyz$ 坐标系与凸轮内轴固联。Ox 轴通常都选择发动机主轴,即凸轮的主轴,以指向鱼雷头部为正方向。而 Oz 先选通过凸轮前止点的直线(是否合适要看后面的方程是否简单),即可确定原点 O,然后 Oy 根据右手定则得出。

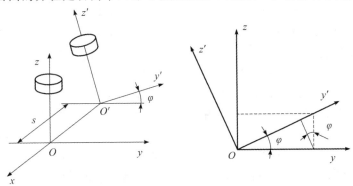

图 5-38　内轴坐标系和前滚子坐标系

按照解析法的步骤,要已知前滚轮的通用方程,但是前滚轮的运动很复杂,既有定轴转动,又有往复平动,在大坐标系 $Oxyz$ 下建立的方程会很麻烦。为了便于建立滚轮的圆柱面方程,建立小坐标系 $O'x'y'z'$。该坐标系与前滚轮固联,Ox 和 $O'x'$ 轴都与凸轮轴线相重合,向前为正方向,由于前滚轮的轴线始终垂直并通过 Ox,因此 $O'z'$ 轴与前滚轮轴线相重合。同样,$O'y'$ 根据右手定则得出。

当时间为零时,活塞位于前止点,但两原点之间有距离。为了简化公式,保证前止点时,两坐标系重合在一起,因此对 $Oxyz$ 的原点进行修正,Oz 通过前滚轮轴线。

当时间为 t 时,$O'x'y'z'$ 相对于 $Oxyz$ 沿 Ox 轴反向移动了 OO' 的长度,且绕 Ox 轴逆时针转过 φ 角。φ 为活塞相对于凸轮的转角,即

$$\varphi = \omega t = (\omega_\text{o} + \omega_\text{i})t$$

当活塞采用余弦加速度规律进行往复运动时,则 $s = f(\varphi)$ 方程为

$$s = \frac{S}{2}(1 - \cos m\omega t)$$

由图 5-38 可知,两个坐标系的坐标变换公式为

$$\left.\begin{aligned} x' &= x + \frac{S}{2}(1 - \cos m\omega t) \\ y' &= y\cos\omega t + z\sin\omega t \\ z' &= -y\sin\omega t + z\cos\omega t \end{aligned}\right\} \qquad (5-116)$$

(2)隐式方程。前滚轮圆柱面在 $O'x'y'z'$ 坐标系中的方程为

$$(x')^2 + (y')^2 = r_\text{f}^2 \quad (z'_\text{1f} \leqslant z'_\text{f} \leqslant z'_\text{2f})$$

式中:前滚轮外圆半径为 r_f,且滚轮的上、下两端面在 $O'x'y'z'$ 坐标系中的坐标分别为 z'_2f 和 z'_1f,即宽度为 $B_\text{f} = z'_\text{2f} - z'_\text{1f}$。

将上述圆柱面方程作坐标系变换到 $Oxyz$ 坐标系下,得到以时间 t 为参变量的在坐标系 $Oxyz$ 下的前滚轮圆柱面族方程为

$$\left[x + \frac{S}{2}(1 - \cos m\omega t)\right]^2 + (y\cos\omega t + z\sin\omega t)^2 = r_\text{f}^2 \quad (z'_\text{1f} \leqslant -y\sin\omega t + z\cos\omega t \leqslant z'_\text{2f})$$

$$(5-117)$$

然后对式(5-117)参变量 t 取偏导数,得

$$\left[x + \frac{S}{2}(1 - \cos m\omega t)\right]\frac{mS}{2}\sin m\omega t + (y\cos\omega t + z\sin\omega t)(-y\sin\omega t + z\cos\omega t) = 0 \quad (5-118)$$

联立式(5-117)和式(5-118),可得到包含参变量 t 在坐标系 $Oxyz$ 下的前滚轮圆柱面包络面的参数方程。从这个方程组可以看出,同样有 4 个未知数 x,y,z,t,而只有两个方程。因此,该方程组对应的不是一个点,而是一个曲面。也就是说,当给定某个时间 t_i(也就是对应内、外轴某个转角 φ_i),再给定前滚子的 z'_f 坐标(只能在 $z'_\text{1f} \leqslant z'_\text{f} \leqslant z'_\text{2f}$ 选取),那么就只有两个未知数,可以解出一个点 $P_i(x,y,z)$,这就是在 t_i 时刻前滚轮上这个 P_i 点,也是和凸轮相接触的点。依此类推,当 z'_f 遍取它取值范围内的所有值,就可得到该时刻的一条接触线。

(3)显式方程(在 $Oxyz$ 坐标系下)。式(5-117)、式(5-118)这个方程组是隐式方程组,看不出 x,y,z 的显式坐标。上述两个方程中有 3 个未知数 x,y,z,一个参变量 t。当把时间 t 固定,且当 z'_f 取它取值范围的某个值时,z'_f 为固定值,这时就多了一个方程,即

$$z'_\text{f} = -y\sin\omega t + z\cos\omega t$$

这就成为 x,y,z 的 3 个方程。可以求出一点的坐标值,步骤如下:

此时 x,y,z 3 个未知数组成的方程组为

$$\left[x+\frac{S}{2}(1-\cos m\omega t)\right]^2+(y\cos\omega t+z\sin\omega t)^2=r_{\rm f}^2 \tag{a}$$

$$\left[x+\frac{S}{2}(1-\cos m\omega t)\right]\frac{mS}{2}\sin m\omega t+(y\cos\omega t+z\sin\omega t)(-y\sin\omega t+z\cos\omega t)=0 \tag{b}$$

$$-y\sin\omega t+z\cos\omega t=z_{\rm f}' \tag{c}$$

将式(c)代入式(b),式(b)加号右边第二项可以代换,因此,写出加号右边第一项的等式为

$$(y\cos\omega t+z\sin\omega t)=-\left[x+\frac{S}{2}(1-\cos m\omega t)\right]\frac{mS}{2z_{\rm f}'}\sin m\omega t \tag{d}$$

将式(d)代入式(a),可以代换掉加号右边中括号中的项,得

$$\left[x+\frac{S}{2}(1-\cos m\omega t)\right]^2\left[1+\left(\frac{mS}{2z_{\rm f}'}\sin m\omega t\right)^2\right]=r_{\rm f}^2 \tag{e}$$

注意,当把时间 t 固定,且当 $z_{\rm f}'$ 为固定值时,此等式只有一个未知数 x,考虑到凸轮前端面曲面为前滚轮圆柱面族的后包络面,即一直在 x 轴原点的负值那一侧,故在对 x 开二次方时取负值,得

$$x=\frac{-z_{\rm f}'r_{\rm f}}{\sqrt{(z_{\rm f}')^2+\left(\frac{mS}{2}\sin m\omega t\right)^2}}-\frac{S}{2}(1-\cos m\omega t) \tag{5-119a}$$

将式(5-119a)代入式(d),并与式(c)联立得方程组,则有

$$\begin{cases}y\cos\omega t+z\sin\omega t=\dfrac{r_{\rm f}}{\sqrt{(z_{\rm f}')^2+\left(\dfrac{mS}{2}\sin m\omega t\right)^2}}\dfrac{mS}{2}\sin m\omega t\\[4mm]-y\sin\omega t+z\cos\omega t=z_{\rm f}'\end{cases}$$

可以解出对应的此时的 y,z 的坐标公式为

$$y=\frac{mS\sin m\omega t\cos\omega t}{2\sqrt{(z_{\rm f}')^2+\left(\frac{mS}{2}\sin m\omega t\right)^2}}r_{\rm f}-z_{\rm f}'\sin\omega t \tag{5-119b}$$

$$z=\frac{mS\sin m\omega t\sin\omega t}{2\sqrt{(z_{\rm f}')^2+\left(\frac{mS}{2}\sin m\omega t\right)^2}}r_{\rm f}+z_{\rm f}'\cos\omega t \tag{5-119c}$$

式(5-119)就是在任意给定瞬时 t,以参变量 $z_{\rm f}'$ 为固定值的前滚轮和凸轮的接触点在坐标系 $Oxyz$ 下的坐标。当 $z_{\rm f}'$ 取上它定义域中的所有值时,就可以解出多个点,这些点连在一起就成为一条线段,它既是包络面上的线,又是滚轮圆周面上的线,因此就是在该 t 时刻圆柱凸轮前工作面与前滚轮的接触线。

如果时间 t 由零连续变化到 $2\pi/\omega$,也就是转角 ωt 由 0 连续变化到 2π,这条接触线在 $Oxyz$ 坐标系中的连续变化就形成了完整的圆柱凸轮的前工作曲面。

(4)显式方程(在 $O'x'y'z'$)。式(5-119)是在 $Oxyz$ 坐标系下的坐标,可是因为这条接触线又在前滚轮上,是相对应于前滚轮宽度 $B_{\rm f}=z_{\rm 2f}'-z_{\rm 1f}'$ 的接触线。为了能对接触线的形状有相应的具体概念,下述分析接触线在前滚轮对应的坐标系 $O'x'y'z'$ 下有什么特点。

现在先将式(5-119)接触点方程转换到与前滚轮轴相固联的 $O'x'y'z'$ 坐标系,令 $A=mS/2$,得

$$x' = \dfrac{-z'_{\mathrm{f}} r_{\mathrm{f}}}{\sqrt{(z'_{\mathrm{f}})^2 + (A\sin m\omega t)^2}}$$

$$y' = \dfrac{A r_{\mathrm{f}} \sin m\omega t}{\sqrt{(z'_{\mathrm{f}})^2 + (A\sin m\omega t)^2}} \left.\right\} \tag{5-120}$$

$$z'_{\mathrm{f}} = -y\sin\omega t + z\cos\omega t$$

现在看看在几个特定转角时,也就是特定行程特定位置处的接触线。注意,此时 x' 轴线的正方向,并且 x' 始终为负, $x' < 0$。

1)当 $m\omega t = 0$,即活塞位于前止点时,有

$$x' = -r_{\mathrm{f}}, \quad y' = 0, \quad z' = z'_f \in [z'_{1\mathrm{f}}, z'_{2\mathrm{f}}]$$

如图 5-39 所示,这条接触线是一条直线 $A_1 A_2$,与前滚轮轴线平行,而且始终位于 $x'O'z'$ 平面,即前滚轮轴线和凸轮轴线所决定平面。

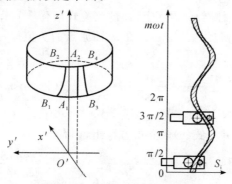

图 5-39 前滚轮上的接触线

2)当 $m\omega t = \pi/2$,即活塞位于正行程中点时,有

$$x' = \frac{-z'_{\mathrm{f}} r_{\mathrm{f}}}{\sqrt{(z'_{\mathrm{f}})^2 + A^2}} = \frac{-r_{\mathrm{f}}}{\sqrt{1 + (A/z'_{\mathrm{f}})^2}}, \quad y' = \frac{A r_{\mathrm{f}}}{\sqrt{(z'_{\mathrm{f}})^2 + A^2}}, \quad z' = z'_{\mathrm{f}} \in [z'_{1\mathrm{f}}, z'_{2\mathrm{f}}]$$

从上式可以看出,随着 z'_{f} 从小到大变化,也就是沿着滚轮从下往上,$|x'|$ 坐标绝对值逐渐增大,y' 坐标逐渐减小,因此这条接触线是一条螺旋形曲线,即沿着 $B_1 B_2$ 曲线从下往上,如图 5-39 所示。另外,y' 始终为正值,即接触线始终在 $x'O'z'$ 平面,即前滚轮轴线和凸轮轴线所决定平面的正侧。

3)当 $m\omega t = \pi$,即活塞位于后止点时,有

$$x' = -r_{\mathrm{f}}, \quad y' = 0, \quad z' = z'_{\mathrm{f}} \in [z'_{1\mathrm{f}}, z'_{2\mathrm{f}}]$$

如图 5-39 所示,这条接触线是一条直线 $A_1 A_2$,与前滚轮轴线平行,而且始终位于 $x'O'z'$ 平面,即前滚轮轴线和凸轮轴线所决定平面。

4)当 $m\omega t = 3\pi/2$,即活塞位回行程中点时,有

$$x' = \frac{-z'_{\mathrm{f}} r_{\mathrm{f}}}{\sqrt{(z'_{\mathrm{f}})^2 + A^2}} = \frac{-r_{\mathrm{f}}}{\sqrt{1 + (A/z'_{\mathrm{f}})^2}}, \quad y' = \frac{-A r_{\mathrm{f}}}{\sqrt{(z'_{\mathrm{f}})^2 + A^2}}, \quad z' = z'_{\mathrm{f}} \in [z'_{1\mathrm{f}}, z'_{2\mathrm{f}}]$$

从上式可以看出,随着 z'_{f} 从小到大变化,也就是沿着滚轮从下往上,$|x'|$ 坐标绝对值逐渐增大,$|y'|$ 坐标绝对值逐渐减小,因此这条接触线是一条螺旋形曲线,即沿着 $B_3 B_4$ 曲线从下往上,如图 5-39 所示。另外,y' 始终为负值,即接触线始终在 $x'O'z'$ 平面的负侧,即前滚轮轴线和凸轮轴线所决定平面的负侧。

5)当 $m\omega t = 2\pi$，即活塞位于前止点时，有

$$x' = -r_f, \quad y' = 0, \quad z' = z_f' \in [z_{1f}', z_{2f}']$$

如图 5 - 39 所示，这条接触线是一条直线 A_1A_2，与前滚轮轴线平行，而且始终位于 $x'O'z'$ 平面，即前滚轮轴线和凸轮轴线所决定平面。

由上述可知，结构尺寸已经确定的前滚轮，它和凸轮前端曲面的接触线随时间 t（或内、外轴相对转角 $\varphi = \omega t$）而周期性变化。当 $m\omega t = 0, \pi, 2\pi$ 时，接触线为前滚轮的直线，且等于前滚轮宽度 B_f，也就是它圆柱面上最后边的母线。在其他时刻，接触线都是螺旋形曲线，而且当正行程时，接触线在母线的正侧，回行程时在母线的负侧。

为了求任意时刻接触线的长度，用到《高等数学》关于"定积分的应用"用来求平面曲线的弧长的知识。设曲线弧由参数方程给出，即

$$\begin{cases} x = \varphi(t) \\ y = \psi(t) \end{cases} \quad (\alpha \leqslant t \leqslant \beta)$$

其中 $\varphi(t), \psi(t)$ 在 $t \in [\alpha, \beta]$ 上具有连续倒数，即曲线光滑，那么取参变量 t 为积分变量，在 $t \in [\alpha, \beta]$ 上的曲线弧长为

$$ds = \sqrt{(dx)^2 + (dy)^2} = \sqrt{\varphi'^2(t) + \psi'^2(t)}\, dt$$

所求弧长为

$$s = \int_\alpha^\beta \sqrt{(dx)^2 + (dy)^2}\, dt$$

可得，任意时刻接触线的长度为

$$l_f = \int_{z_{1f}'}^{z_{2f}'} \sqrt{(dx')^2 + (dy')^2 + (dz')^2} = \int_{z_{1f}'}^{z_{2f}'} \sqrt{\left(\frac{dx'}{dz'}\right)^2 + \left(\frac{dy'}{dz'}\right)^2 + 1}\, dz' \quad (5-121)$$

（5）前滚轮与凸轮工作曲面接触处的压力角。正行程时凸轮是被推动者，速度方向为旋转运动的切线。回程时，活塞是被推动者，速度方向与 $O'x'$ 平行。因此，压力角有不同的定义。用垂直于 $O'z'$ 的平面截取前滚轮和凸轮前工作曲面，当时间为 t 时，平面内的接触点为（x_f'，y_f'，z_f'）。

正行程时，如图 5 - 40 所示，活塞推动凸轮旋转，活塞与凸轮的接触点处所受正压力方向（即凸轮轮廓在该点的法线方向）与凸轮上接触点的绝对速度方向之间的所夹锐角，称为凸轮机构在接触点处的压力角，有

$$\tan\alpha_f = \left| \frac{x_f'}{y_f'} \right| = \frac{z_f'}{A\sin m\omega t} \quad (0 \leqslant m\omega t < \pi) \quad (5-122)$$

1）其他条件不变时，当 $m\omega t = 0$ 时，即处于前止点时，压力角最大为 $\pi/2$。

2）其他条件不变时，当 $m\omega t = \pi/2$ 时，即在正行程中点时压力角最小。

回行程时，如图 5 - 40 所示，凸轮推动活塞平动，活塞与凸轮的接触点处所受正压力方向（即凸轮轮廓在该点的法线方向）与活塞上接触点的绝对速度方向之间的所夹锐角，称为凸轮机构在接触点处的压力角，有

$$\tan\alpha_f = \left| \frac{y_f'}{x_f'} \right| = \left| \frac{A\sin m\omega t}{z_f'} \right| \quad (\pi \leqslant m\omega t < 2\pi) \quad (5-123)$$

1）其他条件不变时，当 $m\omega t = \pi$ 时，即处于后止点时，压力角最小，且为零。

2）其他条件不变时，当 $m\omega t = 3\pi/2$ 时，即在回行程中点时压力角最大。

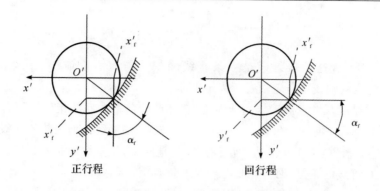

图 5-40　前滚轮与凸轮工作曲面接触处的压力角

在凸轮机构中,压力角是影响凸轮机构受力情况的一个重要参数。在其他条件相同的情况下,压力角越大,要想实现运动时需要两者之间的作用力就越大。

3.凸轮后工作曲面方程

前面采用解析法,在已知活塞运动规律 $s=f(\varphi)$ 的基础上,对于凸轮前工作曲面做了下述工作:①建立了两个坐标系 $Oxyz$ 和 $O'x'y'z'$;②求出了凸轮前工作曲面在 $Oxyz$ 坐标系下的隐式方程;③在 $Oxyz$ 坐标系的显式方程;④在 $O'x'y'z'$ 坐标系下的显式方程,还有接触线的特点;⑤接触线的压力角的计算公式。

凸轮有前、后两个工作曲面,分别与活塞的前、后滚轮相接触,而前、后滚轮之间的距离 l 是恒定的。既然现在已经知道了前工作曲面的曲面方程,那么能不能将前工作曲面直接平移一段距离 l 就成为后工作曲面?我们可以看看实际凸轮,发现两个工作曲面之间在各处的厚度不同,在峰和谷的地方比较厚,而在其他地方比较薄,尤其在行程中点最薄。因此,不能简单认为将前工作曲面直接平移一段距离就成为后工作曲面,而是要采用解析法,用公式推导后工作曲面必须满足的方程。

(1)坐标系及变换公式。同样,建立凸轮后工作曲面的方程,也必须是在基于某个合适坐标系的基础上进行。

设前、后滚轮轴线间的距离为 l,取固连于后滚轮轴线的坐标系 $O'x''y''z''$,如图 5-41 所示,且 $O'x''$ 轴与 Ox 轴、$O'x'$ 轴都重合于凸轮轴线,向前为正方向。$O'z''$ 轴正方向与后滚轮轴线始终相重合,$O'x''$ 与 $O'z''$ 相交于原点 O'',并且 O' 和 O 距离为 l,剩下的 $O'y''$ 按照右手定则可以确定。

当时间 t 为 0 时,$Oxyz$ 与 $O'x'y'z'$ 重合,但 $O'x''y''z''$ 可以认为是 $O'x'y'z'$ 整体向后移动了距离 l。当时间为 t 时,$O'x'y'z'$ 和 $O''x''y''z''$ 一起相对于 $Oxyz$ 沿着 Ox 轴反向移动了 OO' 的长度,且绕 Ox 轴逆时针转过 φ 角。φ 为活塞相对于凸轮的转角,即

$$\varphi=\omega t=(\omega_o+\omega_i)t$$

当活塞采用余弦加速度规律进行往复运动时,则 $s=f(\varphi)$ 方程为

$$s=\frac{S}{2}(1-\cos m\omega t)$$

坐标系 $O'x''y''z''$ 到坐标系 $Oxyz$ 的变换公式为

$$x'' = x + l + \frac{S}{2}(1-\cos m\omega t)$$
$$y'' = y\cos\omega t + z\sin\omega t$$
$$z'' = -y\sin\omega t + z\cos\omega t$$

(5-124)

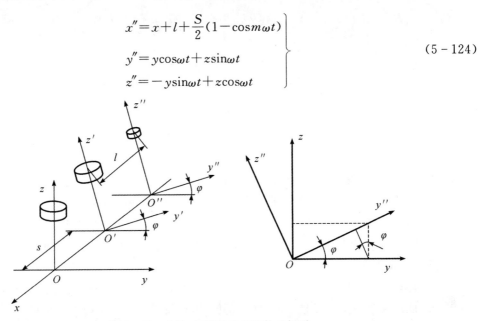

图 5-41　内轴、前滚轮和后滚轮坐标系

(2)隐式方程。设后滚轮外圆半径为 r_b，且滚轮的上、下两端面在 $O'x''y''z''$ 坐标系中的坐标分别为 z''_{2b} 和 z''_{1b}，即宽度为 $B_b = z''_{2b} - z''_{1b}$。同样的方法，可得到以时间 t 为参变量的在坐标系 $Oxyz$ 下的后滚轮圆柱面族方程为

$$\left[x+l+\frac{S}{2}(1-\cos m\omega t)\right]^2 + (y\cos\omega t + z\sin\omega t)^2 = r_b^2 \quad (z''_{1b} \leqslant -y\sin\omega t + z\cos\omega t \leqslant z''_{2b})$$

(5-125)

然后对式(5-125)对参变量 t 取偏导数，得

$$\left[x+l+\frac{S}{2}(1-\cos m\omega t)\right]\frac{mS}{2}\sin m\omega t + (y\cos\omega t + z\sin\omega t)(-y\sin\omega t + z\cos\omega t) = 0$$

(5-126)

联立式(5-125)和式(5-126)，可得到包含参变量 t 在坐标系 $Oxyz$ 下的后滚轮圆柱面包络面的参数方程。

(3)显式方程(在 $Oxyz$ 坐标系下)。这个方程组是隐式方程组，看不出 x, y, z 的显式坐标。同样方法得到任意给定瞬时 t，以参变量 z''_b 为固定值的后滚轮和凸轮的接触点在坐标系 $Oxyz$ 下的坐标，式中的取值范围 $z''_{1b} \leqslant z''_b \leqslant z''_{2b}$，则有

$$x = \frac{z''_b r_b}{\sqrt{(z''_b)^2 + (A\sin m\omega t)^2}} - l - \frac{S}{2}(1-\cos m\omega t)$$
$$y = \frac{-A\sin m\omega t\cos\omega t}{\sqrt{(z''_b)^2 + (A\sin m\omega t)^2}} r_b - z''_b\sin\omega t$$
$$z = \frac{-A\sin m\omega t\sin\omega t}{\sqrt{(z''_b)^2 + (A\sin m\omega t)^2}} r_b + z''_b\cos\omega t$$

(5-127)

(4)显式方程(在 $O'x''y''z''$)。下述先将式(5-127)接触点方程转换到与前滚轮轴相固联的 $O'x''y''z''$ 坐标系,得

$$
\left.
\begin{aligned}
x'' &= \frac{z''_b r_b}{\sqrt{(z''_b)^2 + (A\sin m\omega t)^2}} > 0 \\
y'' &= \frac{-A r_b \sin m\omega t}{\sqrt{(z''_b)^2 + (A\sin m\omega t)^2}} \\
z'' &= z''_b
\end{aligned}
\right\}
\qquad (5-128)
$$

1)当 $m\omega t = 0, \pi, 2\pi$,即活塞位于前止点时,如图 5-42 所示,接触线是一条 A_1A_2 直线,与后滚轮轴线平行,而且始终位于 $x''O''z''$ 平面,即后滚轮轴线和凸轮轴线所决定平面。

2)当 $m\omega t = \pi/2$,即活塞位于正行程中点时,如图 5-42 所示,接触线是一条螺旋形曲线,即沿着的 B_1B_2 曲线从下往上。y'' 始终为负值,即接触线始终在 $x''O''z''$ 平面的负侧,即后滚轮轴线和凸轮轴线所决定平面的负侧。

3)当 $m\omega t = 3\pi/2$,即活塞位回行程中点时,如图 5-42 所示,接触线是一条螺旋形曲线,即沿着 B_3B_4 曲线从下往上。另外,y'' 始终为正值,即接触线始终在 $x''O''z''$ 平面的正侧,即前滚轮轴线和凸轮轴线所决定平面的正侧。

结论:结构尺寸已经确定的后滚轮,它和凸轮后端曲面的接触线随时间 t(或内、外轴相对转角 $\varphi = \omega t$ 而周期性变化)。当 $m\omega t = 0, \pi, 2\pi$ 时,接触线为后滚轮的直线,且等于后滚轮宽度 B_f,也就是它圆柱面上最前边的母线。在其他时刻,接触线都是螺旋形曲线,而且当正行程时,接触线在母线的负侧,回行程时在母线的正侧。

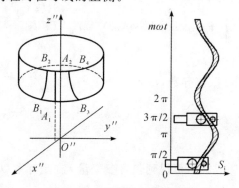

图 5-42　后滚轮上的接触线

任意时刻接触线的长度为

$$
l_b = \int_{z'_{1b}}^{z''_b} \sqrt{(\mathrm{d}x'')^2 + (\mathrm{d}y'')^2 + (\mathrm{d}z'')^2} = \int_{z'_{1b}}^{z''_{2b}} \sqrt{\left(\frac{\mathrm{d}x''}{\mathrm{d}z''}\right)^2 + \left(\frac{\mathrm{d}y''}{\mathrm{d}z''}\right)^2 + 1}\,\mathrm{d}z''
$$

5.4.3　活塞部件的运动及其惯性力

本节研究凸轮发动机的运动学。在凸轮发动机中,除了活塞部件以外,其他部件的运动都是定轴转动,运动规律很简单。只有活塞部件比较复杂,因为它除了随着缸体作定轴转动,还在缸体内作往复平动。而且,活塞杆部还有前、后滚轮以及前、后滚轮的滚针轴承,它们的运动更加复杂。因此,本节先重点研究活塞部件的运动。

运动必然带来惯性力,其他部件的惯性力很简单,能够实现自我平衡。同样,活塞部件的惯性力很复杂,不仅有相对惯性力和力矩,还有牵连惯性力和力矩,更有哥氏惯性力和力矩。因此,本节还要研究整个活塞部件的惯性力的表达式,为后面进行受力分析、发动机的平衡做准备。

1. 坐标系与活塞部件的质心

(1)坐标系。为了便于进行凸轮式活塞发动机的运动学和动力学分析,建立如图 5 - 43 所示的坐标系。

静参考系 $OXYZ$,与鱼雷相固联,OX 与鱼雷纵轴也就是发动机功率输出轴相重合,OZ 轴通过第 1 号气缸活塞位于前止点时活塞前端面形心,也就是通过第 1 号气缸的中心轴线。这样就确定了原点 O,然后按照右手定则确定 OY。

动坐标系 $Oxyz$,与凸轮内轴相固联;动坐标系 $Ox'y'z'$,与缸体外轴相固联。

当时间 t 等于零时,三参考系重合,共同原点是功率输出轴线与活塞处于前止点时活塞前端面所在平面的交点。动参考系 $Oxyz$ 以内轴角速度 ω_i 绕静参考系 OX 轴旋转,而 $Ox'y'z'$ 动参考系以外轴角速度 ω_o 绕 OX 轴旋转。

在垂直于 Ox' 轴的截平面上,各气缸圆端面中心所在的圆称为气缸分布圆,半径为 R,如图 5 - 44 所示。由于第 1 号气缸为该气缸位于前止点时,OZ 通过其前端面形心,所以 1 号缸端面形心在 $OXYZ$ 静参考系中的坐标为 $(0,0,R)$。其余气缸按照外轴旋转方向对各气缸依次编号,第 i 缸与第 1 缸在气缸分布圆夹角为

$$\Delta_i = \frac{2\pi}{z}(i-1) \tag{5-129}$$

第 i 缸活塞前端面形心往复运动方程为

$$X_i = \frac{S}{2}\left[\cos m(\omega t + \Delta_i) - 1\right] \tag{5-130}$$

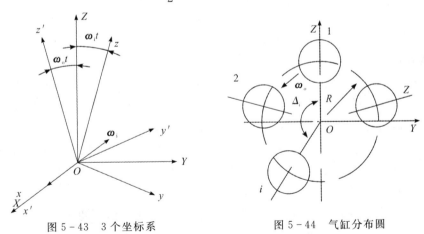

图 5 - 43　3 个坐标系　　　　　　　　　图 5 - 44　气缸分布圆

(2)活塞质心的位移、速度、加速度。下面研究活塞惯性力和力矩,必然用到活塞质心的位移、速度、加速度。而式(5 - 130)表达的是活塞前端面形心的位移方程,因此把活塞前端面形心的运动方程,经过转换写出活塞质心的运动方程。

活塞部件质量不对称,使得整个部件的质心偏离气缸轴线,如图 5 - 45 所示,假设 e_P 为活塞部件的质心 P 到活塞前端面的距离,R_P 为活塞部件的质心 P 到主轴轴线的距离,即活

塞部件质心的分布圆半径，τ 为活塞部件的质心 P 所在半径 R_P 与形心 R 所在半径的夹角。

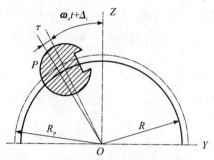

图 5-45　活塞质心与前端面形心

可以写出第 i 个活塞部件质心 P_i 在静参考系 $OXYZ$ 中的运动方程为

$$
\left.
\begin{aligned}
X_{P,i} &= \frac{S}{2}\{\cos m[(\boldsymbol{\omega}_i+\boldsymbol{\omega}_o)t+\Delta_i]-1\}-e_P \\
Y_{P,i} &= -R_P\sin(\boldsymbol{\omega}_o t+\Delta_i+\tau) \\
Z_{P,i} &= R_P\cos(\boldsymbol{\omega}_o t+\Delta_i+\tau)
\end{aligned}
\right\}
\tag{5-131}
$$

将质心运动方程在 X,Y,Z 3 个方向的分量式(5-130)，分别对时间 t 求一阶导数和二阶导数，可以得到第 i 个活塞部件质心 P_i 在静参考系 $OXYZ$ 的速度分量和加速度分量为

$$
\left.
\begin{aligned}
V_{pi,X} &= -(\boldsymbol{\omega}_i+\boldsymbol{\omega}_o)\frac{mS}{2}\sin m[(\boldsymbol{\omega}_i+\boldsymbol{\omega}_o)t+\Delta_i] \\
V_{pi,Y} &= -\boldsymbol{\omega}_o R_p\cos(\boldsymbol{\omega}_n t+\Delta_i+\tau) \\
V_{pi,Z} &= -\boldsymbol{\omega}_o R_p\cos(\boldsymbol{\omega}_o t+\Delta_i+\tau)
\end{aligned}
\right\}
\tag{5-132}
$$

$$
\left.
\begin{aligned}
a_{pi,X} &= -(\boldsymbol{\omega}_i+\boldsymbol{\omega}_o)^2\frac{m^2 S}{2}\cos m[(\boldsymbol{\omega}_i+\boldsymbol{\omega}_o)t+\Delta_i] \\
a_{pi,Y} &= \boldsymbol{\omega}_o^2 R_p\sin(\boldsymbol{\omega}_o t+\Delta_i+\tau) \\
a_{pi,Z} &= -\boldsymbol{\omega}_o^2 R_p\cos(\boldsymbol{\omega}_o t+\Delta_i+\tau)
\end{aligned}
\right\}
\tag{5-133}
$$

2. 活塞部件的运动

根据理论力学相关知识，研究对象相对于定系的运动称为绝对运动，研究对象对于动系的运动称为相对运动，而动系相对于定系的运动则称为牵连运动。物体的绝对运动可看作是相对运动和牵连运动的合成结果，此时的绝对运动是一种复合运动。

活塞体(只包括活塞、活塞环、前后滚轮轴以及滚轮轴固定装置)质量记为 M_1，相对运动为在气缸中的往复运动 $X_{P,i}$。牵连运动为该动参考系 $O'x'y'z'$ 绕 OX 轴线的定轴转动，角速度为 $\boldsymbol{\omega}_o$。

前后滚轮质量记为 M_2，相对运动为绕滚轮自身轴线的定轴转动，转动角速度记为 ω_{fi}，ω_{bi}；下标 f,b 分别代表前滚轮和后滚轮，为 front 和 behind 英文的第一个字母；下标 i 代表前、后滚轮属于第 i 个活塞上。牵连运动为滚轮轴线随活塞体一起的运动，即往复平动和定轴转动的复合运动。

前、后滚轮轴承的每根滚针质量记为 M_3，相对运动为绕滚针自身对称轴的自转(转动角速度记为 ω_{Bf} 和 ω_{Bb}，下标 B 表示滚针，下标 f 和 b 含义同前)和绕滚轮轴轴线而公转的合成运动。牵连运动为滚轮轴线随活塞体一起的运动，即往复平动和定轴转动的复合运动。

3.活塞部件惯性力和惯性力矩分析

根据以上运动分析,整个活塞部件的惯性力和惯性力矩应该包括以下几部分。

1)整个活塞部件(包括活塞体,前、后滚轮,前、后滚轮的滚针轴承,总质量为 $M_P = M_1 + M_2 + M_3$)相对往复平动和牵连定轴转动的合成运动时的惯性力和惯性力矩。

2)前、后滚轮,质量为 M_2,相对转动的惯性力和惯性力矩,以及它们的哥氏惯性力和哥氏惯性力矩(由质量 M_2 作牵连运动产生的惯性力已经合并到第一项中)。

3)前、后滚轮的滚针轴承,质量为 $\sum M_3$,相对运动的惯性力和惯性力矩,以及它们的哥氏惯性力和哥氏惯性力矩(由质量 $\sum M_3$ 作牵连运动产生的惯性力已经合并到第一项中)。

下面以第 i 缸活塞部件为例,对上述各项这 3 项分别进行计算,然后求和以后得出最终表达式。

(1)整个活塞部件,质量为 $M_P = M_1 + M_2 + \sum M_3$,整个活塞部件作相对往复平动 $X_{P,i}$,以及牵连定轴转动时产生的惯性力和力矩。

1)相对往复平动:惯性力通过质心 P_i,见式(5-134a),$J_{Pi,X} = -M_P a_{Pi,X}$;无惯性力矩。

2)牵连定轴转动:惯性力通过质心 P_i,见式(5-134b)和式(5-134c)$J_{Pi,Y} = -M_P a_{Pi,Y}$,$J_{Pi,Z} = -M_P a_{Pi,Z}$;由于活塞质量分布不对称,存在惯性力矩,可以忽略不计。

$$J_{pi,X} = M_p(\boldsymbol{\omega}_i + \boldsymbol{\omega}_o)^2 \frac{m^2 S}{2} \cos m[(\boldsymbol{\omega}_i + \boldsymbol{\omega}_o)t + \Delta_i] \tag{5-134a}$$

$$J_{pi,Y} = -M_p \boldsymbol{\omega}_o^2 R_p \sin(\boldsymbol{\omega}_o t + \Delta_i + \tau) \tag{5-134b}$$

$$J_{pi,Z} = M_p \boldsymbol{\omega}_o^2 R_p \cos(\boldsymbol{\omega}_o t + \Delta_i + \tau) \tag{5-134c}$$

3)哥氏加速度:相对平动速度矢量 $\boldsymbol{V}_{Pi,X}$(OX 方向)与牵连转动角速度矢量 $\boldsymbol{\omega}_o$($\pm OX$ 方向)的夹角 $\theta = 0$ 或者 π,则

$$a_K = 2\boldsymbol{\omega}_q \times \boldsymbol{V}_r = 2\omega_o V_{Pi,X}\sin\theta = 0$$

因此,哥氏惯性力和力矩都为零。

总之,第 i 个活塞部件整体质量为 M_P,往复平动和定轴转动的惯性力为 J_{Pi},下标 i 代表第 i 个活塞部件,P 代表通过质心 P 点,计算公式见式(5-134),惯性力矩为零。

(2)前、后滚轮。前、后滚轮的牵连运动已经在第一个问题中计算过了,只剩下前、后滚轮的相对运动以及哥氏加速度产生的惯性力及力矩。

1)由于相对运动为定轴转动,质量对称轴是其自转轴,所以惯性力为零。认为滚轮自转转速不变,因此,惯性力主矩为零。

2)哥氏加速度。如图 5-46 所示,前、后滚轮牵连转动角速度为 $\boldsymbol{\omega}_o$(方向为 $O'X'$);前、后滚轮相对转动角速度,也就是定轴转动角速度分别为记为 $\boldsymbol{\omega}_{fi}$,$\boldsymbol{\omega}_{bi}$,它们都垂直于 $O'X'$,但方向相反。

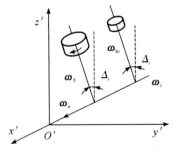

图 5-46　前、后滚轮自转转速

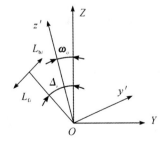

图 5-47　前、后滚轮的哥氏惯性力主矩

由于相对运动角速度 $\boldsymbol{\omega}_{\mathrm{fi}}$，牵连转动角速度 $\boldsymbol{\omega}_{\mathrm{o}}$，$\boldsymbol{\omega}_{\mathrm{fi}}\perp\boldsymbol{\omega}_{\mathrm{o}}$，所以惯性力主矢为零。

相对运动角速度 $\boldsymbol{\omega}_{\mathrm{fi}}$，牵连转动角速度 $\boldsymbol{\omega}_{\mathrm{o}}$，前、后滚轮惯性力主矩分别为 $\boldsymbol{L}_{\mathrm{fi}}$，$\boldsymbol{L}_{\mathrm{bi}}$，方向都是根据右手螺旋定则确定的，如图 5-47 所示，有

$$\boldsymbol{L}_{\mathrm{fi}}=I_{\mathrm{f}}(\boldsymbol{\omega}_{\mathrm{fi}}\times\boldsymbol{\omega}_{\mathrm{o}})$$

$$\boldsymbol{L}_{\mathrm{bi}}=I_{\mathrm{b}}(\boldsymbol{\omega}_{\mathrm{bi}}\times\boldsymbol{\omega}_{\mathrm{o}})$$

式中：I_{f}，I_{b} 分别为前、后滚轮对其自身对称轴的转动惯量，第 i 缸活塞的前、后滚轮惯性力主矩在静参考系中的投影为

$$\left.\begin{array}{l}L_{\mathrm{fi},X}=0\\L_{\mathrm{fi},Y}=-I_{\mathrm{f}}\boldsymbol{\omega}_{\mathrm{f}}i\boldsymbol{\omega}_{\mathrm{o}}\cos(\boldsymbol{\omega}_{\mathrm{o}}t+\Delta_{i})\\L_{\mathrm{fi},Z}=-I_{\mathrm{f}}\boldsymbol{\omega}_{\mathrm{f}}i\boldsymbol{\omega}_{\mathrm{o}}\sin(\boldsymbol{\omega}_{\mathrm{o}}t+\Delta_{i})\end{array}\right\} \tag{5-135}$$

$$\left.\begin{array}{l}L_{\mathrm{bi},Z}=0\\L_{\mathrm{bi},Y}=I_{\mathrm{b}}\boldsymbol{\omega}_{\mathrm{bi}}\boldsymbol{\omega}_{\mathrm{o}}\cos(\boldsymbol{\omega}_{\mathrm{o}}t+\Delta_{i})\\L_{\mathrm{bi},Z}=I_{\mathrm{b}}\boldsymbol{\omega}_{\mathrm{b}}i\boldsymbol{\omega}_{\mathrm{o}}\sin(\boldsymbol{\omega}_{\mathrm{o}}t+\Delta_{i})\end{array}\right\} \tag{5-136}$$

（3）前滚轮的滚轮轴承的滚针。任意一个滚针在动参考系 $Ox'y'z'$ 中绕瞬轴的相对转动，均可以分解为绕滚针自身对称轴作转动 $\boldsymbol{\omega}_{\mathrm{Bf}}$ 和以滚针对称轴速度 V_{Bf} 作平动，下面先根据理论力学相关知识求 $\boldsymbol{\omega}_{\mathrm{Bf}}$ 和 V_{Bf}，如图 5-48 所示。前滚轮自转角速度 $\boldsymbol{\omega}_{\mathrm{fi}}$，图中为顺时针，方向为 $-O'Z'$。前滚轮滚针的自转角速度 $\boldsymbol{\omega}_{\mathrm{bf}}$，图中为顺时针，方向为 $-O'Z'$。

在理想状况下，前滚轮与滚针在点 B 处具有相同的速度，且点 A 即为滚针相对运动速度瞬心，因此可求出前滚轮的滚针相对转动角速度 $\boldsymbol{\omega}_{\mathrm{Bf}}$ 为

$$\boldsymbol{\omega}_{\mathrm{Bf}}\times 2r_{\mathrm{Bf}}=\boldsymbol{\omega}_{\mathrm{fi}}\times r_{\mathrm{of}}$$

$$\boldsymbol{\omega}_{\mathrm{Bf}}=\frac{r_{\mathrm{of}}}{2r_{\mathrm{Bf}}}\times\boldsymbol{\omega}_{\mathrm{fi}} \tag{5-137}$$

式中：r_{Bf} 为前滚轮的滚针半径；r_{of} 为前滚轮滚针轴承外圆半径。

滚针对称轴瞬时平动的速度 V_{Bf} 为

$$V_{\mathrm{Bf}}=\boldsymbol{\omega}_{\mathrm{Bf}}\cdot r_{\mathrm{Bf}} \tag{5-138}$$

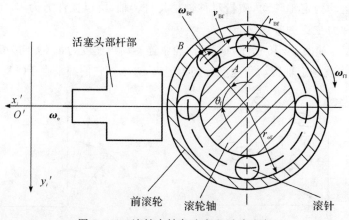

图 5-48　滚针自转角速度和平动速度

现在分析滚针的惯性力和力矩。

1)单个滚针的相对运动,为绕瞬轴的相对转动可以分解为绕滚针自身对称轴作自转 $\boldsymbol{\omega}_{Bf}$,以及滚针以对称轴速度作平动 V_{Bf}。

质量对称轴为其自转回转轴,单个滚针自转惯性力为零。假设转速 $\boldsymbol{\omega}_{Bf}$ 不变,单个滚针自转惯性力矩为零。单个滚针平动惯性力不为零,单个滚针平动惯性力矩也不为零。但同一个滚针轴承的所有滚针在环形滚道中均匀分布,因此所有滚针平动惯性力的合力为零,合力矩为零。

2)单个滚针的哥氏惯性力、惯性力矩。因为滚针的牵连运动为活塞往复平动和活塞的定轴转动(即活塞体的运动规律),里面包含了定轴转动,故滚针的每一个质点还要产生哥氏加速度和哥氏惯性力。每个滚针相对运动的两个分速度,即自转角速度 $\boldsymbol{\omega}_{Bf}$,瞬时平动线速度 V_{Bf},分别与牵连定轴转动角速度 $\boldsymbol{\omega}_o$ 作用,产生两个哥氏加速度,也就是有两个哥氏惯性力和两个哥氏惯性力矩。

仍然以第 i 缸活塞部件前滚轮的任意某一根滚针为例,该滚针围绕着第 i 缸活塞的前滚轮轴线旋转。但是原先的两个坐标系都没有通过该轴线的,这样不便于研究滚针运动。因此,取如图 5 - 48 所示的辅助坐标系 $Ox'_i y'_i z'_i$,该系相对于动参考系 $Ox' y' z'$ 固定不动,但 Oy'_i 和 Oy' 夹角始终为 Δ_i,当然 Oz'_i 和 Oz' 夹角也始终为 Δ_i。也就是将动参考系 $Ox' y' z'$ 绕 Ox' 转过 Δ_i 就得到了辅助坐标系。

Ⅰ 自转角速度 $\boldsymbol{\omega}_{Bf}$ 与牵连定轴转动角速度 $\boldsymbol{\omega}_o$ 作用。相对运动为自转角速度 $\boldsymbol{\omega}_{Bf}$,方向为 $-O'_i z'_i$。牵连运动为活塞体的定轴转动 $\boldsymbol{\omega}_o$,方向为 OX。相对运动角速度 $\boldsymbol{\omega}_{Bf}$ 与牵连转动角速度 $\boldsymbol{\omega}_o$ 方向垂直,即 $\boldsymbol{\omega}_{Bf} \perp \boldsymbol{\omega}_o$,所以惯性力主矢为零。惯性力主矩为 $l_{kf} = I_{Bf}(\boldsymbol{\omega}_{Bf} \times \boldsymbol{\omega}_o)$,方向为 $(-O'_i z'_i) \times OX = -O'_i y'_i$,在辅助坐标系中 $Ox'_i y'_i z'_i$ 的投影为

$$
\left.
\begin{aligned}
l_{kf, x'_i} &= 0 \\
l_{kf, y'_i} &= -I_{Bf}\boldsymbol{\omega}_{Bf}\boldsymbol{\omega}_o \\
l_{kf, z'_i} &= 0
\end{aligned}
\right\}
\tag{5-139}
$$

Ⅱ 瞬时平动 V_{Bf} 与牵连定轴转动角速度 $\boldsymbol{\omega}_o$ 作用。平动速度为 V_{Bf},与 $O'y'$ 夹角为 θ_f,如图 5-48 所示。牵连定轴转动 $\boldsymbol{\omega}_o$,方向为 OX。因此,哥氏加速度为

$$
a_k = 2\boldsymbol{\omega}_o \times \boldsymbol{V}_{Bf} = 2\omega_o V_{Bf}\sin\theta_f, \quad O'y' \times OX = -O'z'
$$

因此,滚针各质点的相对平动哥氏惯性力的合力通过该滚针的质心,主矩为零,主矢为 $j_{kf} = -\boldsymbol{M}_{Bf}\boldsymbol{a}_k$,方向为 Oz,有

$$
\left.
\begin{aligned}
j_{kf, x'_i} &= 0 \\
j_{kf, y'_i} &= 0 \\
j_{kf, z'_i} &= 2M_{Bf}\boldsymbol{\omega}_{Bf}\boldsymbol{\omega}_o r_{Bf}\cos\theta_f
\end{aligned}
\right\}
\tag{5-140}
$$

3)所有滚针。第 i 缸活塞的前滚轮有 z_f 个滚针,且在滚针轴承中均布。现在把式(5 - 139)、式(5 - 140)表达的第 i 个前滚子的滚针的力和力矩向滚轮轴心 F 简化并合成,以求出第 i 个前滚子所有滚针的合成主矢和合成主矩,J_{Bf, x'_i},J_{Bf, y'_i},J_{Bf, z'_i} 为第 i 个前滚子的所有滚针的惯性力主矢在 $Ox'_i y'_i z'_i$ 坐标系下的 3 个分量。L_{Bf, x'_i},L_{Bf, y'_i},L_{Bf, z'_i} 为第 i 个前滚子的所有滚针的惯性力主矩在 $Ox'_i y'_i z'_i$ 坐标系下的 3 个分量。

$$\begin{cases} J_{\mathrm{Bf},x'_i} = 0 \\ J_{\mathrm{Bf},y'_i} = 0 \\ J_{\mathrm{Bf},z'_i} = 2M_{\mathrm{Bf}}\boldsymbol{\omega}_{\mathrm{Bf}}\boldsymbol{\omega}_{\mathrm{o}}r_{\mathrm{Bf}}\sum_{i=1}^{z_{\mathrm{f}}}\cos\left[\theta_{\mathrm{f}}+\frac{2\pi}{z_{\mathrm{f}}}(i-1)\right] \end{cases}$$

合成主矩在同一坐标系三轴的投影为

$$\begin{cases} L_{\mathrm{Bf},x'_i} = \sum_{i=1}^{z_{\mathrm{f}}}j_{\mathrm{Kf},z'_i}\left\{-(r_{\mathrm{of}}-r_{\mathrm{Bf}})\sin\left[\theta_{\mathrm{f}}+\frac{2\pi}{z_{\mathrm{f}}}(i-1)\right]\right\} = -M_{\mathrm{Bf}}\boldsymbol{\omega}_{\mathrm{Bf}}\boldsymbol{\omega}_{\mathrm{o}}r_{\mathrm{Bf}}(r_{\mathrm{of}}-r_{\mathrm{Bf}})\sum_{i=1}^{z_{\mathrm{f}}}\sin 2\left[\theta_{\mathrm{f}}+\frac{2\pi}{z_{\mathrm{f}}}(i-1)\right] \\ L_{\mathrm{B}_{\mathrm{f}},y'_i} = \sum_{i=1}^{z_{\mathrm{f}}}\left\{-j_{\mathrm{Kf},z'_i}(r_{\mathrm{of}}-r_{\mathrm{Bf}})\cos\left[\theta_{\mathrm{f}}+\frac{2\pi}{z_{\mathrm{f}}}(i-1)\right]+l_{\mathrm{kf},y'_i}\right\} = -z_{\mathrm{f}}I_{\mathrm{Bf}}\boldsymbol{\omega}_{\mathrm{Bf}}\boldsymbol{\omega}_{\mathrm{o}}-M_{\mathrm{Bf}}\boldsymbol{\omega}_{\mathrm{Bf}}\boldsymbol{\omega}_{\mathrm{o}}r_{\mathrm{Bf}}(r_{\mathrm{of}}- \\ \qquad r_{\mathrm{Bf}})\sum_{i=1}^{z_{\mathrm{f}}}\left\{1+\cos 2\left[\theta_{\mathrm{f}}+\frac{2\pi}{z_{\mathrm{f}}}(i-1)\right]\right\} \\ L_{\mathrm{Bf},z'_i} = 0 \end{cases}$$

4）对主矢和主矩投影中的三角函数的和式进行分析，式中出现了三角函数的和式。当满足若 k 和 z 为自然数，且 $z \geqslant k+1$ 时，下面的三角函数的和式为零，即

$$\left.\begin{array}{l} \sum_{i=1}^{z}\sin k\left[\theta+\dfrac{2\pi}{z}(i-1)\right]=0 \\[3mm] \sum_{i=1}^{z}\cos k\left[\theta+\dfrac{2\pi}{z}(i-1)\right]=0 \end{array}\right\} \qquad (5-141)$$

由于而在前面的惯性力和力矩公式中，k 分别为 1 和 2，所以只要滚针数 $z_{\mathrm{f}} \geqslant 3$，各个三角函数就等于零。因此，前滚轮所有滚针的哥氏惯性力主矢零，哥氏惯性力主矩为

$$J_{\mathrm{Bf}}=0 \qquad (5-142)$$

$$L_{\mathrm{Bf}}=L_{\mathrm{Bf},y'_i}\boldsymbol{j}'_i=-z_{\mathrm{f}}\left[I_{\mathrm{Bf}}+M_{\mathrm{Bf}}r_{\mathrm{Bf}}(r_{\mathrm{of}}-r_{\mathrm{Bf}})\right]\boldsymbol{\omega}_{\mathrm{Bf}}\boldsymbol{\omega}_{\mathrm{o}}\boldsymbol{j}'_i \qquad (5-143)$$

式中：$\boldsymbol{j}'_i$ 为 $O'y'_i$ 轴的单位矢量。由此可见，第 i 缸活塞部件前滚轮滚针轴承的哥氏惯性力为零，仅存在哥氏惯性力矩 L_{Bf}，且方向为 $-O'y'_i$。

（4）后滚轮轴承的滚针。同理，可以对第 i 缸活塞部件后滚轮滚针轴承进行分析，可以得到相对运动惯性力主矢和主矩都为零，而哥氏惯性力主矢 J_{Bb}、主矩 L_{Bb} 的大小为

$$J_{\mathrm{Bb}}=0 \qquad (5-144)$$

$$L_{\mathrm{Bb}}=L_{\mathrm{Bb},y'_i}\boldsymbol{j}'_i=-z_{\mathrm{b}}\left[I_{\mathrm{Bb}}+M_{\mathrm{Bb}}r_{\mathrm{Bb}}(r_{\mathrm{ob}}-r_{\mathrm{Bb}})\right]\boldsymbol{\omega}_{\mathrm{Bb}}\boldsymbol{\omega}_{\mathrm{o}}\boldsymbol{j}'_i \qquad (5-145)$$

式中：z_{b} 为后滚轮轴承的滚针数量；I_{Bb} 为滚针绕自身对称轴的转动惯量；M_{Bb} 为每根滚针的质量；r_{Bb} 为滚针外圆半径；r_{ob} 为滚针轴承的外圆半径；$\boldsymbol{\omega}_{\mathrm{Bb}}$ 为滚针相对自身对称轴自转角速度；$\boldsymbol{\omega}_{\mathrm{o}}$ 为缸体转动角速度（即外轴转动角速度）。

（5）向固定坐标系投影。注意式（5-142）～式（5-145）为第 i 缸活塞部件的滚针惯性力矩在辅助坐标系 $Ox'_iy'_iz'_i$ 的分量，需要将其转换到固定坐标系 $OXYZ$ 下，可得

$$\left.\begin{array}{l} L_{\mathrm{Bf},x}=0 \\ L_{\mathrm{Bf},Y}=-z_{\mathrm{f}}\left[I_{\mathrm{Bf}}+M_{\mathrm{Bf}}r_{\mathrm{Bf}}(r_{\mathrm{of}}-r_{\mathrm{Bf}})\right]\boldsymbol{\omega}_{\mathrm{Bf}}\boldsymbol{\omega}_{\mathrm{o}}\cos(\boldsymbol{\omega}_{\mathrm{o}}t+\Delta_i) \\ L_{\mathrm{Bf},z}=-z_{\mathrm{f}}\left[I_{\mathrm{Bf}}+M_{\mathrm{Bf}}r_{\mathrm{Bf}}(r_{\mathrm{of}}-r_{\mathrm{Bf}})\right]\boldsymbol{\omega}_{\mathrm{Bf}}\boldsymbol{\omega}_{\mathrm{o}}\sin(\boldsymbol{\omega}_{\mathrm{o}}t+\Delta_i) \end{array}\right\} \qquad (5-146)$$

$$L_{Bb,X} = 0$$
$$L_{Bb,Y} = z_b[I_{Bb} + M_{Bf}r_{Bb}(r_{ob} - r_{Bb})]\boldsymbol{\omega}_{Bb}\boldsymbol{\omega}_o\cos(\boldsymbol{\omega}_o t + \Delta_i) \quad \left. \right\} \quad (5-147)$$
$$L_{Bb,Z} = z_b[I_{Bb} + M_{Bf}r_{Bb}(r_{ob} - r_{Bb})]\boldsymbol{\omega}_{Bb}\boldsymbol{\omega}_o\sin(\boldsymbol{\omega}_o t + \Delta_i)$$

4. 总结

凸轮式活塞发动机每个活塞部件均有惯性力和惯性力矩。

惯性力 $\boldsymbol{J}_{Pi}$:通过该活塞部件的质心,是由于活塞部件的往复平动和定轴转动而产生的,即

$$J_{pi,X} = M_p(\boldsymbol{\omega}_i + \boldsymbol{\omega}_o)^2 \frac{m^2 S}{2}\cos m[(\boldsymbol{\omega}_i + \boldsymbol{\omega}_o)t + \Delta_i] \quad \left. \right\}$$
$$J_{pi,Y} = -M_p\boldsymbol{\omega}_o^2 R_p\sin(\boldsymbol{\omega}_o t + \Delta_i + \tau) \quad (5-148)$$
$$J_{pi,Z} = M_p\boldsymbol{\omega}_o^2 R_p\cos(\boldsymbol{\omega}_o t + \Delta_i + \tau)$$

惯性力矩 $\boldsymbol{L}_{Pi}$:与发动机功率输出轴线相垂直,即没有 OX 分量,是由于活塞部件牵连惯性力矩 L_e,前、后两滚轮的哥氏惯性力矩 L_f 和 L_b,以及前、后滚轮的滚针轴承的哥氏惯性力矩 L_{Bf} 和 L_{Bb} 组成,有

$$L_{pi,X} = 0$$
$$L_{pi,Y} = L\cos(\boldsymbol{\omega}_o t + \Delta_i) \quad \left. \right\} \quad (5-149)$$
$$L_{pi,Z} = L\sin(\boldsymbol{\omega}_o t + \Delta_i)$$

式中:$L = L_e - \{I_f\omega_{fi} + z_f[I_{Bf} + M_{Bf}r_{Bf}(r_{of} - r_{Bf})]\boldsymbol{\omega}_{Bf}\}\boldsymbol{\omega}_o + \{I_b\omega_{bi} + z_b[I_{Bb} + M_{Bb}r_{Bb}(r_{ob} - r_{Bb})]\boldsymbol{\omega}_{Bb}\}\boldsymbol{\omega}_o$。

5.4.4　凸轮式活塞发动机的平衡

凸轮式活塞发动机的所有运动部件可分为两大类:内轴部件和外轴部件。除活塞部件外,其他部件的运动规律为绕功率输出轴线作定轴转动,如果能保证转动轴就是其质量对称轴,那么它们在发动机稳定工作时就可以获得自身平衡。要达到这个条件只需要满足:

(1)各个气缸绕发动机功率输出轴线于气缸分布圆上均布;

(2)$z \geqslant 2$ 且 $m \geqslant 2$。

而活塞部件需要仔细考虑。5.4.3 节已经导出第 i 个活塞部件的惯性力 $\boldsymbol{J}_{Pi}$,惯性力矩 $\boldsymbol{L}_{Pi}$,在静参考系 $OXYZ$ 三轴的投影,那么当发动机气缸数为 z,z 个活塞部件惯性力的合成主矢 $\boldsymbol{J}_P$ 和主矩 $\boldsymbol{L}_P$,又是如何呢? 现在将 z 个活塞部件惯性力主矢和主矩向静参考系原点 O 作简化并合成,从而可得到位于 O 点的各活塞部件惯性力的合成主矢 $\boldsymbol{J}_P$ 和主矩 $\boldsymbol{L}_P$:

$$\left\{ \begin{array}{l} \boldsymbol{J}_{P,X} = \displaystyle\sum_{i=1}^{z} \boldsymbol{J}_{Pi,X} \\[3mm] \boldsymbol{J}_{P,Y} = \displaystyle\sum_{i=1}^{z} \boldsymbol{J}_{Pi,Y} \\[3mm] \boldsymbol{J}_{P,Z} = \displaystyle\sum_{i=1}^{z} \boldsymbol{J}_{Pi,Z} \end{array} \right.$$

和

$$\left\{ \begin{array}{l} L_{P,X} = \displaystyle\sum_{i=1}^{z} (Y_i J_{Pi,Z} - Z_i J_{Pi,Y} + L_{Pi,X}) \\[3mm] L_{P,Y} = \displaystyle\sum_{i=1}^{z} (Z_i J_{Pi,X} - X_i J_{Pi,Z} + L_{Pi,Y}) \\[3mm] L_{P,Z} = \displaystyle\sum_{i=1}^{z} (X_i J_{Pi,Y} - Y_i J_{Pi,X} + L_{Pi,Z}) \end{array} \right.$$

经过整理,得

$$
\begin{cases}
J_{P,X} = M_P (\boldsymbol{\omega}_i + \boldsymbol{\omega}_o)^2 \dfrac{m^2 S}{2} \sum_{i=1}^{z} \cos m[(\boldsymbol{\omega}_i + \boldsymbol{\omega}_o)t + \Delta_i] \\[3mm]
J_{P,Y} = -M_P \boldsymbol{\omega}_o^2 R_P \sum_{i=1}^{z} \sin(\boldsymbol{\omega}_o t + \Delta_i + \tau) \\[3mm]
J_{P,Z} = M_P \boldsymbol{\omega}_o^2 R_P \sum_{i=1}^{z} \cos(\boldsymbol{\omega}_o t + \Delta_i + \tau)
\end{cases}
$$

$$
\begin{cases}
L_{P,X} = 0 \\[3mm]
L_{P,Y} = -M_P \boldsymbol{\omega}_o^2 R_P \sum_{i=1}^{z} \left\{ \dfrac{S}{2}\left[1 - m^2\left(1 + \dfrac{\boldsymbol{\omega}_i}{\boldsymbol{\omega}_o}\right)^2\right] \cos m[(\boldsymbol{\omega}_i + \boldsymbol{\omega}_o)t + \Delta_i]\cos(\boldsymbol{\omega}_o t + \Delta_i + \tau) - \right. \\[3mm]
\qquad \left. \left(\dfrac{S}{2} + e_P\right)\cos(\boldsymbol{\omega}_o t + \Delta_i + \tau)\right\} + \sum_{i=1}^{z} L\cos(\boldsymbol{\omega}_o t + \Delta_i) \\[3mm]
L_{P,Z} = -M_P \boldsymbol{\omega}_o^2 R_P \sum_{i=1}^{z} \left\{ \dfrac{S}{2}\left[1 - m^2\left(1 + \dfrac{\boldsymbol{\omega}_i}{\boldsymbol{\omega}_o}\right)^2\right] \cos m[(\boldsymbol{\omega}_i + \boldsymbol{\omega}_o)t + \Delta_i]\sin(\boldsymbol{\omega}_o t + \Delta_i + \tau) - \right. \\[3mm]
\qquad \left. \left(\dfrac{S}{2} + e_P\right)\sin(\boldsymbol{\omega}_o t + \Delta_i + \tau)\right\} + \sum_{i=1}^{z} L\sin(\boldsymbol{\omega}_o t + \Delta_i)
\end{cases}
$$

由三角函数可知

$$2\cos\alpha\cos\beta = \cos(\alpha+\beta) + \cos(\alpha-\beta)$$
$$2\cos\alpha\sin\beta = \sin(\alpha+\beta) - \sin(\alpha-\beta)$$

因此,惯性力主矩的投影可以改写成

$$
\begin{aligned}
L_{P,Y} = -M_P \boldsymbol{\omega}_o^2 R_P \Bigg\{ & \frac{S}{4}\left[1 - m^2\left(1 + \frac{\boldsymbol{\omega}_i}{\boldsymbol{\omega}_o}\right)^2\right] \sum_{i=1}^{z}\left[\cos(m+1)\left(\frac{m}{m+1}\boldsymbol{\omega}_i t + \boldsymbol{\omega}_o t + \frac{\tau}{m+1} + \Delta_i\right) + \right. \\
& \left. \cos(m-1)\left(\frac{m}{m-1}\boldsymbol{\omega}_i t + \boldsymbol{\omega}_o t - \frac{\tau}{m-1} + \Delta_i\right)\right] - \left(\frac{S}{2} + e_P\right)\sum_{i=1}^{z}\cos(\boldsymbol{\omega}_o t + \Delta_i + \tau)\Bigg\} + \\
& L\sum_{i=1}^{z}\cos(\boldsymbol{\omega}_o t + \Delta_i)
\end{aligned}
$$

$$
\begin{aligned}
L_{P,Y} = -M_P \boldsymbol{\omega}_o^2 R_P \Bigg\{ & \frac{S}{4}\left[1 - m^2\left(1 + \frac{\boldsymbol{\omega}_i}{\boldsymbol{\omega}_o}\right)^2\right] \sum_{i=1}^{z}\left[\sin(m+1)\left(\frac{m}{m+1}\boldsymbol{\omega}_i t + \boldsymbol{\omega}_o t + \frac{\tau}{m+1} + \Delta_i\right) - \right. \\
& \left. \sin(m-1)\left(\frac{m}{m-1}\boldsymbol{\omega}_i t + \boldsymbol{\omega}_o t - \frac{\tau}{m-1} + \Delta_i\right)\right] - \left(\frac{S}{2} + e_P\right)\sum_{i=1}^{z}\sin(\boldsymbol{\omega}_o t + \Delta_i + \tau)\Bigg\} + \\
& L\sum_{i=1}^{z}\sin(\boldsymbol{\omega}_o t + \Delta_i)
\end{aligned}
$$

惯性力和惯性力矩的各个投影式中的三角函数和式都可以表达为

$$\sum_{i=1}^{z}\sin\left\{k\left[\theta + \frac{2\pi}{z}(i-1)\right]\right\}, \qquad \sum_{i=1}^{z}\cos\left\{k\left[\theta + \frac{2\pi}{z}(i-1)\right]\right\}$$

式中:k 分别取 $m+1, m-1, 1$,因此 k 最大为 $m+1$。根据 5.4.4 已经证明,当 $z \geqslant k+1$,即 $z \geqslant m+2$ 时,使得主矢 J_P 和主矩 L_P 为零,这样各活塞部件的惯性力主矢和主矩就能实现自我平衡。

综上所述,凸轮式活塞发动机的平衡条件:

(1)活塞在气缸中按余弦加速度规律作往复运动;

(2)各个气缸绕发动机功率输出轴线于气缸分布圆上均布;

（3）凸轮工作曲面的峰数 m 和气缸数 z 满足：

$$m \geqslant 2, \quad z \geqslant m+2$$

为了使发动机易于消除启动死区，并降低输出转矩的不均匀性，鱼雷凸轮式活塞发动机的气缸数不应该是凸轮峰数的整数倍，即

$$z \neq km \quad (k=2,3,\cdots)$$

可见，凸轮式活塞发动机的平衡条件是很容易满足的。因此，该发动机能实现自平衡，这是它的重大优点之一，这有利于降低发动机工作时的振动和噪声，有利于提高零部件的强度和发动机的可靠性，也可以避免因加配重而导致发动机质量和尺寸的增大。

5.4.5　作用于活塞部件的力

以活塞部件研究对象，施力对象有地球、高温工质、机壳内气体、气缸套导向缸套、凸轮等。如果忽略活塞部件自身的重力、气缸套导向缸套对活塞的摩擦力、圆柱凸轮对活塞的摩擦力，那么剩余惯性力、气体力、凸轮反作用力、缸体反作用力。根据理论力学中的达朗伯原理，上述各力组成平衡力系。

现在以第 1 缸活塞为例，求作用在第 1 缸活塞上的力。

1. 对第 1 缸活塞部件的受力分析

因为研究对象为第 1 缸活塞部件，为了便于公式推导，所有的分析都建立在以第 1 缸活塞部件基础的坐标系上，即参考系 $Ox'y'z'$，该坐标系的 Oz' 通过活塞轴线。

（1）惯性力，惯性力矩。式（5-130）为第 i 缸活塞部件质心 P_i 在静参考系 $OXYZ$ 中的运动方程，因此需要将其转换到参考系 $Ox'y'z'$ 下。两个坐标系的变换公式为

$$\left.\begin{array}{l} x'=X \\ y'=Y\cos(\boldsymbol{\omega}_{\mathrm{o}}t+\Delta_i+\tau)+Z\sin(\boldsymbol{\omega}_{\mathrm{o}}t+\Delta_i+\tau) \\ z'=-Y\sin(\boldsymbol{\omega}_{\mathrm{o}}t+\Delta_i+\tau)+Z\cos(\boldsymbol{\omega}_{\mathrm{o}}t+\Delta_i+\tau) \end{array}\right\} \tag{5-150}$$

因此，将式（5-150）第 1 缸活塞部件质心在坐标系 $Ox'y'z'$ 中表示为（$R_{\mathrm{P}}\approx R,\tau=0,\Delta_1=0$）：

$$\left\{\begin{array}{l} x'_{\mathrm{P}}=\dfrac{S}{2}[\cos m(\boldsymbol{\omega}_{\mathrm{i}}+\boldsymbol{\omega}_{\mathrm{o}})t-1]-e_{\mathrm{P}} \\ y'_{\mathrm{P}}=0 \\ z'_{\mathrm{P}}=R \end{array}\right. \tag{5-151}$$

同样，式（5-148）、式（5-149）为第 i 缸活塞部件惯性力的主矢和主矩，考虑到此时 $\Delta_i=0$，$R_{\mathrm{P}}\approx R,\tau=0$，以及用到坐标变换式，现在写出第 1 缸活塞部件在 $Ox'y'z'$ 坐标系下的惯性力的主矢和主矩，见式（5-152）和式（5-153）。作用点坐标都在活塞的质心 P 上，则

$$\left.\begin{array}{l} J_x'=M_{\mathrm{p}}(\boldsymbol{\omega}_{\mathrm{i}}+\boldsymbol{\omega}_{\mathrm{o}})2\,\dfrac{m^2 S}{2}\cos m(\boldsymbol{\omega}_{\mathrm{i}}+\boldsymbol{\omega}_{\mathrm{o}})t \\ J_y'=0 \\ J_z'=M_{\mathrm{p}}\boldsymbol{\omega}R \end{array}\right\} \tag{5-152}$$

$$\left.\begin{array}{l} L_x'=0 \\ L_y'=L \\ L_z'=0 \end{array}\right\} \tag{5-153}$$

(2)气体力 P_g。作用在活塞部件的气体力与气缸套中心线相重合,故也通过活塞部件的质心 P,且在 Oy',Oz' 两轴的投影为零。假设气缸内工质压强为 P,发动机机壳内气体压强为 P_0,缸径为 D_c,则气体力 P_g 在动参考系 $Ox'y'z'$ 中各轴的投影为

$$\begin{cases} P_{g,x'} = -\dfrac{\pi}{4}D_c^2(P-P_0) \\ P_{g,y'} = 0 \\ P_{g,z'} = 0 \end{cases}$$

由于气缸中工质压强 P 随时间而变化,变化规律就是 PV 示功图,所以气体力 P_g 是时间 t 或内、外轴相对转角 φ 的函数。

(3)凸轮反作用力 $(-K)$。注意此处用 $(-K)$ 整体作为一个负荷来表达凸轮对活塞的作用力,在求解出来后 $(-K)$,那么活塞对凸轮的作用力就是 K。

凸轮反作用力 $(-K)$ 与滚轮轴线相交并垂直,即在 Oz' 轴的投影为零 $-K_{z'}=0$,只剩下 $-K_{x'}$,$-K_{y'}$。究竟是前滚轮还是后滚轮还要进一步分析。虽然 $-K_{x'}$,$-K_{y'}$ 的作用点在滚轮轴线上,但 z' 方向的具体位置还需要值 b_f(前滚轮)或者 b_b(后滚轮)给定,因此假设作用点位于点 $(e_f,0,b_f)$ 或者 $(e_b,0,b_b)$。

(4)缸体反作用力 $-C$。缸体反作用力 $-C$ 与活塞轴线相交并垂直,即在 Ox' 轴的投影为零 $-C_{x'}=0$,只剩下 $-C_{y'}$,$-C_{z'}$。虽然 $-C_{y'}$,$-C_{z'}$ 作用点在活塞轴线上,但 x' 方向的具体位置还需要值 a_y,a_z 给定,因此假设作用点位于点 $(a_y,0,0)$,$(a_z,0,0)$,其中 a_y,a_z 分别为 $-C_{y'}$,$-C_{z'}$ 到前滚轮轴线 ff 的距离。

2.分 3 种情况讨论活塞体的受力

活塞体上有前滚轮、后滚轮,它们分别与凸轮的前、后工作曲面相接触,但不可能同时都有相互作用力,只能是某一个滚轮有作用力或都没有作用力。在 Ox' 轴方向共有 3 个作用力,分别是 $J_{x'}$,$P_{g,x'}$ 和 $-K_{x'}$,有

$$J_{x'} + P_{g,x'} + (-K_{x'}) = 0$$

1)当 $J_{x'} + P_{g,x'} < 0$ 时,活塞有向后运动的趋势,因此前滚轮与凸轮前工作曲面相接触。由等式可知,$-K_{x'} > 0$,凸轮反作用力向前,即凸轮对前滚轮有作用力,而对后滚轮无作用力为零;

2)当时 $J_{x'} + P_{g,x'} > 0$,活塞有向前运动的趋势,因此后滚轮与凸轮后工作曲面相接触。由等式可知,$-K_{x'} < 0$,凸轮反作用力向后,即凸轮对后滚轮有作用力,而对前滚轮的作用力为零;

3)当 $J_{x'} + P_{g,x'} = 0$ 时,都为零。

(1)$J_{x'} + P_{g,x'} < 0$,前滚轮工作。图 5-49 所示的横坐标为内、外轴的相对转角,180° 为一个工作循环;纵坐标为第 1 缸燃气压强,因此是第 1 缸的理论 $P\varphi$ 示功图,与 pV 示功图都可以描述气缸内燃气的压强变化趋势。图 5-50 所示为第 1 缸活塞部件的气体力 $P_{g,x'}$ 和惯性力 $J_{x'}$ 随转角的变化趋势。$P_{g,x'}$ 始终为负值,$J_{x'}$ 为余弦规律有正、有负。由图 5-50 可见,$J_{x'} + P_{g,x'} < 0$,前滚轮工作,即出现在 $0° \sim 150°$ 以及 $170° \sim 180°$。

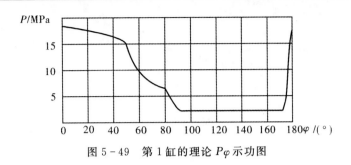

图 5-49　第 1 缸的理论 $P\varphi$ 示功图

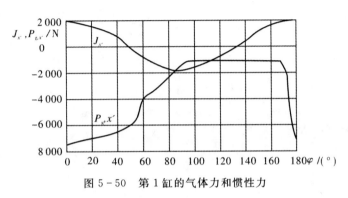

图 5-50　第 1 缸的气体力和惯性力

活塞部件的平衡力系如图 5-51 所示，O 为活塞前端面形心所在平面与 X 轴的交点，P 为活塞部件质心，ff 为前滚轮轴的轴线。e_P 为活塞前端面形心到质心的距离，e_f 为活塞前端面形心到前滚轮轴轴线 ff 的距离。a_y,a_z 为缸体反作用力 $-C_{y'}$，$-C_{z'}$ 的作用点到前滚轮轴线 ff 的距离，b_f 为凸轮反作用力 $-K_{x'}$，$-K_{y'}$ 的作用点到活塞轴线的距离。

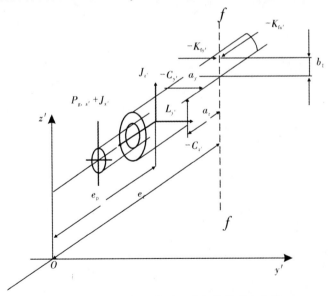

图 5-51　前滚轮工作时活塞部件的受力分析

力平衡方程分别为所有作用力在 x',y',z' 3 根轴上的投影的代数和为零，力矩平衡方程是根据力系对通过质心 P 且平行于坐标系 $Ox'y'z'$ 的 3 个轴取力矩而写出的，因此得到了 6

个方程:

$$\begin{cases} (-k_{f,x'})+p_{g,x'}+J_{x'}=0 \\ (-k_{f,y'})+(-C_{y'})=0 \\ (-C_{z'})+J_{z'}=0 \\ -(-K_{f,y'})b_f=0 \\ (-K_{f,x'})b_f+(-C_{z'})(e_f-e_p-a_z)+L_{y'}=0 \\ -(-K_{f,y'})(e_f-e_p)-(-C_{y'})(e_f-e_p-a_y)=0 \end{cases}$$

但是有 7 个未知数,即 $-K_{x'}$,$-K_{y'}$,$-C_{y'}$,$-C_{z'}$,b_f,a_y,a_z。需要建立一个补充方程,因为 $-K_{x'}$,$-K_y$ 和接触点的横纵坐标 x',y' 之间存在关系式,即

$$\frac{-K_{f,y'}}{-K_{f,x'}}=\frac{y'}{x'}=-\frac{mS}{2(R+b_f)}\sin m(\boldsymbol{\omega}_i+\boldsymbol{\omega}_o)t,\text{则有}$$

根据 7 个方程 7 个未知数,可解得式(5-154)~式(5-157),其中活塞部件前滚轮对圆柱凸轮前端工作曲面的作用力 $K_{x'}$,$K_{y'}$,作用点位置参数 b_f;活塞部件对缸体的作用力 $C_{y'}$,$C_{z'}$,作用点位置参数 a_y,a_z,则有

$$\left. \begin{aligned} K_{f,x'}&=P_{g,x'}+J_{x'} \\ K_{f,y'}&=-(P_{g,x'}+J_{x'})\frac{mS}{2R}\sin m(\boldsymbol{\omega}_i+\boldsymbol{\omega}_o)t \end{aligned} \right\} \qquad (5-154)$$

$$b_f=0 \qquad (5-155)$$

$$\left. \begin{aligned} C_{y'}&=-K_{f,y'}=(P_{g,x'}+J_{x'})\frac{mS}{2R}\sin m(\boldsymbol{\omega}_i+\boldsymbol{\omega}_o)t \\ C_{z'}&=J_{z'} \end{aligned} \right\} \qquad (5-156)$$

$$\left. \begin{aligned} a_y&=0 \\ a_z&=e_f-e_p-\frac{L}{J_{z'}} \end{aligned} \right\} \qquad (5-157)$$

(2)$J_{x'}+P_{g,x'}>0$,后滚轮工作。如图 5-50 所示,$P_{g,x'}$ 始终为负值,$J_{x'}$ 为余弦规律有正、有负,也就是当 $P_{g,x'}$ 的绝对值较小时(缸内工质压强较小),且 $J_{x'}$ 为正值时才有可能发生。从图上可以看出,$J_{x'}+P_{g,x'}>0$ 即后滚轮工作,出现在 $150°\sim170°$,也就是气缸中工作循环处于排气过程后期到压缩过程。而当鱼雷航行深度很大时,由于气缸进排气压强 P 都相应增大,使得气体力

$$P_{g,x'}=-\frac{\pi}{4}D_c^2(P-P_0)$$

的绝对值增大,而且 $P_{g,x'}$ 始终为负值,因此 $J_{x'}+P_{g,x'}>0$ 这种情况一般不会发生,故当航深增大时,一般不会产生后滚轮的作用力。

采用同样的方法,画出活塞部件平衡图,建立力平衡方程和力矩平衡方程。设 e_b 为活塞前端面形心到后滚轮轴轴线的距离,b_b 为凸轮反作用力 $-K_{x'}$ 和 $-K_{y'}$ 的作用点的到活塞轴线的距离,a_y 和 a_z 为缸体反作用力 $-C_{y'}$ 和 $-C_{z'}$ 的作用点到后滚轮轴线 bb 的距离。

由 7 个方程解出 7 个未知数,可得到式(5-158)~式(5-161),其中:活塞部件后滚轮对圆柱凸轮前端工作曲面的作用力 $K_{x'}$ 和 $K_{y'}$,作用点位置参数 b_b;活塞部件对缸体的作用力 $C_{y'}$ 和 $C_{z'}$,作用点位置参数 a_y 和 a_z,则有

$$K_{b,x'} = P_{g,x'} + J_{x'}$$

$$K_{b,y'} = -(P_{g,x'} + J_{x'})\frac{mS}{2R}\sin m(\omega_i + \omega_o)t \qquad (5-158)$$

$$b_b = 0 \qquad (5-159)$$

$$C_{y'} = -K_{b,y'} = (P_{g,x'} + J_{x'})\frac{mS}{2R}\sin m(\omega_i + \omega_o)t$$

$$C_{z'} = J_{z'} \qquad (5-160)$$

$$a_y = 0$$

$$a_z = e_b - e_p - \frac{L}{J_{z'}} \qquad (5-161)$$

（3）$J_{x'} + P_{g,x'} = 0$。这种情况下圆柱凸轮和活塞部件之间的作用力为零,而活塞部件对缸体的作用力和作用点位置为

$$C_{y'} = 0$$

$$C_{z'} = J_{z'} \qquad (5-162)$$

$$a_z = e_f - e_p - \frac{L}{J_{z'}} \qquad (5-163)$$

（4）总结。

1）式（5-154）表示活塞部件前滚轮对凸轮的作用力,而式（5-157）表示活塞部件后滚轮对凸轮的作用力,而且形式一模一样,可以用统一的公式来表达,有

$$K_{x'} = P_{g,x'} + J_{x'}$$

$$K_{y'} = -(P_{g,x'} + J_{x'})\frac{mS}{2R}\sin m(\omega_i + \omega_o)t$$

$$K_{z'} = 0 \qquad (5-164)$$

由式（5-155）知道 $b_f = 0$,也就是说当 $J_{x'} + P_{g,x'} < 0$ 时,表明前滚轮受力,而且作用力通过气缸中心线与前滚轮轴线的交点。由式（5-159）知道 $b_b = 0$,也就是说当 $J_{x'} + P_{g,x'} > 0$,表明后滚轮受力,而且作用力通过气缸中心线与后滚轮轴线的交点。因此,力的作用点总位于半径为气缸分布圆半径 R 的凸轮工作曲面的圆柱剖面线上。

2）同样,式（5-155）和式（5-159）分别表示活塞部件对缸体作用力,而且形式一模一样,可以用统一的公式来表达,有

$$C_{x'} = 0$$

$$C_{y'} = -K_{b,y'} = (P_{g,x'} + J_{x'})\frac{mS}{2R}\sin m(\omega_i + \omega_o)t$$

$$C_{z'} = J_{z'} \qquad (5-165)$$

而且式（5-157）和式（5-161）中,$a_y = 0$,表明通过气缸中心线与前、后滚轮轴线的交点,并且 $C_{y'} = -K_{y'}$。

3.分析

以某小型鱼雷用的凸轮式活塞发动机为例,圆柱凸轮工作曲面的峰数 $m = 2$,图 5-52 所示为第 1 缸活塞部件对凸轮工作曲面的作用力 $K_{x'}$,$K_{y'}$ 和对缸体作用力 $C_{y'}$。由于 $C_{y'} = -K_{y'}$,所以图中将两条曲线合并。横坐标 φ 为内、外轴相对转角,$0° \sim 180°$ 为一个完整的工作循环周期。

(1)图5-52(a)所示为计算航深时,活塞部件对凸轮工作曲面的作用力 K 及对缸体的作用力 C。图5-52(b)为最大航深时的作用力。可以看出,两图的变化趋势是相同的,但随着航深增大,作用力增大,这是因为希望鱼雷航速不随航深而变化,故使进气压强随航深增加而增大的缘故。因此,应按照鱼雷最大航深工作状况校核发动机有关部件的强度。

(2)由图5-52(a)可知,当 $\varphi=147°\sim172°$ 时,$K_{x'}=J_{x'}+P_{g,x'}>0$,即此时第1缸活塞部件后滚轮对圆柱凸轮产生作用力,此时刚好是排气后期到提前进气初期。随着鱼雷航深增大,后滚轮参与传力的时间缩短。如图5-52(b)所示,活塞部件对圆柱凸轮的作用力已经始终由前滚轮传递。

(3)后滚轮所传力的极值,较前滚轮所传力的极值小很多,故后滚轮及其滚轮轴的尺寸可以较前滚轮小。

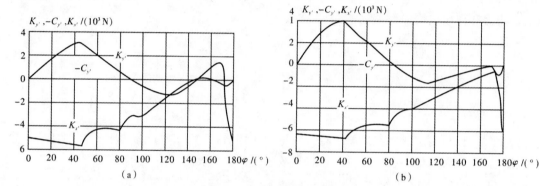

图5-52 凸轮发动机活塞受力

(a)计算航深处; (b)最大航深处

5.4.6 圆柱凸轮受力分析和内外轴转矩

1.凸轮受力分析

5.4.5节导出第1缸活塞部件对圆柱凸轮作用力 K_1 在坐标系 $Ox'_1y'_1z'_1$ 下的表达式。而发动机有 z 个气缸,也就是有 z 个活塞,而圆柱凸轮同时收到来自 z 个活塞部件的作用力,因此必须写出第 i 个活塞部件对圆柱凸轮的作用力的通用表达式,然后,将各活塞部件对凸轮的作用力向某一点进行简化并合成,才能得到所有活塞部件对凸轮的作用力 K 和作用力矩 L_{PK}。

(1)第 i 缸活塞部件对凸轮作用力 K_i。式(5-164)为第1缸活塞部件对凸轮作用力 K_1 在坐标系 $Ox'_1y'_1z'_1$ 下的表达式,为了写出第 i 缸活塞部件对凸轮作用力 K_i,只能先建立坐标系 $Ox'_iy'_iz'_i$,如图5-53所示,该坐标系类似于外轴坐标系 $Ox'_1y'_1z'_1$,即 Ox'_i 轴与 OX 轴重合,且指向发动机前方。当时间为零时,Oz'_1 与第1缸气缸轴线相交,而 Oz'_i 与第 i 缸气缸轴线相交,以后,动参考系 $Ox'_1y'_1z'_1$ 和 $Ox'_iy'_iz'_i$ 都以外轴角速度 ω_o 绕 OX 轴旋转。因此,动系 $Ox'_iy'_iz'_i$ 是与第 i 缸气缸轴线相固联的辅助动参考系,它与 $Ox'_1y'_1z'_1$ 相差 Δ_i 度,则

$$\Delta_i=\frac{2\pi}{z}(i-1)$$

因此,仿照式(5-163)写出缸活塞部件对圆柱凸轮的作用力 K_i 在坐标系 $Ox'_iy'_iz'_i$ 下的三轴的投影为

$$K_{i,x'_i} = P_{gi,x'_i} + J_{i,x'_i}$$

$$K_{i,y'_i} = -(P_{gi,x'_i} + J_{i,x'_i})\frac{mS}{2R}\sin m[(\boldsymbol{\omega}_i + \boldsymbol{\omega}_o)t + \Delta_i] \tag{5-166}$$

$$K_{i,z'_i} = 0$$

现在研究的是圆柱凸轮的受力,因此需要将 $Ox'_i y'_i z'_i$ 坐标系下的受力公式变换到凸轮所在的坐标系,即凸轮内轴系 $Oxyz$,根据图 5-53,坐标变换公式为

$$\begin{cases} x = x'_i \\ y = y'_i \cos[(\boldsymbol{\omega}_i + \boldsymbol{\omega}_o)t + \Delta_i] - z'_i \sin[(\boldsymbol{\omega}_i + \boldsymbol{\omega}_o)t + \Delta_i] \\ z = y'_i \sin[(\boldsymbol{\omega}_i + \boldsymbol{\omega}_o)t + \Delta_i] + z'_i \cos[(\boldsymbol{\omega}_i + \boldsymbol{\omega}_o)t + \Delta_i] \end{cases}$$

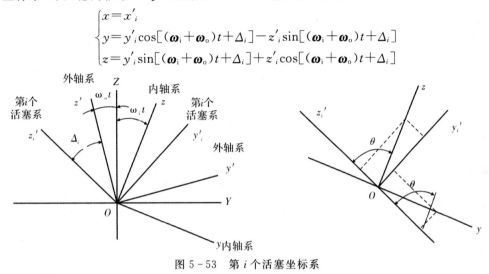

图 5-53　第 i 个活塞坐标系

将式(5-166)经过坐标变换式变换到 $Oxyz$ 坐标系下,得到第 i 缸活塞部件对凸轮的作用力 K_i 投影到 $Oxyz$ 下的分量,即式(5-167)。力的作用点在凸轮工作曲面上是变动的,有时在前工作曲面,有时在后工作曲面。但 K_i 始终位于半径为 R 气缸分布圆的凸轮工作曲面的前、后圆柱剖面线上,即

$$K_{i,x} = P_{gi,x} + J_{i,x}$$

$$K_{i,y} = -(P_{gi,x} + J_{i,x})\frac{mS}{2R}\sin m[(\boldsymbol{\omega}_i + \boldsymbol{\omega}_o)t + \Delta_i]\cos[(\boldsymbol{\omega}_i + \boldsymbol{\omega}_o)t + \Delta_i] \tag{5-167}$$

$$K_{i,z} = -(P_{gi,x} + J_{i,x})\frac{mS}{2R}\sin m[(\boldsymbol{\omega}_i + \boldsymbol{\omega}_o)t + \Delta_i]\cos[(\boldsymbol{\omega}_i + \boldsymbol{\omega}_o)t + \Delta_i]$$

(2)凸轮与滚轮之间的最大应力分析。当滚轮与凸轮工作曲面之间存在作用力时,必然会产生接触应力,并由于接触部件发生变形,接触线变成接触面。根据弹性力学知识,假设①接触线为直线;②且两接触物体曲率半径沿接触线不变,则接触区域的宽度 b 和接触应力 σ_H 为

$$b = 2.26\sqrt{\frac{K}{l}\frac{\rho_1\rho_2}{\rho_2 \pm \rho_1}\left(\frac{1-\mu_1^2}{E_1} + \frac{1-\mu_2^2}{E_2}\right)}$$

$$\sigma_H = 0.565\sqrt{\frac{K}{l}\frac{\rho_1 \pm \rho_2}{\rho_2\rho_1}\left(\frac{1-\mu_1^2}{E_1} + \frac{1-\mu_2^2}{E_2}\right)^{-1}}$$

式中:K 为两物体间的压力;l 为接触线长度;ρ_1,ρ_2 分别为两物体在接触处的曲率半径;μ_1,μ_2 分别为两物体材料的泊松比;E_1,E_2 分别为两物体材料的弹性模量。

外接触时,两曲面的曲率中心位于接触部位的两侧,取"+";内接触时,两曲面的曲率中心位于接触部位的两侧,取"-"。

校核两者的最大接触应力,K 最大,l 和 $\rho_1\rho_2$ 最小,且取"+"的情况:

1)K 最大:前工作曲面,由图 6-45 可知,大致在正行程中点。

2)l 最小:前、后止点。

3)$\rho_1\rho_2$ 最小:前止点。

4)取"+":外接触,即前止点。

然而,以上 4 个条件不可能同时具备。对鱼雷凸轮式活塞发动机的实际计算表明:最大接触应力常常发生在前滚轮与凸轮的前工作曲面之间,且当活塞部件处于前止点时。

(3)整个活塞部件对凸轮的合力和合力矩。凸轮与发动机内轴之间通过键/键槽进行连接,凸轮键槽长度的中点到 yOz 坐标平面的距离为 e_K,如图 5-54 所示,将各活塞部件对凸轮的作用力向动参考系 $Oxyz$ 的 $K(-e_K,0,0)$ 点简化并合成,得到合成主矢 $\boldsymbol{K}$ 和合成主矩 $\boldsymbol{L}_{PK}$,则

$$\begin{cases} K_x = \sum_{i=1}^{z} K_{i,x} \\ K_y = \sum_{i=1}^{z} K_{i,y} \\ K_z = \sum_{i=1}^{z} K_{i,z} \end{cases}$$

和

$$\begin{cases} L_{PK,x} = \sum_{i=1}^{z} \left[K_{i,z}(-R\sin\theta) + K_{i,y}(\quad R\cos\theta) \right] \\ L_{PK,y} = \sum_{i=1}^{z} \left[K_{i,x}(-R\cos\theta) - K_{i,z}(e_K - e + x_{si}) \right] \\ L_{PK,z} = \sum_{i=1}^{z} \left[K_{i,y}(e_K - e + x_{si}) + K_{i,x}(R\sin\theta) \right] \end{cases}$$

式中:$\theta = (\boldsymbol{\omega}_i + \boldsymbol{\omega}_o)t + \Delta_i$,$x_{si}$ 为第 i 缸活塞部件前端面形心的坐标,始终为负值;e 为第 i 缸活塞部件前端面形心到前滚轮或后滚轮轴线的距离,即 $e = e_f$ 或 e_b。

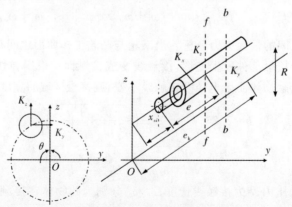

图 5-54 凸轮受力分析

将式(5-167)代入上述主矢和主矩的表达式,可得

$$K_x = \sum_{i=1}^{z} (P_{gi,x} + J_{i,x})$$

$$K_y = \sum_{i=1}^{z} -(P_{gi,x} + J_{i,x}) \frac{mS}{2R} \sin m[(\boldsymbol{\omega}_i + \boldsymbol{\omega}_o)t + \Delta_i] \cos[(\boldsymbol{\omega}_i + \boldsymbol{\omega}_o)t + \Delta_i]$$

$$K_z = \sum_{i=1}^{z} -(P_{gi,x} + J_{i,x}) \frac{mS}{2R} \sin m[(\boldsymbol{\omega}_i + \boldsymbol{\omega}_o)t + \Delta_i] \sin[(\boldsymbol{\omega}_i + \boldsymbol{\omega}_o)t + \Delta_i]$$

$$(5-168)$$

$$L_{PK,x} = \sum_{i=1}^{z} (P_{gi,x} + J_{i,x}) \frac{mS}{2} \sin m[(\boldsymbol{\omega}_i + \boldsymbol{\omega}_o)t + \Delta_i]$$

$$L_{PK,x} = \sum_{i=1}^{z} (P_{gi,x} + J_{i,x}) \{ R\cos[(\boldsymbol{\omega}_i + \boldsymbol{\omega}_o)t + \Delta_i] + \frac{mS}{2R}(x_{si} - e + e_K) \cdot$$
$$\sin m[(\boldsymbol{\omega}_i + \omega_o)t + \Delta_i] \sin[(\boldsymbol{\omega}_i + \boldsymbol{\omega}_o)t + \Delta_i] \}$$

$$L_{PK,z} = \sum_{i=1}^{z} (P_{gi,x} + J_{i,x}) \{ R\sin[(\boldsymbol{\omega}_i + \boldsymbol{\omega}_o)t + \Delta_i] - \frac{mS}{2R}(x_{si} - e + e_K) \cdot$$
$$\sin m[(\boldsymbol{\omega}_i + \boldsymbol{\omega}_o)t + \Delta_i] \cos[(\boldsymbol{\omega}_i + \boldsymbol{\omega}_o)t + \Delta_i] \}$$

$$(5-169)$$

分析：

1）$K_x = \sum_{i=1}^{z} K_{ix} = \sum_{i=1}^{z} (P_{gi,x} + J_{i,x}) = \sum_{i=1}^{z} P_{gi,x} + \sum_{i=1}^{z} J_{i,x}$。前面已经论述，$J_{P,x} = \sum_{i=1}^{z} J_{i,x}$，当 $m \geqslant 2, z \geqslant m+2$，同时成立时，活塞在气缸中按照余弦加速度规律作往复运动，各气缸绕发动机功率输出轴线于气缸分布圆上均布时，所有惯性力、惯性力矩为零，即 K_x 只有第一项。

2）将 J_{ix} 的表达式（5-148）代入式（5-169）第一式的 $L_{PK,x}$，此时 $k = 2m$，根据前述结论，当 $z \geqslant k+1 = 2m+1$ 时，内轴转矩会更加简化，只剩下第一项，得

$$L_{PK,x} = \sum_{i=1}^{z} P_{gi,x} \frac{mS}{2} \sin m[(\boldsymbol{\omega}_i + \boldsymbol{\omega}_o)t + \Delta_i] \qquad (5-170)$$

2. 内、外轴转矩

（1）内轴转矩。各活塞部件对圆柱凸轮的主矩 L_{PK} 在 Ox 轴的投影 $L_{PK,x}$，就是驱动凸轮绕 Ox 轴旋转的转矩，其实际上可表达为

$$L_{PK,x} = \sum_{i=1}^{z} -K_{i,y_i'} R$$

当 $m \geqslant 2$ 时，圆柱凸轮为对称结构，惯性力、惯性力矩都为零。根据达朗伯原理可知，各活塞部件驱动凸轮旋转的力矩，也就是凸轮驱动内轴的力矩。凸轮驱动内轴的力矩为

$$M_i = L_{PK,x} = \sum_{i=1}^{z} -K_{i,y_i'} R \qquad (5-171)$$

（2）驱动外轴系统旋转的力矩，即外轴力矩，是由 z 个活塞部件对缸体的作用力而产生的。已经计算出第 1 缸活塞部件对缸体的作用力 C_1，可以仿照式（5-165）写出第 i 缸活塞部件作用于缸体的力 C_i 在 Ox_i', Oy_i', Oz_i' 三轴的分量 $C_{i,x_i'}, C_{i,y_i'}, C_{i,z_i'}$。因此第 i 缸活塞部件对缸体产生的转矩为

$$M_{Oi} = -C_{i,y_i'} R$$

所有活塞部件对缸体转矩之和就是发动机的外轴转矩，即

$$M_O = \sum_{i=1}^{z} (-C_{i,y_i'}) R \qquad (5-172)$$

又因为在分析活塞部件受力时已经知道,每一个活塞部件对缸体力的 y'_i 轴分量 $C_{y'_i}$,与活塞部件对凸轮的力的 y'_i 轴分量 $K_{y'_i}$,大小相等,方向相反,即 $C_{y'_i} = -K_{y'_i}$。

因此,有

$$M_o = -M_i \qquad\qquad (5-173)$$

5.5　摆盘活塞发动机

5.4 节讲述的凸轮式活塞发动机,是美国在 20 世纪 60 年代发展起来的一种空间活塞发动机,它结构简单紧凑,功率质量比大,很适合于作为小型鱼雷的热动力推进主机。但不适合于大功率鱼雷使用,原因是工作过程中凸轮与滚轮机构的比压大,易磨损,当发动机作大功率输出时将在结构和材料两方面遇到困难,因此凸轮式活塞发动机在大型鱼雷上的应用受到限制。

摆盘活塞发动机是美国 20 世纪 70 年代发展起来的一种新型发动机,已经在 MK48 重型鱼雷上获得成功应用。该发动机具有结构简单紧凑、功率质量比大、背压对发动机功率影响小等特点,很适合于大深度、大功率反潜鱼雷使用。据报道,美国已研制成功的有 74 kW,148 kW,368 kW 的周转斜盘机。

5.5.1　周转斜盘机活塞发动机简介

1.功率传递结构

周转斜盘机活塞发动机是一种筒形发动机,其外形为圆筒形,发动机各个气缸的中心线均平行于功率输出轴的轴线,且气缸围绕功率输出轴的轴线在圆周上均匀分布,因此又称为轴向活塞式。与传统的平面曲柄连杆机构的活塞发动机相比较,所不同的是功率传动机构为空间连杆结构。

图 5-55 所示为周转斜盘机的功率传动机构示意图,根据发动机的缸体是否旋转,周转斜盘机可以分为转缸式[见图 5-55(a)]、静缸式[见图 5-55(b)]。现在以转缸式周转斜盘式为研究对象,静缸式可看成是转缸式的特例,即它是缸体和外轴转动角速度为零的转缸式发动机。

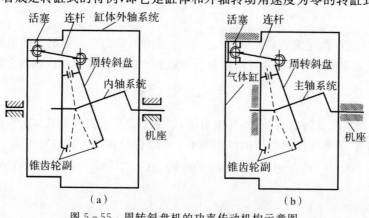

图 5-55　周转斜盘机的功率传动机构示意图

(a)转缸式;　(b)静缸式

发动机安装机座固连于雷体后舱,整个发动机用前、后端的轴承支撑于支座上旋转。它由内轴系统和外轴系统两大部分组成:内轴系统包括内轴、斜轴、配气阀体、配重等部件;外轴系统包括气缸体(含气缸套)、配气阀座、活塞、连杆、周转斜盘、外轴等部件,连杆与活塞、周转斜盘之间都以球面轴承进行连接。由于发动机内轴系统(包含斜轴)可由轴承支撑在缸体、斜盘、外轴上并相对于外轴系统旋转,所以外轴和内轴可以分别直接驱动鱼雷的对转螺旋桨的前、后两个螺旋桨。而静缸式周转斜盘将外轴系统的缸体固定安装在鱼雷壳体上,发动机主轴可以直接驱动鱼雷的单转子泵喷推进器,或者通过锥齿轮差动机构进行分速并驱动对转双螺旋桨。

由图 5-55 可见,内轴两端仍然属于同一条直线,但在中间有拐弯,在实际情况中,可以用一条直线轴和安装在直线轴上的斜轴实现,斜轴用螺栓紧紧安装在内轴上,但是斜轴的轴线与内轴轴线成一个 $10° \sim 20°$ 的角。这样在运动过程中,斜轴轴线形成了一个圆锥面。

周转斜盘属于外轴系统,而斜轴属于内轴系统,两者之间有很大的相对转动速度,为了减小摩擦,在周转斜盘和斜轴之间安装轴承,称为周转斜盘轴承。另外,燃气对活塞做功,活塞通过连杆对斜盘有力和力矩的作用,因此周转斜盘通过周转斜盘轴承对斜轴传递力和力矩,从而产生内轴转矩并驱动内轴旋转。总之,周转斜盘轴承的相对转速很高,负荷很大,受力情况复杂。国外发动机采用了向心轴承和推力轴承形成的轴承组合,可以延长轴承的工作寿命。

固定燃烧室的阀体端部虽然用端面密封装置与燃烧室输气管相连,但因为此处是高温、高压的气相,因此仍有较大的气体泄漏,而且进气压强越高泄漏量越大,影响动力系统的总效率。国外一些鱼雷目前已采用旋转燃烧室以避免这一缺点,如图 5-56 所示。旋转燃烧室的中心线与发动机的中心线重合,并由发动机主轴(单轴输出时)或内轴(内、外轴反向输出时)直接传动而旋转。它的底部结构相当于一个转阀阀体,与缸体上的阀座以锥面相配合。由于旋转燃烧室取代固定燃烧室后,避免了高温、高压的气相机械密封装置,取而代之的是旋转燃烧室头部液体推进剂的常温液相密封装置,从而提高了密封效果。由于旋转有利于燃料的燃烧过程,提高了燃烧效率,减小了燃烧室的体积。另外,因为不需要输气管,减少了散热损失和压强损失。

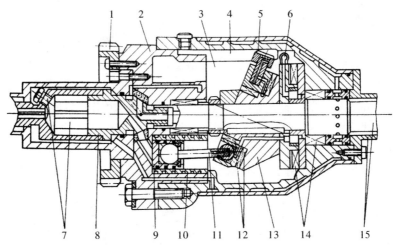

图 5-56　采用槽形凸轮机构的周转斜盘机组装图

1—传动齿轮;2—缸体;3—摆盘箱;4—导槽;5—滚轮;6—动压汲油器;

7—点火器及启动固体药柱;8—配气阀及旋转燃烧室;9—活塞;

10—气缸套;11—连杆;12—轴承;13—斜轴;14—轴承;15—内、外轴活塞和斜盘都属于外轴系统中,因此理论上来说两者应该同缸体之间无相对旋转运动。活塞装在气缸内,随着缸体运动,能够保证旋转速度一致;但是斜盘不是用螺栓固定在缸体外轴上的,它与连杆之间用球面轴承连接,而球面轴承不能保证斜盘与缸体的旋转速度完全一致。因此在缸体和斜盘之间安装一对相互啮合的锥齿轮,使得斜盘与缸体有相同的旋转速度。另外,锥齿轮还负责传递转矩,周转斜盘产生的转矩还通过锥齿轮行星机构传递到缸体和外轴,成为外轴转矩的一部分。

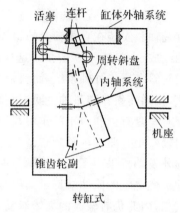

采用斜齿轮约束机构,传动效率高,结构简单,工作可靠,运动精确。但也有不足之处,例如高精度的锥齿轮加工和装配都有较大的困难,以及该齿轮副的工作负荷较大,齿轮啮合时产生较大的振动和噪声。因此,国外用槽形凸轮滚轮机构来替代锥齿副,如图5-57所示。因为斜盘相对缸体还有沿着缸体轴线方向的水平移动,所以在周转斜盘外缘沿着其径向设置若干个滚轮轴,各滚轮轴上装有可以绕着轴自由转动的滚轮。而在发动机机体内壳表面上沿着其圆周方向刻出若干个槽,形成与滚轮数目相等的槽形凸轮,当发动

图5-57 采用槽形凸轮机构的周转斜盘机

机运转时,滚轮在各自的槽形凸轮中滚动,以此来协调和保证周转斜盘和缸体之间的正确的相对运动关系。并通过滚轮和槽形凸轮之间力的作用,将斜盘转矩传递到缸体和外轴。根据导槽类型不同,可分为直导槽、弹性直导槽、8字导槽等。

转缸式和静缸式,两者的斜盘的运动都是定点转动。假设斜盘的轴线与发动机输出轴的轴线相交于 O' 点,则斜盘轴线的轨迹就是顶点为 O' 的圆锥面,很像旧式长柄雨伞打开一点点的样子。对于转缸式,由于圆锥齿轮行星机构的作用,当转缸式周转斜盘发动机的缸体转动时,斜盘也绕自身轴线转动,故其周转斜盘做周期性的空间摆转运动,因此称其为周转斜盘。对于静缸式,斜盘轴线的轨迹仍然是圆锥面,但由于缸体固定不旋转,故斜盘也不绕自身轴线转动,而仅仅做周期性的空间摆动,所以称其为摆盘机。

2.关键部件

图5-58所示为摆盘的三维造型,前侧均布6个圆柱孔,用来安装连杆后球面轴承。摆盘中心圆孔用来通过轴承与斜轴配合。在摆盘外缘圆周方向沿着其径向设置有6个安装孔,可以安装绕着轴自由转动的滚轮。

斜轴如图5-59所示,右端下方切去一块材料用于减轻质量。图中它的中心孔轴线为水平方向,中心孔用于将其固定于内轴上,左端为倾斜的圆柱,用于通过轴承与摆盘连接。将斜轴固定于内轴,再将斜盘和轴承按照与斜轴上,如图5-60所示。

图5-58 摆盘

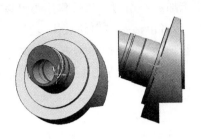

图 5-59　斜轴

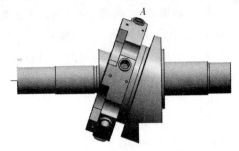

图 5-60　内轴斜轴摆盘装配图

3.工作原理

(1)活塞行程。连杆通过其前、后两个球面轴承将活塞与斜盘连接在一起。斜盘用轴承安装在斜轴上,其轴线位于圆锥面上,始终与缸体轴线呈锐角相交,由于斜盘的一侧离缸体近,另一侧离缸体远,斜盘某点处于最左位置,对应活塞处于前止点。当斜盘旋转一个小角度时,带动活塞水平向右移动,推动斜盘该点的水平坐标相右移动,此时属于活塞的正行程。当外轴斜盘旋转180°,斜盘该到达最下端,处于最右位置,对应活塞处于后止点。

正是由于周转斜盘的位置倾斜,图 5-60 中上面的 A 点在极左和极右两个极限位置之间变化,对应的活塞在前止点和后止点两个极限位置之间往复运动,从而形成了周期性变化的缸内工作容积。这与凸轮机的峰顶谷底有相同的效果。

(2)气缸中进排气过程。由于配气阀体和阀座分别装在内外轴上,所以两者也有相对转动。

阀座有 z 个气道孔,它们与发动机的 z 个气缸始终是一一对应的,阀座与对应气缸相对位置保持不变并始终贯通。

阀体的一面有进气道,一面有排气道,当阀体被内轴带动旋转时,进气道依次接通活塞向后移动的气缸,让工作气体进到缸内推动活塞做功,而排气道则依次接通活塞向前移动的气缸,让缸内工作过的废气从缸内排出并由内轴中央孔排出雷外。

(3)外轴转矩的产生。工质推动活塞,活塞通过连杆前球节对连杆产生作用力,而连杆又通过其后球节对周转斜盘有作用力,后者可为分解为 F_1、F_2 两个分力:F_1 位于周转斜盘的盘面内;F_2 则垂直于周转斜盘的盘面。

1)斜盘转矩 M_s。z 个连杆作用于周转斜盘的位于盘面内的分力 F_1,组成盘面平面力系 $\sum F_1$。将该力系向盘面中心 O 点简化,可以得到一个主矢 F_s 和一个主矩 M_s,其中主矩 M_s 也就是驱动周转斜盘绕斜轴作相对转动的力矩,称为斜盘力矩 M_s。它通过锥齿轮行星机构传递到发动机缸体,成为外轴转矩的一部分,如图 5-61 所示。

(a)

(b)

图 5-61　内轴转矩和外轴转矩

2)缸体转矩 M_c。同时,连杆通过其前球节对活塞施加反作用力。该反作用力可以分解为沿着活塞轴线 $F_{z'}$ 和垂直于活塞轴线 $F_{y'z'}$ 的两个分力。后者由活塞传递到缸体,就是活塞的侧向力。作用于缸壁的活塞侧向力又可以分解为缸体的径向力 F_z 和切向力 F_y,切向力产生使缸体转动的转矩。z 个活塞对缸体作用的切向力所产生的转矩,驱动缸体转动,称为缸体转矩 M_c,它是发动机外轴转矩的另一个组成部分,如图 5 - 61 所示。

因此,外轴转矩由斜盘转矩 M_s 和缸体转矩 M_c 两部分组成。

(4)内轴转矩 M_i 的产生。各连杆作用力周转斜盘的垂直于盘面内的分力 F_2,组成空间平行力系 $\sum F_2$。将该空间平行力系向盘面中心 O 点简化,可以得到一个主矢 F_t 和一个主矩 M_t。它们再加上各连杆作用于周转斜盘的盘面平面力系向中心简化所得到的主矢 F_s,即为周转斜盘通过其轴承作用于斜轴的载荷。将上述载荷向内轴轴线任一点简化,得到主矩在内轴轴线方向的分力就是内轴转矩 M_i,如图 5 - 61 所示。

对于静缸式,M_i 为发动机主轴转矩,它等于负载转矩。

4. 工作特点

(1)与传统平面曲柄连杆活塞发动机相比,其结构紧凑,质量轻,比功率大,内、外轴反向旋转输出,功率提高一倍。特别适合于舱室狭小而又需要较大功率的场合使用。

(2)与凸轮活塞机相比,不能实现惯性力和力矩的自我配合。在添加配重后,可以基本实现实现平衡,发动机工作时振动噪声较小。

(3)发动机的经济性和使用寿命可望与传统活塞发动机相接近。

5.5.2　基本结构参数

1. 基本结构参数

如图 5 - 62 所示,摆盘发动机的术语和关键尺寸如下。

缸体轴线与周转斜盘轴线的交点称为顶点,用 O 表示。顶点即周转斜盘轴线圆锥面轨面的顶点。

缸体轴线与周转斜盘轴线所决定的平面称为分界平面,该平面两侧连杆的后球节中心相对于功率输出轴线具有相反的轴向速度方向。

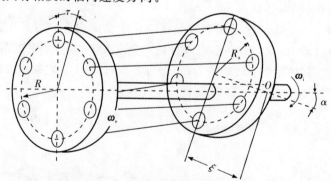

图 5 - 62　周转斜盘主要结构参数

(1)缸数 z,常用的缸数 $z=6$。

(2)气缸有效直径 D_c。

（3）活塞冲程 S。

（4）周转斜盘倾角 α：分界平面中周转斜盘轴线与缸体轴线之间的夹角，也就是周转斜盘轴线圆锥轨面的半锥角。

（5）气缸分布圆半径 R：气缸分布圆是指在垂直于缸体轴线的横断面上，各气缸断面中心所在的圆，其圆心位于缸体轴线。其半径记为气缸分布圆半径 R。

（6）连杆理论长度 l：同一个连杆前、后球节中心之间的距离，简称连杆长度。

（7）后球心圆半径 R_a：各连杆的后球节中心位于同一个平面的同一个圆周上，该圆称为后球心圆，其半径记为 R_a。

（8）轴向位移 ξ：顶点到后球心圆圆心的距离。顶点在前时 ξ 为正，顶点在前时 ξ 为负。

（9）周向位移 τ：周向位移是指连杆前球心在转角上超前于后球心的数值，也就是从分界平面算起的连杆前球心转角 ψ 与后球心转角 θ 之间的差值。

（10）前交点与后交点：后球心圆与分界平面有两个交点，靠近缸体的称为前交点，远离缸体的称为后交点。

由上述参数可以看出，周转斜盘活塞发动机的功率传递机构基本结构参数有 10 个，而传统的平面曲柄连杆机构，其基本结构参数只有活塞直径、活塞冲程、曲柄半径、连杆长度，可见周转斜盘发动机的复杂程度。

2. 配气机构和配气参数

周转斜盘机使用转阀配气机构进行配气，由配气阀体和阀座两部分组成。图 5-63 为阀体和阀座的结构图，两者通过各自的平面进行配合。

阀体如图 5-63(a)所示，发动机内轴前端的端齿插入阀体的拨叉，使得阀体的转速与内轴 ω_i 相同。发动机右视图上的右端面为其配合表面。周转斜盘活塞发动机的阀体上有一个进气槽，一个排气槽。进气槽成蚕豆形，进气槽的前端与燃烧室相通。在排气槽内，海水与气缸排出的废气相混合，对废气进行冷却。

阀座如图 5-63(b)所示，类似于一个法兰盘。阀座嵌在发动机缸体上而与缸体保证固连，由缸体带动着旋转，因此它相对于鱼雷有 ω_o 的旋转角速度。阀座的内部底面为平面，是与阀体进行配合的表面。阀座上有 6 个气道孔，每个气道孔分别始终与 1 个气缸相通，气道孔数目与发动机气缸数相同。

从转阀配气机构的结构图 5-63 看出，阀体相对阀座转动一周，各缸活塞完成 2 个冲程，缸内进行 1 次工作循环。由图 5-64 可以看出，在任意时刻，进气槽与至少与 1 个气道孔相连通，即进气过程有重叠，保证不出现启动死区。

下述以某一个气缸的气道孔为例，来阐述由于阀体阀座相对逆向转动，形成配气过程 6 个阶段。为了便于分析，认为阀体固定不动，阀座以 ω 旋转，见图 5-65 中为顺时针方向。

现取与阀体相固连的坐标系，从原点起向上的垂直线对应着当活塞处于前止点时阀座气道孔中心的位置，向下的垂直线对应着当活塞处于后止点时阀座气道孔中心的位置。图 5-65 为周转斜盘发动机缸内工作过程的 6 个配气角。

可见 6 个配气角的关系有以下关系：

$$\theta_1 + \theta_2 + \theta_3 = \pi \tag{5-174}$$

$$\theta_1 + \theta_2 + \theta_3 = \pi \tag{5-175}$$

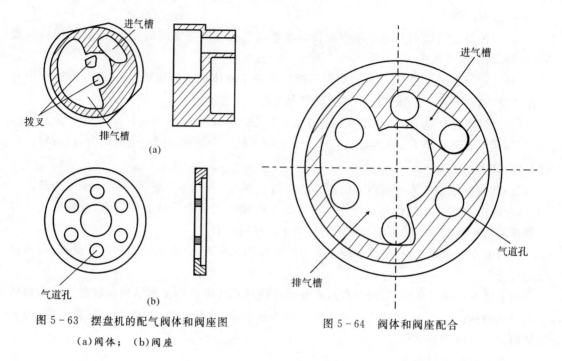

图 5-63　摆盘机的配气阀体和阀座图

（a）阀体；　（b）阀座

图 5-64　阀体和阀座配合

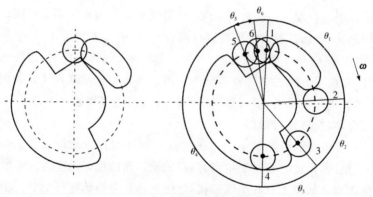

图 5-65　摆盘机配气角

5.5.3　基本参考系及其坐标变换

为了便于周转斜盘活塞发动机运动学和动力学的分析，采用如图 5-66 所示的基本参考系，3 个空间右手直角坐标系的原点均位于顶点 O，其中 $OXYZ$ 是静参考系，而 $Oxyz$ 和 $Ox'y'z'$ 均是动参考系。

静参考系 $OXYZ$ 的 OX 轴与缸体轴线重合，且指向发动机前部。

动参考系 $Oxyz$ 称为内轴坐标系，它固连于发动机内轴，Ox 轴与静参考系 OX 轴重合，故该动参考系以发动机内轴角速度 ω_i 绕 OX 轴旋转。当时间 t 等于零时，$Oxyz$ 与静参考系重合。

动参考系 $Ox'y'z'$ 称为斜轴坐标系，由 $Oxyz$ 绕 Oy 轴逆时针转过周转斜盘倾角 α 而得，故 $Ox'y'z'$ 也以 ω_i 绕静参考系 OX 轴旋转。由于周转斜盘轴线（即斜盘轴线）与 Ox' 轴重合，因此周转斜盘绕 Ox' 轴作相对转动。

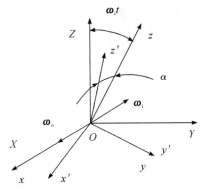

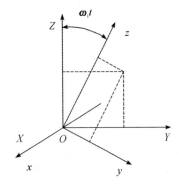

图 5-66　基本参考坐标系图　　　　图 5-67　内轴系和静参考系

当时间为 t 时空间中任意一个定点在各基本参考系中的坐标变化关系可以导出假设该定点在各参考系中的坐标分别为 (X,Y,Z)，(x,y,z) 和 (x',y',z')，由图 5-67 所示可知

$$X = x \times 1 + y \times 0 + z \times 0$$
$$Y = x \times 0 + y\cos\boldsymbol{\omega}_i t + z\sin\boldsymbol{\omega}_i t$$
$$Z = x \times 0 - y\sin\boldsymbol{\omega}_i t + z\cos\boldsymbol{\omega}_i t$$

将上述方程组写成矩阵形式，则有

$$\begin{bmatrix} X \\ Y \\ Z \end{bmatrix} = \begin{bmatrix} 1 & 0 & 0 \\ 0 & \cos\boldsymbol{\omega}_i t & \sin\boldsymbol{\omega}_i t \\ 0 & -\sin\boldsymbol{\omega}_i t & \cos\boldsymbol{\omega}_i t \end{bmatrix} \begin{bmatrix} x \\ y \\ z \end{bmatrix} = \boldsymbol{C}_1 \begin{bmatrix} x \\ y \\ z \end{bmatrix} \tag{5-176}$$

式中：$\boldsymbol{C}_1$ 称为由坐标系 $Oxyz$ 到坐标系 $OXYZ$ 的坐标系变换矩阵。

令坐标转换矩阵 $\boldsymbol{C}_1$ 的转置矩阵为 $\boldsymbol{C}'_1$，则

$$\boldsymbol{C}'_1 = \boldsymbol{C}'_1 = \begin{bmatrix} 1 & 0 & 0 \\ 0 & \cos\boldsymbol{\omega}_i t & -\sin\boldsymbol{\omega}_i t \\ 0 & \sin\boldsymbol{\omega}_i t & \cos\boldsymbol{\omega}_i t \end{bmatrix}$$

而 $\boldsymbol{C}'_1$ 即为 $\boldsymbol{C}_1$ 的逆矩阵，即 $\boldsymbol{C}_1^{-1}$，因为

$$\boldsymbol{C}'_1 \boldsymbol{C}_1 = \begin{bmatrix} 1 & 0 & 0 \\ 0 & 1 & 0 \\ 0 & 0 & 1 \end{bmatrix} = \boldsymbol{C}_1^{-1} \boldsymbol{C}_1$$

将式 (5-176) 左、右两方均左乘 $\boldsymbol{C}'_1$，可得

$$\begin{bmatrix} x \\ y \\ z \end{bmatrix} = \begin{bmatrix} 1 & 0 & 0 \\ 0 & \cos\boldsymbol{\omega}_i t & -\sin\boldsymbol{\omega}_i t \\ 0 & \sin\boldsymbol{\omega}_i t & \cos\boldsymbol{\omega}_i t \end{bmatrix} \begin{bmatrix} X \\ Y \\ Z \end{bmatrix} = \boldsymbol{C}'_1 \begin{bmatrix} X \\ Y \\ Z \end{bmatrix} \tag{5-177}$$

因此，$\boldsymbol{C}'_1$ 是由 $OXYZ$ 坐标系到的 $Oxyx$ 坐标系的坐标转换矩阵。

同理，由图 5-68 所示可知

$$\begin{cases} x = x'\cos\alpha + y' \times 0 + z'\sin\alpha \\ y = x' \times 0 + y' \times 1 + z' \times 0 \\ z = -x'\sin\alpha + y' \times 0 + z'\cos\alpha \end{cases}$$

将上述方程组写成矩阵形式，可得

$$\begin{bmatrix} x \\ y \\ z \end{bmatrix} = \begin{bmatrix} \cos\alpha & 0 & \sin\alpha \\ 0 & 1 & 0 \\ -\sin\alpha & 0 & \cos\alpha \end{bmatrix} \begin{bmatrix} x' \\ y' \\ z' \end{bmatrix} = \boldsymbol{C_2} \begin{bmatrix} x' \\ y' \\ z' \end{bmatrix} \tag{5-178}$$

式中：$\boldsymbol{C_2}$ 是由 $Ox'y'z'$ 系到 $Oxyz$ 系的坐标转换矩阵。

经计算可知，$\boldsymbol{C_2}$ 的转置矩阵 $\boldsymbol{C_2}'$ 即为 $\boldsymbol{C_2}^{-1}$，故式(5-178)左、右两方均左乘 $\boldsymbol{C_2}'$，可得

$$\begin{bmatrix} x' \\ y' \\ z' \end{bmatrix} = \begin{bmatrix} \cos\alpha & 0 & -\sin\alpha \\ 0 & 1 & 0 \\ \sin\alpha & 0 & \cos\alpha \end{bmatrix} \begin{bmatrix} x \\ y \\ z \end{bmatrix} = \boldsymbol{C_2}' \begin{bmatrix} x \\ y \\ z \end{bmatrix} \tag{5-179}$$

因此，$\boldsymbol{C_2}'$ 是由 $Oxyz$ 系到 $Ox'y'z'$ 系的坐标转换矩阵。

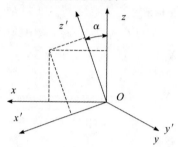

图 5-68　内轴系与斜轴系坐标

将式(5-178)和式(5-177)分别代入式(5-176)和式(5-179)，可得

$$\begin{bmatrix} X \\ Y \\ Z \end{bmatrix} = \boldsymbol{C_1}\boldsymbol{C_2} \begin{bmatrix} x' \\ y' \\ z' \end{bmatrix} = \begin{bmatrix} \cos\alpha & 0 & \sin\alpha \\ -\sin\alpha\sin\boldsymbol{\omega_i}t & \cos\boldsymbol{\omega_i}t & \cos\alpha\sin\boldsymbol{\omega_i}t \\ -\sin\alpha\cos\boldsymbol{\omega_i}t & -\sin\boldsymbol{\omega_i}t & \cos\alpha\cos\boldsymbol{\omega_i}t \end{bmatrix} \begin{bmatrix} x' \\ y' \\ z' \end{bmatrix} \tag{5-180}$$

$$\begin{bmatrix} x' \\ y' \\ z' \end{bmatrix} = \boldsymbol{C_2'}\boldsymbol{C_1'} \begin{bmatrix} X \\ Y \\ Z \end{bmatrix} = \begin{bmatrix} \cos\alpha & -\sin\alpha\sin\boldsymbol{\omega_i}t & -\sin\alpha\cos\boldsymbol{\omega_i}t \\ 0 & \cos\boldsymbol{\omega_i}t & -\sin\boldsymbol{\omega_i}t \\ \sin\alpha & \cos\alpha\sin\boldsymbol{\omega_i}t & \cos\alpha\cos\boldsymbol{\omega_i}t \end{bmatrix} \begin{bmatrix} X \\ Y \\ Z \end{bmatrix} \tag{5-181}$$

由式(5-179)和式(5-180)可知，$\boldsymbol{C_1}\boldsymbol{C_2}$ 和 $\boldsymbol{C_2'}\boldsymbol{C_1'}$ 具有互为转置矩阵及逆矩阵的性质。

式(5-176)～式(5-181)表示了3个基本参考系之间的所有各种坐标变换关系。

如果发动机内轴角速度矢量的方向与图5-66所示相反，即指向 OX 轴的正向(与此相应外轴角速度矢量指向 OX 轴负向)，则上述坐标转换矩阵中 ω_i 应以 $-\omega_i$ 代入。

5.5.4　周转斜盘、连杆和活塞的运动

活塞、连杆和周转斜盘是转缸式周转斜盘活塞发动机中进行复杂空间运动的主要部件。如前所述，为了使缸体和周转斜盘保持正确的相对运动关系，以及将斜盘转矩传递到缸体和外轴系，可采用锥齿轮行星机构或槽行凸轮滚轮机构。但是，不论采用哪一种机构，活塞、连杆和周转斜盘各自的运动规律是不变的。

1. 周转斜盘的运动

周转斜盘的运动可以分解为绕自身轴线 Ox' 轴以角速度 $\boldsymbol{\omega_r}$ 作相对转动，而 Ox' 绕静参考系 OX 轴以内轴角速度 $\boldsymbol{\omega_i}$ 作牵连转动。

如图5-69所示，分析周转斜盘和缸体的锥齿轮副啮合点 K 的绝对速度 $\boldsymbol{V_k}$。根据速度合成定理，$\boldsymbol{V_k}$ 可表示为

$$V_K = \omega_r \times r + \omega_i \times r$$

式中：r 为由顶点 O 到啮合点 K 的矢径。

若发动机缸体和外轴在静参考系 $OXYZ$ 中角速度为 ω_o，则点 K 的绝对速度又应该是

$$V_K = \omega_o \times r$$

由此可得

$$\omega_r \times r = \omega_o \times r - \omega_i \times r$$

由于 ω_i 和 ω_o 的方向相反，且因锥齿轮副齿数相等，故分度圆锥角 φ 也相等，可得

$$\omega_r \times r = (\omega_o - \omega_i) \times r \tag{5-182}$$

由矢量方程（5-181）和图 5-69 可知，周转斜盘相对转动角速度 ω_r 与内轴角速度 ω_i 夹角为钝角，且 ω_r 的模等于 ω_i 和 ω_o 的模之和，有

$$|\omega_r| = |\omega_o| + |\omega_i| \tag{5-183}$$

若发动机内、外轴转向与图 5-69 所示相反，上述结论依然正确。

对于静缸式周转斜盘发动机，因 ω_o 等于零，故代入式（5-182）得

$$\omega_r \times r = -\omega_i \times r \tag{5-184}$$

且 ω_r 与 ω_i 大小相等，即

$$\omega_r = \omega_i \tag{5-185}$$

不难判明，静缸式发动机的周转斜盘（摆盘）相对转动角速度矢量与主轴角速度矢量之间夹角依然是钝角。

周转斜盘相对转动角速度与牵连转动角速度的矢量和，即为其绝对速度 ω_s，有

$$\omega_s = \omega_r + \omega_i \tag{5-186}$$

如图 5-69 所示，发动机工作时 ω_s 总是通过顶点 O 的，因此周转斜盘的运动是定点转动。如果发动机是稳定工作，ω_i 和 ω_o 为常数，从而 ω_r 和 ω_s 的大小不变。但 ω_s 的方向不断变化，它是绕 OX 轴的旋转矢量，其转动角速度即为 ω_i。

现在来进一步分析周转斜盘上任意一个定点 R 的运动。如图 5-70 所示，设点 R 的 Ox' 轴坐标为 $-\xi_R$，点 R 到周转斜盘轴线的距离为 R_R，且时间 t 等于零时点 R 位于 R_0。点 R 相对运动转角 θ 可如下计算，且设自 Ox' 轴正向观察，逆时针为正，即

$$\theta = \omega_r t = (\omega_i + \omega_o) t \tag{5-187}$$

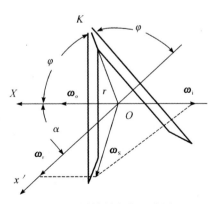

图 5-69　周转斜盘的运动图

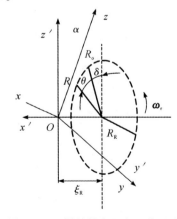

图 5-70　周转斜盘上点 R 的运动

在动参考系 $Ox'y'z'$ 中,点 R 的相对运动方程写成矩阵形式为

$$\begin{bmatrix} x'_R \\ y'_R \\ z'_R \end{bmatrix} = \begin{bmatrix} -\xi_R \\ -R_R\sin(\theta+\delta) \\ R_R\cos(\theta+\delta) \end{bmatrix}$$

或用无因次长度参数表示为

$$\begin{bmatrix} x'_R \\ y'_R \\ z'_R \end{bmatrix} = \begin{bmatrix} -\bar{\xi}_R \\ -\bar{R}_R\sin(\theta+\delta) \\ \bar{R}_R\cos(\theta+\delta) \end{bmatrix} \tag{5-188a}$$

式中:R 为发动机气缸分布圆半径。

将点 R 的坐标变换到静坐标系 $OXYZ$ 中,根据式(5-179)可导出:

$$\begin{bmatrix} X_R \\ Y_R \\ Z_R \end{bmatrix} = R \begin{bmatrix} \bar{R}_R\sin\alpha\cos(\theta+\delta) - \bar{\xi}_R\cos\alpha \\ -\bar{R}_R\sin(\theta+\delta)\cos\omega_i t + \bar{R}_R\cos\alpha\cos(\theta+\delta)\sin\omega_i t + \bar{\xi}_R\sin\alpha\sin\omega_i t \\ \bar{R}_R\sin(\theta+\delta)\sin\omega_i t + \bar{R}_R\cos\alpha\cos(\theta+\delta)\cos\omega_i t + \bar{\xi}_R\sin\alpha\cos\omega_i t \end{bmatrix} \tag{5-188b}$$

式(5-188b)即为静参考系中点 R 的坐标随时间 t 变化的关系,也就是点 R 的绝对运动方程。因周转斜盘顶点 O 作定点转动,使点 R 的轨迹必位于以顶点 R 为球心,OR 为半径的球面上,所以周转斜盘上各点的绝对运动轨迹均为球面曲线。

2. 连杆的运动

连杆进行复杂的空间运动。在不考虑连杆的局部自由度,即忽略不计连杆可能出现的绕自身轴线的转动时,只要确定连杆前、后球节中心的运动方程,则连杆作为刚杆其空间位置便可随之确实。

假设发动机共有 z 个气缸,且它们沿气缸分布圆均布;当时间 t 等于零。假设第 1 缸连杆的后球节中心位于前交点,按缸体转动方向依次将各缸编号,则第 i 缸连杆的前、后球节中心相应导前第 1 缸连杆前、后球节中心,如图 5-71 所示,导前的幅角 Δ_i 为

$$\Delta_i = \frac{2\pi}{z}(i-1) \tag{5-189}$$

为了得到适用于任何一个连杆的运动方程通式,故分析第 i 缸连杆(第 i 连杆)前、后球节中心的运动。

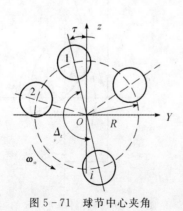

图 5-71 球节中心夹角

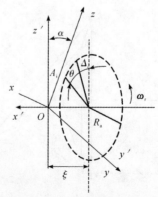

图 5-72 后球节中心

第 i 连杆后球节中心 A_i 的运动规律与其球座中心完全相同,而球座中心可以假想为周转斜盘上的一个点,如图 5-72 所示,仿照式(5-188),可以写出 A_i 在静参考系中的运动方程为

$$\begin{bmatrix} X_{Ai} \\ Y_{Ai} \\ Z_{Ai} \end{bmatrix} = R \begin{bmatrix} \overline{R}_a \sin\alpha\cos(\theta+\Delta_i) - \overline{\xi}\cos\alpha \\ -\overline{R}_a\sin(\theta+\Delta_i)\cos\boldsymbol{\omega}_i t + \overline{R}_a\cos\alpha\cos(\theta+\Delta_i)\sin\boldsymbol{\omega}_i t + \overline{\xi}\sin\alpha\sin\boldsymbol{\omega}_i t \\ \overline{R}_a\sin(\theta+\Delta_i)\sin\boldsymbol{\omega}_i t + \overline{R}_a\cos\alpha\cos(\theta+\Delta_i)\cos\boldsymbol{\omega}_i t + \overline{\xi}\sin\alpha\cos\boldsymbol{\omega}_i t \end{bmatrix} \quad (5-190)$$

式中:X_{Ai}, Y_{Ai}, Z_{Ai} 分别为 A_i 在静参考系 $OXYZ$ 三轴的坐标;R 为气缸分布圆半径;$\overline{R}_a, \overline{\xi}$ 分别为后球心圆半径和轴向位移的无因次参数;α 为周转斜盘倾角;θ 为周转斜盘相对运动的转角;$\boldsymbol{\omega}_i t$ 为静参考系中内轴的转角。

第 i 连杆前球节中心 B_i 在静参考系 $OXYZ$ 中的坐标为(X_{Bi}, Y_{Bi}, Z_{Bi})。发动机缸体绕 OX 轴以角速度 $\boldsymbol{\omega}_o$ 转动,考虑周向位移 τ,由图 5-73 所示可知:

$$Y_{Bi} = -R\sin(\boldsymbol{\omega}_o t + \Delta_i + \tau)$$
$$Z_{Bi} = R\cos(\boldsymbol{\omega}_o t + \Delta_i + \tau)$$

连杆前、后球节中心之间的距离即为连杆理论长度 l,则有

$$l^2 = (X_{Bi} - X_{Ai})^2 + (Y_{Bi} - Y_{Ai})^2 + (Z_{Bi} - Z_{Ai})^2$$

可得

$$X_{Bi} = [l^2 - (Y_{Bi} - Y_{Ai})^2 - (Z_{Bi} - Z_{Ai})^2]^{\frac{1}{2}} + X_{Ai}$$

因此,第 i 连杆前球节中心 B_i 在静参考系中的运动方程经化简为

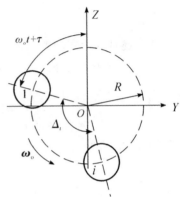

图 5-73　第 i 连杆前球节中心

$$\begin{bmatrix} X_{Bi} \\ Y_{Bi} \\ Z_{Bi} \end{bmatrix} = R \begin{bmatrix} \{\overline{l}^2 - [\sin(\theta+\Delta_i+\tau) - \overline{R}_a\sin(\theta+\Delta_i)]^2 - [\cos(\theta+\Delta_i+\tau) - \\ \overline{R}_a\cos\alpha\cos(\theta+\Delta_i) - \overline{\xi}\sin\alpha]^2\}^{\frac{1}{2}} + \overline{R}_a\sin\alpha\cos(\theta+\Delta_i) - \overline{\xi}\cos\alpha \\ -\sin(\boldsymbol{\omega}_o t + \Delta_i + \tau) \\ \cos(\boldsymbol{\omega}_o t + \Delta_i + \tau) \end{bmatrix} \quad (5-191)$$

根据式(5-190)和式(5-191),可以求出任何一个连杆前、后球节中心在静参考系中的瞬时位置,从而可以确定该瞬时连杆所占有的空间位置。

现在来分析连杆轴线与活塞轴线之间的夹角 φ,以及连杆轴线与后球心圆平面垂线之间的夹角 ψ。由空间解析几何学关于两任意直线之间夹角 δ 的定理可知

$$\cos\delta = \cos\alpha_1\cos\alpha_2 + \cos\beta_1\cos\beta_2 + \cos\gamma_1\cos\gamma_2$$

上式右方为两直线同名方向余弦乘积之和。

以第 1 缸连杆为例,该连杆轴线在静参考系中的方向余弦分别为

$$\cos\alpha_L = \frac{X_{B1} - X_{A1}}{l}$$

$$\cos\beta_L = \frac{Y_{B1} - Y_{A1}}{l}$$

$$\cos\gamma_L = \frac{Z_{B1} - Z_{A1}}{l}$$

利用式(5-190)和式(5-191),可得

$$\cos\alpha_L = \frac{1}{l}\{\bar{l}^2 - [\sin(\theta+\tau) - \overline{R}_a\sin\theta]^2 - [\cos(\theta+\tau) - \overline{R}_a\cos\alpha\cos\theta - \bar{\xi}\sin\alpha]^2\}^{\frac{1}{2}}$$

$$\cos\beta_L = \frac{1}{l}[-\sin(\boldsymbol{\omega}_o t+\tau) + \overline{R}_a\sin\theta\cos\boldsymbol{\omega}_i t - \overline{R}_a\cos\alpha\cos\theta\sin\boldsymbol{\omega}_i t - \bar{\xi}\sin\alpha\sin\boldsymbol{\omega}_i t]$$

$$\cos\gamma_L = \frac{1}{l}[\cos(\boldsymbol{\omega}_o t+\tau) - \overline{R}_a\sin\theta\sin\boldsymbol{\omega}_i t - \overline{R}_a\cos\alpha\cos\theta\cos\boldsymbol{\omega}_i t - \bar{\xi}\sin\alpha\cos\boldsymbol{\omega}_i t]$$

$$(5-192)$$

第 1 缸活塞轴线在静参考系中的方向余弦分别为

$$\cos\alpha_P = 1$$
$$\cos\beta_P = 0$$
$$\cos\gamma_P = 0$$

可得,第 1 缸连杆和活塞两者轴线间的夹角为

$$\varphi = \arccos\frac{1}{l}\{\bar{l}^2 - [\sin(\theta+\tau) - \overline{R}_a\sin\theta]^2 - [\cos(\theta+\tau) - \overline{R}_a\cos\alpha\cos\theta - \bar{\xi}\sin\alpha]^2\}^{\frac{1}{2}}$$

$$(5-193)$$

后球心圆平面的垂线平行于 Ox' 轴。以顶点 O 为起点,沿 Ox' 轴取单位矢量 i',该矢量在静参考系 $OXYZ$ 中的投影为

$$\begin{bmatrix} X_{i'} \\ Y_{i'} \\ Z_{i'} \end{bmatrix} = \boldsymbol{C}_1\boldsymbol{C}_2\begin{bmatrix} 1 \\ 0 \\ 0 \end{bmatrix} = \begin{bmatrix} \cos\alpha \\ -\sin\alpha\sin\boldsymbol{\omega}_i t \\ -\sin\alpha\cos\boldsymbol{\omega}_i t \end{bmatrix}$$

因此,后球心圆平面垂线在静参考系中的方向余弦分别为

$$\cos\alpha_s = \cos\alpha$$
$$\cos\beta_s = -\sin\alpha\sin\boldsymbol{\omega}_i t$$
$$\cos\gamma_s = -\sin\alpha\cos\boldsymbol{\omega}_i t$$

故第 1 缸连杆轴线与后球心圆平面垂线之间的夹角 ψ 可由下式计算,即

$$\psi = \arccos\frac{1}{l}[\bar{l}^2 - (\sin\overline{\theta+\tau} - \overline{R}_a\sin\theta)^2 - (\cos\overline{\theta+\tau} - \overline{R}_a\cos\alpha\cos\theta - $$
$$\bar{\xi}\sin\alpha)^2]^{\frac{1}{2}}\cos\alpha - [\cos(\theta+\tau) - \overline{R}_a\cos\alpha\cos\theta - \bar{\xi}\sin\alpha]\sin\alpha\}\qquad(5-194)$$

由以上讨论可知,连杆在静参考系中的位置及其轴线的方位均随时间的改变。为了使连杆在运动时不受其前、后球座的机械干扰,保证发动机多杆空间机构的正常工作,可根据已确定的机构基本结构参数,分别用式(5-193)和式(5-194)进行计算和比较,求出 φ 和 ψ 的最大值,作为决定连杆前、后球节结构和尺寸时必须满足的条件之一。

一般说来,φ 的最大值小于 ψ 的最大值。鱼雷用的周转斜盘活塞发动机,φ_{max} 一般小于 $10°$,ψ_{max} 一般小于 $25°$。

3.活塞的运动

不考虑活塞的局部自由度,即忽略不计活塞绕自身轴线的转动,活塞的运动可以分解为:相对运动——在汽缸中的往复运动;牵连运动——随缸体所进行的旋转运动。当然,对于摆盘发动机,活塞运动仅为往复运动。

活塞质心通常位于活塞轴线,且处于连杆前球节中心之前,假设活塞质心到连杆前球节中心之间的距离为 e_p,则参考连杆前球节中心在静参考系中的运动方程式(5-191),可以写出第

i 活塞质心 P_i 在同一参考系中的运动方程,即

$$[X_{\mathrm{p}i}\quad Y_{\mathrm{p}i}\quad Z_{\mathrm{p}i}]' = [X_{\mathrm{B}i}+e_p\quad Y_{\mathrm{B}i}\quad Z_{\mathrm{B}i}]'$$

故有

$$
\begin{bmatrix} X_{\mathrm{p}i} \\ Y_{\mathrm{p}i} \\ Z_{\mathrm{p}i} \end{bmatrix} =
$$

$$
R\begin{bmatrix} \left\{\bar{l}^2-[\sin(\theta+\Delta_i+\tau)-\bar{R}_{\mathrm{a}}\sin(\theta+\Delta_i)]^2-[\cos(\theta+\Delta_i+\tau)-\bar{R}_{\mathrm{a}}\cos\alpha\cos(\theta+\Delta_i)-\bar{\zeta}\sin\alpha]^2\right\}^{\frac{1}{2}}+ \\ \bar{R}_{\mathrm{a}}\sin\alpha\cos(\theta+\Delta_i)-\bar{\zeta}\cos\alpha+\bar{e}_{\mathrm{p}} \\ -\sin(\boldsymbol{\omega}_{\mathrm{o}}t+\Delta_i+\tau) \\ \cos(\boldsymbol{\omega}_{\mathrm{o}}t+\Delta_i+\tau) \end{bmatrix}
$$

$$(5-195)$$

式(5-195)决定了第 i 缸活塞(第 i 活塞)质心 P_i 在静参考坐标系中 3 个坐标的表达式。其中,第一式为活塞质心 P_i 在汽缸中相对往复运动的运动方程,第二式和第三式为活塞质心 P_i 随缸体做牵连旋转运动的运动方程。

第 i 活塞在汽缸中往复运动的冲程 S、从前止点起算的位移 s_i、往复运动速度 v_i 及加速度 a_i 可分别按以下公式计算,即

$$S = X_{\mathrm{p}i,\mathrm{max}} - X_{\mathrm{p}i,\mathrm{min}} \tag{5-196}$$

$$s_i = X_{\mathrm{p}i,\mathrm{max}} - X_{\mathrm{p}i} \tag{5-197}$$

$$v_i = \frac{\mathrm{d}s_i}{\mathrm{d}l} = -\frac{\mathrm{d}X_{\mathrm{p}i}}{\mathrm{d}t} \tag{5-198}$$

$$a_i = \frac{\mathrm{d}v_i}{\mathrm{d}t} = -\frac{\mathrm{d}X_{\mathrm{p}i}}{\mathrm{d}t^2} \tag{5-199}$$

若定义无因次位移和无因次速度、加速度为

$$\bar{s}_i = s_i/R \tag{5-200}$$

$$\bar{v}_i = v_i/[R(\boldsymbol{\omega}_i+\boldsymbol{\omega}_{\mathrm{o}})] \tag{5-201}$$

$$\bar{a}_i = a_i/[R(\boldsymbol{\omega}_i+\boldsymbol{\omega}_{\mathrm{o}})^2] \tag{5-202}$$

经推导,无因次往复运动速度和加速度的表达式为

$$
\begin{aligned}
\bar{v}_i = &\left\{\frac{1}{2}\bar{R}_{\mathrm{a}}^2\sin^2 2(\theta+\Delta_i)-\bar{R}_{\mathrm{a}}(1-\cos\alpha)\sin[2(\theta+\Delta_i)+\tau]+\bar{\zeta}\sin\alpha[\sin(\theta+\Delta_i+\tau)- \right. \\
&\left. \bar{R}_{\mathrm{a}}\cos\alpha\sin(\theta+\Delta_i)]\right\}\times \\
&\left\{\bar{l}^2-[\sin(\theta+\Delta_i+\tau)-\bar{R}_{\mathrm{a}}\sin(\theta+\Delta_i)]^2-[\cos(\theta+\Delta_i+\tau)-\bar{R}_{\mathrm{a}}\cos\alpha\sin(\theta+\Delta_i)- \right. \\
&\left. \bar{\zeta}\sin\alpha]^2\right\}^{-\frac{1}{2}}+\bar{R}_{\mathrm{a}}\sin\alpha\sin(\theta+\Delta_i)
\end{aligned}
\tag{5-203}
$$

$$
\begin{aligned}
\bar{a}_i = &\left\{\bar{R}_{\mathrm{a}}^2\sin^2\alpha\cos 2(\theta+\Delta_i)-2\bar{R}_{\mathrm{a}}(1-\cos\alpha)\cos[2(\theta+\Delta_i)+\tau]+ \right. \\
&\left. \bar{\zeta}\sin\alpha[\cos(\theta+\Delta_i+\tau)-\bar{R}_{\mathrm{a}}\cos\alpha\cos(\theta+\Delta_i)]\right\}\times
\end{aligned}
$$

$$\left\{\overline{l}^2-[\sin(\theta+\Delta_i+\tau)-\overline{R}_a\sin(\theta+\Delta_i)]^2-[\cos(\theta+\Delta_i+\tau)-\right.$$

$$\left.\overline{R}_a\cos\alpha\cos(\theta+\Delta_i)-\overline{\zeta}\sin\alpha]^2\right\}^{-\frac{1}{2}}+$$

$$\left\{\frac{1}{2}\overline{R}_a^2\sin^2\alpha\sin2(\theta+\Delta_i)-\overline{R}_a(1-\cos\alpha)\sin[2(\theta+\Delta_i)+\tau]+\right.$$

$$\left.\overline{\zeta}\sin\alpha[\sin(\theta+\Delta_i+\tau)-\overline{R}_a\cos\alpha\sin(\theta+\Delta_i)]\right\}^2\times$$

$$\left\{\overline{l}^2-[\sin(\theta+\Delta_i+\tau)-\overline{R}_a\sin(\theta+\Delta_i)]^2-[\cos(\theta+\Delta_i+\tau)-\right.$$

$$\left.\overline{R}_a\cos\alpha\cos(\theta+\Delta_i)-\overline{\zeta}\sin\alpha]^2\right\}^{-\frac{3}{2}}+$$

$$\overline{R}_a\sin\alpha\cos(\theta+\Delta_i) \tag{5-204}$$

为了简化表示，将式(5-203)、式(5-204)改写成

$$\overline{v}_i=\overline{R}_i\sin\alpha\sin(\theta+\Delta_i)+\Delta\overline{v}_i \tag{5-205}$$

$$\overline{a}_i=\overline{R}_i\sin\alpha\cos(\theta+\Delta_i)+\Delta\overline{a}_i \tag{5-206}$$

由表 5-5 所列两组结构参数，分别计算并绘出第 1 缸活塞在气缸中往复运动的无因次位移、速度、加速度和 $\Delta\overline{a}$ 随内、外轴相对转角的变化曲线。图 5-74 相对于第一组结构参数，图 5-75 相对于第二组结构参数。

表 5-5 计算 $\overline{s},\overline{v},\overline{a},\Delta\overline{a}$ 的结构参数

组 别	α	l	$\overline{R}_a$	$\overline{\zeta}$	$\iota/(°)$
1	15°12′	1.012 4	1.074 4	0.289 2	0
2	20°	1.205 0	1.057 5	0.200 0	6

由图 5-74 和图 5-75 可见，活塞在气缸中的往复运动与简谐运动十分相似。

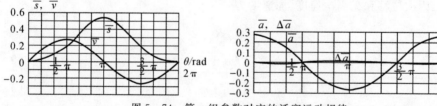

图 5-74 第一组参数对应的活塞运动规律

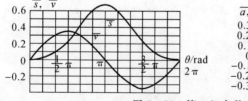

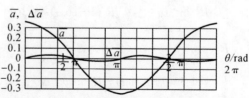

图 5-75 第二组参数对应的活塞运动规律

当周向位移 τ 为零，在内、外轴相对转角 θ 位 0° 或 180° 时，第 1 缸活塞仿佛运动速度等于零。此时该活塞相应位于前止点或后止点，且往复运动的角速度达到极致。对以第 i 缸活塞，达到其前、后止点时的内、外相对转角 θ，应分别为 $-\Delta_i$ 和 $180°-\Delta_i$。

若发动机具有数值不大的周向位移,第 i 缸活塞抵达其前、后止点时的内、外轴相对转角,与 $-\Delta_i$ 和 $180°-\Delta_i$ 均稍有偏离。而且,活塞位于止点时其往复运动加速度并非为极值。

式(5-206)可以写成

$$\bar{a}_i\left(1-\frac{\Delta\bar{a}_i}{\bar{a}_i}\right)=\bar{R}_a\sin\alpha\cos(\theta+\Delta_i)$$

当周向位移 τ 等于零或数值不大时,因 $\Delta\bar{a}_i/\bar{a}_i\ll1$,故可取近似式

$$\bar{a}_i\approx\bar{R}_a\sin\alpha\cos(\theta+\Delta_i) \tag{5-207}$$

$$\bar{a}_i\approx R(\omega_i+\omega_o)^2\bar{R}_a\sin\alpha\cos(\theta+\Delta_i) \tag{5-208}$$

也就是说,把活塞的往复运动视作简谐运动。

以上分析了周转斜盘、连杆和活塞的运动,所得各部件运动方程均为功率传动机构基本结构参数和输出周转角的函数。由此可见,将 $\alpha,R,l,R_a,\zeta,\tau$ 定为机构的基本结构参数是合理的、必要的,同时也再次证明周转斜盘活塞发动机可以作双轴或单轴输出。

附带说明,如果发动机输出轴的旋转方向与讨论情况相反,则各运动方程中 $\omega_i,\omega_o,\theta,\tau$ 和 Δ_i 均以负值代入即可。

<h1 style="text-align:center">习　　题</h1>

5.1　什么是鱼雷活塞发动机的指示指标和有效指标?分别包括哪些?

5.2　平均有效压强和升功率在评定发动机的动力性能方面有何区别?

5.3　列举鱼雷活塞发动机内的机械损失。

5.4　实现雷、桨、机稳定工况配合的条件是什么?

5.5　已知某鱼雷的航速为 50 kn,直径 $d=0.533$ m,阻力系数 $C_{x\Omega}=0.00256$,浸湿表面积 $\Omega=12.38$ m^2,推进器的推进效率 $\eta_P=0.81$,海水密度 $\rho=1\,020$ kg/m^3。

求解:(1)航行器的航行阻力;

　　　(2)主机的轴功率。

5.6　某热动力鱼雷采用活塞机作为动力主机。已知,发动机气缸指示压强为 p_i,气缸数为 z,单个气缸的有效容积为 V_c,发动机主轴转速为 n(rpm),传动系统机械效率为 η_m,推进效率为 η_p,辅机功耗为 N_a,主轴转 1 圈每个气缸完成 1 次做功循环,鱼雷的最大截面积为 A,阻力系数为 c_x,海水密度为 ρ。请简要描述鱼雷航速 v 的计算过程。

第6章 鱼雷涡轮发动机

6.1 鱼雷涡轮发动机概述

在鱼雷史上,无论重型或轻型鱼雷,也无论反舰还是反潜鱼雷或反潜兼顾反舰的通用鱼雷,都广泛使用涡轮机。涡轮机作为鱼雷的动力主机,是一种外燃式发动机,可以使用燃气或者蒸汽作为其工质。

6.1.1 鱼雷涡轮发动机系统的组成和分类

鱼雷涡轮机动力系统主要由燃料储备部分、能源输送与调控部分、点火装置和燃烧装置,主机(包括涡轮发动机、减速器)和推进器五部分组成。此外,还有一些辅助设备,例如发电机、滑油泵等。可以看出,鱼雷涡轮机动力系统也是外燃机。下面将目前世界上的鱼雷涡轮发动机系统分为一般开式循环、水反应燃料开式循环、闭式循环3种。

1. 一般开式循环系统

一般开式循环系统的工作原理如图6-1所示,以英国"矛鱼"鱼雷、俄罗斯65型鱼雷为典型代表。它与使用活塞机鱼雷的区别只在于把活塞机换成了涡轮机加减速器。

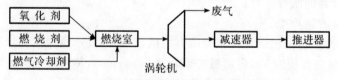

图6-1 一般开式循环系统的工作原理

这种系统的缺点:①高温废气排入海水,产生明显的航迹;②航深增加时,涡轮机排气压强上升,导致涡轮机功率、效率下降,最终导致鱼雷航速下降。

当前,解决办法类似于开式循环的鱼雷活塞机。航深增加时,为了使鱼雷保持必须的航速和航程,也就是要求涡轮机能输出相应的功率,并具有可接受的效率,一般是增加输入到燃烧室的推进剂流量,使得涡轮机的进气压强相应增高,以使得涡轮机发出更大功率,最终航速保持基本不变。但是发动机膨胀比还是比原先减小了,这就使得涡轮机效率和功率降低,而且流量增大会影响鱼雷航程,另外过高的进气压强对动力系统各部件也有影响,尤其是在结构强度和密封等方面带来了一系列的困难。

2. 水反应燃料开式循环系统

与水起急剧放热反应的物质称水反应燃料,这些水反应燃料一般是金属基的燃料。例如,硼(B)、铝(Al)、镁(Mg)、钙(Ca)、锂(Li)、钠(Na)、钾(K)。目前,国内外关于金属基燃料与水反应的研究主要集中在金属铝与水的反应上。

图 6-2 所示为水反应燃料开式循环系统的示意图。这种系统最大的特点是采用海水作为氧化剂和燃气冷却剂,取消了氧化剂储备系统,大大减小了推进剂的体积和质量,最终有利于提高比功率。而且固体金属燃料也可以浇注于燃烧室中,使得鱼雷比功率更高。燃烧产物多是易溶于海水的,产生很小的航迹。

缺点是燃烧后产生的大量固体氧化物废渣,进入涡轮机后,使机件产生损害。

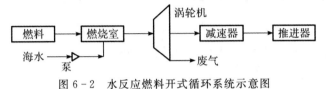

图 6-2　水反应燃料开式循环系统示意图

这种系统代表型号为俄罗斯"暴风"系列高速鱼雷,该雷长 8.23 m,重 2 697 kg,速度达到 200 kn(360 km/h)。超高速鱼雷装有两台发动机,第 1 台为固体火箭冲压发动机,第 2 台为金属水反应燃料的喷水式涡轮发动机。第 1 台发动机点火,实施双重动力程序控制,将鱼雷推至攻击深度,然后启动第 2 台发动机,以超高速直航弹道攻击目标,发射深度为 10~150 m,工作深度为 4~400 m。

3.闭式循环系统

图 6-3 所示为美国的 MK50 鱼雷使用的闭式循环系统示意图,又称为储存化学能推进系统(Storing Chemical Energy Propulsion System,SCEPS),金属锂为燃烧剂,六氟化硫为氧化剂,水蒸气为发动机工质。

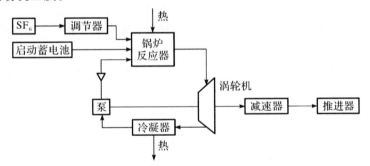

图 6-3　美国的 MK50 鱼雷使用的闭式循环系统示意图

金属锂浇铸在锅炉反应器中,在铸锂中均匀分布着若干空腔,内装启动药柱。液态六氟化硫储存在氧化剂储箱内。工作时,启动电池点燃启动药柱,将金属锂加热为熔融态。液态六氟化硫经过调节器以气态流入锅炉反应器,与熔融态的金属锂反应。反应产物为 LiF 和 Li_2S,并释放出大量热,两种产物的体积比反应前的金属锂小 5%,因此可存于锅炉反应器而不用排放。

涡轮机气流通道、冷凝器、泵、锅炉反应器的螺旋管组成封闭的、独立的回路,水存储于锅炉反应器的螺旋管内,与推进剂产生的燃气完全隔离。工质燃烧放出的热加热螺旋管内的水,使水转变为过热蒸汽,过热蒸汽在涡轮机内做功,涡轮机一部分功率驱动泵喷推进器。做完功的乏气排入与雷壳制成一体的冷凝器,并由雷外海水冷却凝结成水,然后由水泵加压后再输入到螺旋管循环使用。水泵由涡轮机分成一部分功率驱动。图 6-4 所示为 MK50 鱼雷上 SCEPS 结构示意图。

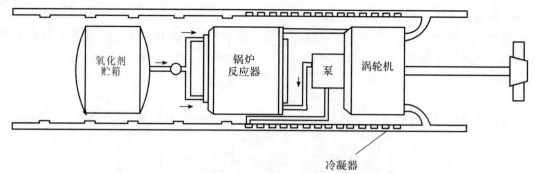

图 6-4   MK50 鱼雷的 SCEPS 结构示意图

6.1.2   鱼雷涡轮机发动机燃气循环和蒸汽循环

涡轮机是以高温、高压燃气或者水蒸气做工质的转动式叶轮发动机,有的文献根据英语单词 turbine 称其为透平。涡轮机工质可以是液体、气体或者两相流体。根据工质的不同,鱼雷涡轮机可以分为燃气涡轮和蒸汽涡轮两种(在民用领域还有水轮机),分别以英国的"矛鱼"鱼雷和美国的 MK50 鱼雷为典型代表。

1.鱼雷燃气涡轮机热力循环

英国 Spear Fish 鱼雷的动力系统示意图如图 6-5 所示,它可由以下五部分组成:①燃料储备部分为 HAP 舱和 OTTO 舱,由海水挤压和燃料泵抽吸来实现输送;②能源输送与调控部分为阀、海水泵、三组元混合(HAP、海水、OTTO)配比系统、燃料泵,以及各种管路;③点火装置和燃烧装置包括固定燃烧室、可破膜片、燃烧室头部的点火器、燃料喷嘴等;④主机采用重入式冲动式开式循环燃气涡轮机(21TP04 型涡轮机),转矩经减速器减速后带动泵喷推进器;⑤各种辅机。

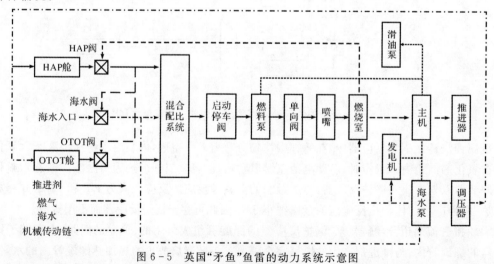

图 6-5   英国"矛鱼"鱼雷的动力系统示意图

"矛鱼"鱼雷燃气轮机理想循环的 pV 示功图如图 6-6 所示,该循环称为勃朗登循环,或者布莱顿循环(Brayton Cycle),是 19 世纪美国工程师 G. B. 勃朗登所提出,因而得名。

　　它由两个定压过程和两个定熵绝热过程组成。燃气涡轮机工作时,液体推进剂经过燃料泵定熵压缩后(过程 1→2),注入燃烧室内。在燃烧室内进行定压燃烧(过程 2→3),产生高温、高压燃气。燃气作为工质在涡轮中做绝热膨胀(过程 3→4),焓和压强降低,速度升高,即燃气的热能转变为动能。燃气吹动涡轮机做功,燃气的动能转变为涡轮机主轴的动能。主轴通过减速器带动推进器,向外输出功率推动鱼雷前进。废气经排气管排出,与雷外海水混合,此时雷外海水压强保持不变,向外界定压放热(过程 4→1)。因此,在燃气涡轮机鱼雷中能量转变与传递过程:液体燃料的化学能──→燃气的热能──→燃气的动能──→涡轮机的动能──→推进器的动能──→鱼雷的动能。

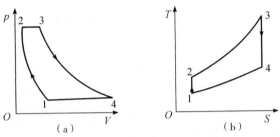

图 6-6　燃气涡轮机理想循环(勃朗登循环)

(a)pV 图；　(b)TS 图

　　下述分析燃气涡轮机循环的参数。

　　假设 3 点进气压强为 P_3,进气温度为 T_3;4 点排气压强为 p_4,排气温度为 T_4。3→4 为等熵过程,故温度和压强之比符合:

$$\frac{T_3}{T_4} = \left(\frac{p_3}{p_4}\right)^{\frac{k-1}{k}} \tag{6-1}$$

　　燃气轮机的膨胀比 π,有的文献也叫作压降比,它是指膨胀过程的初始压强 p_3 与终了压强 p_4 之比:

$$\pi = \frac{p_3}{p_4} \tag{6-2}$$

　　温比 τ 是指循环最高温度与最低温度之比。温比 τ 代表着燃气轮机中工质被加热的程度,是决定循环性质的最重要参数之一。同时温比越高,对耐热材料和冷却技术的要求也越高,有

$$\tau = \frac{T_3}{T_1} \tag{6-3}$$

　　考虑到燃烧前推进剂所具有的焓 h_2 比燃烧后的焓 h_3 小很多,可以忽略不计 h_2;同样,压缩前推进剂所具有的焓 h_1 比膨胀后的焓 h_4 小很多,可以忽略不计 h_1。因此,过程 3→4 加给单位质量工质的热量 q_1,过程 4→1 单位质量废气向外界放出的热量 q_2 为

$$q_1 = h_3 - h_2 \approx h_3$$
$$q_2 = h_4 - h_1 \approx h_4$$

　　气体即使在理想情况下也不可能将 q_1 全部转化为机械功,因为气体在 4→1 阶段带走一部分能量,即 4 点所具有的焓。理想循环单位质量工质所做的功 W,称为最大可用功,也简称可用功,有

$$W = q_1 - q_2 = (h_3 - h_2) - (h_4 - h_1) \approx h_3 - h_4$$

$$W = h_3 - h_4 = c_p T_3 \left(1 - \frac{T_4}{T_3}\right) = c_p T_3 \left[1 - \left(\frac{p_4}{p_3}\right)^n\right] = c_p T_3 \left(1 - \frac{1}{\pi^n}\right) \qquad (6-4)$$

从式(6-4)可以看出,鱼雷燃气涡轮机的可用功 W 随着涡轮机膨胀比 π 的增加而增大,随着燃烧温度 T_3 的增加而增大。当然与燃气的热力学参数 c_p 和 n 也有关,但它们的变化范围不大,对涡轮机功的影响程度较小。

为了表达循环对热能的利用程度,通常取转变为循环功的热量 W 与工质由高温热源吸入的热量 q_1 之比,作为衡量该循环的经济性指标,称为理想循环热效率,以 η_t 表示,有

$$\eta_t = \frac{W}{q_1} = \frac{W}{h_3 - h_2} \approx \frac{h_3 - h_4}{h_3} = 1 - \frac{c_p T_4}{c_p T_3} = 1 - \left(\frac{p_4}{p_3}\right)^n = 1 - \frac{1}{\pi^n} \qquad (6-5)$$

式中: $n = \dfrac{k-1}{k}$ 是膨胀过程的平均绝热指数。

从式(6-5)可以看出,鱼雷燃气涡轮机的循环热效率 η_t 是随着涡轮机膨胀比 π 的增加而增大。

2.鱼雷蒸汽涡轮机热力循环

图6-3所示为美国 MK50 的涡轮机动力系统示意图,它由五个部分组成:燃料储备部分包括六氟化硫(SF_6)舱和锅炉反应器中浇铸的金属锂(Li);能源输送与调控部分为两套,一套为六氟化硫调节器、单向阀等,一套为关于水、水蒸气,如水泵、冷凝器、单向阀以及各种管路;点火装置和燃烧装置包括锅炉反应器,以及其中的启动药柱;主机为单级卧式超声速冲动式蒸汽涡轮机,转矩通过减速器减速后带动泵喷推进器以及各种辅机。

在蒸汽轮机的工作过程中,水经历了液体气态的变化,因此下面先分析水和水蒸气的压容图(pV图)和温熵图(TS图)。

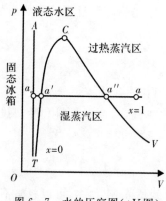

图6-7 水的压容图(pV图)

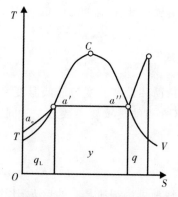

图6-8 水的温熵图(TS图)

水蒸气的状态及其变化过程可用水的压容图表示,如图6-7所示,$a_0 a' a'' a$ 线表示在一定压强下水蒸气的形成过程线:①AT 为冰水共存的饱和水线,AT 左侧为固相的冰区;②TC 为水汽共存的饱和水线,AT 和 TC 线之间为液相的水区;③CV 为乾饱和蒸汽线,TC 和 CV 线之间为水和蒸汽两相共存的湿蒸汽区,用干度表示每千克湿蒸汽中所含乾饱和蒸汽量;④CV 线右侧表示过热蒸汽区。

分析水蒸气的热力过程或热力循环时常使用温熵图,如图6-8所示。TC 为饱和水线,

CV 为乾饱和蒸汽线，根据比熵的定义，定压过程线 $a_0a'a''a$ 下面的面积表示在可逆的定压过程中每千克水的吸热量。其中，a_0a' 线下的面积表示在该压强下将未饱和的水加热至饱和水所需要的热量；$a'a''$ 线下的面积表示汽化过程的吸热量，即汽化潜热；$a''a$ 表示由饱和蒸汽转变为过热蒸汽的加热量。

MK50 蒸汽轮机的理想循环的 pV 示功图如图 6-9 所示，该循环称为朗肯循环，或者兰金循环（Rankine Cycle），是 19 世纪苏格兰工程师 W. J. M. 兰金提出的，因而得名。

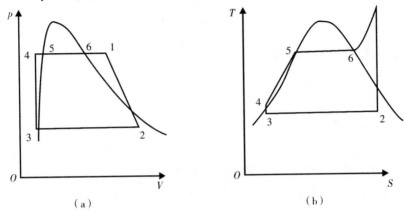

图 6-9　朗肯循环的 pV 图和 TS 图
(a) pV 图；　(b) TS 图

它由两个定压过程和两个定熵绝热过程组成。蒸汽涡轮机工作时，水在水泵中进行绝热定熵压缩过程（过程 3→4），压强升高，送到锅炉反应器。水在锅炉反应器中进行定压加热到沸腾（过程 4→5）；水在锅炉反应器中的定压蒸发为湿蒸汽（过程 5→6）；再在过热器定压加热成为高温、高压过热蒸汽（过程 6→1）。过热蒸汽在汽轮机做绝热膨胀做功（过程 1→2），排出的蒸汽或者湿蒸汽，叫作乏气，进入冷凝器定压放热并凝结为水（过程 2→3），所排出的热量被冷却海水所带走。冷凝水再由水泵送至锅炉，重复上述的工作循环。因此，在蒸汽涡轮机鱼雷中能量转变与传递过程：燃料的化学能──→燃烧产物的热能──→水蒸气的热能──→水蒸气的动能──→涡轮机的动能──→推进器的动能──→鱼雷的动能。

现在分析蒸汽涡轮机循环的参数。

1 点进气压强为 p_1，进气温度为 T_1；2 点排气压强 p_2，排气温度为 T_2。

定压加热过程 4→5→6→1 中，单位质量工质由热源吸收的热量为

$$q_1 = h_1 - h_4$$

在定压放热 2→3，单位质量工质排到冷源的热量为

$$q_2 = h_2 - h_3$$

按照热力学第一定律，循环功 W_T 等于吸入热量和排出热量之间的差值，有

$$W_T = q_1 - q_2 = (h_1 - h_4) - (h_2 - h_3) \tag{6-6}$$

由于水的比容很小，因此水泵消耗的轴功大约只为汽轮机轴功的 2%，所以在工程计算中，往往忽略水泵的轴功，即认为 $h_3 = h_4$，这样，循环功的计算公式简化为

$$W_T \approx h_1 - h_2$$

循环热效率为

$$\eta_t = \frac{W_T}{q_1} = \frac{h_1 - h_2}{h_1 - h_4} \qquad (6-7)$$

6.2 工质在涡轮级内的流动

工质的热能之所以能转变为涡轮机的机械能,是由工质在涡轮机的气流通道(包括喷嘴栅和动叶栅)中的热力过程所形成。因此,研究涡轮机的热力过程,也就是研究工质在喷嘴栅和动叶栅中的流动特点和做功原理,并从数量上计算能量之间的转换关系。

6.2.1 基本假设和基本方程式

1.基本假设

气体在涡轮机内的流动实际上是十分复杂的过程:①该过程是一个空间三维流动。气流参数不仅沿着流动方向变化,而且在垂直于流动方向上的其他两个方向上也发生变化。②该过程是一个周期性的流动。因为工作叶片的进出口边有一定的厚度,所以从喷嘴出来的工质,有时候自由地穿过相邻工作叶片的组成的气道,有时候却冲击在工作叶片上,再加上工作叶片均匀布置在工作轮上,这种情况会周期性地发生,使得气流的参数和速度也周期性地发生微小变化。③该过程是一个非定常流动。流体的流动状态随时间而改变,每一时刻的流动情况都不同,对某一时刻的研究结果今后不会出现,使得研究没有实际意义,即不可复现。

为了讨论问题的方便,作以下假设:

(1)认为工质(包括燃气、水蒸气)为理想气体。

(2)工质在涡轮机内的流动是一元流动,即级内工质的任一参数只是沿一个坐标(流程)方向变化,而在垂直截面上没有任何变化。显然,这和实际情况也是不相符的,但当涡轮机内通道弯曲变化不激烈,即曲率半径较大时,可以认为是一元流动。

(3)工质在涡轮机内的流动是稳定流动,即工质的所有参数在流动过程中与时间无关。实际上,没有绝对的稳定流动。当涡轮机稳定工作时,由于工质参数波动不大,因此可以相对地认为是稳定流动。

(4)工质在涡轮机内的流动是绝热流动,即工质流动的过程中与外界无热交换。由于工质流经涡轮机内的时间很短暂,可近似认为正确。

考虑到即使使用更复杂的理论来研究工质在涡轮机内的流动,其结论与涡轮机真实的工作情况也不完全相符,而且推算也很复杂。因此,在上述的假设基础上进行研究得出一系列结论,再用一些实验系数加以修正,这种方法经工程实践中证明是可行的。

2.基本方程式

在涡轮机的热力计算中,往往需要应用可压缩流体一元流动方程式,这些基本方程式有状态及过程方程式、连续性方程式和能量守恒方程式。

(1)状态及过程方程式。质量为 m 的理想气体的状态方程式为

$$pV = mRT \qquad (6-8)$$

式中:p 为绝对压强;V 为气体比容;T 为热力学温度;R 为气体常数。

当工质进行等熵膨胀时,膨胀过程可用方程表示为

$$pV^k = 常数 \qquad (6-9)$$

其微分形式为

$$\frac{\mathrm{d}p}{p}+k\frac{\mathrm{d}V}{V}=0 \qquad (6-10)$$

式中：k 为绝热指数。

（2）连续性方程式。在稳定流动的情况下，每单位时间流过流管任一截面的工质流量不变，用公式表示为

$$G=\rho cA \qquad (6-11)$$

式中：G 为工质流量；A 为流管内任一截面积；c 为垂直于截面的工质速度；ρ 为在截面上的工质密度。

对式（6-11）取微分，可得连续性方程式的另一形式：

$$\frac{\mathrm{d}A}{A}+\frac{\mathrm{d}c}{c}+\frac{\mathrm{d}\rho}{\rho}=0 \qquad (6-12)$$

（3）能量守恒方程式。根据能量守恒定律可知，加到工质中的热量等于工质全部能量的增量以及工质对外所做的功。而在涡轮机中，气体位能的变化以及与外界的热交换常可略去不计，同时工质通过叶栅槽道时若只有能量形式的转换，对外界也不做功，即一维定常绝能定熵流动的能量守恒方程可表达为

$$h_0+\frac{c_0^2}{2}=h_1+\frac{c_1^2}{2} \qquad (6-13)$$

式中：h_0，h_1 分别为工质进入和流出叶栅的焓值；c_0，c_1 分别为工质进入和流出叶栅的速度。

式（6-13）表明，在绝能流动中，管道各个截面上气流的焓和动能之和保持不变，但两者之间可以互相转换。

6.2.2　涡轮机组成部分和能量转换

如图 6-10、图 6-11 所示，在涡轮机中，相邻的一组喷嘴和一个工作轮的组合称为涡轮级，简称级。由一个级组成的涡轮称为单级涡轮，由一个以上的级组成的涡轮称为多级涡轮。级是涡轮机中最基本的工作单元，也是我们研究和分析涡轮机的出发点。现在以单级纯冲动式涡轮机为例分析涡轮机的主要组成部分。

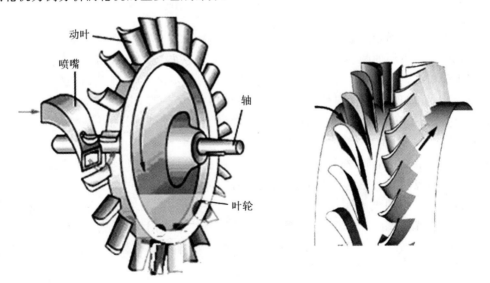

图 6-10　涡轮机的级

喷嘴环也叫作导向器、定子、静叶栅、喷嘴叶栅,上面装有多个喷嘴(也叫作静叶),喷嘴导向叶片(Nozzle Guide Vane,NGV)。这些喷嘴均匀安装在壳体上,喷嘴前面与燃烧室的出口连通。喷嘴具有特定形状,沿着工质流动方向喷嘴的流通面积逐渐缩小,以使得工质压强下降,速度上升,工质的可用焓转变为工质的动能。

转子是指由轮盘(也叫工作轮、叶轮)、工作叶片(也叫动叶)、主轴组成的旋转部件。许多个工作叶片均匀安装在轮盘的边缘,合称为动叶栅,相邻工作叶片之间形成一定形状的气道,以保证工质按照一定的轨迹流过。

机壳也叫气缸,用于安装喷嘴环和主轴等的固定部件。

排气管安装在机壳上用来引导废气流出涡轮机。

因为涡轮机是空间机械,为便于研究,引入基圆级和圆柱剖面展开图(见图 6-11)。

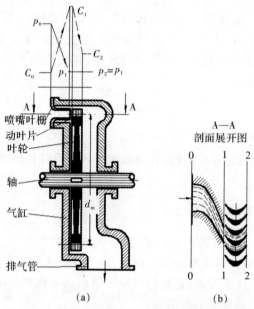

图 6-11 平均直径处基圆级的圆柱剖面展开图

设想沿着一个和涡轮级同轴的圆柱面对涡轮的喷嘴和工作叶片进行剖切,就得到一个涡轮级的"基圆级"。不同的圆柱面半径可以有多个不同的基圆级,可以取其中一个典型的基圆级为代表来分析涡轮机的基本工作原理。今后都取叶片高度之半(即平均直径处)的圆柱面来截取得到典型的基圆级,并将圆柱面展开成平面,得到了平均直径处基圆级的圆柱剖面展开图,简称圆柱剖面展开图。在圆柱剖面展开图上包括两排平面叶栅,一排是喷嘴叶栅,一排是动叶叶栅,如图 6-11(b)所示。

有了 6.2.1 节的几个假设,可知只要分析气体在基圆级中流动即可,而气体在整个涡轮级中的流动与基圆级的流动完全一样,因此今后的研究都是在基圆级的展开图,即圆周剖面展开图上进行的。为了说明气流参数在基圆级中的变化,将圆柱剖面展开图分了 3 个截面(见图 6-11):喷嘴前的截面用 0-0 表示,喷嘴后工作叶片前的截面用 1-1 表示,工作叶片后的截面用 2-2 表示。今后凡是这几个截面的压强、温度、速度等气流参数的下标都标上 0,1,2 作为区别。

现在以纯冲动式涡轮机为例,介绍涡轮机的能量转换和传递过程。进入涡轮机前的工质为高温、高压的燃气或者水蒸气,压强为 p_0,温度为 T_0,焓为 h_0,速度为 c_0,具有很强的做功能力,下一步将在涡轮机中把工质的热能转变为涡轮机主轴上的机械能。

(1)高能工质首先在喷嘴中膨胀,气体参数发生变化,温度 T、压强 p、焓 h 下降,同时速度 c、体积 V 上升,即工质的可用焓(热能)转变为动能。对应于图 6-11 的 P_0P_1 段和 c_0c_1 段曲线。

(2)高速工质进入转子的工作叶片气道,由于工作叶片的特定曲线,使得工质气体的流动方向发生改变,动量变化,并给工作叶片作用力,使得转子旋转,涡轮机主轴获得了机械能。此时,工质气体速度 c 下降,压强 p 不变。对应于图 6-11 的 P_1P_2 段和 c_1c_2 段曲线。

总之,在涡轮机中进行了两次能量转换过程:工质的可用焓转变为工质的动能,工质的动能转变为主轴的机械能。

与活塞机相比,涡轮机有下述特点。

(1)没有往复运动部件,振动噪声小。

(2)转速高,单机功率大(功率与转速和转矩的乘积成正比),比功率大。

(3)没有复杂的进、排气活门装置,气体的流入、流出叶轮机械时都比较顺畅,做功过程连续,因而有利于在单位时间内实现大量工质和叶轮机械之间的能量交换。

(4)经济性高,效率高,热损失小。

(5)结构简单,工作可靠,便于加工、装拆和维修。

6.2.3　工质在喷嘴中的膨胀过程

前面已经讲过,在涡轮机中进行了两次能量转换过程,第一次是在喷嘴中将工质的可用焓转换为工质的动能,也就是气体在喷嘴的渐缩形通道中膨胀,压强降低,绝对速度急剧增加,由 c_0 成为 c_1。因为这是一个能量转换过程,所以它必然遵循热力学第一定律,即能量守恒和转换定律,也就是符合前文推导出来的绝热、绝能的一元定常流的公式(6-13)。本节的内容就是基于能量守恒定律来计算喷嘴中的各种气体热力学参数。

1.喷嘴中工质参数

(1)喷嘴前的气体参数和滞止参数。喷嘴前气体的压强为 p_0,温度为 T_0,速度为 c_0,焓为 h_0。c_0 称为初始速度,它是指喷嘴入口处工质的绝对速度,计算时可取 $c_0=70\sim80$ m/s。

由式(6-13)可得,即喷嘴中各个截面的焓与动能之和保持为定值。当气流速度减小到零时,即气体完全阻滞停止时,焓到达最大值。气流绝能定熵阻滞到速度为零的状态,叫作滞止状态。在滞止状态中,气体的各种参数叫作滞止参数或者总参数,例如滞止焓(或总焓)、滞止温度(或总温)、滞止压强(或总压)。滞止参数的右上角加一个"*"表示,按热力学等熵公式,有

$$h_0^* = h_0 + \frac{c_0^2}{2} \tag{6-14}$$

$$T_0^* = T_0 + \frac{c_0^2}{2C_P} = T_0 + \frac{(k-1)c_0^2}{2kR} \tag{6-15}$$

$$p_0^* = p_0 \left(\frac{T_0^*}{T_0}\right)^{\frac{k}{k-1}} = p_0 \left[1 + \frac{(k-1)c_0^2}{2kRT_0}\right]^{\frac{k}{k-1}} \tag{6-16}$$

(2)喷嘴中的临界状态和喷嘴临界压强比。在喷嘴中,当工质作等熵膨胀,速度增大,则气流中的声速将减小。于是,必然会出现这样的情况,气流速度增大到某一数值时,正好与气流中的声速相等,即马赫数为 $Ma=1$。这时,气流所处的状态叫作临界状态,临界条件下气流的所有参数均称为临界参数,如临界温度 T_{1cr}、临界速度 c_{1cr}、临界密度 ρ_{1cr}、临界压强比 ε_{cr}、临界压强 p_{1cr} 等,在右下角以"cr"表示,即

$$T_{1cr}=T_0^* \frac{2}{k+1} \tag{6-17}$$

$$c_{1cr}=\sqrt{kRT_{1cr}}=\sqrt{\frac{2k}{k+1}RT_0^*} \tag{6-18}$$

$$\rho_{1cr}=\rho_0^* \left(\frac{2}{k+1}\right)^{\frac{1}{k-1}} \tag{6-19}$$

$$\varepsilon_{cr}=\left(\frac{2}{k+1}\right)^{\frac{k}{k-1}} \tag{6-20}$$

$$p_{1cr}=p_0^* \left(\frac{2}{k+1}\right)^{\frac{k}{k-1}}=p_0^* \varepsilon_{cr} \tag{6-21}$$

式中:k 为工质的绝热指数。

由式(6-17)~式(6-21)可知,临界参数只取决于喷嘴的进口工质参数。

(3)喷嘴出口理想速度 c_{1t}。在理想的、没有流动损失的一元定常流动、等熵流动情况下,喷嘴前 1 kg 气体的能量等于 $h_0^*=h_0+\frac{c_0^2}{2}$,喷嘴后 1 kg 气体的能量等于 $h_{1t}+\frac{c_{1t}^2}{2}$,下标 t 表示流动是等熵流动,因此喷嘴最大可用热焓降 h_a^* 为

$$h_a^*=h_0^*-h_{1t} \tag{6-22}$$

故根据能量守恒定理,可得喷嘴出口理想速度 c_{1t} 为

$$c_{1t}=\sqrt{2\left(h_0+\frac{c_0^2}{2}\right)-2h_{1t}}=\sqrt{h_a^*} \tag{6-23}$$

利用喷嘴前的滞止参数,式(6-23)可变形为

$$c_{1t}=\sqrt{\frac{2k}{k-1}RT_0^*\left[1-\left(\frac{p_1}{p_0^*}\right)^{\frac{k-1}{k}}\right]} \tag{6-24}$$

由式(6-23)、式(6-24)可以看出,影响喷嘴出口理想速度 c_{1t} 有以下几种因素:

1)工质初始状态 k,T_0^*,p_0^*;

2)压降比 $\varepsilon_n=\frac{p_1}{p_0^*}$,速度将随着压降比的下降而增加。

(4)喷嘴出口实际速度 c_1。式(6-23)、式(6-24)是在没有流动损失的理想情况得到的喷嘴出口理想速度 c_{1t},但在实际过程中,这种情况不存在。气体在喷嘴中流动是有损失的,气流中的摩擦和涡流损失使得流出喷嘴时的气流速度降低为 c_1,即 c_1 小于 c_{1t},则

$$c_1=\varphi c_{1t} \tag{6-25}$$

式中:φ 为喷嘴速度因数,是一个小于 1 的数。φ 主要与喷嘴高度、叶型、喷嘴槽道形状、工质的性质、流动状况及喷嘴表面粗糙度等因素有关。由于影响因素复杂,现在还很难用理论计算求解,往往是由实验来决定,大小一般为 0.92~0.96。

(5)喷嘴能量损失 Δh_n。由于喷嘴中存在损失,工质离开喷嘴时的实际动能要比理想的、

没有损失的等熵流动时的气体动能小。在理想等熵流动和实际流动两种情况下单位质量工质流出喷嘴时具有的能量差就是喷嘴能量损失 Δh_n，单位为 J/kg（下标 n 表示喷嘴 nozzle）：

$$\Delta h_n = \frac{c_{1t}^2}{2} - \frac{c_1^2}{2} = \frac{c_{1t}^2}{2}(1 - \varphi^2) = \xi_n \frac{c_{1t}^2}{2} \qquad (6-26)$$

工质在喷嘴中的动能损失 Δh_n 与工质在喷嘴中的最大可用热焓降 h_a^* 之比称为喷嘴的能量损失系数，用 ξ_n 表示。它与速度系数 φ 之间的关系可表示为

$$\xi_n = \frac{\Delta h_n}{h_a^*} = 1 - \varphi^2 \qquad (6-27)$$

所损失的动能又重新转变为热能，在等压下被工质吸收，比熵增加，使喷嘴出口气流的比焓值升高。喷嘴出口工质的实际焓 h_1 为

$$h_1 = h_{1t} + \Delta h_n \qquad (6-28)$$

（6）喷嘴出口参数。喷嘴中的气流和外界没有热量交换，所损失的能量又以热的方式转化为热能并完全被燃气所吸收，增加了燃气的热能。燃气在喷嘴出口的实际参数包括温度 T_1、密度 ρ_1、声速 a_1、马赫数 Ma_1 等，计算公式为

$$T_1 = T_{1t} + \frac{k-1}{kR} \Delta h_c \qquad (6-29)$$

$$\rho_1 = \frac{p_1}{RT_1} \qquad (6-30)$$

$$a_1 = \sqrt{kRT_1} \qquad (6-31)$$

$$Ma_1 = \frac{c_1}{a_1} \qquad (6-32)$$

2. 喷嘴流量

一维定常流中，通过同一流管任意截面上的流体质量流量保持不变。因此，通过喷嘴的流量公式为

$$\dot{m} = F\rho c$$

如果取出口截面时，则在无摩擦损失的等熵流动情况下，流经喷嘴的流量 $\dot{m}_t$ 为

$$\dot{m}_t = F_n \rho_{1t} c_{1t} \qquad (6-33)$$

式中：c_{1t} 的定义见式（6-23）；ρ_{1t} 的计算公式为

$$\rho_{1t} = \rho_0^* \left(\frac{p_1}{p_0^*}\right)^{\frac{1}{k}}$$

将 ρ_{1t}，c_{1t} 带入流量公式式（6-33），可得

$$\dot{m}_t = F_n \sqrt{\frac{2k}{k-1} p_0^* \rho_0^* \left[\left(\frac{p_1}{p_0^*}\right)^{\frac{2}{k}} - \left(\frac{p_1}{p_0^*}\right)^{\frac{k+1}{k}}\right]} \qquad (6-34)$$

从式（6-34）可以看出，影响流量的因素：①截面面积 F_n，对于渐缩喷嘴为出口截面，对于缩放喷嘴则为喉部面积，且 $\frac{p_1}{p_0^*}$ 改用临界压强比；②工质初始状态 k，P_0^*，ρ_0^*；③压降比 $\varepsilon_n = \frac{p_1}{p_0^*}$。

通过喷嘴的最大流量就是通过对式（6-34）求最大值，即求微分 $\frac{\mathrm{d}\dot{m}}{\mathrm{d}\varepsilon_n} = 0$，得到临界压强比 ε_{cr} 以及临界流量 $\dot{m}_{tcr}$，即

$$\varepsilon_n = \left(\frac{2}{k+1}\right)^{\frac{k}{k-1}} = \varepsilon_{cr} \qquad (6-35)$$

$$\dot{m}_{tcr} = F_{n} \sqrt{k \left(\frac{2}{k+1}\right)^{\frac{k+1}{k-1}}} \frac{p_0^*}{\sqrt{RT_0^*}} \qquad (6-36)$$

临界流量与外界压强无关,有关的影响因素:①截面面积 F_n;②工质初始状态 k, p_0^*, ρ_0^*, T_0^*。

可以画出流量随着压降比 $\varepsilon_n = \dfrac{p_1}{p_0^*}$ 的变化曲线,见图 6-12 所示的半圆形曲线 OBC。

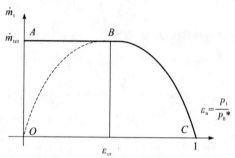

图 6-12　渐缩喷嘴的流量曲线

当 $\varepsilon_n = 1$ 时,对应图中的 C 点,即喷嘴前后压强相等时,流量 $\dot{m}_n = 0$。当 ε_n 减小,即喷嘴出口压强减小时,流量沿着 CB 线逐渐增大。当压降比等于某个值时,流量达到最大值,此后,随着 ε_n 的下降,流量沿着 BO 线段下降。当 $\varepsilon_n = 0$ 时,对应图中的 O 点,即喷嘴后压强为零时,流量 $\dot{m}_n = 0$。

实际上,虚线部分是不会出现的。对于收缩喷管,出口截面的压强不可能降低到小于 p_{cr} 的数值,最低只能等于临界压强,即压降比最小只能等于临界压强比 ε_{cr}。当出口截面达到临界压强时,流量将达到最大值,并且将保持此流量,决不会随着喷管出口外面的背压的下降而变化。因此,因此喷嘴流量与压降比的真实关系为曲线 ABC。

流经喷嘴的实际流量 $\dot{m}$ 和理想流量 $\dot{m}_t$ 之比值称为流量系数,用 μ 表示,实际流量 $\dot{m}$ 为

$$\dot{m} = \mu \dot{m}_t \qquad (6-37)$$

流量系数 μ 主要与工质状态以及工质在喷管内膨胀程度有关,很难用理论方法准确计算,通常用实验方法来求得。

3.气体在喷嘴斜切口中的膨胀

与工程热力学中的喷嘴不一样,由于为保证工质进入动叶时有良好的方向,涡轮机喷嘴气道的中心线与工作轮回转平面有一个夹角 α_1,因此在喷嘴出口部形成了三角形的斜切口 cde(见图 6-13)。它是从喷嘴的计算出口截面 cd(垂直于喷嘴中心线)到喷嘴实际出口截面 ed(垂直于涡轮机轴线)。正是由于存在斜切口,某些情况下使得喷嘴出口处气流角不再是 α_1,这样工作叶片进口处的工质方向不再与叶片进口的切线方向重合,会影响涡轮机的效率。

当收缩喷嘴前后的压差属于亚临界情况时,即喷嘴外压强 $p_1 > p_{cr}$。截面 cd 压强跟外界压强一样,即等于 p_1。斜切口的作用只是用来引导气流按照规定的方向流入工作叶片气道,气体在斜切口中的压强 p_1,速度 c_1,方向 α_1 都不发生变化。

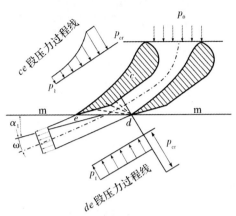

图 6-13　喷嘴斜切口内气流的偏斜角

当喷嘴前后的压差属于超临界情况时，即喷嘴外压强 $p_1 < p_{cr}$。截面 cd 处的气体为临界状态，即气体的压强和速度达到了临界压强和声速。截面 ed 处为外界压强 p_1，因此其斜切口内就将发生气体膨胀加速，使收缩喷嘴也能达到超临界气流。

点 d 处的压强有突变，即从 p_{cr} 一下子降到了 p_1。而沿着 ce 气体压强逐渐膨胀，从 p_{cr} 逐步下降到了 p_1。点 d 处的压强变化趋势与 ce 段的压强变化趋势不一样，出现了如图 6-13 所示斜切口内的压强分布图。从 ce 向 d 有压强梯度，产生了垂直于喷嘴中心线且向点 d 方向的作用力，使得气流的方向朝着无斜壁的一边偏离喷嘴中心线。结果实际喷嘴出口气流的方向增大为 $\alpha_1 + \omega$，其中角度 ω 称为斜切口内气流的偏斜角，简称偏斜角。

缩放喷嘴也有斜切口，情况类似于收缩喷嘴的超临界情况。

为了确定斜切口内气流的偏斜，对喷嘴的计算出口截面 cd 和喷嘴后的 m—m 截面应用连续方程：

$$F_{cd}\rho'_1 c'_1 = F_{de}\rho_1 c_1 \sin(\alpha_1 + \omega)$$

式中：F_{cd} 为喷嘴最小截面面积；F_{de} 为喷嘴出口截面面积；ρ'_1，c'_1 分别为 F_{cd} 面上的气体密度和速度。

由图 6-13 所示可知：

$$F_{cd} = cd \cdot ln$$
$$F_{de} = de \cdot ln'$$

式中：cd，de 分别为图 6-13 中喷嘴最小截面和出口截面对应宽度；ln，ln' 分别为对应喷嘴截面叶片高度，可近似的认为 $ln \approx ln'$。

假设斜壁 ce 部分是一段直线构成，而出口边缘做成无限薄，可得

$$F_{de} = \frac{F_{cd}}{\sin\alpha_1}$$

这样可以得到斜切口内气流偏斜角的计算公式为

$$\sin(\alpha_1 + \omega) = \frac{\rho'_1}{\rho_1}\frac{c'_1}{c_1}\sin\alpha_1 \qquad (6-38)$$

式（6-38）对于缩放喷嘴也同样适用。它是气流偏转角的近似计算公式，也称为贝尔公式。

（1）对收缩喷嘴来讲，只有在超临界情况下，气流才会在斜切口内进一步膨胀。此时，$c'_1 = c_{cr}$，$\rho'_1 = \rho_{cr}$，因而式（6-38）又可写成：

$$\sin(\alpha_1 + \omega) = \frac{\rho_{cr}}{\rho_1} \frac{c_{cr}}{c_1} \sin\alpha_1 \qquad (6-39)$$

如果将气流速度 c_1，c_{cr} 用公式表示为

$$c_1 = \varphi \sqrt{\frac{2k}{k-1} RT_0^* \left[1 - \left(\frac{p_1}{p_0^*}\right)^{\frac{k-1}{k}}\right]}$$

因为临界压强比为

$$\frac{p_{cr}}{p_0^*} = \left(\frac{2}{k+1}\right)^{\frac{k}{k-1}}$$

将 $\frac{p_{cr}}{p_0^*}$ 代替上式中的 $\frac{p_1}{p_0^*}$，则得临界速度为

$$c_{cr} = \varphi \sqrt{\frac{2k}{k+1} RT_0^*}$$

若损失忽略不计，则

$$\frac{\rho_{cr}}{\rho_1} = \left(\frac{p_{cr}}{p_1}\right)^{\frac{1}{k}} = \left(\frac{p_{cr}}{p_0^*} \frac{p_0^*}{p_1}\right)^{\frac{1}{k}} = \left(\frac{2}{k+1}\right)^{\frac{1}{k-1}} \left(\frac{p_1}{p_0^*}\right)^{-\frac{1}{k}}$$

式中：p_1 为 m—m 截面上的静压强，即喷嘴后的压强；p_0^* 为总压强，即燃烧室出口压强（若 c_0 忽略的话）。

其中

$$q_1 = \sqrt{\frac{2}{k-1} \left(\frac{k+1}{2}\right)^{\frac{k+1}{k-1}} \left[\left(\frac{p_1}{p_0^*}\right)^{\frac{2}{k}} - \left(\frac{p_1}{p_0^*}\right)^{\frac{k+1}{k}}\right]}$$

因此，式(6-39)又可演化成以下形式，即

$$\sin(\alpha_1 + \omega) = \frac{\sin\alpha_1}{q_1} \qquad (6-40)$$

(2)对于缩放喷嘴，式(6-39)中代入 c_{cr} 和 c_1 演化为

$$\sin(\alpha_1 + \omega) = \sin\alpha_1 \left(\frac{p'_1}{p_1}\right)^{\frac{1}{k}} \sqrt{\frac{1 - \left(\frac{p'_1}{p_0^*}\right)^{\frac{k-1}{k}}}{1 - \left(\frac{p_1}{p_0^*}\right)^{\frac{k-1}{k}}}} \qquad (6-41)$$

式中：p'_1 为计算出口截面 cd 上的压强。

令喷嘴后压强与喷嘴前置压强之比为

$$\varepsilon_n = \frac{p_1}{p_0^*}$$

则式(6-41)可简化为

$$\sin(\alpha_1 + \omega) = \frac{\left(\frac{2}{k+1}\right)^{\frac{1}{k-1}} \sqrt{\frac{k-1}{k+1}}}{\varepsilon_n^{1/k} \sqrt{1 - \varepsilon_n^{\frac{k-1}{k}}}} \sin\alpha_1 \qquad (6-42)$$

总之，式(6-40)和式(6-41)清楚的表示出气流偏斜角 ω 取决于喷嘴中心线倾斜角 α_1，喷嘴及斜切口内压强比 $\frac{p_1}{p_0^*}$ 和 $\frac{p'_1}{p_0^*}$ 值。

6.2.4 工质在动叶中的流动

工质在静止的喷嘴中从压强 p_0 膨胀到出口压强 p_1，以速度 c_1 流向旋转的动叶栅。动叶

栅和喷嘴叶栅的断面和通道形状是十分相似的。它们的区别主要表现在喷嘴栅是静止不动的,而动叶栅是以一定的速度在旋转的。

1. 速度三角形

图 6-14 所示为平均直径处基圆级的圆柱剖面展开图。工质经过喷嘴的膨胀后,速度从 c_0 增加到 c_1,绝对速度 c_1 的方向与工作轮回转平面有一个夹角 α_1。气体经过喷嘴和工作轮之间的轴向间隙流入工作叶片气道,可以认为喷嘴出口的工质参数也就是转子进口的工质参数。图中画出动叶进口速度三角形和出口速度三角形,它是研究和分析涡轮机十分有用的工具。

(1)动叶进口速度三角形。

1)u 为工作叶片平均直径处的圆周速度。

2)c_1 指工质进入工作叶片进口的绝对速度,简称工质进口绝对速度,c_1 一般可达到700 m/s甚至更高。

3)α_1 指工质进口绝对速度 c_1 与工作轮的回转平面所夹的锐角,即 c_1 与 u 的夹角,简称工质绝对进气角。

4)w_1 指工质气流进入工作叶片气道时的相对速度,即绝对速度 c_1 和圆周速度 u 的向量差,简称工质进口相对速度:

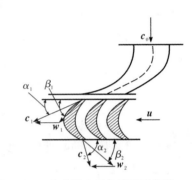

图 6-14　动叶进出口的速度三角形

$$w_1 = c_1 - u \tag{6-43}$$

5)β_1 指工质气流的相对速度 w_1 与工作轮的回转平面所夹的锐角,即 w_1 与 u 的夹角,简称工质相对进气角。从进口速度三角形可以看出,气流沿着与工作轮回转平面有一个夹角 β_1 的方向流入工作叶片气道,因此它的大小确定了工作轮进口处气流的运动,也是影响涡轮机效率的重要因素。当设计工作叶片时,应该算出设计工况下的 β_1 大小,然后尽可能使工作叶片的进气部分的型线与 β_1 的方向相切。

根据工质进口绝对速度 c_1、相对速度 w_1、工作叶片圆周速度 u 可以画出工作叶片进口速度三角形,简称进口速度三角形,它表示 u, c_1, w_1 相互关系。

当涡轮机已经按照设计工况下的参数设计定型后,α_1 成为定值。如果涡轮机不在设计工况下工作,即 c_1, u 的大小发生改变,必将导致相对速度 w_1 的方向 β_1 发生改变,使得 β_1 的不再与工作叶片的进气部分的型线相切,导致工作轮进口处的气流发生变化,最终必将导致涡轮机效率急剧下降。因此,对于一台已经定型的涡轮机,c_1 与 u 之间的关系 u/c_1,或者 β_1 是涡轮机的重要参数,u/c_1 的变化必然引起 β_1 的变化,但 β_1 不方便测量。因此,涡轮机实际工作时的 u/c_1 可以衡量变工况下涡轮机的效率变化。

(2)动叶出口速度三角形。

1)c_2 是指工质离开工作叶片的绝对速度,简称为工质出口绝对速度。速度 c_2 的数值远远小于 c_1 的数值,这是因为气体在喷嘴中膨胀得到的动能的一部分转变为转动涡轮的机械功。

2)α_2 是指工质出口绝对速度 c_2 与工作轮的回转平面的所夹的锐角,即 α_2 与 u 轴的夹角,为动叶绝对出气角。

3)w_2 是指工质气流离开工作叶片气道时的相对速度,也是绝对速度 c_2 和圆周速度 u 的向量差,简称为工质出口相对速度,即

$$w_2 = c_2 - u \tag{6-44}$$

4)β_2 是指工质出口相对速度 w_2 与工作轮的回转平面所夹的锐角,即 w_2 与 u 轴的夹角,简称工质相对出气角。

根据工质出口绝对速度 c_2、相对速度 w_2、工作叶片圆周速度 u 可以画出工作叶片出口速度三角形,简称出口速度三角形,它表示 u,c_2,w_2 相互关系。

为了作图的方便,通常将进出口速度三角形的顶点合在一起,画在以涡轮机轴 a 以及轮周方向 u 为坐标的平面上,如图 6-15 所示。

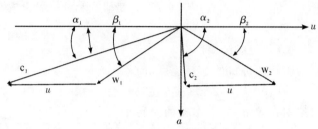

图 6-15 涡轮级的速度三角形

2.工作叶片中的工质参数

(1)进口参数。动叶进口速度三角形中包含参数 u,c_1,w_1 以及 α_1,β_1,但只有 3 个独立参数,通常已知参数为 u,c_1 和 α_1,其中 c_1 可以认为是喷嘴出口工质速度,见式(6-25);$\alpha_1 \approx 11° \sim 20°$;$u$ 公式为

$$u = r\omega = r2\pi n = \pi d_m n_T \qquad (6-45)$$

式中:$d_m = d + l$ 为平均直径,d 为轮盘直径,l 为工作叶片高度;n_T 为涡轮机转速。

因此,w_1 和 β_1 计算公式为

$$w_1 = \sqrt{c_1^2 + u^2 - 2c_1 u\cos\alpha_1} \qquad (6-46)$$

$$\beta_1 = \arctan\left(\frac{c_1 \sin\alpha_1}{c_1 \cos\alpha_1 - u}\right) \qquad (6-47)$$

(2)工作叶片出口工质理想相对速度 w_{2t}。研究工作叶片的气体流动时,采用相对转动坐标系(即观察者站在旋转的叶轮上观察气体的流动)更为方便。当人们站在叶轮上观察时,动叶不再旋转而是相对静止的,因而动叶不对气体做功。而且此时气体的流动速度 v 应该为相对流动速度 w。气体以相对速度 w_1 流入工作叶片气道,在工作叶片气道中,其速度方向和大小都发生变化,最后以相对速度 w_2 流出工作叶片气道。在对外界无换热的情况下,符合式(6-13)的条件绝能等熵流动条件。因此,1 kg 气体在工作叶片气道中的能量转变规律为

$$h_1 + \frac{w_1^2}{2} = h_{2t} + \frac{w_{2t}^2}{2}$$

得到工作叶片出口工质理想相对速度 w_{2t} 为

$$w_{2t} = \sqrt{2(h_1 - h_{2t}) + w_1^2} \qquad (6-48)$$

(3)工作叶片出口工质实际相对速度 w_2。式(6-48)是在没有流动损失的理想情况得到的工作叶片出口理想速度,但在实际过程中,这种情况不存在。气体在工作叶片中流动是有损失的。气流中的摩擦和涡流损失,使得工作叶出口工质实际相对速度降低,即 w_2 小于 w_{2t},有

$$w_2 = \phi w_{2t} \qquad (6-49)$$

式中:ϕ 为工作叶片速度系数,反映了工作叶片气道中的一切损失,通常用实验的方法来测定。它与级的反动度 ρ 和动叶出口工质的理想速度 w_{2t} 有关,可由图 6-16 查得。

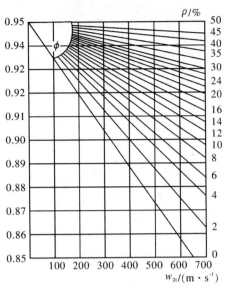

图 6-16　动叶速度系数与 ρ 和 w_{2t} 的关系

(4)出口参数。动叶出口速度三角形中包含参数 u,c_2,w_2 以及 α_2,β_2,也只有 3 个独立参数,通常已知参数为 u,w_2 和 β_2,其中 w_2 见式(6-49)、u 见式(6-45)、纯冲动式涡轮机 $\beta_2 \approx \beta_1$。因此,c_2 和 α_2 计算公式为

$$c_2 = \sqrt{w_2^2 + u^2 - 2uw_2\cos\beta_2} \tag{6-50}$$

$$\alpha_2 = \arctan\left(\frac{w_2\sin\beta_2}{w_2\cos\beta_2 - u}\right) \tag{6-51}$$

(5)工作叶片损失 Δh_b 为

$$\Delta h_b = \frac{w_{2t}^2}{2} - \frac{w_2^2}{2} = (1 - \phi^2)\frac{w_{2t}^2}{2} = \xi_b \frac{w_{2t}^2}{2} \tag{6-52}$$

式中:ξ_b 为工作叶片的能量损失因数,即

$$\xi_b = \frac{\Delta h_b}{h_a^*} = 1 - \phi^2 \tag{6-53}$$

(6)工作叶片出口处工质的实际焓为

$$h_2 = h_{2t} + \Delta h_b \tag{6-54}$$

6.2.5　反力度及相关公式

1.反力度

当工质通过动叶时,它有时候还要继续作一定膨胀,从喷嘴后的压强 p_1 膨胀到动叶后的压强 p_2,即动叶也承担一部分焓降。工作轮的等熵焓降与涡轮级中的最大可用焓降 h_a^* 之比定义为级的反力度,记为 ρ,它表示焓降在喷嘴和工作轮之间分配的情况,则有

$$\rho = \frac{h_1 - h_{2t}}{h_a^*} \tag{6-55}$$

式中:h_1 动叶进口处工质所具有的焓;h_{2t} 为工质进行绝能等熵膨胀到动叶出口处所具有的焓,下角标 t 表示流动是等熵流动。

反力度是分析涡轮级通道中工质流动特征的重要参数。减小反力度,就可以减小工作轮

上的焓降,结果也降低了轴向间隙中的静压。当反力度等于零时,则工作轮前的压强等于工作后的压强,即在工作轮中不发生压强变化。

2.与反力度相关的公式

(1)涡轮级中的最大可用焓降为 h_a^*,反力度为 ρ,则喷嘴中 h_n 动叶中焓降 h_b 分别为

$$h_n = (1-\rho)h_a^* \qquad (6-56)$$

$$h_b = \rho h_a^* \qquad (6-57)$$

(2)喷嘴出口速度、动叶出口速度为

$$c_{1t} = \sqrt{2(1-\rho)h_a^*} \qquad (6-58)$$

$$w_{2t} = \sqrt{2\rho h_a^* + w_1^2} \qquad (6-59)$$

(3)喷嘴动叶能量损失为

$$\Delta h_n = (1-\phi^2)(1-\rho)\Delta h_a^* \qquad (6-60)$$

$$\Delta h_b = (1-\phi^2)(2\rho\Delta h_a^* + w_1^2) \qquad (6-61)$$

6.2.6 涡轮机分类

1.冲动式和反力式涡轮机

在前面已经讲到,在涡轮机中进行了两次能量转换过程,即工质的可用焓转变为工质的动能,工质的动能转变为主轴的机械能。那么,根据工质的可用焓转变为工质的动能这个过程是在哪里完成的,可以将涡轮机分为冲动式和反力式涡轮机。

如果工质的可用焓转变为工质的动能全部在喷嘴中完成,那么就是冲动式涡轮机,有的文献也称之为冲力式、冲击式。见图 6-11 所示,冲动式涡轮机有下述特点。

(1)工作叶片的叶型具有对称型,工作叶片气道的截面积几乎不变。动叶的形状是前、后缘较薄,中间较厚。

(2)工作轮前、后压强不变,即 $p_1 = p_2$。

(3)工作叶片气道单纯转变气体的动能为机械能。

(4)工作叶片上的力仅由气流速度方向改变而产生,即只由气流冲动作用引起。

(5)相对速度 w_1 和 w_2,在理想情况下保持不变,即 $w_1 = w_2$;但在实际情况中,由于存在流动损失,所以 $w_1 > w_2$。

如果工质的可用焓转变为工质的动能不仅发生在喷嘴中,也发生在工作叶片气道中,那么就是反力式涡轮机,有的文献也称其为反击式、反动式。如图 6-17 所示,反力式涡轮机有下述特点。

(1)工作叶片的叶型不对称,工作叶片气道的截面积沿着气流方向是收缩的(亚声速)或者扩张的(超声速)。动叶的形状是前缘较厚,后缘较薄。

(2)流经工作轮叶片的通道时,由于截面逐渐缩小使气体压强进一步降低。工作轮前的气体压强大于工作轮后的压强,即 $p_1 > p_2$。气体压强进一步降低,同时气流速度进一步增加。

(3)工作叶片不仅消耗气体的动能,而且消耗了一部

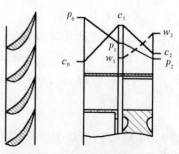

图 6-17 反力式涡轮机

分焓降。

（4）在反力式涡轮机中，作用在工作轮叶片上的圆周力，不仅是由于气体流过工作轮叶片气流速度方向改变产生的冲力（如冲击式涡轮一样），而且还由于气体在工作轮叶片中高速流出时所产生的反作用力的结果。

（5）由于气流在工作叶片中发生膨胀，所以 $w_1 < w_2$。

$\rho = 0$ 的级就是冲动式涡轮级。工作叶片进出口形状对称，气流流经动叶只拐弯不膨胀，动叶前后无静压差，没有顺压强梯度，因而气流容易分离，效率较低。实际使用时，可以有很小的反力度，以形成一定的压强梯度，提高效率。一般具有 $\rho = 0 \sim 0.15$ 的涡轮机称为冲动式涡轮机，而 $\rho = 0.15 \sim 0.5$ 称为反力式。

冲动式和反力式涡轮机的比较。

（1）反力式叶片的效率比冲动式叶片的高。反力式涡轮机利用发动机排出的废气能量的过程比较顺利而有效。冲动式工作叶片进出口形状对称，气流流经动叶只拐弯不膨胀，动叶前后无静压差，没有顺压强梯度，因而气流容易分离，效率较低。

（2）在反力式涡轮中，工况变化时对效率的影响小。

（3）反力式泄漏量大。反力式动叶前后有压差，导致工质泄漏量增大。

2. 轴向式和径向式涡轮机

按照气流运动的方向，涡轮机可分为轴向式和径向式。气流主要沿着与涡轮轴平行方向运动的涡轮机称为轴向式涡轮机，也叫作轴流式涡轮机（见图 6 - 11 和图 6 - 17）。气流主要沿着与涡轮轴垂直方向运动的涡轮机称为径向式涡轮机，也叫作径流式涡轮机，如图 6 - 18～图 6 - 20 所示。

图 6 - 18　径向式涡轮机的工作轮

图 6 - 19　废气涡轮增压器

图 6 - 20　航空涡桨发动机（含两个径向式涡轮）

径向式涡轮机又分为离心式和向心式两种,因为离心式涡轮机用的很少,此处主要讨论向心式涡轮机的特点。

当工质由轮缘向圆心运动时,则称为向心式涡轮机。在向心式涡轮机中,工质必须克服旋转叶轮的离心力,才能向圆心运动,因此向心式涡轮机只能是反力式的,向心式涡轮机实现多级结构困难较大,因此目前通常只作成单级的。

向心式涡轮机通常使用在小型涡轮增压器中,其特点是尺寸小、转速高、流量小。例如用在汽油机的废气涡轮增压系统中(见图6-19)。左边部分是涡轮室,废气工作的区域,装有向心式涡轮。右边部分是进气口,装有压气机。左、右部分之间就是传动轴。左侧废气带动涡轮旋转,涡轮带动传动轴旋转,传动轴再带动压气机旋转,使进来的空气被压缩。

3. 单级和多级涡轮机

单级涡轮机只适用于小焓降的情况下才能保证一定的经济性。当可用焓降很大时,如果仍然用单级涡轮机,无法尽可能地利用可用焓降,动叶片出口绝对速度 c_2 仍然很大,这部分动能没有利用,导致效率急剧下降。

如果在第一级涡轮机后面再加一级或者多级涡轮机,前一级流出的工质还有剩余的可用焓降和动能,经过下一级的喷嘴或者导向叶片,进入工作叶片中继续做功,这样把巨大的可用焓降和动能分摊在好几级中加以利用,能够保证每一级的焓降减小。

多级涡轮机分为速度级、压强级以及重入式。

(1)速度级。速度级是指气体的压强降低只发生在第一级的喷嘴中,而以后的压强保持不变,也就是气体速度增加只发生在第一级的喷嘴中,然后气体的动能在各个动叶片中转换为各个工作轮的机械能。第二级的喷嘴环也叫作导向叶片,它的作用是改变气流的方向,而不进行能力转换,叶型与两圈工作叶片相同,为对称叶型。

具有双速度级的涡轮机称为复速级涡轮机。复速级涡轮机的效率稍低,一般适用于要求将很大的气体焓降转变成机械能,而工作经济性的要求居于次要地位的场合,例如鱼雷发动机。

(2)压强级。压强级是指气体的压强是在顺序连在一起的每一级中降低的,即每一级只承担一部分压降。这些级可以都是冲动式,也可以都是反力式,也可以既有冲动式又有反力式。因此,压强级又可以分为多级冲动式涡轮机、多级反力式涡轮机、混合式涡轮机。气体在压强级中的工作过程,就好像是在单个涡轮级内工作过程的多次重复。

压强级一般具有较高的效率,适用于工作寿命长、经济性要求高的场合,例如航空喷气发动机上。

(3)重入式涡轮机。多级涡轮机还有一种形式叫重入式涡轮机,如图6-21所示。重入式涡轮机只用一个工作叶轮,它与多级涡轮机的工作原理一样。气体引入喷嘴叶片,在喷嘴中膨胀获得动能后,推动工作叶片旋转,在工作叶圈中气体的部分动能转化为工作轮的机械功。流出工作叶片的气体仍然具有较大的动能和可用焓,经过回流导管和次级喷嘴,引导气体以合适的角度,又引入工作叶圈再次做功。这样气体在一个工作叶圈上的两个不同弧段上转换为机械功,形成了单圈双压强级。例如,英国的"矛鱼"鱼雷就是使用的单级重入冲动式。

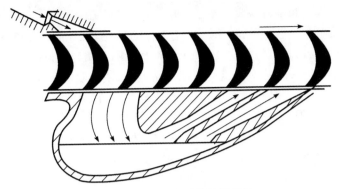

图 6-21 重入式涡轮机原理图

6.3 鱼雷涡轮机特点及类型

6.3.1 鱼雷涡轮机的特点和基本类型

由于鱼雷自身工作环境和特点,导致鱼雷涡轮机与航空涡轮机、发电厂的蒸汽轮机有着很大区别。鱼雷涡轮机是低耗气量、大焓降、小型、部分进气、短叶片、冲动式的涡轮机,常用的有单级涡轮机、复速级涡轮机、重入式涡轮机。

(1)低耗气量。鱼雷是自身携带燃烧剂和氧化剂的水下航行器,受限于推进剂的储备量,为了保证足够的航程,因此鱼雷涡轮机的工质秒耗量一般都很小。例如,美国 MK23 鱼雷,有效功率为 $N_e = 253$ kW 时,工质秒耗量为 $\dot{m} = 0.76$ kg/s。

相比之下,火力发电站使用的蒸汽轮机工质秒耗量大很多。例如,某蒸汽轮机当额定轴输出功率为 10 MW 时,耗气量为 $\dot{m} = 50$ kg/s。

(2)大压降比,大焓降。同样因为鱼雷自带推进剂,可以采用燃料泵把推进剂加压,然后通过单向阀喷入燃烧室燃烧,因此容易获得高压强的发动机工质,保证燃气具有较高的初压。当背压一定时,就增加了涡轮机工质的膨胀比,工质的可用焓降和做功能力都提高了。这类似于水电站发电,水量少的时候,当下游水位不变时,如果能提高水库的水位,使得两者的水位差增大时,同样能够发出比较多的电能,即

$$\Delta h = c_p (T_0 - T_2) = c_p T_0 \left(1 - \frac{T_2}{T_0}\right) = c_p T_0 \left[1 - \left(\frac{p_2}{p_0}\right)^n\right]$$

而航空涡轮机的氧化剂为空气,不是自带的,而是取自于大气,因此需要使用十几级压气机将空气不断增压,增压比是指压气机出口气压与进口气压之比,这个参数决定了压气机给后面的燃烧室提供的"服务质量"好坏以及整个发动机的热力循环效率。目前人们的目标是提高压气机的单级增压比。

(3)小型涡轮机。鱼雷的口径是有限的,限制了涡轮机的外形尺寸。例如,英国"矛鱼"鱼雷的轮盘直径约 160 mm。航空涡轮机的轮盘直径基本在 1 000 mm,即 1 m 以上。而水轮机的轮盘直径为 8~9 m 甚至更大。

(4)工作叶片为短叶片。由于气体的秒耗量小,但是进入工作叶片气道的气体流速又很大,一般为超声速,由连续方程 $\dot{m} = \rho A v$ 可知,工作叶片形成的通流部分的总截面积必然很小,因而叶片的高度很小,为短叶片,一般 $l = 10 \sim 20$ mm。

相比之下,航空涡轮机叶片高度一般为 300～600 mm。

(5)喷嘴环为部分进气。同样的理由,由于气体的秒耗量小,但是喷嘴出口处的气体流速又很大,一般为超声速,由连续方程可知,如果喷嘴环叶圈整圈都装设喷嘴,所有喷嘴形成的通流部分的总截面积必然很小,势必喷嘴的高度很小,从而使得喷嘴的损失急剧增加,并进而影响了涡轮机的效率。为了提高喷嘴高度,就必须减少喷嘴的数目,只能在一部分圆弧上装设喷嘴。这种非全周进气的涡轮级称为部分进气涡轮级。

(6)冲动式。根据涡轮机是短叶片部分进气涡轮机,决定了鱼雷涡轮机为冲动式。工作叶片顶端与机壳两者有相对运动,它们之间的间隙是必不可少的。如果采用反力式涡轮机,工作轮前后两侧的压差大,工质容易通过工作叶片顶端的间隙发生漏气,叶片越短,相对漏气量越大,从而使得涡轮机效率下降。只有采用冲动式,工作轮前、后两侧的压差很小,通过叶片顶端间隙的漏气量小。

6.3.2 典型鱼雷涡轮机的结构及其减速器

(1)多级混合式涡轮机。图 6-22 所示为某鱼雷使用的多级混合式涡轮机的结构示意图。该涡轮机有两个压强级,即工质气体的压强降低是在两级中分摊的,因此有两个喷嘴,每个喷嘴负责一部分压降。

第一个压强级是由 3 个速度级组成的,即气体的压强降低、气体速度增加只发生在第一个速度级的喷嘴中,然后气体的速度在 3 个速度级逐渐降低,将气体动能在 3 个动叶栅中转换为各个工作轮的机械能。在后面的两个速度级中压强保持不变,工作轮之间的喷嘴不承担压降,只起导向叶片的作用。

第二个压强级的工作情况类似于第一个压强级。这 6 个涡轮级的 6 个轮盘直径大约为 240 mm,都装在同一根主轴上,工作轮转速大约为 13 000 r/min,有效功率为 88.3 kW。

主轴右端有小齿轮 1,经过两个中间齿轮 2 和 3 驱动大的内齿轮 4,内齿轮 4 带动单转螺旋桨转动。小齿轮 1(齿数为 12)、两个中间齿轮、内齿轮 4(齿数为 132)组成了两级减速器,减速比为 $i=11$。

在涡轮机部分和减速器部件之间的隔板上有 6 个孔,废气经过这些孔再流经螺旋桨轴的内孔排出雷外。

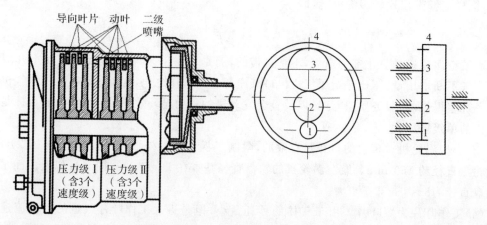

图 6-22 多级混合式涡轮机以及其减速器

（2）立式对转涡轮机。图 6-23 所示为美国某型鱼雷使用的立式对转涡轮机。该涡轮机有两级涡轮转子 8 和 7，中间没有导向叶圈，且两个转子旋转方向相反，因此称之为对转涡轮。这种类型的涡轮机能够基本上消除陀螺力矩。两个涡轮转子的轴线垂直于鱼雷纵轴，因此称之为立式涡轮机。

该鱼雷的减速器比较复杂。第一级涡轮转子及其从动件包括：一级涡轮转子 8、一级涡轮轴 5、一级涡轮齿轮 4、大齿轮 9、水平锥齿轮 10。第二级涡轮转子及其从动件包括：二级涡轮转子 7、二级涡轮轴 2、二级涡轮齿轮 1、大齿轮 15、水平锥齿轮 14。然后水平锥齿轮 10 和 14 共同带动竖直锥齿轮 3 和 11，使得 3 和 11 作转速相等方向相反的旋转运动。锥齿轮 3 带动内螺旋桨轴 12，锥齿轮 11 带动外螺旋桨轴 13，使得前、后螺旋桨作方向相反转速相等的旋转运动。

该涡轮机功率为 125 kW，工作轮转速为 13 000 r/min，减速比为 $i=5×2$，具有 3 个拉法尔喷嘴。能源为乙醇和空气，以水为冷却剂。进气温度 1 100 K，进气压强为 2.75 MPa。

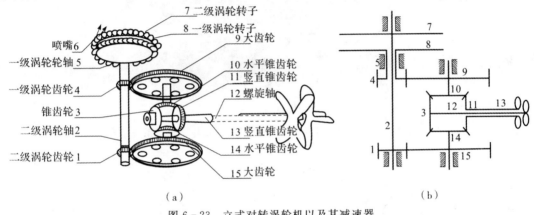

图 6-23　立式对转涡轮机以及其减速器

（3）卧式单级鱼雷涡轮机。图 6-24 所示为卧式单级鱼雷涡轮机，卧式是指涡轮机主轴与鱼雷纵轴相重合。由于该发动机采用单级冲动式涡轮机，所以为了消除工作涡轮 3 产生的陀螺力矩，专门安装了飞涡轮 19，其转向与工作轮 3 方向相反。

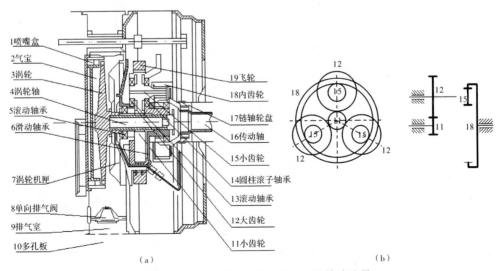

图 6-24　卧式单级鱼雷涡轮机以及其减速器

减速器为两级减速器,如图6-24(b)所示。

废气经过4个单向排气阀8进入外面的排气室9,排气室9用带有大量小孔的多孔板10与雷外隔离,废气经过多孔板10的小孔排出雷外,并溶解于海水中。

(4)重入式涡轮机。图6-25所示为英国"矛鱼"鱼雷的涡轮机及齿轮减速器系统,它采用单级重入式超声速冲动式涡轮机。图6-26所示为其平面图,没有画出带动泵组的齿轮系。

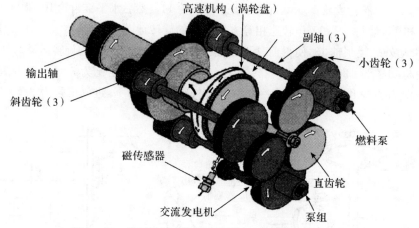

图6-25 英国"矛鱼"鱼雷的涡轮机及齿轮减速器系统

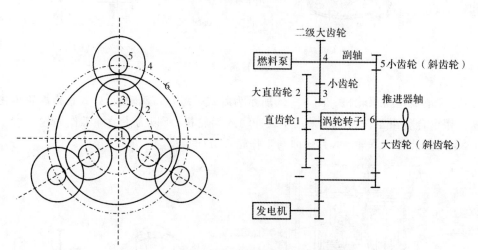

图6-26 "矛鱼"鱼雷水下航行器减速系统平面图

涡轮盘的主轴带动直齿轮1,直齿轮1与它周围均布3个大直齿轮2啮合,完成一次减速。每个大直齿轮的轴上固定着同轴的小齿轮3(斜齿轮),转矩经3个小齿轮3带动3个二级大齿轮4,实现二次减速,得到了3个不同的副轴转速,可以带动燃料泵、泵组、发电机等设备。3个副轴另一端固定着同轴的小齿轮5(斜齿轮),转矩经3个小齿轮5带动输出轴上的大齿轮6(斜齿轮),最终输出转矩到单转子泵喷推进器。

6.4　叶栅几何尺寸与叶栅损失

6.4.1　喷嘴的几何尺寸

图 6-27 所示为喷嘴结构示意图。图中喉部直径为 d_{min}，此处为喷嘴的临界截面。

喷嘴计算出口截面 bb'，是指通过喷嘴出口平面的 b 点，并与喷嘴中心线相垂直的截面，该截面直径称为喷嘴计算出口直径，用 d_1 表示。

有效排气截面 ee' 是通过喷嘴中心线与出口平面的交点，并与喷嘴中心线相垂直的截面，该截面的喷嘴直径称为喷嘴名义出口直径，用 d_e 表示。

喷嘴扩张角 γ，它通常为 $6°\sim10°$，如果该角较大时，就可能发生气体脱离喷嘴壁面的现象。因为喷嘴扩张角 γ 变化范围不大，在优化计算中，直接取 $\gamma=8°$。

喷嘴中心线的倾角 θ，是指喷嘴中心线与出口平面的夹角。

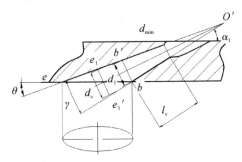

图 6-27　喷嘴结构示意图

鱼雷涡轮机属于部分进气，在大多数的构造中，多个喷嘴都安装成一排，形成一个所谓的喷嘴环或者喷嘴组。

1. 进行喷嘴环计算的已知条件和参数

（1）计算工质焓熵的数学公式。

（2）初压强 p_0，初温 T_0，初速度 c_0。因为 $c_0 \ll c_{1t}$，所以可以认为，初始状态工质速度为零，所以此刻的初参数近似认为是滞止参数。

（3）喷嘴出口压强 p_1。

（4）工质流量 $\dot{m}$。由鱼雷设计工况功率计算得出。

2. 选取参数

（1）喷嘴中心的倾角 α_1，参照其他类似涡轮机选取。

（2）喷嘴出口截面直径 d_1，参照其他类似涡轮机选取（见图 6-27）。

（3）喷嘴的扩张角 γ。

（4）喷嘴速度系数 φ。

（5）选取工作叶片的平均直径 d_m，即 $d_m=d+l$。

3. 计算过程

在设计喷嘴结构参数前，需要完成喷嘴气流通道中的工质参数计算，得出等熵过程的各种参数，包括喷嘴前后工质的焓 h_0，h_{1t}，喷嘴出口理论速度 c_{1t}，喷嘴出口实际速度 c_1，喷嘴能量损失 Δh_n。

（1）计算工质热力学参数。喷嘴中等熵膨胀的绝热指数 k 为

$$k = \frac{c_{pm}}{c_{pm} - R} \tag{6-62}$$

$$c_{pm} = \frac{h_0^* - h_{1t}}{T_0^* - T_{1t}} \tag{6-63}$$

式中：c_{pm} 为平均比定压热容。

（2）判断喷嘴应该用收缩型还是缩放型。压强比 $\varepsilon_n = \dfrac{p_1}{p_0^*}$，临界压强比 $\varepsilon_{cr} = \left(\dfrac{2}{k+1}\right)^{\frac{k}{k-1}}$，如果 $\varepsilon_n < \varepsilon_{cr}$，就要采用缩放喷嘴，否则用收缩喷嘴。

（3）计算喷嘴有效排气总截面积 F_e 为

$$F_e = \frac{\dot{m}}{\rho_1 c_1} \tag{6-64}$$

式中：ρ 为燃气的密度，见式（6-30）。

（4）计算钻孔喷嘴有效排气截面上 $e_1 e'_1$ 的参数为

$$d_e = d_1 \left(\frac{1 + \tan\dfrac{\gamma}{2}}{\tan\alpha_1} \right) \tag{6-65}$$

（5）喷嘴数目为

$$Z_n = \frac{F_e}{\dfrac{\pi}{4} d_e^2} \tag{6-66}$$

如果喷嘴数目不是整数，需要进行取整，并倒回去修正 d_e，d_1，γ，以保证等式成立。

（6）喷嘴临界截面的参数（即喷嘴喉部的参数），包括临界总截面积 F_{cr} 和临界直径 d_{cr}，有

$$F_{cr} = \frac{\dot{m}}{\rho_{cr} c_{cr}} \tag{6-67}$$

$$d_{cr} = \sqrt{\frac{F_{cr}}{\dfrac{\pi}{4} Z_n}} \tag{6-68}$$

（7）部分进气度 ε。喷嘴环叶圈平均直径处所装的喷嘴占据的弧长占全部圆周长的比例，称为部分进气度，则

$$\varepsilon = \frac{s}{\pi d_m} \tag{6-69}$$

$$s = \frac{\cos\dfrac{\gamma}{2}}{\sin\left(\alpha_1 - \dfrac{\gamma}{2}\right)} d_1 z_n \tag{6-70}$$

注意：应力求使得 $\varepsilon \geqslant 0.25$。如果过小，可以改变 α_1，d_m 来提高部分进气度。

6.4.2　工作叶片的几何尺寸

1. 概念

叶型是指叶片横断面形状;型线是指叶片横断面的周线。良好的叶片型线应全部由圆滑曲线组成,而且曲率变化率不应该过大,可以用坐标系下的数学方程来表达。

等截面叶片是指叶型沿着叶高不变的叶片;变截面叶片是指叶型沿着叶高变化的叶片。

叶型中线是指叶型诸内切圆圆心的连线。

前缘点和后缘点是指叶型中线的前端点和后端点。

2. 几何尺寸

图 6-28 所示为工作叶片,主要有以下几何尺寸。

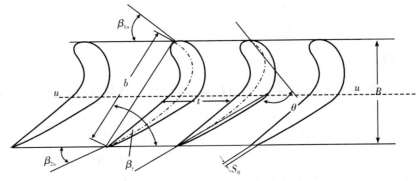

图 6-28　工作叶片几何尺寸

1)叶型几何流入角 β_{1n}:通过叶型的前缘点作叶型中线的切线,切线与叶栅 u 轴组成的角度,称为叶型几何流入角 β_{1n},也叫叶型进口角。

2)叶型几何流出角 β_{2n}:通过叶型的后缘点作叶型中线的切线,切线与叶栅 u 轴组成的角度,称为叶型几何流出角 β_{2n},也叫叶型出口角。

3)叶型的转折角 θ:叶型的几何流入角 β_{1n} 和几何流出角 β_{2n} 之差,即

$$\theta = 180° - (\beta_{1n} + \beta_{2n}) \tag{6-71}$$

4)冲角 i:叶型进口角 β_{1n} 与叶栅进口气流进入角 β_1 之差,即

$$i = \beta_{1n} - \beta_1 \tag{6-72}$$

5 叶片安装角 β_y:叶型弦线与叶栅 u 轴组成的角度。

6)叶型的弦长 b:叶型中线两端点之间的距离为弦长。

7)叶型宽度 B:叶型在轴线方向的投影长度。

8)叶片高度 l:工作叶片从叶梢到叶根的长度。

9)叶栅环的平均直径 d_m:$d_m = l + d$。

10)叶栅节距 t:叶栅中两相邻叶型相应点的距离称为节距。

11)叶型出口边厚度 s_0:叶型出口处不可能做成无限薄,必然有一定厚度 s_0。

为了比较不同涡轮机的几何特征,引入下列相对尺寸:相对高度、相对节距 $\bar{t}$、叶高直径比、径高比,即

$$\bar{l} = \frac{l}{b} \tag{6-73}$$

$$\bar{t} = \frac{t}{b} \qquad (6-74)$$

$$叶高直径比 = \frac{l}{d_m} \qquad (6-75)$$

$$径高比 = \frac{d_m}{l} \qquad (6-76)$$

如果叶高直径比 $\frac{l}{d_m} < \frac{1}{10} \sim \frac{1}{15}$ 比较小时(即叶片较短时),除了叶片上下端部外,气流参数沿着叶片高度将无显著变化。因此,对于叶高直径比小的级,可将其叶栅当作直列叶栅研究。在直列叶栅中,除了端部外,沿任何叶片高度上的流面内,气流的运动情况是相同的。因此,只需研究叶栅某一高度上的流面内(通常为平均直径处的流面)的流动,这种展布在平面内的叶栅称为平面叶栅。

6.4.3 叶栅气动特性

目前涡轮机叶栅的气体动力特性一般是在风洞里用平面叶栅进行叶栅吹风试验获得的。叶栅试验的基本目的研究涡轮级气流通道中气体的流动情况,确定各工况下叶栅中各项损失和总损失的大小。叶栅试验所测定的结果,一般用叶型压强分布曲线来表示。

叶型压强分布曲线是在一定的相对节距和进口条件下,将叶型的背弧和内弧上各测量点的压强系数 $\bar{p}$,绘制在展开的叶型的相应位置而成的。压强系数 $\bar{p}$ 表示测点处压差 $p_i - p_1$ 在总压差 $p_0^* - p_1$ 中所占的份额,即

$$\bar{p} = \frac{p_i - p_1}{p_0^* - p_1} = \frac{p_i - p_1}{\rho_{1t} c_{1t}^2 / 2}$$

式中：p_1,ρ_{1t},c_{1t} 分别为叶栅后静压、等熵密度和等熵速度；p_i 为叶型表面上任一点处的静压；$\rho_{1t} c_{1t}^2 / 2$ 是与叶栅总压强差 $(p_0^* - p_1)$ 相对应的叶栅出口气流的动能。

在某个相对节距和进口条件下,进行冲动式和反力式的叶栅吹风试验,获得了下面两组结果曲线：图 6-29 所示为冲动式叶栅的压强分布曲线；图 6-30 所示为反力式叶栅的压强分布曲线。

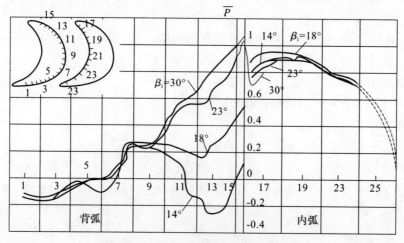

图 6-29　冲动式叶栅的压强分布曲线

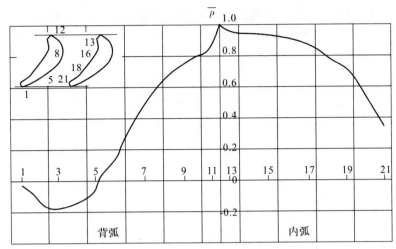

图 6-30　反力式叶栅的压强分布曲线

注意两图中的横坐标为叶片背弧内弧上的各个测量点,冲动式一共取了 25 个点,反力式一共取了 21 个点,在这些点上测量各点的压强。

由图可知:

(1)内弧压强总是大于背弧压强,即曲线上右边大于左边。原因是气流绕流凸面做曲线运动时所产生的离心力对凹面所施加的压强的缘故,即气流对叶片的作用力。

(2)从进口到出口的总体趋势是压强逐渐下降,但并不是均匀的。例如,反力式出口斜切段出现扩压段(压强升高),这种现象会导致恶劣后果,附面层增厚,气流脱离,气道损失增加。冲动式除了斜切段外,甚至在入口也出现了扩压段。冲动式流线比较乱,流动趋势小,流动损失大。

因此,压强分布曲线可以直接表示出叶栅气动特性的好坏。一般来说,好的叶型,其压强沿着叶型背弧和凹弧都应该由进口向出口平缓地降低,不应出现扩压段。即使出现扩压段,也只能存在于接近出口的一小段内。

6.4.4　叶栅中的损失

上述只讨论了喷嘴叶栅、动叶栅中的气流参数的计算,而没有深入研究由静叶片和动叶片构成的流道内部的实际流动情况。虽然引入了速度系数 φ 和 ψ(或者能量损失系数 ξ_n,ξ_b),来考虑叶片流道内能量损失对气流参数的影响,但没有深入分析流道中能量损失产生的物理本质。本节将研究这两类叶片流道中的实际流动,并分析产生流动损失的原因,还要分析喷嘴叶栅、动叶栅的哪些结构参数对损失有影响。

叶栅中的能量损失按其在叶栅中所占据的不同部位,分为叶型损失和端部损失。叶型损失是平面叶栅中产生的损失,而端部损失是产生在叶栅顶底端部的损失。

叶栅能量损失系数 ξ_n(或 ξ_b)由两部分组成,即沿叶高不变的叶型能量损失系数 ξ_p 和沿叶高变化的端部能量损失系数 ξ_e:$\xi_n = \xi_p + \xi_e$(或 $\xi_b = \xi_p + \xi_e$)。

1.叶型能量损失

(1)叶型损失的机理。叶型损失包括叶型表面上附面层中的摩擦损失、附面层分离时的涡流损失,叶片出口边尾迹区域中的涡流损失,以及近声速和超声速气流所产生的冲波损失。

在叶型表面上，顺气流方向压强梯度为正值的区域称为扩压段，压强梯度为负值的区段称为降压段（加速段）。沿着叶型表面扩压段的存在，不仅使得附面层沿着气流方向加厚的较快，而且给附面层的脱离创造了有利条件。

1）附面层中摩擦损失。由于叶型表面的粗糙度和气体的黏度，在叶型表面形成了附面层。附面层的一个特点是，沿着气流的方向，附面层逐渐增厚。附面层中的速度分布趋势为从叶型表面向气道中间，气体速度由零逐渐增大。因此，正是由于附面层的影响使得气体的速度降低，形成了摩擦损失，如图 6-31 所示。

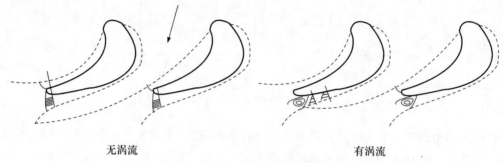

无涡流　　　　　　　　　　　　有涡流

图 6-31　反力式叶栅中叶型表明附面层分布示意图

2）附面层脱离时因引起的涡流损失。如图 6-31 所示，在叶栅出口段的背弧上，扩压作用比较明显。在扩压段中附面层中的气体动能 一部分转变为压强能，一部分克服摩擦功，当动能沿着弧段下降到零时，气流已经无流动能力，只能被后来的气流排挤出原来的位置，因而产生倒流，形成漩涡，所带来的损失称为涡流损失。

3）尾迹损失。附面层的脱离使得叶片出口边后的压强下降，因而造成了压强损失，叶片出口边后形成的涡流区称为尾迹。尾迹中气体的有旋运动消耗一部分气体动能，尾迹中气流能量损失称为尾迹损失，如图 6-32 所示。

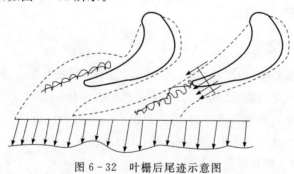

图 6-32　叶栅后尾迹示意图

4）冲波损失。随着叶栅中气流速度增加，在叶栅进、出口处和叶栅内局部地区都可能出现超声速气流。超声速气流由于某种原因被滞止时，必定产生激波。激波是一种不可逆过程，因此产生激波时就有能量损失，称为激波损失。

在产生激波地区，激波附近形成一个很高的正压强梯度，常常引起附面层分离，这种附面层分离时产生的损失远较激波为大。

上述两种由于激波产生的能量损失，合称为波阻损失。

(2)叶型损失的影响因素。叶栅的几何参数和气流的流入角都影响叶型损失,叶栅的叶型损失是相对节距 $\bar{t}$、安装角 β_b、出口边厚度 $\tilde{\Delta}=\Delta/t$、进口气流角 β_1、马赫数 Ma_2、雷诺数 Re_2 以及叶型形状的复杂函数。

1)相对节距 $\bar{t}$ 的影响。存在一个最佳节距 t_{opt},在此节距下,叶型损失系数达到了最小值。最佳相对节距为 $\bar{t}_{opt}$。

对于常用的冲动式叶栅,其最佳节距的变化范围为 $t_{opt}=0.55\sim0.70$,与此相对应的叶型损失系数为 $\xi_P=4\%\sim6\%$;对反动式叶栅,其最佳节距的变化范围为 $t_{opt}=0.65\sim1.0$,与此相对应的叶型损失系数为 $\xi_P=1.8\%\sim2.5\%$。

2)叶型安装角 β_y 的影响。β_y 影响叶栅通道的形状和叶型的几何流入角和几何流出角,它的影响类似于相对节距,也存在最佳安装角。

3)冲角的影响。对应着最小叶型损失的气流进口角称为最佳气流进口角。大量试验表明,最佳气流进口角与叶型进口角大致相等,即冲角等于零的公况对应着叶栅的最佳工况。试验表明,对于反力式叶栅,当冲角为负值时与正值时比较,叶型损失增加的比较缓慢些。

对于冲动式叶栅,气流进气角 β_1 的变化对压强分布曲线的影响与反动式叶栅相类似,只不过冲动式叶栅对进气角的变化更加敏感。

2.端部能量损失

(1)端部能量损失的机理。在叶片上、下端面的附面层中,气流速度受到摩擦而减小,使得此处速度与气流中心部分相比较小,因此端部叶面、叶背所受的离心力与气流中心部分所受的离心力小,即端部叶面、叶背上的压强低于中心的压强。同时在槽道横截面上,叶面压强大于叶背压强。这些压强分布使得气流沿着端面附面层从叶面流向叶背,同时叶面中心的气流流向端部附面层,这样就形成了二次流动,简称二次流,如图 6-33 所示。

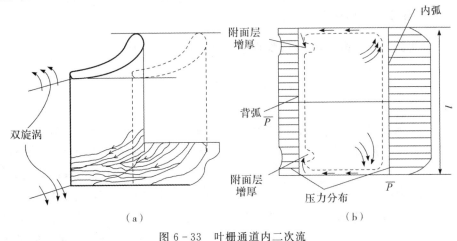

图 6-33　叶栅通道内二次流

(a)双漩涡示意图;　(b)附面层和压力分布

从叶面流往相邻叶背的端部附面层,与叶背顺气流主流方向的附面层汇合,并向前流动,使得叶背上顶底端部附近的附面层越积越厚,最终可能形成了附面层的脱离,产生漩涡。而且在顶端面上和底端面上各有一个漩涡,方向相反,因此称之为成对漩涡。

端部损失就是端面附面层中的摩擦损失,从叶面到叶背的补偿流动损失和对涡损失的总和,对涡损失所占的比例最大。

(2)影响端部能量损失的因素。各种试验表明,影响端部损失的因素很多,诸如叶型、相对节距、安装角、进气角等,其中最主要的因素是相对高度 $\bar{l}=l/b$。

相对高度越大,叶栅两端的漩涡对气道中主流的影响也越小。因此设计时,要求叶栅高度不能小于极限高度。在强度允许的条件下,尽量采用窄长叶栅,以利于增大 $\bar{l}$。

另外,动叶片顶端与涡轮机壳体之间有一定的间隙,如果不加围带,还会发生气流由一个槽道穿过叶片顶部的间隙流往相邻槽道的现象,如图 6-34 所示。因此,有些动叶片顶端还加有一个围带,形成一定的盖度。

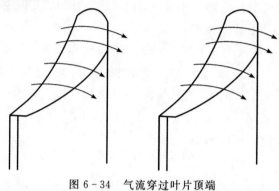

图 6-34　气流穿过叶片顶端

6.5　涡轮级内各项损失和效率

6.5.1　涡轮级的各种损失

上述已经提到了一些损失,例如喷嘴损失和工作叶片损失为

$$\Delta h_n = \xi_n \frac{c_{1t}^2}{2}, \quad \Delta h_b = \xi_b \frac{w_{2t}^2}{2}$$

这些损失都是发生在涡轮机的喷嘴和叶片中,前面也介绍了工作叶片损失的机理,即叶栅损失分别由叶型损失和叶栅顶面底面的端部损失。最终,工作叶片得到了机械能。

那么下一步需要进行的就是,工作叶片的机械能经过涡轮转子传递到涡轮机的机轴,然后再经过减速器传递给螺旋桨。实际上,在这些能量转换和传递过程中仍然有能量损失存在,即工作叶片得到的机械能只有一部分到达了螺旋桨,而另一部分则在两次能量传递的过程中变成了不可避免损失,被消耗掉了。本节的内容就是研究在工作叶片得到机械能后,再将此能量传递到螺旋桨的过程中发生了哪些损失,以及损失发生的原因,并分析如何计算和减少这些损失。

这些损失有余速损失 Δh_e、轮盘摩擦损失 Δh_{fr}、叶高损失 Δh_l、扇形损失 Δh_θ、部分进气损失 Δh_ε,漏气损失 Δh_δ,以及机械损失 Δh_m。

1.余速损失

从工作叶片气道流出来的气体,具有速度 c_2,对应的动能是 $\dfrac{c_2^2}{2}$(单位质量的气体),这部分能量在这一级涡轮机内没有被利用,因此这部分能量称为余速动能损失,简称余速损失,记为 Δh_e(单位质量气体),则

$$\Delta h_e = \frac{c_2^2}{2} \quad \text{(J/kg)} \tag{6-77}$$

余速损失系数 ξ_e:将余速损失与可用焓降 h_a^* 之比称为余速损失系数,有

$$\xi_e = \frac{\Delta h_e}{h_a^*} \tag{6-78}$$

需要说明的时,余速损失在涡轮机的这些损失中占据的份额比较重,比例比较大,因此,需要采取途径来减少余速损失。常用的途径就是让第一级工作叶片出来的气体进入第二级涡轮级,重复第一级的相似的工作过程,就可以部分地利用第一级的余速损失。

2.轮盘摩擦损失

(1)机理。工作叶片具有了机械能后,需要通过叶轮,即轮盘将这些机械能向涡轮级的主轴传递,但是叶轮周围充满着气体,叶轮与气体之间有摩擦力的作用。叶轮在高速旋转的过程中,必然会消耗一部分的能量来克服叶轮与周围气体摩擦产生的阻力,这种能量损失就是轮盘摩擦损失,记为 Δh_{fr}。

图 6-35 所示为轮盘附近的气流速度分布示意图:①周向运动速度。在紧贴机壳 2 的表面处气流周向运动速度接近于零,而在紧贴轮盘 1 的表面上气流周向速度与轮盘的周向速度相同,而在两者之间的气流速度是一个过渡过程,如图 6-35 所示的速度曲线。②径向运动速度。旋转速度越大,离心力越大,由于离心力的作用,所以紧贴轮盘的气体被抛向轮周,而它的原始位置又被其他分子所代替,这些新的分子随后也被抛向轮周,结果就产生了图 6-35 所示的径向涡流运动。在这种持续的过程中,盘面和气体之间摩擦阻力所消耗的功率,用 N_{fr} 表示,这个功率与轮盘的平均直径,涡轮的转速(或者涡轮平均直径处的圆周速度),气体的密度,表面的粗糙度等有关。

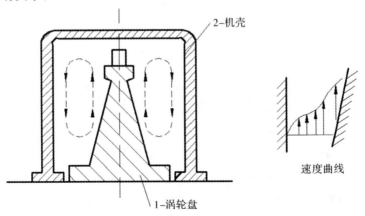

图 6-35　涡轮级气室内的气流速度分布

(2)轮盘摩擦损失功率 N_{fr} 为

$$N_{fr} = 29.03\alpha\xi d_m^5 \left(\frac{n_T}{1\,000}\right)^3 \rho \quad (kW) \tag{6-79}$$

式中：d_m 为涡轮的平均直径，m；n_T 为涡轮的转速，r/min；ξ 为介质状态的影响因数，它取决于雷诺数 Re（当 $Re \geq 2 \times 10^5$ 时，$\xi = 0.043\,Re^{1/5}$）；α 为取决于涡轮轴向间隙与轮盘直径之比；ρ 为气室内气体的密度，kg/m^3。考虑鱼雷涡轮机的具体条件，取 $Re = 2 \times 10^5$，$\alpha = 1.6$。

轮盘摩擦损失功率也可表示为

$$N_{fr} = k_1 \left(\frac{u}{100}\right)^3 d_m^2 \rho \tag{6-80}$$

式中：N_{fr} 为摩擦损失所消耗的功率，kW；k_1 为经验因数，一般 $k_1 = 1.0 \sim 1.3$；u 为圆周速度，m/s；d_m 为涡轮的平均直径，m；ρ 为气室内气体的密度，kg/m^3。

（3）单位质量气体的轮盘摩擦损失 Δh_{fr} 为

$$\Delta h_{fr} = \frac{N_{fr}}{\dot{m}} \quad (J/kg) \tag{6-81}$$

式中：$\dot{m}$ 为每秒钟的气体流量，kg/s。

（4）轮盘摩擦损失因数 ξ_{fr} 为

$$\xi_{fr} = \frac{\Delta h_{fr}}{h_a^*} = 0.221\,6\frac{\sqrt{h_a^*}}{\dot{m}}d_m^2 \left(\frac{u}{c_{1t}}\right)^3 \rho \tag{6-82}$$

代换过程中利用了公式 $h_a^* = \dfrac{c_{1t}^2}{2}$。

3. 部分进气损失

部分进气损失 Δh_ε 由两部分组成，一个是鼓风损失 Δh_w，另一个斥气损失 Δh_s。

（1）鼓风损失 Δh_w。鼓风损失存在于部分进气的涡轮级中。在部分进气的涡轮级中，喷嘴环只有一部分弧段上装配了喷嘴，而其余的弧段上没有喷嘴。因此，在任意一个时刻，轮盘上一圈均布的工作叶片中，只有那些面对着喷嘴的工作叶片才有高速工质通过，而其余工作叶片中则没有工质通过，只有非工作气体存在于其中的气道。那么，叶轮产生鼓风作用，将这些非工作气体从叶轮的一侧传送到另一侧，消耗一部分有用功。同时，动叶片也与动叶两侧的这些停滞的气体有摩擦力，产生摩擦损失。因为鼓风损失是动叶两侧的摩擦和鼓风两部分组成的，类似于轮盘摩擦损失。

鼓风损失功率 N_w 为

$$N_w = k_2(1-\varepsilon)d_m l^{1.5} \left(\frac{u}{100}\right)^2 \rho \quad (kW) \tag{6-83}$$

式中：N_w 为鼓风损失功率，kW；k_2 为经验因数，一般 $k_2 = 0.4$；ε 为部分进气度；d_m 为涡轮的平均直径，m；l 为叶片高度（对单列级为喷嘴高度，对双列级为各列叶片的平均高度，m）。

鼓风损失随着涡轮平均直径、叶片高度、涡轮转速的减小而减小，随着部分进气度 ε 的增大而减小。其中，鼓风损失与部分进气度 ε 的关系最密切，ε 越大，非工作气流占据的区域越小，损失也越小。在工程上还可以加装护罩的办法，如图 6-36 所示，把不装喷嘴弧段部分的动叶两侧用护罩罩起来，使得动叶周围的非工作气体较少，只局限于护罩内的少量非工作气体产生的鼓风作用，可以减小鼓风损失。

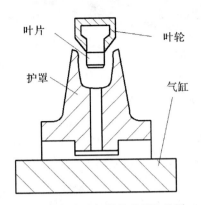

图 6 - 36　部分进气涡轮采用的护罩

同样，1 kg 气体的鼓风损失 Δh_{w} 为

$$\Delta h_{\mathrm{w}} = \frac{N_{\mathrm{w}}}{\dot{m}} \quad (\mathrm{J/kg}) \tag{6-84}$$

鼓风损失因数 ξ_{w} 为

$$\xi_{\mathrm{w}} = \frac{\Delta h_{\mathrm{w}}}{h_{\mathrm{a}}^{*}} \tag{6-85}$$

（2）斥气损失 Δh_{s}。鼓风损失存在于无喷嘴的弧段内，但是斥气损失发生在有气体通过的工作弧段内。

如图 6 - 37 所示，当动叶栅经过不装喷嘴的弧段时，气道内充满了停滞的气体，当动叶进入有喷嘴的工作弧段时，喷嘴中的高速气流先要排斥并加速停滞在气道中的停滞气体，从而消耗了新鲜工质的一部分动能，引起损失。此外，由于叶轮高速旋转，在喷嘴组出口端与叶轮的间隙 A 中发生漏气；而在喷嘴组进入端的间隙 B 中，则将一部分停滞气体吸入气道，也形成了损失，这些损失统称为斥气损失，或称为弧端损失。

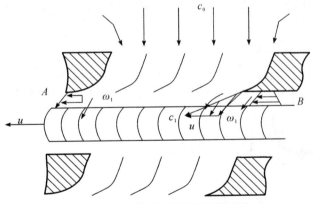

图 6 - 37　部分进气涡轮的气体流动

1 kg 气体的斥气损失经验计算公式为

$$\Delta h_{\mathrm{s}} = 0.11 \frac{Bl}{F_{\mathrm{n}}} \frac{u}{c_{\mathrm{a}}} \eta_{\mathrm{u}} m h_{\mathrm{a}}^{*} \quad (\mathrm{J/kg}) \tag{6-86}$$

式中：B, l 分别为动叶片的宽度和高度，m；η_{u} 为轮轴效率；F_{n} 为喷嘴出口面积，m^2；m 为喷嘴

组数,当 $\varepsilon=1$ 时,$m=0$。

斥气损失因数为 ξ_s 为

$$\xi_s=\frac{\Delta h_s}{h_a^*}$$ (6-87)

总之,总的部分进气损失因素 ξ_ε 是鼓风损失因数 ξ_w 和斥气损失因数 ξ_s 两部分的和,即

$$\xi_\varepsilon=\xi_w+\xi_s$$ (6-88)

为了减小部分进气损失,第一要尽量减少喷嘴组数,最好是将所有的喷嘴安装成一组,避免了分成多组时,一周出现多次部分进气损失。

4.漏气损失

漏气损失主要存在于多级涡轮机中,不论是反力式还是冲动式由于第二级以及以后各级的导向叶栅(或者叫静叶栅、喷嘴叶栅、隔板)两侧有压差,而且静止不动的导向叶栅与旋转的转轴之间必须有间隙,因此将发生不同程度的漏气,如图 6-38 所示。

(1)上一级工作完的工质气体流量为 G,只有一部分流量 G_1 进入下一级的导向叶栅(静叶栅、喷嘴叶栅),小一部分工质 ΔG_p 通过导向叶栅与主轴间隙流入到这一级的导向叶栅和工作叶栅之间的气室中,这部分气体 ΔG_p 没有通过导向叶栅,没有经过膨胀,速度小,动能小。而且,这部分气体还可能通过这一级的导向叶栅和工作叶栅之间的轴向间隙,漏入动叶气道,扰乱了动叶中的主气流。

(2)对于带有反力度的工作叶栅,由于动叶前后有压强差,并且在动叶的顶部的压差最大,因此即使正常通过导向叶栅的流量 G_1,也只有一部分流量 G_2 通过这一级的工作叶片进行做功,而小部分的流量 ΔG_t 会通过动叶顶端漏到了级后,不参加做功。以上两种损失合起来称为漏气损失。

为了减小漏气损失,应该减小隔板轴封间隙的面积和压差,工程上用梳齿形气封,如图 6-39所示,可以同时满足这两个要求。

漏气损失在鱼雷涡轮级中占有的份额较少,这是因为大多数与轮涡轮级使用的是单级、小反力度的冲动式涡轮级。

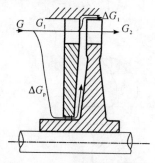

图 6-38 涡轮级漏气示意图

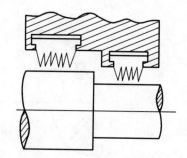

图 6-39 梳齿形密封

5.叶高损失

前文分析了叶栅端部损失的二次流损失,即在槽道横截面上,气流沿着端面附面层从叶面流向叶背,同时叶面中心的气流流向端部附面层,这样就形成了二次流动损失。现在将其单独分出来计算,称之为叶高损失。

这是因为当叶片相对高度较小时,叶高损失就大,当叶高 $l < 12$ mm,顶部与根部的漩涡将汇合并使得叶高损失剧增。而因为鱼雷涡轮级正是属于这种情况,所以必须单独计算。

叶高损失 Δh_1 可用半经验公式计算,即

$$\Delta h_1 = \frac{a}{l} h_a \tag{6-89}$$

$$h_u = \Delta h_{an}^* - \Delta h_n - \Delta h_b - \Delta h_e \quad (\text{J/kg}) \tag{6-90}$$

式中:a 为系数,由试验确定,它与级的形式有关,对单列级 $a = 1.2$(未包括扇形损失)或 $a = 1.6$(包括扇形损失),对双列级 $a = 2$;h_a 为不包括叶高度损失的轮周有效焓降;l 为叶片高度,对单列级为喷嘴高度,对双列级为各列叶片的平均高度,mm。

叶高损失因数也可以用以下经验公式计算,即

$$\xi_1 = \frac{a_1}{l_n} x_n^2 \tag{6-91}$$

式中:a_1 为系数,有试验决定,对单列级 $a = 9.9$,对双列级 $a = 27.6$;l_n 为喷嘴高度,mm;x_a 为速度比,$x_a = u/c_a$。

则叶高损失为

$$\Delta h_1 = \xi_1 \left(h_{an}^* - \mu_1 \frac{c_2^2}{2} \right) \quad (\text{J/kg}) \tag{6-92}$$

注意:μ 为余速利用因数,是指在多级涡轮级中,余速被下一级部分或者全部利用的程度。并且每一级都有两个余速利用因数,μ_0 表示本级利用上一级余速动能的份额,μ_1 表示本级的余速动能被下一级利用的份额。于是,在下一级中被利用的余速能量应该是 $\mu_1 \frac{c_2^2}{2}$。因此,在式(6-92)中出现了这一项。

6. 扇形损失

涡轮叶栅是环形叶栅,也就是说,从叶片根部到叶片顶部,涡轮的节距和圆周速度是变化的,而且当叶片高度很大时,变化越大。

而前文在平面叶栅研究时,取得是工作叶片平均直径处的速度三角形,也就是工作叶片中点处的速度三角形,但是由于叶顶和叶根的节距圆周速度不同,在叶顶和叶根处的速度三角形就不一样了,所以产生了扇形损失 Δh_θ。Δh_θ 主要与径高比 $\theta = \frac{d_m}{l}$ 有关系。

扇形损失因数、扇形损失的计算公式为

$$\xi_\theta = 0.7 \left(\frac{l'_1}{d_m} \right)^2 \tag{6-93}$$

$$\Delta h_\theta = \xi_\theta \left(h_{an}^* - \mu_1 \frac{c_2^2}{2} \right) \tag{6-94}$$

式中:l'_1 为动叶出口高度,m;d_m 为动叶平均直径,m;μ 为余速利用因数,在近似计算时 $\mu_1 = 1$。

当直径叶高比 $\theta > 8 \sim 12$ 时,也就是叶片高度较小时,采用等截面直叶片,加工方便,但有扇形损失,鱼雷涡轮级就是属于这种情况。当直径叶高比 $\theta < 8 \sim 12$ 时,采用扭叶片,虽然加工困难,但可以避免扇形损失。

7. 机械损失

前文研究的 8 种损失发生在工作叶片将动能传递到涡轮级主轴的过程中,下来在涡轮级

主轴将能量传递到涡轮级的过程中还会发生各种损失、将这些损失统称为机械损失,主要包括轴承损失、减速器损失。与前文的 8 种损失内部损失相对应,机械损失属于外部损失,即发生在涡轮级工作段以外,他的大小与涡轮级通流部分的做功过程无关,不影响工质的状态。

考虑到减速机械的复杂程度,机械效率一般取 $\eta_m = 0.95 \sim 0.98$。

需要注意以下两点:

(1)除了机械损失以外,其他的损失都属于内部损失。内部损失是指发生在涡轮机内部的损失,这些损失对工质在涡轮级内的工作过程都有影响。这些损失的能量最终都能转变成热量,而且这些热量又加热工质,使得工质的焓熵温度等随之增加,或者损失的结果使得做功的气体量减少。而机械损失属于外部损失,即该损失对工质在涡轮级内的工作过程无影响。

(2)并不是每一个涡轮级都存在以上所有的损失。例如,鱼雷涡轮级扇形损失很少,基本不存在,而航空涡轮机中,部分进气损失不存在,叶高损失等占有的分量很少。

6.5.2 轮周功

1.气流作用在工作叶片上的力

(1)概述。一种方法是给出叶片表面上各点的压强分布,再用积分的方法求整个叶片上的作用力, $F = \int p \mathrm{d}s$。但是这种方法非常复杂和困难,而且当不同工作叶片改变时,都要做实验测量每一点的压强分布,很烦琐。

根据动量定理,只要知道所划定的控制体表面上流体的流动情况,就能够直接确定出作用在该控制体表面上的力,而不涉及流体在控制体内流动过程的详细情况。即当运用动量方程计算涡轮机叶片上的作用力时,只需要知道进、出口截面上的流动情况就行了,而不需要详细地了解其内部的流动情况。

现在根据速度三角形和工作轮前后的压强,来求工作叶片和气体之间的作用力。

(2)切向速度和轴向速度。在速度三角形中有 u 轴和 a 轴两根轴。将速度在 u 轴的分量称为速度的切向分量,以注脚 u 表示。将速度在 a 轴的分量称为速度的切向分量,以注脚 a 表示(见图 6-40)。下面写出这些速度在分量的大小,公式中的速度分量不包含方向:

$$c_{1a} = c_1 \sin\alpha_1 = w_1 \sin\beta_1$$
$$c_{2a} = c_2 \sin\alpha_1 = w_2 \sin\beta_2$$

$$c_{1u} = c_1 \cos\alpha_1 = w_1 \cos\beta_1 + u$$
$$c_{1u} = c_1 \cos\alpha_1 = w_1 \cos\beta_1 + u$$

则有

$$c_{1a} + c_{2a} = c_1 \sin\alpha_1 + c_2 \sin\alpha_2 = w_1 \sin\beta_1 + w_2 \sin\beta_2 \tag{6-95}$$
$$c_{1u} + c_{2u} = c_1 \cos\alpha_1 + c_2 \cos\alpha_2 = w_1 \cos\beta_1 + w_2 \cos\beta_2 \tag{6-96}$$

由进、出口速度三角形可得

$$w_1^2 = c_1^2 + u^2 - 2uc_1 \cos\alpha_1$$
$$w_2^2 = c_2^2 + u^2 + 2uc_2 \cos\alpha_2$$

由此得

$$uc_1\cos\alpha_1 = \frac{c_1^2 + u^2 - w_1^2}{2}$$

$$uc_2\cos\alpha_2 = \frac{w_2^2 - c_2^2 - u^2}{2}$$

故

$$uc_1\cos\alpha_1 + uc_2\cos\alpha_2 = \frac{c_1^2 - c_2^2}{2} + \frac{w_2^2 - w_1^2}{2} \tag{6-97}$$

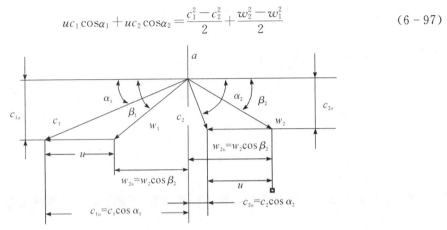

图 6-40 涡轮动叶速度三角形的速度分量

(3)控制体。选取如图 6-41 所示的控制体,划出一块包含着一个叶型的气流,截面 1—1 和 2—2 距离叶片理论上是无限远处,认为截面上所有各点压强和温度都相同。图中 aa,bb 是两条对称的流线。

设在 dt 时间内,有 dm 质量的气体以绝对速度 c_1 进气角为 α_1 从 1—1 截面流入控制体。在稳定流动时,在 dt 时间内有 dm 质量的气体以绝对速度 c_2 从 2—2 截面流出控制体。气体流经控制体后,速度的大小和方向都发生变化,因此,气体的动量变化不等于零,故作用在气体上的合力也不等于零。在略去质量力和黏性力,略去以及气体参数沿叶高变化的条件下,同时考虑到 aa,bb 两个侧面的型线是相同的,那么作用在两个侧面上的压强是相等的,两个侧面作用于气体的力相互抵消。于是,作用于气体上的表面力只剩下动叶片作用于气体上的反作用力和动叶片前后平面 1—1,2—2 的压强差 $(p_1 - p_2)$ 所产生的力。

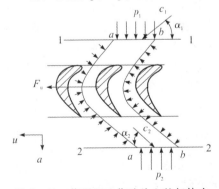

图 6-41 作用于工作叶片上的气体力

根据动量定理,体系运动时的动量变化等于作用于该体系上的冲量。令 F'_u 为动叶片作用于气体上的圆周方向的分力,F'_u 沿 u 方向为正向,则气体在圆周方向的动量方程为

$$F'_u = -\frac{\mathrm{d}m}{\mathrm{d}t}(c_{1u} + c_{2u})$$

而气体作用于动叶片的力 F_u 与 F'_u 大小相等方向相反，如果令 $\dot{m}$ 为单位时间内流过控制体的气体质量，并将式（6-96）带入上式，可得

$$F_u = \dot{m}(c_1\cos\alpha_1 + c_2\cos\alpha_2) = \dot{m}(w_1\cos\beta_1 + w_2\cos\beta_2)$$

因此，单位质量流量气体作用在工作叶片的圆周力 f_u 为

$$f_u = c_1\cos\alpha_1 + c_2\cos\alpha_2 = w_1\cos\beta_1 + w_2\cos\beta_2 \quad (\text{N/kg}) \tag{6-98}$$

同理，单位质量流量气体作用在工作叶片的轴向力 f_a 为

$$f_a = w_1\sin\beta_1 - w_2\sin\beta_2 + A_a(p_1 - p_2) \tag{6-99}$$

或

$$f_a = c_1\sin\alpha_1 - c_2\sin\alpha_2 + A_a(p_1 - p_2) \tag{6-100}$$

气体对叶片的总作用力 F_b 为

$$F_b = \sqrt{F_u^2 + F_a^2} \tag{6-101}$$

式（6-101）可用于对叶片进行强度校核。

2. 轮周功率和轮周功

单位时间内气流对动叶片所做功称为轮周功率，它等于圆周力和圆周速度的乘积，于是级的轮周功率 p_u 为

$$p_u = \dot{m}u(c_1\cos\alpha_1 + c_2\cos\alpha_2)$$

或

$$p_u = \dot{m}u(w_1\cos\beta_1 + w_2\cos\beta_2)$$

1 kg 气体在 1 圈工作叶片上所做的有效功，称为轮周功，用 W_u 表示为

$$W_u = u(c_1\cos\alpha_1 + c_2\cos\alpha_2) = u(w_1\cos\beta_1 + w_2\cos\beta_2) \quad (\text{J/kg}) \tag{6-102}$$

将式（6-97）带入式（6-102），得到轮周功的另一个公式为

$$W_u = \frac{c_1^2 - c_2^2}{2} + \frac{w_2^2 - w_1^2}{2} \quad (\text{J/kg}) \tag{6-103}$$

轮周功等于气体的绝对动能和相对动能的变化。注意，相对动能是出口减去入口。对于反力式，出口相对速度大于入口，即 $w_2 > w_1$。

6.5.3 涡轮级的效率

在整个涡轮级的工作过程中，在各个阶段都发生了损失，因此为了精确衡量每一段损失的大小，需要在不同的阶段提出相应的效率，使得在每一段的损失降到最低，而不能笼统地提出一个效率，这样把各种因素的影响就混淆。

研究涡轮级各种效率的计算公式，就可以看出哪些因素影响效率，以及怎么影响，影响力的大小，以便寻找提高涡轮级经济性的途径。

1. 热效率

气体在进入涡轮级时具有的总能量为 $h_0^* = h_0 + \frac{c_0^2}{2}$。根据热力学第二定律，不可能制成这样的发动机，除了从热源吸收热量和做功外，而不带来任何影响。也就是说，在理想情况下，也不可能将上述能量全部转化为机械能，而是必须向外界放出一定的热量，即废气以速度 c'_{2t} 离开涡轮级时带走的热量 h'_{2t}，因此理想涡轮级所可能给出的最大能量为 $W_t = h_a^* = h_0^* - h'_{2t}$，此能量成为最大可用功 W_t 或者最大可用热焓降 h_a^*，简称可用功或者可用热焓降。

可用功与工质所具有的总能量 h_0^* 之比值，称为热效率，即为 η_t，有

$$\eta_t = \frac{h_a^*}{h_0^*} = 1 - \frac{T_{2t}'}{T_0^*} = 1 - \left(\frac{p_2}{p_0^*}\right)^{\frac{k-1}{k}} \tag{6-104}$$

热效率只取决于涡轮级的进口、出口参数，因此严格地说，热效率衡量的是某种循环在已知进口、出口条件下的理想涡轮级所能达到的最大效率，其数值等于卡诺循环的效率。

2.轮周效率

轮周效率的定义可以从两个角度来引入：一种是从损失的角度引入，一种是从轮周功的角度引入。

（1）从损失的角度。

1）轮周效率 η_u。循环的最大可用功 W_t，下面考虑这个能量转换成工作叶片能量的过程所具有的损失。经过分析，应有由于喷嘴气道中具有喷嘴损失 Δh_n、工作叶片气道中有工作叶片损失 Δh_b 以及气体离开涡轮级是还要带走一部分能量即余速损失 Δh_e 等三方面的损失。因此，1 kg 气体在工作叶片环圈上得到的功率为轮周功，记作 W_u，则

$$W_u = W_t - \Delta h_n - \Delta h_b - \Delta h_e \quad \text{或者} \quad W_u = h_a^* - \Delta h_n - \Delta h_b - \Delta h_e \tag{6-105}$$

将 1 kg 气体在 1 圈工作叶片上发出的轮周功与气体在涡轮级内的可用功的比，称为涡轮级的轮周效率，用 η_u 表示，则有

$$\xi_n = \frac{\Delta h_n}{h_a^*}, \quad \xi_b = \frac{\Delta h_b}{h_a^*}, \quad \xi_e = \frac{\Delta h_e}{h_a^*} = \frac{c_2^2}{2h_a^*}$$

$$\eta_u = \frac{W_u}{h_a^*} = 1 - \xi_n - \xi_b - \xi_e \tag{6-106}$$

2）影响轮周效率的因素。影响轮周效率 η_u 的主要因素是三项损失，即喷嘴能量损失系数 ξ_n、工作叶片能量损失系数 ξ_b、余速损失系数 ξ_e。

Ⅰ 喷嘴能量损失系数 $\xi_n = 1 - \varphi^2$，工作叶片能量损失系数 $\xi_b = 1 - \psi^2$，这两个速度系数是根据喷嘴和工作叶片的叶型，由试验资料所确定的。如果选定了喷嘴和动叶后，φ 和 ψ 就基本确定了，与涡轮级速度三角形的 $x_1 = \dfrac{u}{c_1}$ 关系不大。

Ⅱ 余速能量损失系数取决于动叶出口绝对速度 c_2。下面从速度三角形上来分析在什么情况下动叶出口绝对速度 c_2 最小，如图 6-42 所示。

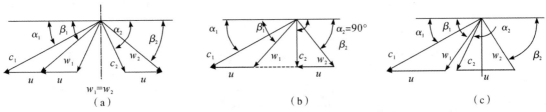

图 6-42　不同速度比下纯冲动级的速度三角形

在一定的进口绝对速度 c_1 下，改变速度三角形的圆周速度 u，可以得到 3 种情况，这 3 种情况对应着不同的速度比 $x_1 = \dfrac{u}{c_1}$。

Ⅰ 图 6-42(a)中圆周速度 u 较小，即 x_1 较小，此时，对应的 c_2 比较大，也就是余速损失比较大。

Ⅱ 随着圆周速度 u 的增大，即 x_1 逐渐增大，出现图 6-42(b)所示的情况，此时 c_2 最小，c_2 的方向与 u 相同，属于轴向排出气体，对应的余速损失也最小。

Ⅲ 随着圆周速度 u 的继续增大，即 x_1 逐渐增大，出现了图 6 - 42(c) 所示的情况，此时的 c_2 又比较大，也就是余速损失比较大。

由图 6 - 42 所示的 3 种情况看出，c_2 与 $x_1 = \dfrac{u}{c_1}$ 的关系类似于二次曲线，有一个最低点，而且变化趋势比较剧烈。

3）轮周效率曲线。通过试验测量，可以画出当改变 $x_1 = \dfrac{u}{c_1}$ 时纯冲动级涡轮级的 ξ_n，ξ_b，ξ_e，以及轮周效率 η_u 的曲线，图 6 - 43 所示的曲线，称为纯冲动式涡轮级的轮周效率曲线。

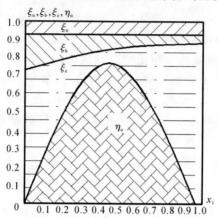

图 6 - 43　纯冲动级的轮轴效率与速度比的关系

Ⅰ 当速度比 x_1 从 0 变化到 1 时，喷嘴能量损失系数 ξ_n 与 x_1 的变化无关，因此在整个 x_1 的变化范围内，ξ_n 保持不变。

Ⅱ ξ_b 随着 x_1 的减小而增大，因此在工作叶片气道中的损失增加，但变化比较平缓。

Ⅲ ξ_e 与 x_1 的关系为二次曲线，当 $x_1 \approx 0.5$ 时，ξ_e 有最小值，对应着图 6 - 42(b) 的情况。当 x_1 偏离 0.5 时，ξ_e 很快增加，并因此引起 η_u 的急剧下降。

由图 6 - 43 可以看出，纯冲动式涡轮级当 $x_1 = \dfrac{u}{c_1} \approx 0.5$ 时，对应着图 6 - 42(b) 的情况，余速能量损失系数最小，轮周效率最高。

在图 6 - 42(b) 情况下的 $x_1 = \dfrac{u}{c_1}$ 对应着余速损失的最小值，这个速度比叫作最佳速度比，是涡轮级的圆周速度 u 与级的喷嘴出口速度 c_1 的比值，并且记为 $(x_1)_{\text{opt}}$。它是涡轮级的一个非常重要的特性，直接影响着涡轮级的轮周效率和做功能力。

4）最佳速度比。下面以纯冲动级为例，求最佳速度比的数值 $(x_1)_{\text{opt}}$。如图 6 - 42(b) 的速度三角形所示，当气体在工作叶片出口处是轴向排起时，$\alpha_2 = 90°$，对于纯冲动级，$\beta_1 \approx \beta_2$，$w_1 \approx w_2$。在最大的直角三角形中，斜边长度为 c_1，直边长度为 $2u$，斜别与直边的夹角为 α_1，因此可以看出：

$$(x_1)_{\text{opt}} = \frac{u}{c_1} = \frac{\cos\alpha_1}{2} \tag{6-107}$$

然而，此时的纯冲动级的轮周效率 η_u 究竟等于多少？式（6 - 107）中的 ξ_n，ξ_b 是试验结果，从这个公式无法进行理论推导，需要从另一个角度进行。

反力式的$(x_1)_{opt}$以及对应的轮周效率也必须从数学公式的计算得出来。

（2）从轮周功的角度。

1）轮周效率。前文在速度三角形的基础上，应用动量定理，求出了 1 kg 气体在 1 圈工作叶片上所做的有效功，称为轮周功，用 W_u 表示，有

$$W_u = u(w_1 \cos\beta_1 + w_2 \cos\beta_2)$$

1 kg 工质所具有的总能量 h_0^*，最大可用热焓降 h_a^*，但是实际上只有大小为 W_u 的轮周功传递到工作叶片上，因此，引入轮周效率，定义为 1 kg 气体在 1 圈工作叶片上发出的轮周功与气体在涡轮级的可用功的比，用 η_u 表示，有

$$\eta_u = \frac{W_u}{h_a^*} = \frac{u(w_1 \cos\beta_1 + w_2 \cos\beta_2)}{h_a^*} \tag{6-108}$$

为了清楚地说明涡轮级的轮周效率，下面对纯冲动级开展比较详细的讨论。

2）纯冲动级的轮周效率 η_u。对于纯冲动级，凡力度 $\rho = 0$，假设喷嘴进口速度 $c_0 = 0$，因此式（6-108）可以改写成

$$\eta_u = \frac{W_u}{h_a^*} = \frac{2u(w_1 \cos\beta_1 + w_2 \cos\beta_2)}{c_{1t}^2} \tag{6-109}$$

通过各种公式代换，将式（6-109）中的 w_1，w_2，c_{1t} 代换成 φ，ϕ，α，β_2，$x_1 = \dfrac{u}{c_1}$ 的公式，得

$$\eta_u = 2\varphi^2 x_1 (\cos\alpha_1 - x_1)\left(1 + \phi \frac{\cos\beta_2}{\cos\beta_1}\right) \tag{6-110}$$

可见，影响纯冲动机轮周效率的因素有速度系数 $\eta_u = f(\varphi, \phi, \alpha_1, \beta_1, \beta_2, x_1)$：

Ⅰ φ，ϕ 越高，轮周效率越高，因此要改善喷嘴和动员的气动特性。

Ⅱ α_1，β_1 有最佳值，太大、太小都会使轮周效率下降，如图 6-44 所示。一般情况下，α_1，β_2 应该符合 $\alpha_1 > 12° \sim 13°$，$\beta_2 = \beta_2 - (3° \sim 5°)$。

Ⅲ 分析速度比 x_1 对轮周效率 η_u 的影响。假定其他参数 φ，ϕ，α_1，β_1，β_2，已经随叶型选定，它们的数值不随速度比的变化而变化。分析公式（6-110）此时，变量只有 x_1，该公式是关于 x_1 的二次多项式，

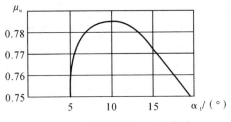

图 6-44　轮周效率与 α_1 的关系

现在对式（6-110）求导，以便求轮周效率达到最大值时的最佳速度比 $(x_1)_{opt}$，以及此时对应的轮周效率的最大值 $(\eta_u)_{max}$，即

$$\frac{\partial \eta_u}{\partial x_1} = 2\varphi^2\left(1 + \phi \frac{\cos\beta_2}{\cos\beta_2}\right)(\cos\alpha_1 - 2x_1) = 0$$

只有当 $(\cos\alpha_1 - 2x_1) = 0$，即

$$(x_1)_{opt} = \frac{u}{c_1} = \frac{\cos\alpha_1}{2} \tag{6-111}$$

通常 $\alpha_1 = 12° \sim 16°$，对应的纯冲动机的最佳速度比 $(x_1)_{opt} = 0.46 \sim 0.49$。

将式（6-111）代入式（6-110），就可以得到相对应的最大轮周效率为

$$(\eta_u)_{max} = \frac{1}{2}\varphi^2 \cos^2\alpha_1\left(1 + \phi \frac{\cos\beta_2}{\cos\beta_1}\right) \tag{6-112}$$

3)反力级的轮周效率。影响反力式涡轮机轮周效率的因素有速度系数 $\eta_u = f(\varphi, \phi, \alpha_1, \beta_1, \beta_2, x_1, \rho)$。同样,对于选定了喷嘴和工作叶栅的反力式涡轮机,因此其他参数基本不变,级的轮周效率只于 c_1, ρ 有关,如图 6-45 所示。

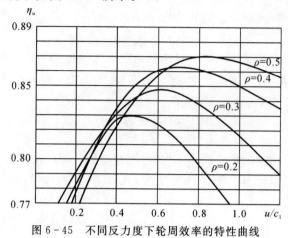

图 6-45 不同反力度下轮周效率的特性曲线

由图可知,当提高反力度时:

Ⅰ 最佳速度比 $(x_1)_{opt}$ 增大。

Ⅱ 最大轮周效率 $(\eta_u)_{max}$ 增大。

Ⅲ 轮周效率的曲线跨度相应增大,而且在 $(x_1)_{opt}$ 附近的轮周效率的变化相对平缓。也就是说,当反力度增大时,可以允许速度比在较大的范围内变动而不至于影响轮周效率。

从公式可知,带有反力度的级的最佳速度比随着的变化 $\varphi, \phi, \alpha_1, \beta_1, \beta_2, \rho$。例如,在鱼雷涡轮机中,常用的反力度为 $\rho = 0.05 \sim 0.20$,对应的最佳速度比 $(x_a)_{opt}$ 在 $0.48 \sim 0.52$。

4)结论。

Ⅰ 为了将一定量的可用焓降转变为机械功,多级反力式涡轮机所需要的技术要比多级冲动式涡轮机的级数多,而且反力度越大,级数越多。

因为 $(x_1)_冲 < (x_1)_反$,而 u 相同,所以 $(c_1)_冲 > (c_1)_反$。也就是,反力式需要好多级来将相同的焓降转变为气体的速度动能,因此反力式的级数更多。对于鱼雷涡轮机采用冲动式涡轮机,更轻、更小、更合适。

Ⅱ 在冲动式涡轮机中,焓降大部分在喷嘴中转变为动能,因此进入工作叶片时具有的静温较低,工作员叶片的工作环境更舒适。

而喷嘴是固定不动,虽然喷嘴的工作温度很高,但是可以在喷嘴周围设计冷却水道,来降低喷嘴的温度。

3. 内效率

在涡轮机内气体的可用焓降 h_a^* 变成涡轮轴上的轮周功 h_u 后,由于前面所讲的轮盘摩擦损失 Δh_{fr}、部分进气损失 Δh_ε、漏气损失 Δh_δ、叶高损失 Δh_l、扇形损失 Δh_θ 等其他各项内部损失,所以轮周功减去以上这些内部损失,可获得涡轮级的内部功 h_i,则

$$h_i = h_u - \Delta h_{fr} - \Delta h_\varepsilon - \Delta h_l - \Delta h_\theta = (h_a^* - \Delta h_n - \Delta h_b - \Delta h_e) - \Delta h_{fr} - \Delta h_\varepsilon - \Delta h_l - \Delta h_\theta$$

(6-113)

内部功 h_i 与涡轮机可用功 h_a^* 之比称做内效率 η_i,则

$$\eta_i = \eta_u - \xi_{fr} - \xi_\varepsilon - \xi_\delta - \xi_l - \xi_\theta = (1 - \xi_n - \xi_b - \xi_e) - \xi_{fr} - \xi_\varepsilon - \xi_\delta - \xi_l - \xi_\theta \qquad (6-114)$$

式中：ξ_{fr}为轮盘摩擦能量损失系数；ξ_ε为部分进气能量损失系数；ξ_δ为能量损失系数；ξ_l为叶高能量损失系数；ξ_θ为扇形能量损失系数。

内效率反映了涡轮机内部的一切损失,它的大小反映了涡轮机的工作质量,是衡量涡轮机的一个重要指标。它是衡量设计一个涡轮级是否正确、合理地选择这些因素的一个重要准则,也是级的能量转换完善程度的最终指标。

纯冲动式涡轮机的内效率 η_i 与轮周效率 η_u 随速度比 u/c_1 变化的曲线如图 6-46 所示,经比较可知：

(1)$\eta_i < \eta_u$,同一个 u/c_1 下的轮周效率与内效率之差就是轮盘摩擦损失、部分进气损失、叶高损失等内部损失是涡轮级效率降低的数值,即 ξ_m。

(2)两者达最高时对应的 u/c_1 不同,内效率最高对应的 u/c_1 较小。

4.机械效率 η_m

内部功再扣除机械损失之后剩余的机械功,也就是传给螺旋桨的机械功,称之为有效功,用 W_e 表示。它和内部功 W_i 的比叫作机械效率,用 η_m 表示,有

$$\eta_m = \frac{W_e}{W_i} \qquad (6-115)$$

在程序中,η_m 在 0.93～0.96 选择。

5.有效效率

涡轮机的有效功对工质的总能量之比叫作有效效率,用 η_e 表示(W_t 即 h_a^*),有

$$\eta_e = \frac{W_e}{h_0^*} = \frac{W_t}{h_0^*}\frac{W_i}{W_t}\frac{W_e}{W_i} = \eta_t \eta_i \eta_m$$

$$(6-116)$$

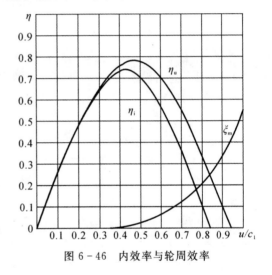

图 6-46　内效率与轮周效率

式中：η_t 为热效率；η_i 为内效率；η_m 为机械效率。有效效率可以用来对涡轮机工作经济性做总的评价。

习　　题

6.1　请分别描闭式循环系统、半闭式循环系统和开式循环系统,三种热力循环系统的性能特点。

6.2　简述鱼雷燃气涡轮机理想循环的工作过程,并绘制其示功图。

6.3　简述鱼雷蒸汽涡轮机理想循环的工作过程,并绘制其示功图。

6.4　试列写工质在涡轮机级内流动的热力计算基本方程式。

6.5　简述基圆级和速度三角形的概念。

6.6　冲动式和反力式涡轮机的概念分别是什么? 对比分析其特点。

6.7　简述鱼雷涡轮机的特点和基本类型。

6.8　简述涡轮机叶栅中的能量损失有哪些?

第7章 鱼雷涡轮机动力系统的闭环控制

7.1 引　言

根据前述内容可知,虽然涡轮发动机具有结构简单、便于加工和维修以及工作可靠性好的特点,但其对工况变动,尤其是对背压的变化很敏感。为了获得最大的经济性,达到最佳的作战效果,在设计鱼雷涡轮机时,一般将鱼雷的主要工作工况作为设计工况,以此工况为设计基准进行计算获得所需的工作参数。但是为了满足更高的要求,需要鱼雷频繁地变深航行和变速航行,这使得鱼雷偏离设计点工况进行运转工作。为了满足该情况下鱼雷的正常稳定且准确运行,需要对鱼雷变换工况时的各项参数进行计算,使鱼雷在变换工况时,能够通过对鱼雷的相关可调参数的控制达到所需的工况。

鱼雷涡轮机对于工况变动尤其海水背压变化敏感,对其变工况的控制调节十分必要。适用于活塞机、以补偿海水背压为主要技术手段的开环控制方法是不能够在涡轮机系统中获得良好控制效果的。对于反舰兼反潜的高性能涡轮机动力系统,需要开发以发动机转速为反馈、以推进剂流量为控制作用的闭环控制技术。实施涡轮机动力系统的闭环控制,有"定量泵＋流量调节阀"和"变量燃料泵"两种控制执行机构方案可供选择。变量燃料泵不存在对推进剂的反复研磨且效率高,是优选方案,但在动力系统大深度启动时因自身包含转速流量反馈内环而存在启动失效的可能性,这是涡轮机动力系统闭环控制的难点。

结合具体控制执行器件的特性,整个鱼雷涡轮机动力系统的闭环控制策略划分为 3 个层次:①以发动机转速为信号反馈、以排量燃料泵泵角为执行作用的顶层控制;②以变排量燃料泵泵角为信号反馈、以高度动态伺服电机转速为控制作用的中间层控制;③以伺服电机转速为信号反馈、以电机电枢回路输入电压为控制作用的底层控制。具体实践中,可对 3 个层次进行解耦分析,分别分析各层次的被控对象特性,规划控制策略。

本章主要介绍基于转速反馈的系统闭环控制算法研究,包括鱼雷涡轮机动力系统建模、变工况(变速、变深)调节以及和启动工况的控制。

7.2 鱼雷涡轮机动力系统数学建模

7.2.1 燃烧室的机理模型

燃烧室内的工质状态可由完全气体状态方程描述为

$$p_c V_c = m_c R T_c \tag{7-1}$$

式中：p_c 为压强；V_c 为体积；m_c 为燃气质量；R 为气体常数；T_c 为温度。

式(7-1) 两边同时对时间求导可得如下关系式：

$$\frac{\mathrm{d}m_c}{\mathrm{d}t} = \frac{V_c}{RT_c}\left(\frac{\partial p_c}{\partial t} - \frac{p_c}{T_c}\frac{\partial T_c}{\partial t}\right) \tag{7-2}$$

虽然燃烧室内的温度与压强有一定的关系，但在燃料各组分配比不变的情况下，燃烧室温度变化不大，可近似认为其值恒定不变，故上式可变形为

$$\dot{p}_c = \frac{RT_c}{V_c}\dot{m}_c \tag{7-3}$$

式中：$\dot{m}_c$ 为工质气体质量的变化率，是进入燃烧室内的推进剂质量流量和离开燃烧室的推进剂质量流量的差值，即：

$$\dot{m}_c = \dot{m}_{ci} - \dot{m}_{co} \tag{7-4}$$

式中：$\dot{m}_{ci}$ 为供入燃烧室的推进剂质量流量，即燃料泵的输出流量。$\dot{m}_{co}$ 为流出燃烧室的推进剂质量流量，即涡轮发动机的工质流量。

发动机的工质流量为

$$\dot{m} = A_{cr}\sqrt{k\left(\frac{2}{k+1}\right)^{\frac{k+1}{k-1}}}\frac{p_c}{\sqrt{RT_c}} \tag{7-5}$$

7.2.2　辅机的机理模型

鱼雷涡轮动力系统的辅机包括海水泵、滑油泵、发电机、燃料泵等组件。

1. 滑油泵

滑油泵的输出流量表达为

$$Q_o \propto \omega \tag{7-6}$$

式中：Q_o 为滑油泵的输出流量；ω 为发动机转速。

滑油泵的功率表达为

$$P_o = \Delta p_o Q_0 / \eta_0 \tag{7-7}$$

式中：Δp_o 为滑油泵前后压差；η_o 为滑油泵的效率。

滑油泵的转矩表达为

$$M_o = \frac{P_o}{\omega} = \frac{Q_0 \Delta p_0}{\eta_o \omega} = \frac{q_0 \Delta p_0}{\eta_o} \tag{7-8}$$

式中，q_0 为滑油泵排量。

2. 海水泵

与上面描述的油泵的各个量值的情况类似，其各参数计算如下。

海水泵的输出流量表达为

$$Q_w \propto \omega \tag{7-9}$$

式中，Q_w 为输出流量。

海水泵的功率表达为

$$P_w = \Delta p_w Q_w / \eta_w \tag{7-10}$$

式中：Δp_w 为泵前后的压差；η_w 为效率。

海水泵的转矩表达为

$$M_w = \frac{P_w}{\omega} = \frac{\Delta p_w Q_w}{\omega \eta_w} = \frac{q_w \Delta p_w}{\eta_w} \tag{7-11}$$

式中：q_w 为海水泵排量。

3. 发电机

发电机为鱼雷内部的用电设备供电，其输出功率由鱼雷内部的用电设备决定。而这些用电设备的功率受涡轮机动力系统工况变化的影响较小，因此可近似认为发电机的输出功率为定值。故在不考虑发电机效率时，也可以近似认为其输入功率为定值。而发电机输入功率与其吸收转矩和转速的乘积成正比，则发电机的吸收转矩 M_g 计算如下：

$$M_g \approx C_g / \omega \tag{7-12}$$

式中，C_g 为正值常数。

4. 燃料泵

燃料泵的输出流量表达为

$$Q_{bf} \propto \omega \tan\alpha \tag{7-13}$$

式中：α 为柱塞泵斜盘角。也可表达为

$$Q_{bf} = c_{mf} \omega \tan\alpha \approx c_{mf} \omega \alpha \tag{7-14}$$

式中：c_{mf} 为常数，可由燃料泵容积效率、燃料泵的结构参数等得出。

燃料泵的功率表达为

$$P_f = \Delta p_f Q_{bf} / \eta_f = \Delta p_f \omega' \alpha / \eta_f \tag{7-15}$$

式中：η_f 为燃料泵效率。

燃料泵提供的压差 Δp_f 表达为

$$\Delta p_f = p_{bo} - p_{bi} \tag{7-16}$$

式中：p_{bo} 为燃料泵后压强，近似为燃烧室喷管前的压强；p_{bi} 为燃料泵前压强，近似为鱼雷外海水的静压强。

燃料泵的转矩表达为

$$M_f = \frac{P_f}{} = \frac{c_{mf} \Delta p_f \alpha}{\eta_f} \tag{7-17}$$

7.2.3 动力系统建模

1. 纵平面运动学方程

鱼雷在纵平面的运动学方程主要表现为鱼雷航深的动态变化关系，该变化关系表达为

$$\frac{dy}{dt} = -v\sin\Theta \tag{7-18}$$

式中：y 为鱼雷航行深度；Θ 为鱼雷的弹道倾角。

1. 涡轮机动力系统动力学方程

由动量矩定理分析可知，涡轮动力系统的主机与负载的折合惯性力矩可由涡轮机的转矩以及相应负载消耗的力矩做差求得：

$$2\pi I_e \frac{dn}{dt} = \sum M = M_e - M_z \tag{7-19}$$

式中：I_e 为动力推进系统折合转动惯量，包括主机、辅机及其传动机构、传动轴、推进器及其带

动的部分海水折合到发动机主轴的转动惯量；n 为涡轮机的转速；M_e 为涡轮机的转矩；M_z 为系统阻转矩。

涡轮机的转矩模型表达为

$$M_e = A_{cr}\sqrt{k\left(\frac{2}{k+1}\right)^{\frac{k+1}{k-1}}}\frac{p_c}{\sqrt{RT_c}}K_p r\left\{\varphi\sqrt{2C_p T_c\left(1-\left(\frac{p_e}{p_c}\right)^{\frac{k-1}{k}}\right)}\cos\alpha - r\omega + \right.$$

$$\psi_a\cos\beta\sqrt{2C_p T_c\left(1-\left(\frac{p_e}{p_c}\right)^{\frac{k-1}{k}}\right)\varphi^2 + r^2\omega^2 - 2r\omega\varphi\cos\alpha\sqrt{2C_p T_c\left(1-\left(\frac{p_e}{p_c}\right)^{\frac{k-1}{k}}\right)}} -$$

$$\left.\psi_b\cos\beta\left[2C_p T_c\left(1-\left(\frac{p_e}{p_c}\right)^{\frac{k-1}{k}}\right)\varphi^2 + r^2\omega^2 - 2r\omega\varphi\cos\alpha\sqrt{2C_p T_c\left(1-\left(\frac{p_e}{p_c}\right)^{\frac{k-1}{k}}\right)}\right]\right\}$$

$$(7-20)$$

系统阻转矩表达为

$$M_z = M_p + M_o + M_w + M_g + M_f \tag{7-21}$$

式中：M_p 为推进器转矩；M_o 为滑油泵转矩；M_w 为海水泵转矩；M_g 为发电机转矩；M_f 为燃料泵转矩。

推进器转矩表达为

$$M_p = K_M\rho D_p^5 n^2 \tag{7-22}$$

式中：ρ 为海水密度；D_p 为推进器的直径；K_M 为力矩系数。n 为推进器转速。其中力矩系数 K_M 与相对进程 J 有关，在其变化的范围内，该曲线可以由一条直线来近似拟合：

$$K_M = a_{M0} - a_{M1}J \tag{7-23}$$

式中：a_{M0}、a_{M1} 为常量。

为了便于研究，本书将相对进程 J 简化近似为常数，即力矩系数 K_M 也为常数，推进器吸收转矩与涡轮转速的平方成正比。

滑油泵转矩表达为

$$M_o \approx C_o n^2 \tag{7-24}$$

式中：C_o 为正值常数，可由沿程阻力因数、局部阻力因数、滑油密度、滑油泵排量、容积效率、机械效率、发动机传动至滑油泵的变速比等参数获得。

海水泵转矩表达为

$$M_w \approx C_w n^2 \tag{7-25}$$

式中：C_w 为正值常数，可由沿程阻力因数、局部阻力因数、海水密度、海水泵排量、容积效率、机械效率、发动机传动至海水泵的变速比等参数获得。

发电机转矩表达为

$$M_g \approx C_g / n \tag{7-26}$$

式中：C_g 为正值常数。

对于某型鱼雷，其燃料泵转矩表达为

$$M_f = \frac{C_f \dot{m}_i P_c}{n} \tag{7-27}$$

式中：$\dot{m}_i$ 为推进剂的质量流量；C_f 为正值常数，可由燃料密度、燃料泵排量、容积效率、机械效率、发动机传动至燃料泵的变速比等参数获得。

令 q 为燃料泵的折合质量排量,则:

$$\dot{m}_i = q\omega \tag{7-28}$$

7.3 涡轮机动力系统的闭环控制

动力系统工作时,涡轮机通过减速器带动推进器转动,该过程中减速器减速比的设定是固定的。因此,只要测出推进器速度,就可获得涡轮机转速。控制系统的反馈信号是涡轮机的当前转速,该反馈信号与输入期望转速信号产生偏差信号,燃料泵接收这一差值信号并进行相应的排量调整,从而实现恒深变速和恒速变深的调节与控制。

涡轮转速闭环控制系统由推进剂储舱、变量泵、燃烧室、涡轮机以及转速控制器等组成。涡轮转速闭环控制系统构成框图如图 7 - 1 所示。

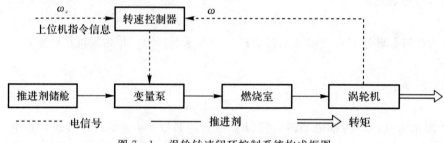

图 7 - 1 涡轮转速闭环控制系统构成框图

7.3.1 涡轮机闭环控制系统模型

动力系统的动力学方程表达为

$$\dot{\omega} = a_{n0} M_e - a_{n1} \omega^2 + \frac{a_{n2}}{\omega} \tag{7-29}$$

涡轮机有效输出转矩表达为

$$
\begin{aligned}
M_e = A_{\alpha} &\sqrt{k \left(\frac{2}{k+1}\right)^{\frac{k+1}{k-1}}} \frac{p_c}{\sqrt{RT_c}} K_p r \left\{ \varphi \sqrt{2C_p T_c \left(1 - \left(\frac{p_e}{p_c}\right)^{\frac{k-1}{k}}\right)} \cos\alpha - r\omega + \right. \\
&\psi_a \cos\beta \sqrt{2C_p T_c \left(1 - \left(\frac{p_e}{p_c}\right)^{\frac{k-1}{k}}\right) \varphi^2 + r^2 \omega^2 - 2r\omega\varphi\cos\alpha \sqrt{2C_p T_c \left(1 - \left(\frac{p_e}{p_c}\right)^{\frac{k-1}{k}}\right)}} - \\
&\psi_b \cos\beta \left[2C_p T_c \left(1 - \left(\frac{p_e}{p_c}\right)^{\frac{k-1}{k}}\right) \varphi^2 + r^2 \omega^2 - 2r\omega\varphi\cos\alpha \sqrt{2C_p T_c \left(1 - \left(\frac{p_e}{p_c}\right)^{\frac{k-1}{k}}\right)} \right] \right\}
\end{aligned}
\tag{7-30}
$$

鱼雷纵平面运动方程表达为

$$\dot{y} = -v\sin\Theta \tag{7-31}$$

燃烧室压强变化表达为

$$\dot{p}_c = \frac{RT_c}{V_c} \left[a_p q\omega - \varphi_0 A_t \sqrt{k \left(\frac{2}{k+1}\right)^{\frac{k+1}{k-1}}} \frac{p_c}{\sqrt{RT_c}} \right] \tag{7-32}$$

式中: $a_{n0}, a_{n1}, a_{n2}, a_p$ 为常量。

令 $\sin\Theta=\theta$，在平衡点处 u_0，a_0，y_0，v_0，ω_0，p_{c0} 及 $\Theta=0$，分别对微分方程(7-29)、式(7-31)和式(7-32)进行拉氏变换，可得系统的传递函数表达式：

$$\omega(s)=\frac{1}{T_{\omega}s+1}\left[k_{p\omega}p_c(s)-k_{y\omega}y(s)\right] \tag{7-33}$$

$$y(s)=-\frac{v_0}{s}\theta(s) \tag{7-34}$$

$$p_c(s)=\frac{1}{T_p s+1}\left[k_{qp}q(s)-k_{\omega p}\omega(s)\right] \tag{7-35}$$

式中：$k_{p\omega}$，$k_{y\omega}$，k_{qp}，$k_{\omega p}$ 为增益；T_{ω}，T_p 为调节时间。

由式(7-35)可得该控制系统结构框图如图 7-2 所示。

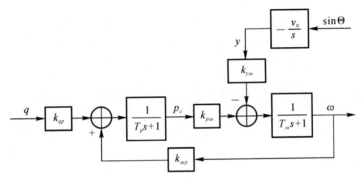

图 7-2　控制系统结构框图

由图 7-2 中可以看出，系统输出量涡轮转速直接由系统输入量燃料泵的排量 q 控制，并且受系统干扰源即鱼雷航行深度 y 的影响，但该系统没有负反馈通道，即系统控制作用不受输出量 ω 的影响，为开环控制。在实际工作中，开环控制虽然响应更快，但所能达到的控制精度有限且适应性不强；而闭环控制则是把系统的输出量 ω 反馈到系统的输入，系统输出量 ω 与输入量（期望转速 ω_c）产生偏差信号 e，该偏差信号以一定的控制规律产生控制作用，进而逐渐减小至消除偏差，实现所需要的控制性能，达到系统的精确控制。

发动机转速的闭环控制系统的结构框图如图 7-3 所示，其中 $G_c(s)$ 为广义控制算法。

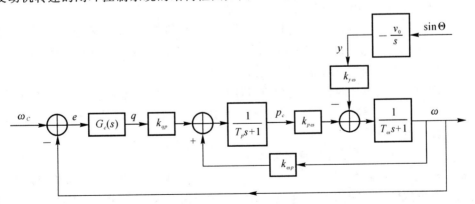

图 7-3　发动机转速的闭环控制系统结构框图

根据梅逊公式(Mason)，可得开环控制系统的传递函数为

$$P_1 = \frac{k_{qp}k_{p\omega}G_c}{(T_ps+1)(T_\omega s+1)}$$

$$L_1 = \frac{k_{p\omega}k_{\omega p}}{(T_ps+1)(T_\omega s+1)}$$

$$\Delta = 1 - L_1 = \frac{(T_ps+1)(T_\omega s+1)-k_{p\omega}k_{\omega p}}{(T_ps+1)(T_\omega s+1)}$$

$$\Delta_1 = 1$$

(7-36)

$$G(s) = \frac{C(s)}{R(s)} = \frac{1}{\Delta}P_1\Delta_1 = \frac{k_{qp}k_{p\omega}G_c}{(T_ps+1)(T_\omega s+1)-k_{p\omega}k_{\omega p}} \quad (7-37)$$

同理，可得闭环控制系统的传递函数为

$$P_1 = \frac{k_{qp}k_{p\omega}G_c}{(T_ps+1)(T_\omega s+1)}$$

$$L_1 = \frac{k_{p\omega}k_{\omega p}}{(T_ps+1)(T_\omega s+1)}$$

$$L_2 = \frac{-k_{qp}k_{p\omega}G_c}{(T_ps+1)(T_\omega s+1)}$$

$$\Delta = 1 - L_1 - L_2 = \frac{(T_ps+1)(T_\omega s+1)-k_{p\omega}k_{\omega p}+k_{qp}k_{p\omega}G_c}{(T_ps+1)(T_\omega s+1)}$$

$$\Delta_1 = 1$$

(7-38)

$$\phi(s) = \frac{C(s)}{R(s)} = \frac{1}{\Delta}P_1\Delta_1 = \frac{k_{qp}k_{p\omega}G_c}{(T_ps+1)(T_\omega s+1)-k_{p\omega}k_{\omega p}+k_{qp}k_{p\omega}G_c} \quad (7-39)$$

对于闭环控制系统，若采用比例(P)动作，则 $G_c(s)=K_P$，对系统误差 e 进行拉普拉斯逆变换，可知该系统误差不为零，即系统有静态误差。

若采用积分(I)动作，则 $G_c(s)=\dfrac{K_I}{S}$，对系统误差 e 进行拉普拉斯逆变换，可知该系统误差为零，即系统无静态误差。

若采用比例积分(PI)动作，则 $G_c(s)=K_P+\dfrac{K_I}{S}$，对系统误差 e 进行拉普拉斯逆变换，可知该系统误差为零，即系统无静态误差。

上述 K_P 和 K_I 为比例增益和积分增益。从上述分析可知，控制器采用积分(I)和比例积分(PI)的控制方式都是可行的。其中，积分控制是调节变量泵斜盘角的角速度，为速度控制；而比例积分控制是调节变量泵斜盘角的位置，为位置控制。

尽管在理论上采用单纯的积分动作是可行的，但结合动力系统的启动过程控制来看，采用单纯的积分动作(控制器输出为变量泵角的转动角速度)是难以实现的，所以系统控制的基本策略应当选择比例积分动作。

7.3.2 控制执行机构模型及控制策略

鱼雷涡轮机闭环控制系统的执行元件是变量泵的斜盘角执行机构。它接收的是由闭环控制器发出的电压信号，驱动电机的转速以惯性环节响应该电压信号，并以一定的规律来驱动变量泵，使斜盘摆动到相应位置或者使斜盘以一定的速度摆动。

根据动量矩定理，可得驱动电机的转速表达为

$$J_M\dot{\omega}_M = M - M_l \quad (7-40)$$

式中, J_M 为电机驱动系统的折合转动惯量; ω_M 为驱动电机转速; M 为电磁转矩; M_l 为阻转矩。对于永磁伺服电机拖动的位置控制系统,转矩可表达为

$$M = k_M I_a \tag{7-41}$$

$$M_l \approx |M_l| \cdot \mathrm{sign}(\omega_M) \tag{7-42}$$

$$E = k_M \omega_M \tag{7-43}$$

式中: k_M 为电机转矩常数; E 为感应电动势; I_a 为电枢电流。

电枢电流满足电枢电路的电压平衡关系,即

$$U = E + I_a R_a + L_a \dot{I}_a \tag{7-44}$$

式中: U 为供电电压; L_a 为相间电感; R_a 为电枢电阻。

由此,可得系统传递函数为

$$\omega = \frac{k_M I_a - M_l}{s J_M} \tag{7-45}$$

$$I_a = \frac{U - k_M \omega_M}{s L_a + R_a} \tag{7-46}$$

将式(7-46)带入式(7-45),可得

$$\omega_M = \frac{\dfrac{1}{k_M} U - \dfrac{M_l L_a}{k_M^2} s - \dfrac{M_l R_a}{k_M^2}}{\dfrac{J_M L_a}{k_M^2} s^2 + \dfrac{J_M R_a}{k_M^2} s + 1} \tag{7-47}$$

进一步,可得被控系统的自然频率和阻尼比为

$$\Omega = \frac{k_M}{\sqrt{J_M L_a}} \tag{7-48}$$

$$\xi = \frac{R_a}{2 k_M} \sqrt{\frac{J_M}{L_a}} \tag{7-49}$$

被控系统是二阶过阻尼的,可用一阶惯性环节近似表达为

$$\omega_M \approx \frac{\dfrac{1}{k_M} U - \dfrac{R_a}{k_M^2} M_l}{s \tau + 1} \tag{7-50}$$

式中: τ 为电机的机电时间常数,表达为

$$\tau \approx \frac{\pi}{\Omega} \tag{7-51}$$

算例分析: 以驱动电机选择瑞士 Maxon 公司研发生产的 RE30-60W-36V 直流伺服电机为例,则 $k_M \approx 0.04, \tau \approx 3\,\mathrm{ms}$。考虑传动系转动惯量、阻力矩、电机驱动器的输出电压限制、驱动电流限制等因素,电机转速对满电压和半电压的阶跃响应分别如图 7-4 和图 7-5 所示。

由被控驱动电机的阶跃响应特性曲线可见,系统确为近似一阶惯性特性。由于考虑传动系转动惯量、阻力矩、电机驱动器的输出电压限制、驱动电流限制等因素,电机转速内环控制算法的时间常数 τ 应进行相应处理。为了取得无静态误差的控制效果,电机转速内环的控制算法可采用 PI 控制动作,即

$$G_c(s) = \frac{U}{\omega_c - \omega} = k_M \frac{s + \dfrac{1}{\tau}}{s} \tag{7-52}$$

考虑到电机驱动器的输出电压限制 U_{max} 以及驱动电流限制 I_{amax}，应附加限制性条件：

$$U \leqslant U_{max} \tag{7-53}$$

$$I_a \leqslant I_{amax} \tag{7-54}$$

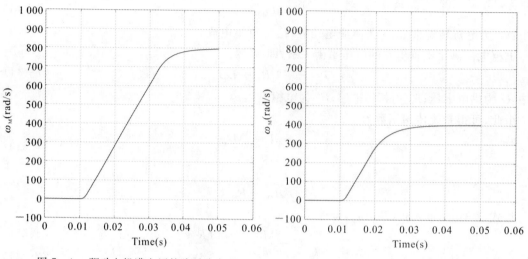

图 7 - 4　驱动电机满电压的阶跃响应　　　图 7 - 5　驱动电机半电压的阶跃响应

由于电机经减速器和丝杠减速加矩后形成直线运动，该过程对应了变排量燃料泵的泵角（即对应折合排量 q）的控制，因此工程上还应考虑传动系的间隙空回，则有

$$q = \frac{k_i}{s} \tag{7-55}$$

式中：系数 k_i 为减速器的传动比。

由于阻力矩的干扰已经在伺服电机转速控制内环得以补偿，所以位置控制外环可以仅采取 P 动作，控制算法为

$$G_c(s) = \frac{\omega_c}{q_c - q} = k_q \tag{7-56}$$

式中：控制增益 k_q 可根据响应速度和振荡特性选取，按照（电机转速 rpm/ 拉杆位置 mm）取值。还应该设置输出饱和限制，即

$$\omega_c \leqslant \omega_{cmax} \tag{7-57}$$

式中：ω_{cmax} 为最大期望转速。

如此形成的泵拉杆位置控制系统，其闭环响应特性也是类似一阶惯性的，增益为 1，但时间常数是变化的。

7.3.3　涡轮机动力系统控制策略

采用数学机理模型在稳态工作点附近进行线性化，就可以获得系统的线性化方程，即可以开展相应的开环响应特性分析。工程上，也可以对系统在若干个关注的工作点处，采用数值模拟的方法获得系统动态响应特性，再结合系统数学机理模型取得简化的传递函数，该方法简便且能保证准确性。

1.动力系统开环响应特性分析

以某型水下涡轮机动力系统为例,分析系统开环响应特性。系统为三速制:Ⅰ 速为 70 kn,Ⅱ 速为 46 kn,Ⅲ 速为 32 kn。3 个航速工况下对应推进器转速分别约为 2 870 rpm,1 885 rpm 和 1 310 rpm。

航深 30 m 时,在 Ⅱ 速稳态点处,变排量燃料泵的折合排量 q 指令分别由稳态值阶跃减小到 90% 和增大到 110%,动力系统输出推进器转速的动态过渡过程如图 7 - 6 所示。

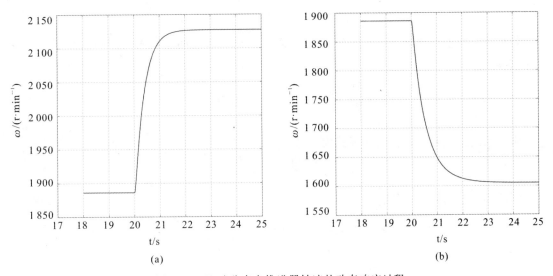

图 7 - 6　Ⅱ 速稳态点推进器转速的动态响应过程

(a)q 阶跃增大到 110%；　(b) q 阶跃减小到 90%

从系统的阶跃响应过渡过程来看,涡轮发动机系统的输出(推进器转速)对系统输入(变量泵折合排量)的响应可以用一阶惯性环节来描述,传递函数形式为

$$G(s)=\frac{k}{Ts+1} \tag{7-58}$$

需要注意的是,该动力系统在 3 个设计航速工况下,时间常数 T 和开环增益 k 都是不同的。工程实际中,为兼顾 3 个设计航速,可取全工作范围内的最大开环增益和最大的时间常数,以满足鱼雷动力系统在整个速度范围内和航深范围内的通常控制要求,即系统响应不超调、无静差,且控制量不超调。

2.动力系统闭环控制算法设计方法

根据系统开环响应特性分析,涡轮发动机系统的输出对输入的响应可以用一阶惯性环节来描述。对于一阶惯性特性的被控对象,实施控制,要求对于阶跃输入的响应无超调、无静差,且控制量 U 无超调。

对于单位阶跃信号,闭环系统稳定后,控制量 $U=1/k$;若要求闭环系统的响应速度超过被控对象的响应速度,即闭环系统时间常数选择小于 T,此时控制量 U 必然超调,即在某时段内会出现 $U>1/k$ 的情况。

假设系统闭环控制的理想广义控制律形式为

$$G_c(s)=\frac{Ts+1}{Tks} \tag{7-59}$$

由式(7-58)和式(7-59)，可得闭环系统前向通道传递函数为：

$$G_c(s)G(s) = \frac{1}{Ts} \tag{7-60}$$

而系统误差传递函数为

$$\frac{1}{1+G_c(s)G(s)} = \frac{Ts}{Ts+1} \tag{7-61}$$

由式(7-60)和式(7-61)，可得闭环传递函数表达为

$$\frac{G_c(s)G(s)}{1+G_c(s)G(s)} = \frac{1}{Ts+1} \tag{7-62}$$

若闭环系统响应速度与被控对象响应速度一致，此时系统期望输入至控制量 U 的传递函数表达为

$$\frac{G_c(s)}{1+G_c(s)G(s)} = \frac{Ts}{Ts+1}\frac{Ts+1}{Tks} = \frac{1}{k} \tag{7-63}$$

显然可得系统响应为常数。

假设系统的实际广义控制律形式为

$$G_c(s) = \frac{s+n}{ks}, \quad n \approx 1/T \tag{7-64}$$

则闭环系统前向通道传递函数为

$$G_c(s)G(s) = \frac{s+n}{s} \cdot \frac{1}{Ts+1} = \frac{s+n}{Ts^2+s} \tag{7-65}$$

系统误差传递函数为

$$\frac{1}{1+G_c(s)G(s)} = \frac{Ts^2+s}{Ts^2+2s+n} \tag{7-66}$$

闭环传递函数表达为

$$\frac{G_c(s)G(s)}{1+G_c(s)G(s)} = \frac{s+n}{Ts^2+2s+n} \tag{7-67}$$

系统期望输入至控制量 U 的传递函数表达为

$$\frac{G_c(s)}{1+G_c(s)G(s)} = \frac{Ts^2+s}{Ts^2+2s+n}\frac{s+n}{ks} = \frac{1}{k}\left[1+\frac{(Tn-1)s}{Ts^2+2s+n}\right] \tag{7-68}$$

由式(7-68)可以看出：

当 $Tn=1$ 时，系统响应与式(7-63)一致，控制律为理想控制律，闭环系统响应达到 U 不超调时的最快值，此时 U 为常数 $1/k$；

当 $Tn>1$ 时，实际控制律中 $\frac{(Tn-1)s}{Ts^2+2s+n}>0$，则在某些时间段内，必然会出现闭环系统响应 $U>1/k$ 的情况，即会发生超调；

当 $Tn<1$ 时，实际控制律中 $\frac{(Tn-1)s}{Ts^2+2s+n}<0$，则 $U<1/k$，即闭环系统响应不会发生超调，但响应速度变慢。

因此，考虑误差、系统特性变化等因素，闭环系统的广义控制律应为

$$G_c(s) = \frac{s+n}{ks}, \quad n \leqslant 1/T \tag{7-69}$$

此时，该广义控制律的零点在被控对象极点的右侧，前向通道的根轨迹完全位于负实轴

上,其响应无振荡,而控制量在零时刻 $U=1/k$,而后发生反冲 $U<1/k$,最后无限趋近于 $1/k$。该算法满足在整个速度范围和航深范围内,系统响应无超调、无静差,且控制律无超调的要求。

综上所述,整个涡轮发动机的闭环控制系统由电机速度环、泵角位置环和发动机转速环构成,其中电机速度环的控制由电机驱动器实现,泵角位置环和发动机转速环算法植入功率控制单元。发动机转速环输出泵角期望位置给泵角位置环,泵角位置环输出期望电机转速给电机驱动器。为了抑制系统有可能出现的低频振荡,功率控制单元的控制周期不宜太大,推荐值一般不大于 10 ms。

7.4　涡轮机动力系统的启动过程

7.4.1　启动过程简介

涡轮机动力系统的工作过程包括有启动、变深、变速和稳定运行等过程。国内外研究表明:鱼雷动力系统在启动阶段很容易出现事故。因此对于涡轮机动力系统启动过程的研究十分必要。鱼雷在大深度启动时,若直接采用变深和变速时的闭环控制策略,则可能会存在熄火等问题,故而对涡轮机动力系统启动过程的控制规律的研究十分必要。

由于鱼雷涡轮发动机启动过程较为复杂,故本文将启动过程进行简化研究,只考虑理想模型。启动过程一般有 3 个阶段:

(1)固体药柱单独燃烧阶段。火药柱在燃烧室内单独燃烧产生大量的高温高压工质,带动涡轮机运转,并通过减速器带动辅机工作。

(2)固液混合燃烧阶段。火药柱还未完全燃尽,当涡轮机达到一定转速时,燃料泵将液体燃料供入燃烧室与火药柱一起燃烧,直至固体药柱烧完。

(3)液体燃料单独燃烧阶段。燃料泵按照一定的规律将液体燃料供入燃烧室燃烧,使动力系统达到稳定运行状态。

7.4.2　启动阶段设计

1.固体药柱单独燃烧阶段

在鱼雷设计中,燃烧室的压强峰值、药环、药柱以及液体燃料的理化性质和燃面等对动力系统启动过程都有重要影响。固体药柱剖面及端面示意图如图 7-7 所示。

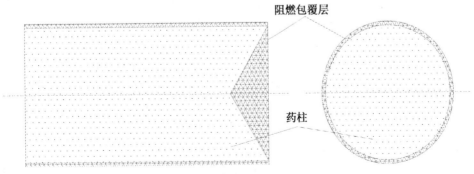

图 7-7　固体药柱剖面及端面示意图

由于阻燃包覆层的存在,起始阶段药柱为端面燃烧,燃烧面积不变即为等面燃烧,而在即将燃尽时燃烧面积急剧下降,燃气生成率下降为减面燃烧。

燃气的质量流量表达为

$$\dot{m}_{yz} = \rho_{yz} A_{yz} c_{yz} \tag{7-70}$$

式中:ρ_{yz} 为固体药柱密度;A_{yz} 为燃面的面积;c_{yz} 为燃烧速度。

燃烧速度 c_{yz} 主要由药柱的理化性质和燃烧室内的压强 p_c 决定,即

$$c_{yz} = c_{yz0} p_c^x \tag{7-71}$$

式中:c_{yz0} 为燃速系数;x 为燃速压强指数。

燃烧室压强表达为

$$p_c = \left(a \rho_{yz} c^* \frac{A_b}{A_t} \right)^{\frac{1}{1-x}} \tag{7-72}$$

式中:a 为常数,一般由实验确定;c^* 为特征速度;A_t 为喉部面积。

特征速度表达为

$$c^* = \frac{\sqrt{R_c T_p}}{\Gamma} \tag{7-73}$$

$$\Gamma = \sqrt{k} \left(\frac{2}{k+1} \right)^{\frac{k+1}{2(k-1)}} \tag{7-74}$$

式中:R_c 为等价气体常数;T_p 为固体药柱燃烧温度;k 为平均比热比。

结合图7—7模型,固体药柱单独燃烧阶段的系统状态假设为:燃烧起始火药柱为等面燃烧,在一段时间内,燃烧室压强和燃气生成率保持恒定不变,发动机启动,辅机开始工作但燃料泵不输出流量。

对于固体药柱的参数设计,其核心指标为燃气流量和工作时间。为了能同时兼顾浅深度(如10 m)以及大深度(如300 m)的鱼雷发射,药柱燃气流量应满足不同深度下都能使系统达到一定转速的要求,另外,药柱工作时间也应该能配合系统的升速过渡过程。

2.固液混合燃烧阶段

在固液混合燃烧阶段,燃料泵的排量不变,药柱的燃气生成率不变,燃烧室内的燃气流量快速增大并保持稳定,燃烧室压强迅速升高,若此时的燃料泵排量过大,则燃烧室压强过高,排量太小则系统转速太低。

图7-8描述了10 m和300 m航深时固液混合燃烧阶段的推进器转速和燃烧室压强的动态过程,0~2.8 s为火药柱单独燃烧,2.8~6.0 s为固液混合燃烧阶段,期望转速对应 II 速。图线对应燃料泵折合排量的初值设置规律为

$$q = q_{\min} + (q_{\max} - q_{\min}) \frac{y}{400} \tag{7-75}$$

式(7-75)描述了根据不同的发射深度,燃料泵折合排量的初始设定值。

由图对比可以看出,不同深度下发射时,火药柱单独燃烧阶段(0~2.8 s)的燃烧室压强表现出较一致的动态特性,但是推进器转速差异较大。可见,鱼雷启动阶段,需要根据航深设置燃料泵的折合排量初始值,如式(7-75),这样才能够兼顾不同的发射深度,使得浅水时发动机不超转、深水时发动机不熄火。

3.液体推进剂单独燃烧阶段

在固体药柱燃烧熄火后,系统发动机转速会急剧下降(在大深度下),这是涡轮发动机启动

过程中较危险的现象。因此在固体药柱燃烧完成后,液体推进剂单独燃烧,启动控制时应在保证系统安全的前提下避免系统转速急剧下降而熄火的现象发生。

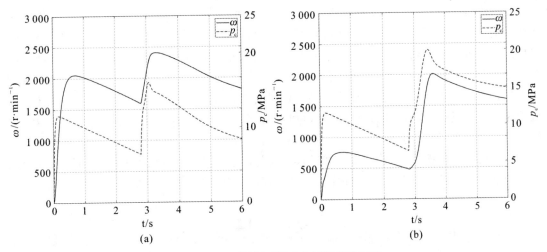

图 7-8　不同航深下转速和压强动态过程

图 7-9 描述了 300 m 深度时的系统启动过渡过程,燃料泵的折合排量初始值设定依然如式(7-75)。图 7-9(a)(b)的区别在于液体燃料进入时间由 2.8 s 时刻延迟至 3.4 s 时刻。

对比图 7-9(a)(b)可见,即使在大深度下实施了初始大排量设置,液体燃料进入的时刻选择不当,依然会出现系统转速急剧下降而熄火的情况。

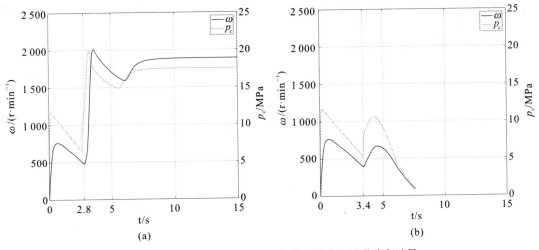

图 7-9　系统 300 m 航深下启动时转速和压强动态过程
(a)液体推进剂 2.8 s 时刻进入;　(b)液体推进剂 3.4 s 时刻进入

综上,涡轮机存在非设计工况适应性差的固有特点,加之变排量燃料泵的转速流量正反馈,使得动力系统大深度时的可靠启动存在较大难度。启动过程的控制,既要保证浅水启动时系统不超压不超转,又要保证深水启动时系统转速可靠升速不熄火。因此,要兼顾深水和浅水的发射启动要求,应在准确把握动力系统和控制执行机构响应特性的基础上,实施"程序控制

＋闭环控制"的启动控制策略。

本章根据鱼雷涡轮机动力系统的特性,阐述了鱼雷涡轮机动力系统数学模型、涡轮机启动与变工况的控制算法和控制策略。

鱼雷涡轮机存在非设计工况适应性差的固有特点,对于工况变动尤其海水背压变化敏感,适用于活塞机、以补偿海水背压为主要技术手段的开环控制方法是不能够在涡轮机系统中获得良好控制效果的。结合具体控制执行器件的特性,整个鱼雷涡轮机动力系统的闭环控制策略划分为 3 个层次:以发动机转速为信号反馈、以排量燃料泵泵角为执行作用的顶层控制;以变排量燃料泵泵角为信号反馈、以高度动态伺服电机转速为控制作用的中间层控制;以伺服电机转速为信号反馈、以电机电枢回路输入电压为控制作用的底层控制。具体实践中,可对 3 个层次进行解耦分析,分别分析各层次的被控对象特性,规划控制策略。

对于启动工况而言,要兼顾深水和浅水的发射启动要求,应在准确把握动力系统和控制执行机构响应特性的基础上,实施"程序控制＋闭环控制"的启动控制策略。

习　　题

7.1　试推导鱼雷涡轮机动力系统的数学模型。

7.2　试绘制鱼雷涡轮机转速闭环控制的系统结构框图。

7.3　简述鱼雷动力系统闭环控制算法的设计过程。

7.4　简述鱼雷涡轮发动机的启动过程。

7.5　简述鱼雷涡轮机动力系统闭环控制策略的三个层次。

参 考 文 献

[1] 刘训谦. 鱼雷推进剂与供应系统[M]. 西安:西北工业大学出版社,1991.

[2] 赵连峰. 鱼雷活塞发动机原理[M]. 西安:西北工业大学出版社,1991.

[3] 马世杰. 鱼雷热动力装置设计原理[M]. 北京:兵器工业出版社,1992.

[4] 查志武. 鱼雷热动力技术[M]. 北京:国防工业出版社,2006.

[5] 赵寅生. 鱼雷涡轮机原理[M]. 西安:西北工业大学出版社,2001.

[6] 罗凯,党建军,王育才. 水下热动力系统自动控制[M]. 西安:西北工业大学出版社,2005.

[7] 石秀华. 水中兵器概论:鱼雷部分[M]. 西安:西北工业大学出版社,2005.

[8] 王福军. 计算流体动力学分析:CFD 软件原理与应用[M]. 北京:清华大学出版社,2006.

[9] 党建军. HAP 三组原旋转燃烧室稳定燃烧控制[D]. 西安:西北工业大学,2004.

[10] 许存娥. 鱼雷离心式喷嘴喷雾特性研究[D]. 西安:西北工业大学,2007.

[11] 李海燕. 旋转燃烧室燃烧性能的数值模拟研究[D]. 西安:西北工业大学,2007.

[12] PRZEKWAS A J, SINGHAL A K, TAM L T. Rocket injector anomalies study. Volume 1:Description of the mathematical model and soloution Procedure[R]. NASA - CR - 174702, 19840024358, 1984.

[13] HABIBALLAH M, LOURME D, PIT F. PHEDRE:Numerical model for combustion stability studies applied tothe Ariane Viking engine[J]. Journal of Propulsion and Power, 1991,7(3):322 - 329.

[14] KIM Y M, CHEN C P, ZIEBARTH J P, Numerical Simulation of combustion instability in liquid - fueled engines[C]. AIAA PaPer 92 - 0775, 30th Aerospace Sciences Meeting and Exhibit Reno, Nevade, 1992:(1)6 - 9.

[15] 王树宗,张智辉,李溢池. 鱼雷热力发动机发展概况及选型研究[J]. 鱼雷技术,2002(2):5 - 9.

[16] 彭博,史小锋,何长富. 鱼雷热动力系统的发展模式探讨[J]. 鱼雷技术,2002(2):1 - 4.

[17] 查志武. 鱼雷动力技术发展展望[J]. 鱼雷技术,2005(1):1 - 4.

[18] 赵卫兵,史小锋,伊寅,等. 水反应金属燃料在超高速鱼雷推进系统中的应用[J]. 火炸药学报,2006(5):53-56.

[19] 许存娥,党建军,李海燕. 可调离心式喷嘴喷雾流场的数值模拟研究[J]. 西北工业大学学报,2007,25(3):388-392.

[20] 党建军,张宇文,罗凯. 旋转燃烧室冷却结构设计研究[J]. 机械设计与制造,2006(3):31-33.

[21] 党建军,罗凯,张宇文,等. 大流量可调喷嘴设计与实验研究[J]. 机床与液压,2005(9):72-74.

[22] 党建军,罗凯,张宇文. 高压旋转密封的安全性研究[J]. 流体机械,2005(3):19-21.

[23] 党建军,罗凯,张宇文. HAP 三组元燃料旋转燃烧室振荡燃烧外部激励研究[J]. 西北工业大学学报,2005,23(2):212-216.

[24] 史小锋,党建军,梁跃,等. 水下攻防武器能源动力技术发展现状及趋势[J]. 水下无人系统学报,2021,29(6):634-647.